헬리콥터 비행원리

HELICOPTER FLYING HANDBOOK

U.S. Department of Transportation
Federal Aviation Administration

2022
최신개정판

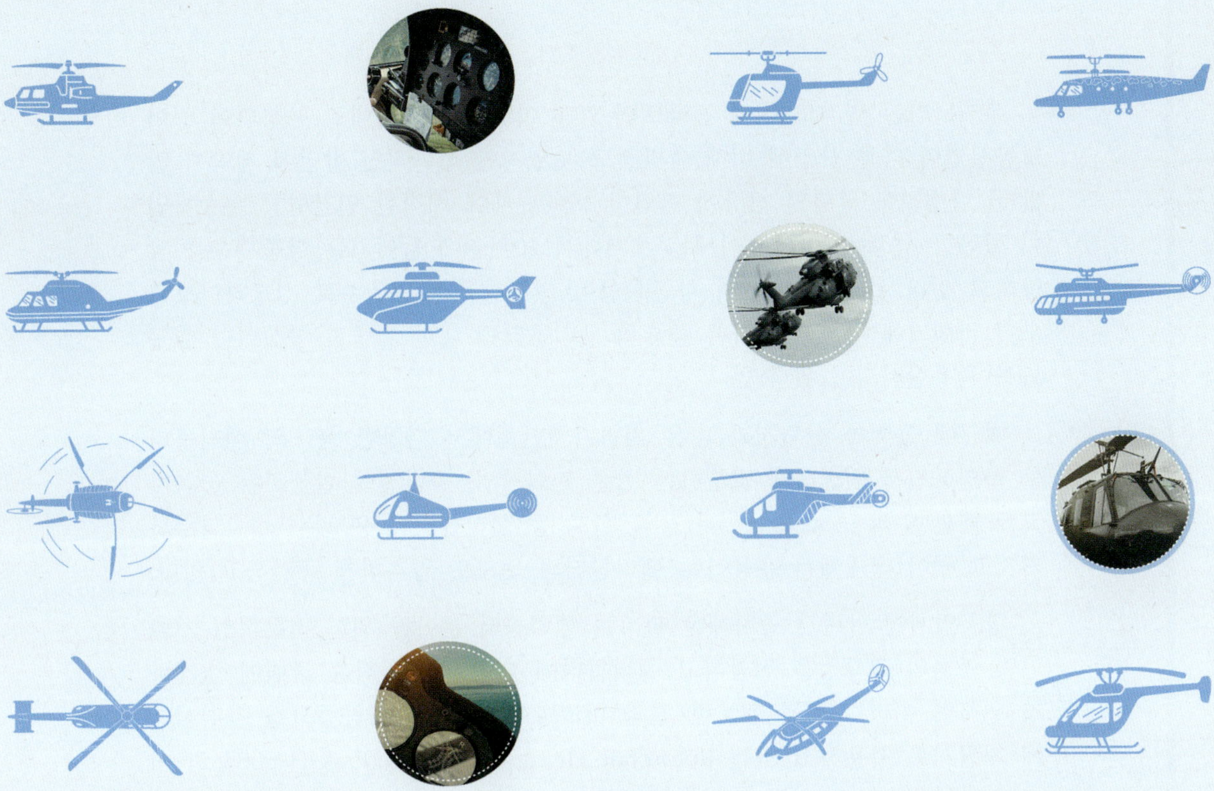

FAA-H-8083-21B

헬리콥터 비행원리

HELICOPTER FLYING HANDBOOK

이상희 옮김

한국항공우주기술협회 경문사

개정번역판을 발간하며

우리나라는 면적도 적고 전국토의 70% 이상이 산악지대로 구성되어 있어 항공산업이 다른 산업에 비해 출발점도 늦었지만 전반적인 발전에 제약이 많았다. 다행히도 국력의 신장에 힘입어 1960년대에 시작한 민간항공 운송사업이 괄목한 성장을 이루어 이제는 세계에서 10위권에 들어가는 항공수송을 담당하고 있다. 그러나 우리의 항공산업이 민간항공 수송위주로 성장하다보니 오직 비행기에 편향되어 다른 종류의 헬리콥터에 대한 기술력 향상이나 연구 노력이 등한시되어 왔다.

최근에 들어와 산림청과 많은 지방자치단체에서 다양한 용도의 헬리콥터를 운영하면서 빈번하게 발생하는 산불 진화작업, 등반길에 발생하는 응급사고에 대한 수색 구조 활동이나 농약 살포 등 헬리콥터의 용도는 날이 갈수록 커지고 있어 국내에서 운용하는 헬리콥터의 숫자도 급격하게 증가하고 있다.

항공업계에 다년간 종사해온 필자는 헬리콥터 분야를 위한 전문적인 기술 인력 양성의 필요성을 절감하고 헬리콥터에 대한 기술서적을 국내에 소개하기 위하여 여러 자료를 검토한 결과 미연방항공청에서 항공종사자 자격시험에 지침서로 사용하고 있는 Rotorcraft Flying Handbook(FAA-H-8083-21)이 헬리콥터에 대한 기술입문서로 적합하다 판단하여 공식적으로 미연방항공청의 허락을 받아 한글로 번역하여 2005년에 처음으로 출판하였다.

그러나 최근에 전면적으로 개정된 FAA-H-8083-21B(Helicopter Flying Handbook)가 발행되어 그에 따라 한글 번역본 최신판을 마련하면서 기존 지침서(FAA-H-8083A)에 기술된 일부 내용을 편집하여 본 번역판에 포함시켰다. 참고로 국제기준에는 회전익항공기(rotorcraft)를 세 종류로 구분하여 헬리콥터(Helicopter), 자이로플레인(Gyroplane), 자이로다인(Gyrodyne)으로 분류하고 있으나 국내 항공안전법에는 항공기 종류를 비행기와 헬리콥터로 구분하고 있어 회전익항공기 중 헬리콥터에 대한 부분만 소개하고 있으니 참고하기 바란다.

이 책은 기초항공역학에서부터 비행역학, 조종장치, 헬리콥터 주요 구성품과 시스템, 중량과 평형, 성능, 비행기동, 비상조치 및 항행결심결정에 이르기까지 헬리콥터의 운용에 관한 전반적인 분야를 알기 쉽게 서술적으로 풀이하여 기본적인 기술교육용 교재로 적합할 뿐만 아니라 개인적으로 헬리콥터 비행에 관심이 있는 사람이 자가 학습교재로 사용할 수 있도록 구성되어 있다.

항공우주기술협회는 항공기술인들의 친목과 권익 보호를 위하여 1992년에 설립된 이래 지속적으로 기구가 확장되면서 국토부의 산하기관으로 인정되었고 보다 적극적으로 항공기술관련 정책연구, 항공기술자격의 국제적인 표준화, 최신 항공기술의 전파 등을 위하여 노력하고 있다. 본 도서도 이러한 사업의 일환으로 항공 종사자를 포함하여 미래의 항공기술인에게 헬리콥터에 대한 기본적인 기술 지식을 전파하기 위하여 번역하게 되었고, 번역본의 출판을 허가한 미연방항공청의 Mr. Stanley Roberts 씨에게도 심심한 사의를 표한다.

2021. 12.
항공우주기술협회장
역자 이상희

서문

헬리콥터 비행원리 핸드북은 자가용, 상업용, 비행교관 등 헬리콥터 항공 종사자 자격을 취득하고자 하는 사람들을 위한 기술도서이다.

특히 항공역학, 조종장치, 시스템, 성능, 비행조작, 비상상황, 항행결심과정에 대한 상세한 내용을 포함하고 있어 교육 및 훈련에 보조 자료로 매우 활용성이 크다 하겠다.

그러나 기상, 항법, 무선항행과 통신, 비행정보 간행물 사용, 그리고 법규에 대한 사항들은 별도의 미연방항공청에서 발간한 책자를 참고하기 바란다.

이 지침서는 미연방항공청에서 마련한 것으로 조종사 훈련 및 자격을 갖추기 위한 기본개념을 풀이한 것이다. 항공역학의 이론과 원리에 대한 설명, 비행 수행방법, 비행절차와 조작 등에 대하여 다양한 교육방법이 있겠으나 이 지침서는 헬리콥터를 비행하는데 가장 보편적으로 사용되는 방법과 원리를 채택하고 설명하였다.

이 지침서의 내용에서 필수적으로 중요하다고 판단되는 작동방법에 대해서는 "꼭 해야 한다(must) 또는 "기본이다" 등 강제성을 내포한 표현이 사용되었지만, 항공법규에서 요구하는 사항에 대하여 추가해야 한다거나, 또는 조건을 완화시키자는 의도는 아니다.

헬리콥터 한정자격을 취득하고자 하는 사람은 실기시험표준서(FAA-S-8081-3, -15, 16)에서 제시한 참고자료를 추가로 공부하기를 바란다.

이 지침서에는 FAA-H-8083-25, Pilot's Handbook of Aeronautical Knowledge, FAA-H-8083-1, Weight and Balance Handbook에서 설명한 기본적인 항공기술에 대한 내용은 포함하지 않았으니 처음 입문하는 학생은 반드시 상기 지침서를 기초 자료로 활용하기 바란다.

또한 해당되는 항공법규와 항행정보교범(Aeronautical Information Manual)도 숙지할 필요가 있다.

이러한 모든 자료는 online으로 "www.faa.gov"에서 무료로 찾아 볼 수 있다.

이 지침서는 2012년도에 발행한 FAA-H-8083-21A, Helicopter Flying Handbook을 대체한다.

이 지침서는 미교통부, FAA, Airman Testing Branch, P.O. Box 25082, Oklahoma City, OK 73125에서 발간하였으며 "www.faa.gov" 사이트에서 PDF 파일로 내려받을 수 있다.

차례

차례

CHAPTER 06 중량과 평형(Weight and Balance)

CHAPTER 07 성능(Performance)

CHAPTER 08 지상절차와 비행준비(Ground procedures and Flight Preparations)

CHAPTER 09 기본비행 조작(Basic Flight Maneuvers)

차례

CHAPTER 11 헬리콥터 비상절차(Helicopter Emergencies and Hazards)

차례

CHAPTER 13 야간 운항(Night Operations)

CHAPTER 14 항행결심(Aeronautical Decision Making)

CHAPTER 01

헬리콥터 소개

헬리콥터는 1개 또는 2개 이상의 회전익장치로 공중에 뜨고 추진력을 내는 회전익항공기이다. 각각의 회전익장치는 2개 혹은 그 이상의 회전익(rotor blade)을 가지고 있다. 헬리콥터는 회전익을 회전시켜 양력을 발생시키기 때문에 고정익항공기(fixed-wing aircraft)와 구별하여 회전익항공기(rotary-wing aircraft)로 분류된다. 헬리콥터(helicopter)라는 말은 그리스 언어로 helix/helikos(spiral or turning)과 pteron(wing)에서 나왔다.

헬리콥터의 주 장점은 헬리콥터를 전진시키지 않아도 양력을 얻을 수 있어 활주로가 없어도 수직으로 이륙이나 착륙을 할 수 있다. 그래서 고정익항공기가 이륙이나 착륙을 할 수 없는 협소한 지역이나 외딴지역에서 주로 사용한다. 더욱이 공중 한 지점에서 제자리비행을 할 수 있기 때문에 고정익항공기로는 할 수 없는 일을 효율적으로 수행할 수 있다.

헬리콥터를 조종하려면 안전에 초점을 맞춘 안전 지향적인 훈련을 필요로 한다. 또한 헬리콥터의 기계적인 장치와 더불어 주변 환경에 대해서도 끊임없는 주의를 기울여야 한다. 헬리콥터를 원하는 상태로 유지하기 위해서는 3차원의 개념으로 계속해서 두 손과 두 발을 모두 사용하여야 한다. 헬리콥터도 항공역사로 보면 매우 일찍 개발되었지만 여러 가지 제약조건으로 인해 활성화되지 못했으나 1942년에 이고르 시코르스키(Igor Sikorsky)가 개발한 헬리콥터가 출현하면서 전문적인 생산체제가 구축되었다. 이전의 헬리콥터는 대부분 2개의 회전익장치를 기본으로 하였으나 이 항공기는 1개의 회전익장치와 꼬리회전익(tail rotor)을 가진 항공기로서 전 세계적으로 헬리콥터(Helicopter)라는 이름으로 알려지게 되었다.

터빈엔진의 시대

1951년 12월 11일 처음으로 터빈동력으로 작동하는 K-225 헬리콥터가 탄생하였고, 2년 후 1954년 3월 26일에 해군용 HTK-1가 쌍발 터빈엔진을 가진 헬리콥터로 등장하였다. 그러나 본격적으로 터빈엔진을 가진 헬리콥터로 제작된 것은 Sud Aviation Alouette Ⅱ 헬리콥터이다.

신뢰할 수 있을 정도의 안정된 제자리비행(hovering) 능력을 가진 헬리콥터는 상당한 세월이 지나 개발되었는데 그 이유는 고정익항공기보다 엔진에 공급되는 공기밀도가 높아야 큰 동력을 얻을 수 있기 때문이다. 20세기

초반에는 연료와 엔진의 개선이 헬리콥터 발전에 중요한 요소였으나 20세기 후반에 들어와 경량의 터보샤프트(turboshaft) 엔진이 출현함으로써 보다 크고 빠른 고성능의 헬리콥터가 개발되었다. 여전히 소형 헬리콥터는 왕복엔진을 사용하고 있으나 지금은 터보샤프트 엔진을 선호하는 추세이다.

터빈엔진이 왕복엔진에 비해 다음과 같은 장점을 가지고 있다.

- 저 진동
- 헬리콥터성능 향상
- 신뢰성
- 작동용이

01 헬리콥터 사용처(Helicopter Uses)

헬리콥터의 작동 특성은 수직으로 이륙과 착륙을 할 수 있을 뿐만 아니라 상당한 시간을 공중에서 제자리비행을 할 수 있고, 저속에서도 비행할 수 있다.

이러한 특성으로 다른 종류의 항공기로 할 수 없는 여러 가지 임무와 지상에서 시간

그림 1-1 능선착륙(수색 구조)

그림 1-2 응급환자 수송

그림 1-3 건설(집 이동)

소요나 작업강도가 큰 작업을 헬리콥터로 수행하기도 한다. 그래서 운송, 건설, 화재 진압, 수색 구조, 응급환자 수송 등 다양한 분야에서 특별한 용도로 사용되고 있다.

02 회전익장치(Rotor System)

헬리콥터의 회전익장치는 양력을 발생시키는 헬리콥터의 회전부분이다. 주회전익(main rotor)과 같이 수평으로 장착된 회전익장치는 수직으로 양력을 제공하지만 꼬리회전익(tail rotor)과 같이 수직으로 장착되어 있는 회전익은 양력을 수평으로 발생시켜 그 추력으로 토크효과를 상쇄시키기 위해 사용된다. 틸트 로터(tilt rotor)인 경우는 날개의 앞 끝 나셀(nacelle)에 회전익을 장착하여 나셀이 수평이 되면 추력을 내고 수직으로 되면 헬리콥터와 같이 양력을 발생시킨다.*

회전익은 마스트(mast), 허브(hub), 그리고 회전익 깃(rotor blade)으로 구성된다.그림 1-4 마스트는 동력전달장치로 구동되는 속이 빈 금속 샤프트이고 그 끝단에 회전익을 부착하는 허브가 있다. 회전익장치는 회전익 깃이 어떻게 장착되어 있느냐에 따라 구분되는데 보통 완전관절형(fully articulated type), 반관절형(semi-articulated or semirigid type), 그리고 고정형(rigid type)으로 세 가지로 분류하고 있지만 최신의 회전익장치는 이것들을 공학적으로 배합하여 사용하기도 한다. 회전익장치(main rotor system)에 대해서는 4장에서 자세하게 다루기로 하자.

단수 회전익장치를 가진 헬리콥터에서는 엔진이 회전익을 회전시킬 때 발생하는 토

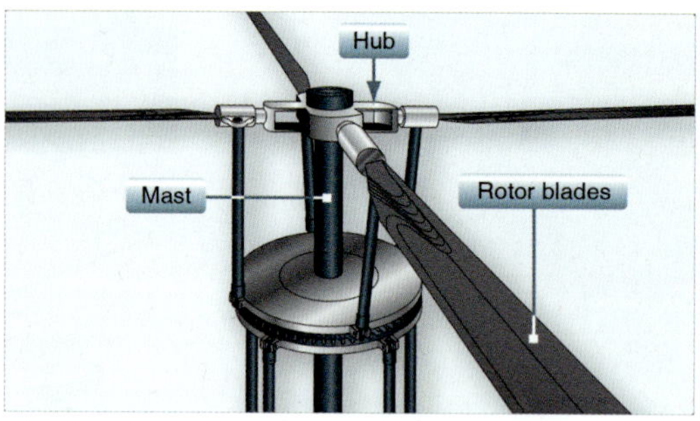

그림 1-4 회전익장치 주 구성품

* 주회전익(main rotor)은 기본적으로 꼬리회전익(tail rotor)과 구별하기 위하여 사용하는 용어이다. 번역판에 주회전익을 간편하게 '회전익'으로 표현하고 있으니 참고하기 바란다.

그림 1-5 VS-300 tail rotor 헬리콥터

크로 인하여 헬리콥터의 몸체가 회전익의 회전방향과 반대방향으로 회전하게 된다(뉴턴의 제3법칙: 모든 작용에는 크기가 같고 방향이 반대인 반작용이 발생). 이러한 현상을 없애주려면 일종의 반토크(antitorque)장치를 사용하여 헬리콥터의 기수를 유지하고 불안정하게 움직이지 않도록 충분한 동력을 발생시켜야 한다. 가장 일반적인 세 가지 장치로 일반적인 꼬리회전익(tail rotor), 페네스트론(Fenestron 혹은 Fantail), 노타(NOTAR)가 있으며 세부적인 내용은 제4장에서 다루기로 하자.

가. 회전익 형식(Rotor Configurations)

대부분의 헬리콥터가 주회전익을 하나만 가지고 있지만, 동체가 회전하는 것을 방지하기 위하여 별도로 토크를 상쇄하는 회전익을 가지고 있다. 이것을 꼬리회전익(tail rotor) 혹은 반토크 회전익(antitorque rotor)이라 한다. 시코르스키(Sikorsky)가 처음으로 꼬리회전익을 설치한 VS-300 헬리콥터가 등장하면서 이제는 헬리콥터 설계에서 가장 보편화된 개념이다.그림 1-5

위에서 내려다볼 때 회전익이 반시계방향으로 회전하거나, 시계방향으로 회전하는 두 가지 타입이 있는데 공기역학적인 현상을 가지고 설명할 때에 반대의 효과를 초래할 수도 있다. 여기에서는 위에서 내려다볼 때 반시계방향으로 회전하는 회전익장치를 기준으로 한다.

그림 1-6 템덤로터 헬리콥터

그림 1-7 동축 로터(카모프)

1) 텐덤로터(tandem rotor)

텐덤로터(듀얼로터라고도 함) 헬리콥터는 커다란 회전익과 작은 꼬리회전익 대신에 2개의 큰 회전익을 가지고 있다.그림 1-6 단수 회전익 헬리콥터는 회전익에서 발생시키는 회전운동량을 상쇄시키기 위하여 꼬리회전익을 필요로 한다. 그러나 텐덤로터 헬리콥터는 2개의 회전익을 서로 반대방향으로 회전시켜서 상호 토크를 상쇄시키면서 회전익이 서로 다른 궤적을 갖도록 하여 부딪치지 않도록 해준다. 이러한 형식은 2개의 회전익 세트를 가지고 있어 길이가 짧은 회전익 깃을 사용해도 양력을 보다 많이 발생시켜 무거운 중량을 견딜 수 있게 해준다. 또한 엔진의 전 동력을 효과적으로 양력 발생에 사용할 수 있다. 반면에 단수 회전익 헬리콥터는 일부 동력을 회전익 토크를 상쇄하기 위하여 사용되기 때문에 텐덤로터 헬리콥터가 힘이 좋고 속도가 빠른 회전익항공기로 사용되고 있다.

2) 동축로터(coaxial rotors)

동축로터(coaxial rotor) 시스템은 한 축에 회전하는 방향만 반대인 2개의 회전익을 장착한 것이다. 이 형태도 꼬리회전익이나 기타 반토크장치를 필요로 하지 않는다. 러시아의 카모프(Kamov) 헬리콥터가 이러한 타입으로 유명하다.그림 1-7

3) 인터메싱로터(intermeshing rotors)

인터메싱로터는 각각의 마운트에 장착되어 있는 두 세트의 회전익이 서로 반대 방향으로 회전한다. 2개의 마운트가 약간 다른 각도로 세워져 있어 회전익 깃이 서로 부딪치지 않도록 한다.그림 1-8 이러한 형식도 꼬리회전익이 필요 없으며 안정성도 좋고 보다 많은 양력을 낼 수 있다. 이 타입을 싱크롭터(synchropter)라고도 한다.

그림 1-8 HH-43 허스키

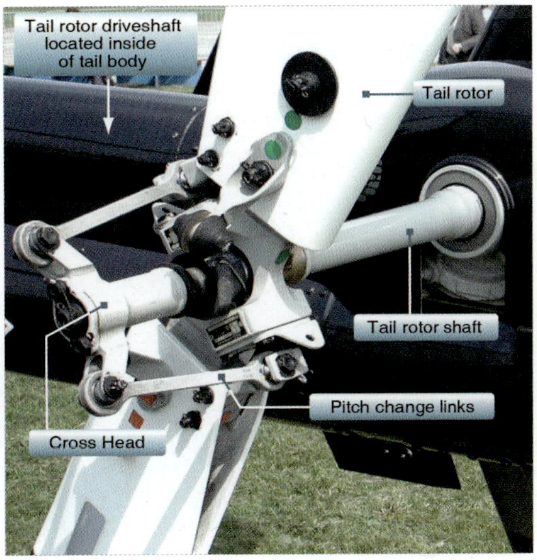

그림 1-9 꼬리회전익 구성품

독일의 소형 대잠함 군용헬기인 Fl 282 콜리브리(Kolibri)가 이러한 타입으로 개발되었다. 냉전시대에 미국의 카멘(Kaman) 헬리콥터제작사가 허스키(HH-43)를 미공군 화재진압용으로 제작하였고 최신 형식인 K-MAX 모델은 건설작업용 공중부양 크레인으로 사용되고 있다.

나. 꼬리회전익(Tail Rotor)

꼬리회전익은 일반적인 단수 회전익 헬리콥터의 꼬리 쪽에 거의 수직으로 설치되어 있고 크기가 작다. 꼬리회전익은 몸체에 걸리는 토크를 상쇄하기 위하여 꼬리부분을 밀거나 당겨준다. 꼬리회전익 구동장치는 주동력장치에서 동력을 받는 구동축(drive shaft)과 꼬리 끝단에 장착된 기어박스(gearbox)로 구성되어 있다.그림 1-9

구동축은 하나로 길게 된 샤프트로 되어 있거나 짧은 샤프트 여러 개를 유동성 커플링으로 연결하기도 한다. 유동성 커플링은 구동축이 꼬리 몸체와 같이 기울게 해준다. 꼬리몸체 끝단에 설치된 기어박스는 꼬리회전익에 각도를 주어 구동하게 해주고 아울러서 최적의 회전속도로 출력(rpm)을 조절한다. 일부 대형 헬리콥터에서는 중간 기어박스를 사용하여 꼬리몸체에서 꼬리회전익 파일론(pylon 혹은 vertical fin)까지 구동축의 각을 바꿔준다. 꼬리회전익 파일론은 전진 비행을 할 때 수직안정판 역할을 담당하여 꼬리회전익의 동력 요구량을 줄여주며, 꼬리회전익이나 꼬리회전익 조종장치가 고장 났을 때 특정 항공기속도 범위에서는 어느 정도의 반토크를 제공한다.

03 비행조종장치(Controlling Flight)

헬리콥터의 조종장치는 네 가지로 분류되는데 사이클릭, 콜렉티브, 반토크페달, 그리고 스로틀장치가 있다.

가. 사이클릭(Cyclic)

보통 사이클릭 조종장치는 조종사 다리 사이 중앙에 위치하며 통상적으로 '사이클릭 스틱(cyclic stick)' 혹은 간단하게 '사이클릭(cyclic)'이라고 한다. 대부분의 헬리콥터는 사이클릭이 조이스틱과 비슷하다. 로빈손 헬리콥터는 독특하게 T-바 사이클릭 장치를 사용하며 천정에서 내려오는 사이클릭 조종장치도 있고 측면에 설치된 것도 있다.그림 1-10

사이클릭(혹은 주기조종)이라고 부르는 이유는 회전익장치가 한 바퀴 돌 때 각각의 회전익이 위치에 따라 적절한 양력(추력)을 내도록 회전익의 피치를 주기적으로 변화시키기 때문이다.

양력의 차이로 회전익 판이 특정한 방향으로 기울어져 헬리콥터가 그 방향으로 움직이게 한다. 만약 조종사가 사이클릭을 앞으로 밀면 회전익 판이 앞쪽으로 기울어져 회전익은 앞쪽 방향으로 추력을 발생시킨다. 만약 사이클릭을 옆으로 밀면 회전익 판이 옆쪽으로 기울어 그 방향으로 추력이 작동한다.그림 1-11

나. 콜렉티브(Collective)

콜렉티브 조종장치는 조종사 의자의 왼편에 있으며 제멋대로 움직이지 않도록 조종사가 레버를 조작하는 힘을 조절할 수 있게 되어 있다. 콜렉티브(혹은 동시조종이라고

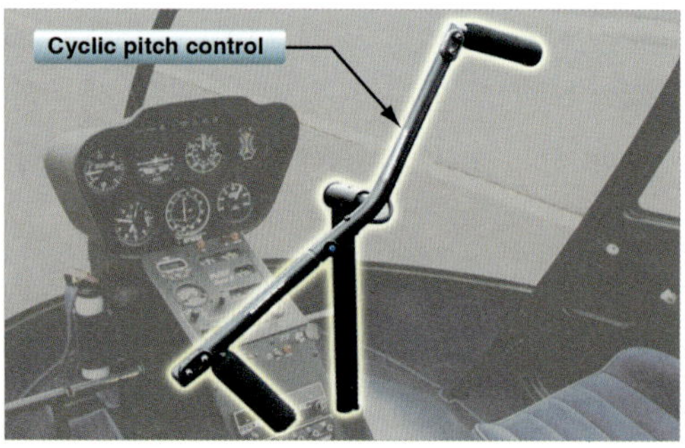

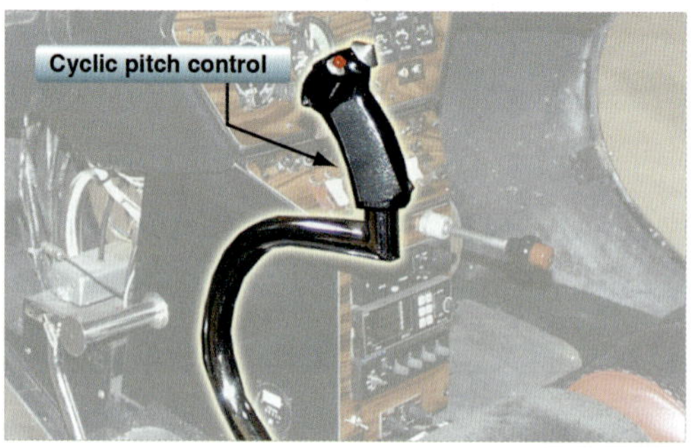

그림 1-10 사이클릭 조종장치

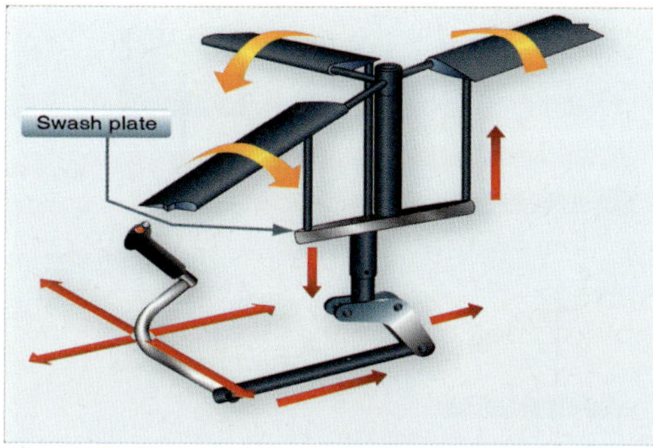

그림 1-11 사이클릭과 회전익 피치변화

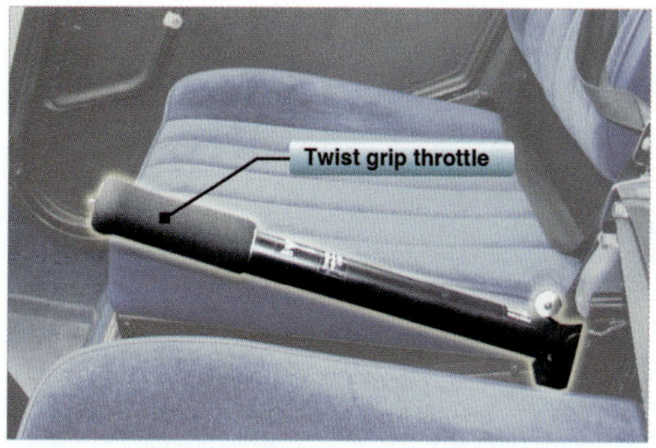

그림 1-12 콜렉티브와 스로틀 조종장치

도 함)는 모든 회전익의 피치각을 위치에 관계없이 동시에 변화시킨다. 그래서 콜렉티브를 조작하면 모든 회전익이 같이 양력(추력)을 증가시키거나 감소시켜 헬리콥터가 고도나 속도를 올리거나 줄일 수 있다.그림 1-12

다. 반토크페달(Antitorque Pedals)

반토크페달은 고정익항공기의 방향타페달과 같이 조종사 좌석 앞에 설치하고 기능도 비행하는 방향으로 헬리콥터의 기수를 조종하는 역할을 한다. 원하는 방향으로 페달을 밟아주면 꼬리회전익 깃의 피치를 변화시켜 꼬리회전익에서 발생하는 추력을 키우거나 줄여주어 헬리콥터의 기수가 좌나 우 방향으로 틀어지는 요(yaw)현상이 발생한다.그림 1-13

라. 스로틀(Throttle)

헬리콥터의 회전익은 특정 회전속도에서 작동하도록 설계된다. 회전익은 동력전달장치를 거쳐 엔진과 연결되어 있고 스로틀 조종으로 엔진의 출력을 조절해준다. 스로틀의 목적은 엔진의 출력을 제공하여 회전익의 rpm이 허용되는 범위를 유지하도록 함으로써 회전익이 비행을 위한 충분한 양력을 발생시키도록 하는 것이다. 단발 엔진 헬리콥터에서는 보통 스로틀 조종장치가 모터사이클 스타일의 트위스트 그립(twist grip)으로 콜렉티브 조종간 끝에 설치되어 있다.그림 1-14 참조 다발엔진 헬리콥터인 경우에는 각 각의 엔진마다 출력 레버나 모드 스위치가 따로 있다.

헬리콥터의 조종장치에 대해서는 4장에서 보다 세밀하게 다루기로 하자

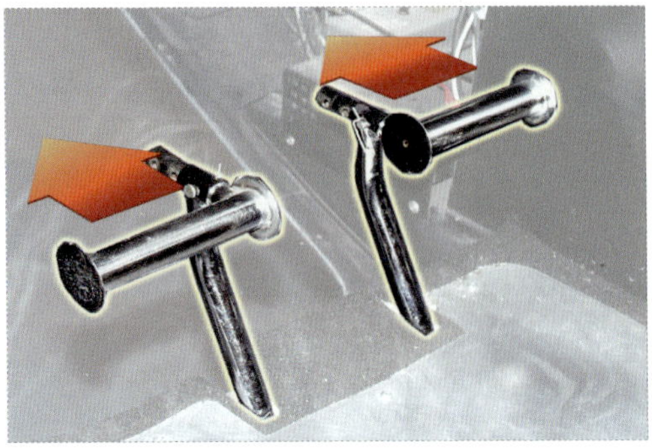

그림 1-13 반토크페달(antitorque pedals)

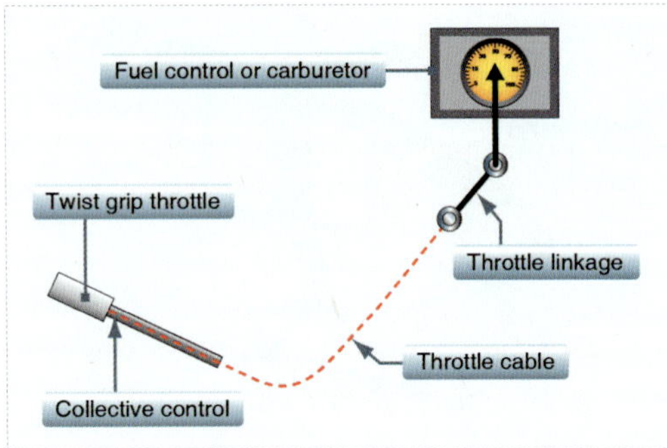

그림 1-14 스로틀 조종장치

04 기본비행(Flight Conditions)

헬리콥터는 제자리비행(hover)과 전진비행(forward flight)이라는 두 가지의 비행이 기본적인 비행이다. 그러나 제자리비행을 할 때 헬리콥터 동체와 조종면에 회전익의 바람으로 스스로 돌풍을 일으키기 때문에 제자리비행(호버링)은 가장 고난도의 비행기술이다. 헬리콥터를 제자리에 머물게 하기 위해서는 끊임없이 조종조작을 하고 수정조작도 해주어야 한다. 비록 임무자체는 복잡하지만 제자리비행의 조종조작은 간단하다. 사이클릭을 전후, 좌우로 조종하여 헬리콥터가 수평방향으로 흐르는 것을 방지하고, 콜렉트브를 조종하여 고도를 유지시키면 된다. 페달(러더페달)을 사용하여 헬리콥터의 기수(heading)를 조종한다. 제자리비행을 고난도의 비행이라고 하는 이유는 여러 조종장치들이 서로 연관성을 가지고 작동하기 때문이다. 어떤 하나의 조종장치를 조종하면 다른 조종장치들을 조작해서 수정조작을 하고 그에 따라 다시 처음의 조종장치를 수정조작을 하는 순서로 돌아가며 상호 유기적으로 조종을 해야 한다.

사이클릭을 앞으로 밀면 먼저 헬리콥터의 기수가 내려가 헬리콥터의 속도가 증가하고 고도가 내려간다. 반대로 사이클릭을 뒤로 당기면 기수가 들려 헬리콥터의 속도가 떨어지고 상승하게 된다. 그러나 헬리콥터가 평형상태가 되면 항력을 최소화해주기 위하여 수평안정판이 있으면 헬리콥터 동체를 수평으로 해준다.그림 1-15 헬리콥터는 비행 중에 안정되면 기수 업 다운이 거의 없다. 얼마나 완전하게 자세가 수평이 되느냐는 헬리콥터에 따라 수평안정판의 기능에 따라 일부 편차는 있다.

일정한 속도를 유지하면서 콜렉티브를 올리면 헬리콥터가 상승하게 되고 반대로 콜렉티브를 내리면 헬리콥터가 하강하게 된다. 콜렉티브를 내리고 사이클릭을 뒤로 당기거나, 콜렉티브를 올리고 사이클릭을 앞으로 밀어주면, 즉 두 장치를 상호 연동하여 조

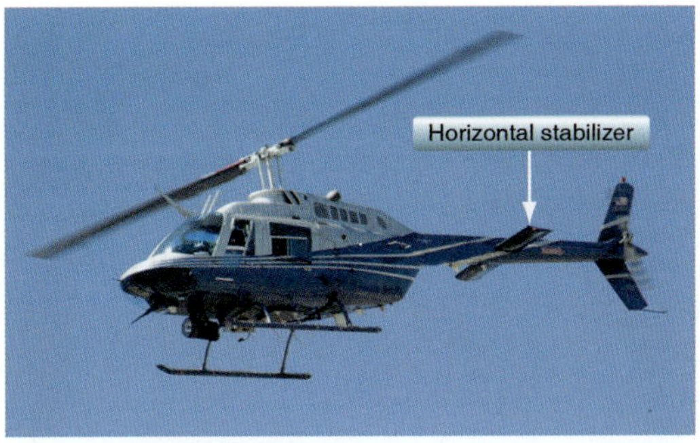

그림 1-15 수평안정판

작하면 일정한 고도를 유지하면서 헬리콥터의 속도만 변하게 할 수 있다. 페달은 고정익항공기와 마찬가지로 헬리콥터에서 기수의 평형상태를 유지시켜 주는 기능을 한다. 페달을 원하는 방향으로 밟아주어 선회계의 볼(ball)을 중앙에 오도록 하면 된다. 비행조작에 대해서는 9장(기본비행 조작)에서 상세히 다루기로 하겠다.

CHAPTER 02

비행역학
(Aerodynamics of Flight)

한 물체의 질량에 작용하는 중력은 소위 중량(무게)이라고 하는 힘을 발생시킨다. 아래 그림 2-1의 회전익 깃은 100lbs의 무게를 지녔고 길이(span)는 20ft 폭(chord)은 5ft으로 표면적은 $100ft^2$이다. 이러한 회전익 깃을 그림 2-2에서와 같이 받침대의 한 점에서 완전하게 균형을 이루게 한 후 받침대를 치우면 깃이 그 상태로 있지 않고 자체 무게로 인하여 지면에 떨어지게 된다. 그러나 받침대를 제거하기 전에 100lbs의 힘으로 중력과 반대로 밀거나 당겨주면 깃이 같은 위치에서 그대로 공중에 머물게 될 것이 아닌가? 예로 전자력을 제공한다면 가능하겠지만 헬리콥터는 중력을 극복하기 위하여 공기력을 사용한다. 만약 공기력이 100lbs의 힘으로 에어포일을 밀어 올리면 받침대를 제거해도 에어포일은 그대로 공중에 머물게 될 것이다.

물체 주위를 통과하는 공기(또는 공기 속을 물체가 움직일 때)에 의해 발생하는 힘을 공기역학적 힘(aerodynamic force)이라 한다. 에어로(aero)는 공기를 의미하고 다이나믹(dynamic)은 움직임 즉 운동을 의미한다. 에어포일의 표면에 공기가 지나가면서 윗면과 아래면의 정압이 달라져 중력에 대응할 힘 즉 공기역학적 힘을 발생시킨다. 에어포일 주위에 흐르는 공기의 수직방향으로의 공기역학적 힘을 양력이라 하고 이 힘이 중력에 대응하는 역할을 한다. 항력은 공기 속을 통과하는 물체 즉 에어포일이 받는 저항으로 이것도 공기역학적 힘의 일부이다. 항력은 에어포일 주위를 통과하는 바람과 같은 방향으로 작용하고 전진 움직임을 감소시킨다.

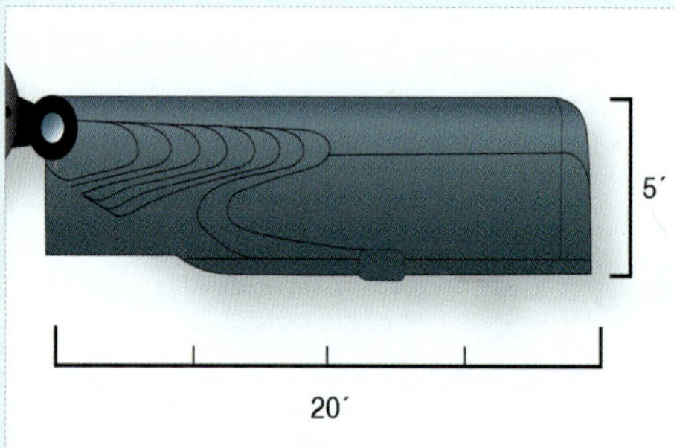

그림 2-1 회전익 면적

그림 2-2 에어포일(날개형상)

01 항공기에 작용하는 힘(Forces Acting on the Aircraft)

지상에서 이륙하면 헬리콥터에 작용하는 기본적인 힘을 네 종류로 나누어 양력, 중력, 추력, 그리고 항력으로 구분한다.그림 2-3 이 힘들이 어떻게 작동하고 동력과 조종장치를 사용하여 어떻게 조정하는지를 이해하는 것이 비행에 매우 중요하다. 헬리콥터에 작동하는 힘을 아래와 같이 정의한다.

1) 양력(lift): 아래로 작동하는 중력과 반대방향으로 에어포일에 작동하는 공기역학적 효과로 발생하는 힘이며 비행경로에 수직으로 작동한다.
2) 중력(weight): 헬리콥터 자체 무게에 승무원, 연료, 화물 등을 합친 무게이다. 지구의 중력으로 항공기를 아래로 당겨주는 힘이다. 중력은 양력과 반대이며 헬리콥터의 무게중심(CG)을 기준하여 아래 방향으로 작동한다.
3) 추력(thrust): 동력장치/프로펠러 또는 회전익으로 발생시키는 힘으로 헬리콥터를 앞으로 나아가게 하는 힘이며 항력에 반대로 작동한다. 일반적으로 추력은 헬리콥터의 세로축(longitudinal axis)에 평행으로 작동한다.
4) 항력(drag): 날개, 회전익, 동체, 기타 돌출부로 인해 공기흐름이 장애를 받아 발생하는 저항으로 추력과 반대로 작동하고 상대바람과 평행이나 반대방향으로 작동한다.

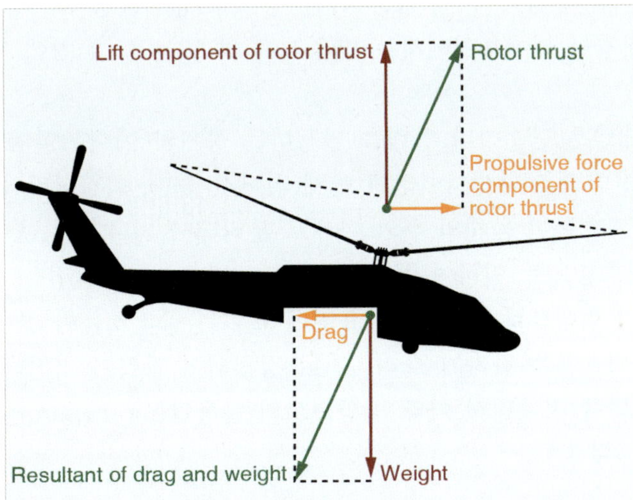

그림 2-3 헬리콥터에 작용하는 힘의 분포

보다 자세한 내용은 'Pilot's Handbook of Aeronautical Knowledge'를 참고하기 바란다.

02 양력(Lift)

양력은 물체가 유체의 흐름 방향을 변화시키거나 혹은 유체를 통과하는 물체가 유체를 움직이게 할 때 발생한다. 물체와 유체가 서로 상대적으로 움직이면서 물체가 유체의 흐름을 수직방향으로 틀어주는 힘이 작용할 때 반작용으로 발생하는 힘이 바로 양력(lift)이다. 물체가 정지된 유체 속을 움직이거나 정지된 물체 위에 유체가 흐를 때 기준을 어느 것으로 하느냐만 다를 뿐 원칙적으로 같은 효과를 준다.

에어포일(airfoil)에 발생하는 양력은 다음과 같은 요소에 따라 달라진다.

- 공기흐름의 속도
- 공기의 밀도
- 에어포일의 면적
- 공기와 에어포일 간의 받음각

받음각은 에어포일과 불어오는 공기흐름이 이루는 각이다. 헬리콥터에서는 물체는 회전익(에어포일)이고 유체는 공기이다. 양력은 공기흐름이 꺾일 때 발생하며 상대바람과 수직으로 작동한다. 대칭형 에어포일인 경우 (+) 양력을 발생시키려면 받음각이 (+)로 있어야 한다. 받음각이 영(zero)이면 양력도 없다. 받음각이 (−)이면 양력도 (−)가 된다. 비대칭형 에어포일에서는 받음각이 영 또는 (−) 각이 되어도 양력을 얻을 수도 있다.

양력의 기본 개념은 단순하나 양력을 발생하는 공기와 에어포일의 상대적인 움직임은 매우 복잡하다. 양력을 발생시키려면 물체(휘어진 평판, 회전실린더, 에어포일 등)의 앞단에서 만난 공기흐름이 물체의 위와 아래로 분리되어 지나가야 한다. 이렇게 갑자기 방향이 변한 공기흐름으로 인하여 물체의 윗면 표면에 낮은 압력을 일으킨다. 이러한 압력감소와 공기의 점성으로 인하여 위 표면에 흐르는 공기흐름이 빨라진다. 반면에 아랫면에 흐르는 공기흐름은 갑자기 느려지거나 정체되어 압력이 커진다. 이러한 두 공기흐름이 물체의 끝단을 지나면서 아래 방향으로의 운동량(momentum)을 일으켜 양력을 발생시키게 된다. 그림 2-4

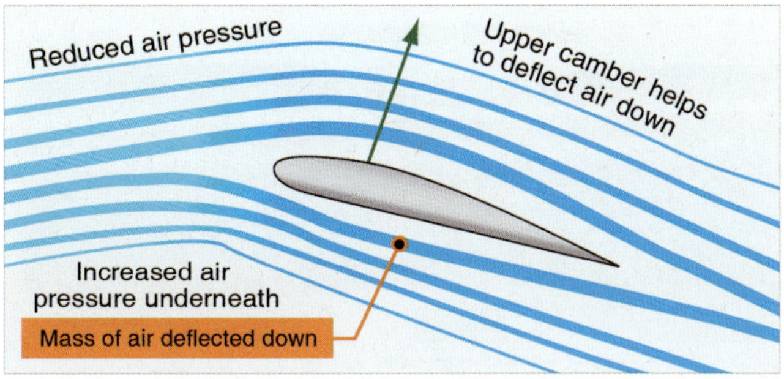

그림 2-4 양력 발생

가. 베르누이의 원리(Bernoulli's Principle)

베르누이의 원리는 도관에 흐르는 유체의 속도와 압력과의 관계를 설명한 것이다. 이것은 에너지보존의 법칙으로 에어포일이 공기역학적인 힘을 발생시키는 것을 이해하는데 도움이 된다. 에너지보존의 개념은 에너지는 저절로 생기거나 사라질 수 없다는 것을 말하며 한 시스템에 들어간 에너지는 똑같이 그대로 방출되어야 한다.

여기서 말하는 에너지는 동압(공기의 운동에너지: 속도가 크면 운동에너지도 커짐)과 정압(위치에너지)을 뜻한다. 한 도관에서 이것들은 서로 변할 수 있으나 전 압력에너지는 일정하다.

한 예로 정원에 물을 뿌릴 때 사용하는 호스를 보자. 단위면적당 유체흐름의 양을 질량흐름율이라 한다. 그림 2-5에서 호스에 들어오는 물은 일정하니 위치 1, 2, 3에서 같은 양의 물이 지나가야 한다. 그러나 관의 면적이 좁아지면 같은 양의 물을 통과시키기 위하여 물의 흐름 속도가 빨라지게 된다. 즉 물(유체)의 속도는 면적의 감소에 비례

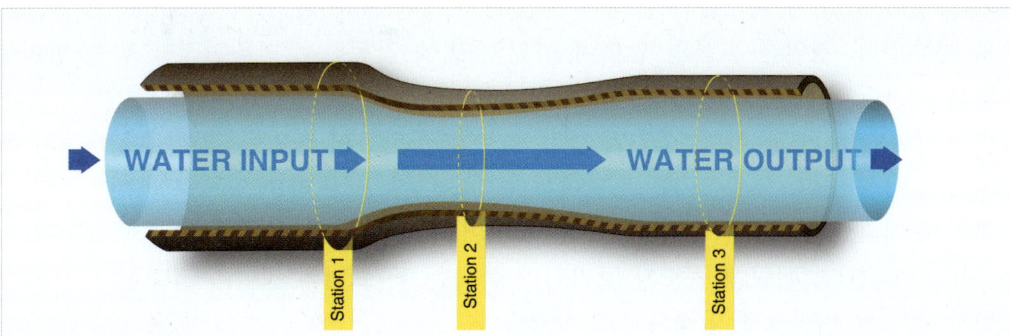

그림 2-5 물의 흐름

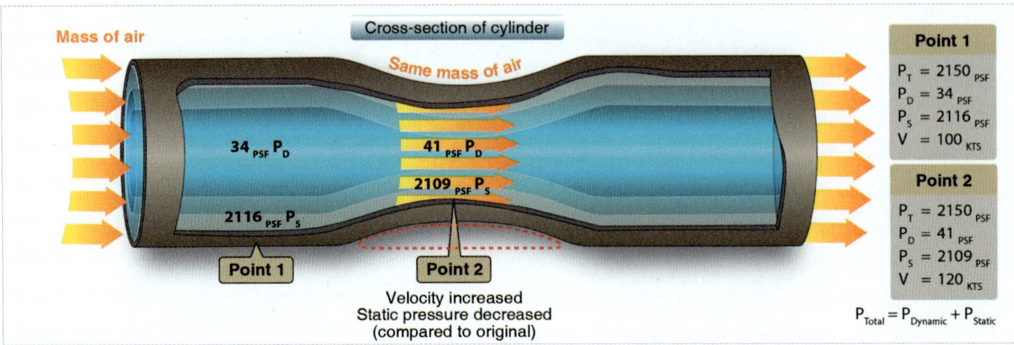

그림 2-6 벤투리 효과

하여 증가하게 된다.

베르누이 정리(전압 = 정압 + 동압)에서 속도 증가는 동압을 증가시키나, 도관안의 전압은 같아야 하기 때문에 벤투리 쪽의 정압은 감소하여야 한다. 이러한 현상을 '벤투리 효과(Venturi effect)'라 한다.

그림 2-6은 밀폐된 도관에 흐르는 유체의 속도와 압력에 대하여 설명한 것이다.

점 2 위치에서 보면 에어포일의 아랫부분과 비교하면 윗부분에서 정압의 감소를 쉽게 볼 수 있다. 물론 아랫면의 정압은 깃의 디자인과 깃 각 등 다른 것들에 의해 영향을 받기 때문에 위의 예와 같이 간단치는 않다. 그러나 기본 개념은 윗면과 아랫면의 정압 차를 깃의 표면적과 곱한 만큼의 공기역학적 힘이 발생한다는 것이다.

나. 벤투리 흐름(Venturi Flow)

한 도관에서 총 에너지의 양은 변하지 않지만 에너지의 형태는 바뀔 수 있다. 흐르는 공기의 압력을 에너지로 표현하면 에너지가 추가되거나 제거되지 않는 한 전체압력은 일정해야 한다. 유체흐름의 압력은 정압(static pressure)과 동압(dynamic pressure)으로 분류된다. 정압은 흐름의 압력이 아닌 표면에 작동하는 단위면적당 힘을 말하고 동압은 공기의 흐름(움직임)으로 발생하는 압력이다. 이 두 압력을 합쳐 총 압력 즉 전압(total pressure)이라 한다. 공기가 좁은 통로를 통과하면 정압은 작아지나 속도가 빨라져 동압이 커진다. 그림 2-7은 도관에서 중간 윗부분을 잘라낸 것으로 에어포일의 윗부분의 형태와 유사하다. 도관의 윗부분이 없어도 공기는 휘어진 영역을 지나갈 때 빨리 지나가야 한다. 이렇게 속도가 빨라지면 불룩한 위 표면의 정압이 감소된다. 이렇게 정압과 동압의 변동으로 압력차이가 발생한다.

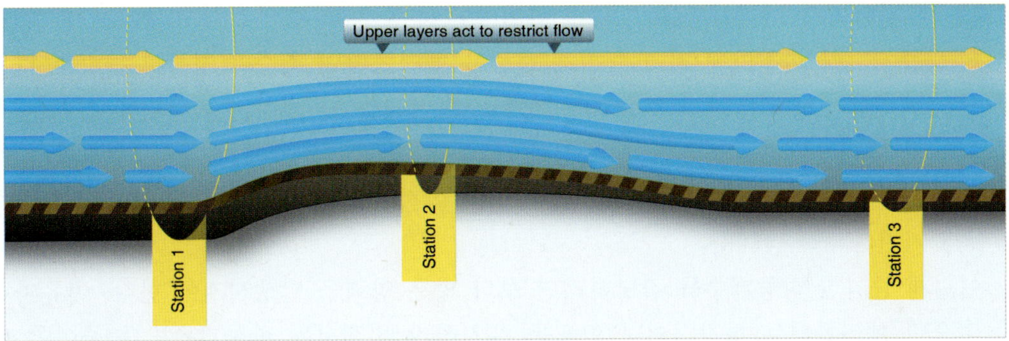

그림 2-7 벤투리 공기흐름

다. 뉴턴의 제3운동의 법칙(Newton's Third Law of Motion)

회전익의 밑면에 부딪친 공기가 아래 방향으로 꺾이면서 회전익 깃의 아래 표면에서 별도의 양력이 발생한다. 뉴턴의 제3법칙에 따르면 "모든 작용에는 반드시 같은 크기의 반작용이 발생한다." 즉 아래로 꺾여 내려가는 공기가 물체를 위로 올리는 반작용(양력)을 발생시킨다. 물 위를 달리는 수상스키도 같은 이치이다. 스키 밑면에 부딪치는 물의 압력과 물이 아래 방향으로 꺾이는 반작용의 힘으로 수상스키를 탄 사람을 물 위에 떠있게 한다.

대부분의 비행조건에서는 회전익 밑면에 부딪치는 공기압력과 반작용으로 발생하는 양력은 상대적으로 적다. 회전익 아랫면에 작용하는 압력의 증가보다 윗면에 작용하는 압력감소로 대부분의 양력이 얻어진다.

03 중력(Weight)

일반적으로 중력은 헬리콥터의 무게와 연료 그리고 탑승자의 무게를 합한 값이다. 헬리콥터가 수직으로 뜨려면 회전익장치가 헬리콥터의 총중력보다 큰 양력을 발생시켜야 한다. 뉴턴의 제1법칙(관성의 법칙)에 따르면, "외력이 작동하지 않는 한 일정한 움직임의 상태, 즉 평형상태에 있는 모든 물체는 원래의 평형상태에서 변하지 않으려 한다." 여기에서 물체는 공중에 떠있거나 지상에 있는 헬리콥터이고 외력은 회전익의 피치각을 증가시켜 헬리콥터에 작동하는 양력으로 보면 된다. 만약 이 힘이 작동하지 않으면 헬리콥터는 그대로 공중에 떠있거나 지상에 그대로 정지한 상태로 있게 된다.

· 헬리콥터의 중력은 공기역학적인 하중에 의해 달라질 수 있다. 예를 들어, 일정한

고도를 유지하면서 헬리콥터를 기울게 하면 'G' 하중 즉 하중계수(load factor)가 증가한다. 하중계수란 회전익에 걸리는 실제 하중을 헬리콥터의 총중량(정상하중)으로 나눈 값이다. 헬리콥터가 일정한 고도를 유지하며 선회비행을 할 때에는 회전익에 걸리는 하중은 실제 헬리콥터의 총중량보다 커진다. 보다 선회경로를 짧게 하거나, 뱅크를 많이 주거나, 보다 급격하게 기수를 올리면 올릴수록 회전익에 걸리는 하중이 증가하여 하중계수가 커진다.그림 2-8

이렇게 증가한 하중계수를 감당하려면 보다 많은 양력을 발생시켜야 한다. 여유마력이 없으면 헬리콥터는 하강하거나 고도를 유지하기 위해서는 항공기속도를 줄여야 한다. 그림 2-8에서 보듯이 뱅크각(bank angle)이 30°까지는 하중계수, 즉 헬리콥터의 중량이 미미하게 증가하지만, 그래도 조건이 좋지 않은 환경에서는, 예로 고밀도고도, 난기류, 과중량, 혹은 조종기술이 미흡하면 헬리콥터의 고도와 속도를 유지할 만한 충분한 여유마력을 갖지 못할 수도 있다. 조종사는 제자리비행지점으로 올라갈 때부터 착륙할 때까지 전 비행영역에서 이러한 요소를 고려해야 된다. 30° 이상 뱅크를 주면 총중량이 급격하게 증가한다. 도표를 보면 30°의 뱅크(bank)나 피치(pitch)에서 중량의 증가는 16%정도이나 60°에서는 회전익의 하중이 두 배가 된다. 예를 들어, 헬리콥터의 중량이 1,600lbs일 때 30° 뱅크에서 고도를 유지하려면 회전익 판이 1,856lbs (1,600+16%)의 하중을 담당해야 한다. 60° 뱅크에서는 하중이 3,200lbs가 걸리며 80° 의 뱅크에서는 무려 거의 6배인 8,000lbs가 걸린다. 중요한 것은 헬리콥터의 하중을 각각의 회전익이 분담하여야 한다는 것이다. 따라서 2개의 회전익을 가진 헬리콥터인 경우 중량이 1,600lbs이면 각각의 회전익이 800lbs씩 양력을 내야 하며 회전익이 3개라면 각각

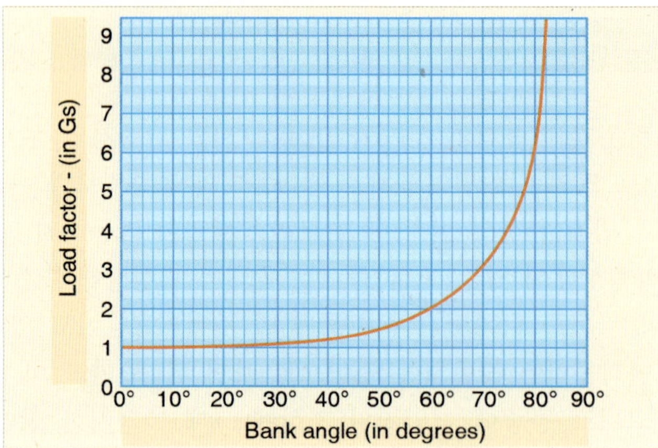

그림 2-8 하중계수 도표(load factor diagram)

533lbs(33%)의 양력을 필요로 한다. 하중계수를 크게 하는 요인으로 난기류도 있다. 난기류로 인해 수직방향의 돌풍이 발생하여 회전익의 받음각이 갑자기 커지게 될 때 헬리콥터의 관성으로 인한 저항력으로 회전익에 하중이 많이 걸리게 된다.

헬리콥터마다 구조, 크기, 용량에 따라 고유 한계치를 가지고 있다. 그러나 하중을 얼마나 담당하고 또는 엔진동력을 얼마나 가지고 있느냐에 관계없이 공기역학적인 과부하가 걸릴 수 있다. 불행하게도 조종사가 성능범위를 벗어나게 조작하면 결과는 치명적일 수 있다. 콜렉티브를 올리거나 뱅크각을 크게 하면 공기역학적인 힘이 헬리콥터의 모든 움직임에 영향을 준다. 특별한 조작이나 조종장치를 조정한 후 결과를 예측하는 것은 바람직한 조종기술이 아니다. 언제나 조종사는 어떠한 환경에서도 헬리콥터의 성능을 이해할 필요가 있고 또한 어느 상황에서도 비행범위(flight envelope)를 벗어나지 않도록 계획하여야 한다.

04 추력(Thrust)

추력도 양력과 마찬가지로 회전익 판의 회전으로 발생한다. 헬리콥터에서는 추력이 앞, 뒤, 좌, 우 또는 수직방향으로 작용할 수 있다. 헬리콥터는 회전익장치에서 발생시키는 양력과 추력의 합력, 즉 벡터로 비행방향이 결정된다.

현절비(solidity ratio)는 회전익 판의 면적에 대한 전 회전익 깃의 면적의 비율이다. 이 비율은 회전익 판이 추력과 양력을 제공하는 잠재력을 측정하는데 사용된다. 헬리콥터마다 현절비를 산출하기 위한 수학적인 계산은 대부분의 조종사에게 중요하지는 않지만 양력을 발생시키고 유지할 수 있는 회전익 판의 용량을 제시해준다. 많은 헬리콥터의 사고는 회전익 판에 과부하가 걸려 발생하고 있다. 다시 말하면 헬리콥터의 동력장치가 낼 수 있는 동력보다 많은 동력이나 회전익 판이 낼 수 있는 양력보다 많은 양력을 요구하는 기동을 시도하면 과부하가 발생한다. 상황이 좋지 않은 상태(헬리콥터의 중량이 무겁거나 혹은 돌풍 등)에서 기수를 많이 든 자세로 착륙을 시도하는 것은 사고로 연결될 가능성이 높다.

꼬리회전익에서도 추력이 발생한다. 이 추력의 크기는 반토크페달로 조정되며 헬리콥터의 요(yaw)현상을 조종하기 위하여 사용한다.

05 항력(Drag)

헬리콥터가 공기 속을 움직이는 것을 방해하는 힘은 양력을 발생시킬 때 생기는데 이를 항력이라 부른다. 회전익을 회전시키기 위해서는 엔진으로 항력을 극복하여야 한다. 항력의 방향은 상대바람에 평행으로 작용한다. 총 항력은 세 가지 유형으로 프로파일 항력, 유도항력, 그리고 유해항력으로 구분한다.

가. 프로파일항력(Profile Drag)

프로파일항력은 공기 속을 통과하는 회전익의 마찰저항으로 발생한다. 이 항력은 에어포일의 받음각의 변화에 크게 영향을 받지 않으나 속도가 빨라지면 조금씩 증가한다. 프로파일항력은 형상항력과 표면마찰로 이루어진다.

1) 형상항력(form drag)

물체의 표면으로부터 이탈하는 공기흐름의 소용돌이로 발생하는 항력이다. 항력의 크기는 상대바람에 노출된 물체의 크기와 모양에 따라 달라진다.그림 2-9

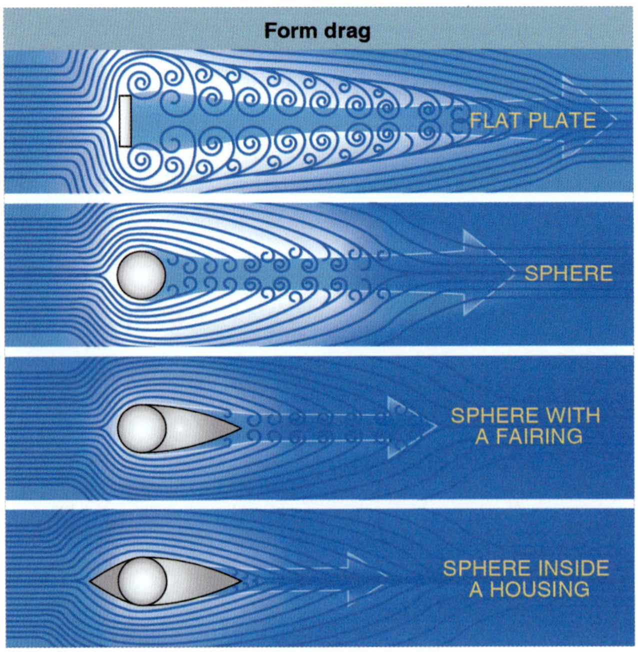

그림 2-9 형상항력(form drag)

2) 표면마찰(skin friction)

표면마찰은 표면의 상태에 따라 발생하며 비록 표면이 매끄럽게 보여도 확대하여 보면 상당히 거칠다. 그래서 얇은 공기층이 거친 표면에 달라붙어 미세한 소용돌이(와류)를 일으키면서 항력을 유발하게 된다.

나. 유도항력(Induced Drag)

유도항력은 회전익이 양력을 발생시킬 때 회전익 끝부분에서 일어나는 순환 공기흐름 때문에 생긴다. 회전익 아랫부분의 고압영역과 윗부분의 저압영역이 익단(rotor tip)과 뒷전(trailing edge)에서 합류할 때 나선형의 와류가 발생하면서 날개주위의 공기흐름을 아래로 당기게 된다. 그래서 상대바람은 약간 아래쪽으로 기울어지고 상대바람에 수직으로 발생하는 양력도 뒤쪽으로 기울어지게 된다. 뒤쪽으로 작용하는 기울어진 양력의 수평성분이 유도항력이다.그림 2-10

받음각이 커지면 커질수록 공기의 압력차가 커지면서 보다 강한 와류를 형성하여 유도항력도 커진다. 헬리콥터의 속도가 빨라지면 받음각이 작아지고 속도가 느려지면 반대로 받음각이 커지기 때문에 유도항력도 헬리콥터의 속도가 빠를 때는 감소하고 속도가 느릴 때는 증가한다. 헬리콥터가 저속으로 비행할 때에는 항력의 주원인이 유도항력이다.

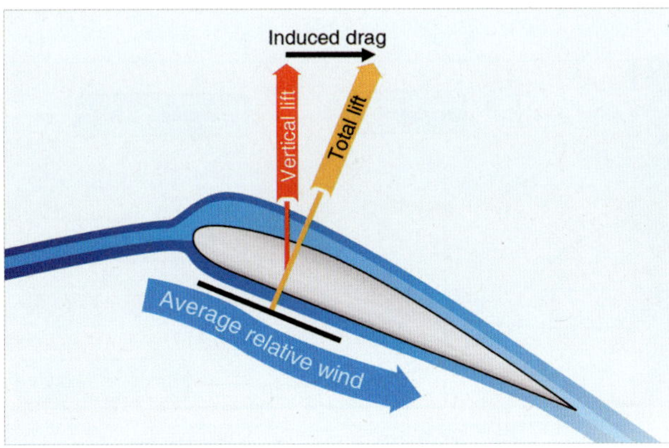

그림 2-10 유도항력

다. 유해항력(Parasite Drag)

유해항력은 헬리콥터가 공기 속에서 움직일 때 항상 발생하며 헬리콥터 속도에 따라 커진다. 헬리콥터에서 양력을 발생하지 않는 모든 구조물 예를 들면 동체, 회전익 마스트, 꼬리부분, 착륙장치 등이 유해항력을 일으킨다. 엔진냉각을 위한 공기 흡입구 같은 구조물로 공기흐름의 운동량이 상실되면 유해항력이 커진다. 헬리콥터 속도가 빨라지면 유해항력이 급격하게 증가하여 가장 큰 항력이 된다. 유해항력은 헬리콥터 속도(대기속도)의 제곱에 비례하여 대기속도가 2배가 되면 유해항력은 4배로 커진다.

라. 총항력(Total Drag)

헬리콥터에 발생하는 총항력은 앞에서 언급한 세 가지 종류의 항력을 모두 합한 것이다. 이것들을 종합해보면 헬리콥터 속도, 즉 공기흐름이 증가하면 유해항력이 커지지만 유도항력은 감소하고, 프로파일항력은 약간 증가하나 상대적으로 거의 일정하다고 할 수 있다. 그림 2-11은 세 가지 항력을 대기속도와 비교하여 표시한 것으로 모든 항력을 합한 것이 총항력 곡선이다. 총항력 곡선에서 가장 아래 지점이 항력이 최소가 되는 대기속도를 가리킨다. 최소항력지점에서 양력과 항력의 비율, 즉 양항비(lift drag ratio)가 가장 크며 수식으로는 L/Dmax이다. 즉 헬리콥터의 총양력과 총항력과의 관계를 비교할 때 이 속도에서 헬리콥터의 부양능력이 가장 커지며 헬리콥터의 성능에서 중요한 요소이다.

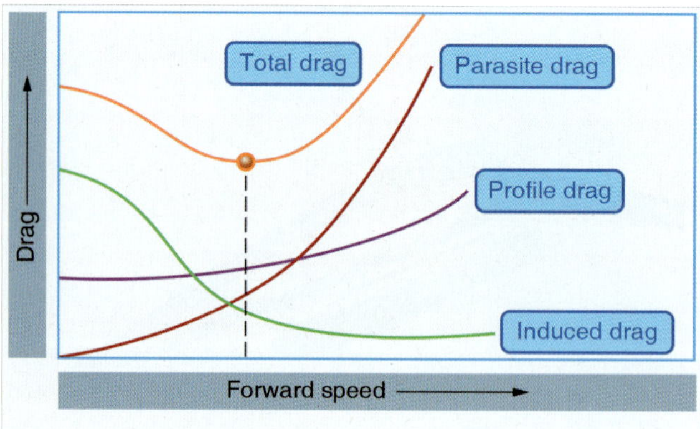

그림 2-11 총항력 곡선

06 에어포일(Airfoil)

헬리콥터가 비행을 할 수 있는 것은 에어포일 주변에 공기가 지나갈 때 발생하는 공기역학적인 힘 때문이다. 에어포일은 적당한 각도를 가지고 공기 속을 통과할 때 항력보다 양력을 많이 발생시키는 형상을 말한다. 에어포일은 양력을 발생하는 것으로 대부분 인식하고 있지만 안정성(fin), 조종(elevator), 추력(propeller or rotor)을 얻기 위해서도 사용된다. 회전익의 경우에는 이러한 기능들을 복합적으로 이용한다. 헬리콥터의 주회전익과 꼬리회전익도 에어포일이며 기계적으로 에어포일을 회전시켜 공기가 에어포일 주위를 통과하게 한다. 수평안정판이나 수직안정판과 같은 동체의 부분품도 에어포일 형상이다. 에어포일은 각기 특정한 비행특성을 감당하도록 만들어진다.

가. 에어포일의 용어 및 정의(Airfoil Terminology and Definitions)

1) 날개스팬(blade span): 회전익 중심 허브에서부터 회전익 끝단까지의 거리
2) 시위선(chord line): 에어포일의 앞전과 뒷전을 직선으로 연결한 가상선
3) 시위(chord): 앞전에서 뒷전까지의 시위선의 길이
4) 앞전(leading edge): 에어포일에서 부딪쳐오는 공기를 제일 먼저 만나는 앞단
5) 뒷전(trailing edge): 에어포일의 끝단
6) 평균캠버선(mean camber line): 에어포일의 윗면과 아랫면의 중간 선
   캠버(camber)는 에어포일의 곡면을 말하며 평균캠버선의 곡면으로도 간주한다. 평균캠버의 모양은 에어포일 단면의 공기역학적 특성을 결정하는데 중요하다. 최대캠버(maximum camber: 시위선에서 벗어난 평균캠버선의 변위)와 위치는 평균캠버선의 모양을 정의하는데 도움이 된다. 최대캠버의 위치와 크기(변위)는 시위선 길이의 백분율(%)로 표현한다. 제작회사는 최대캠버의 위치에 변화를 주어 특정 목적의 에어포일을 재단한다. 형상두께와 두께분포도 에어포일 단면의 중요한 성질이다.
8) 비행경로속도(Flightpath velocity): 공기 중을 통과하는 에어포일의 속도(속력과 방향). 비행기의 에어포일에서는 비행경로속도가 진대기속도와 같다. 헬리콥터의 회전익에서는 비행경로속도가 진행속도를 (+) 혹은 (−)한 회전속도이다. 회전익의 회전속도는 허브에 가까울수록 작아지고 깃의 끝단에 갈수록 빨라진다.

9) 상대바람(relative wind): 에어포일에 부딪혀오는 상대 공기흐름으로 정의하며 에어포일이 공기 속을 지나갈 때 발생한다. 회전날개 항공기에서는 회전상대바람으로 이는 뒤에 상세하게 다루겠다. 유도공기흐름이 비행경로속도를 변화시키기 때문에 에어포일의 실제 상대바람은 에어포일의 이동방향과 정반대가 되지는 않는다.
10) 유도흐름(induced flow): 회전익 판을 통과하는 공기의 내리흐름
11) 유효상대바람(Resultant relative wind): 유도흐름에 의해 변형된 상대바람
12) 받음각(AOA): 유효상대바람과 시위선이 이루는 각
13) 붙임각(AOI: Angle of Incidence): 일반적으로 에어포일의 시위선과 수평면이 이루는 각을 말하나, 헬리콥터에서는 회전익의 시위선과 회전익 허브와 이루는 각으로 보통 회전익의 피치각(pitch angle)이라 한다. 수직 핀이나 승강타와 같이 고정된 에어포일에서는 붙임각은 에어포일의 시위선과 헬리콥터에서 지정한 기준면과 이루는 각을 말한다.
14) 압력중심(Center of pressure): 모든 공기역학적 힘이 작용한다고 간주하는 에어포일 시위선상의 중심점. 에어포일의 표면에 따라 압력이 변하기 때문에 압력변화의 평균위치가 필요하다. 받음각이 변화하면 압력도 변하기 때문에 압력중심도 시위선을 따라 이동한다.

나. 에어포일 타입(Airfoil Type)

1) 대칭형 에어포일(symmetrical airfoil)

대칭형 에어포일은 윗면과 아랫면의 곡면이 같아 평균캠버선과 시위선이 같다.그림 2-13 또한 받음각이 영(zero)이면 양력이 발생하지 않는다. 대부분의 소형 헬리콥터는 회전익으로 대칭형 에어포일을 사용하고 있다.

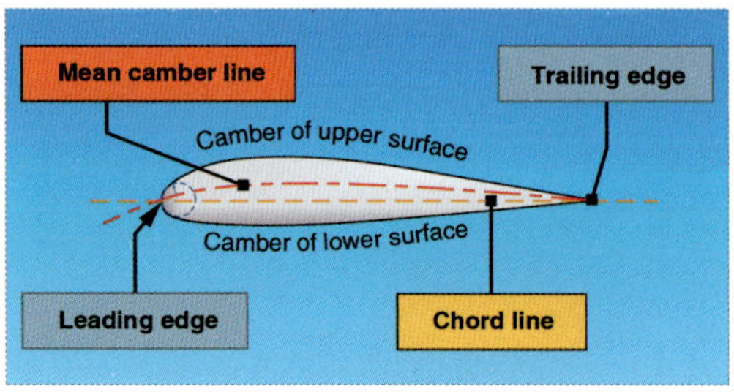

그림 2-12 에어포일의 용어

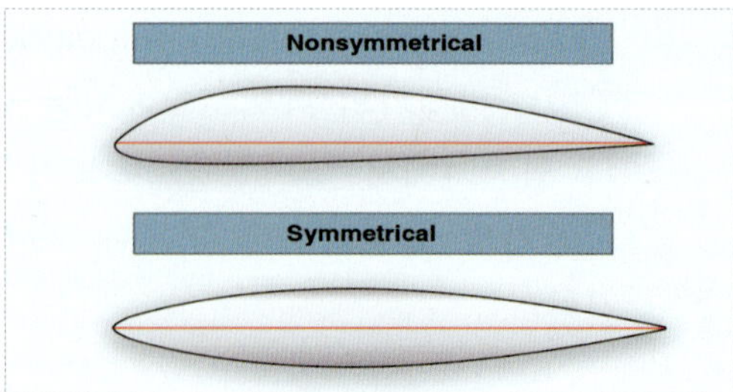

그림 2-13 에어포일의 형태

2) 비대칭형 에어포일(nonsymmetrical airfoil)

비대칭형 에어포일은 윗면과 아랫면의 곡면이 달라 윗면의 곡면이 크고 아랫면의 곡면이 작다.그림 2-13 따라서 평균캠버선과 시위선이 다르다. 비대칭형 에어포일에서는 받음각이 영(zero)이라도 양력을 얻을 수 있다. 비대칭형은 장점도 있고 단점도 있다. 장점으로는 같은 받음각에서 대칭형보다 많은 양력을 발생시킬 수 있고 양항비도 크며 실속특성도 좋다. 그러나 압력중심(center of pressure)이 시위선의 20% 지점까지 이동하여 에어포일 구조에 불필요한 토크를 발생시켜 제작비용이 많이 든다.

3) 회전익 비틀림(blade twist)

회전으로 일반 상대바람의 속도가 달라져 날개의 위치에 따라 양력의 차이가 발생하기 때문에 회전익 깃을 비틀어주어야 날개가 전체적으로 양력을 균등하게 발생하고 내부응력도 생기지 않는다. 상대속도가 느린 중심부는 피치각을 크게 하고 속도가 빠른 끝단 쪽으로 갈수록 피치각을 작게 해준다. 이 때문에 회전익의 중심 부위에 갈수록 유도공기속도가 증가하고 깃의 부하도 커진다.그림 2-14

다. 회전익 및 허브 정의(Rotor Blade and Hub Definitions)

1) 허브(hub): 마스트에 회전익의 뿌리가 부착되는 곳으로 회전익이 회전하는 축
2) 끝단(tip): 회전익의 가장 바깥쪽 끝
3) 뿌리(root): 허브에 부착하는 회전익의 가장 안쪽 끝
4) 비틀림(twist): 회전익(깃)의 뿌리에서 끝단까지 붙임각의 변화

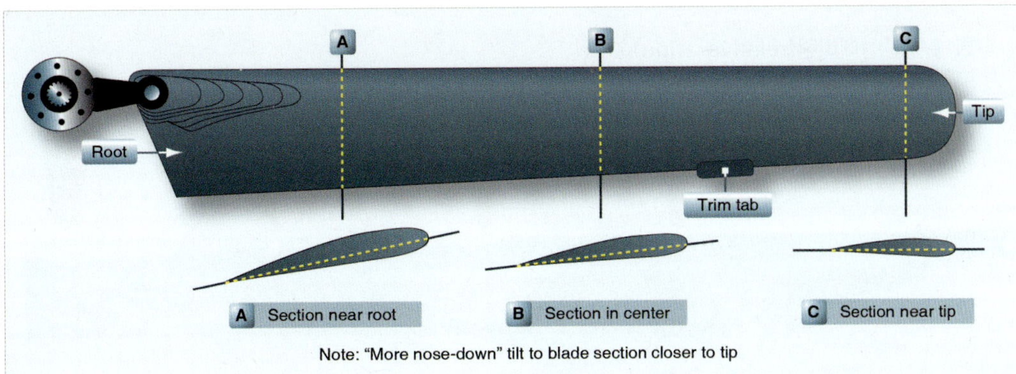

그림 2-14 회전익(깃) 비틀림(twist)

07 공기흐름과 상대반응(Airflow and Reactions in the Rotor Disk)

가. 상대바람(Relative Wind)

공기역학을 이해하고 실제 비행에 적용하는데 있어 상대바람에 대한 지식이 필수적으로 중요하다. 상대바람은 에어포일에 불어오는 공기흐름이다. 공기 중에 에어포일이 움직이면 상대바람이 발생한다. 상대바람은 에어포일의 움직임과 평행이나 반대방향으로 움직인다.그림 2-15

회전익에 부딪쳐오는 상대바람은 두 가지 성분이 있다.

- 수평성분(horizontal part): 헬리콥터가 움직일 때 발생하는 공기흐름과 회전익의 회전으로 발생하는 공기흐름그림 2-16

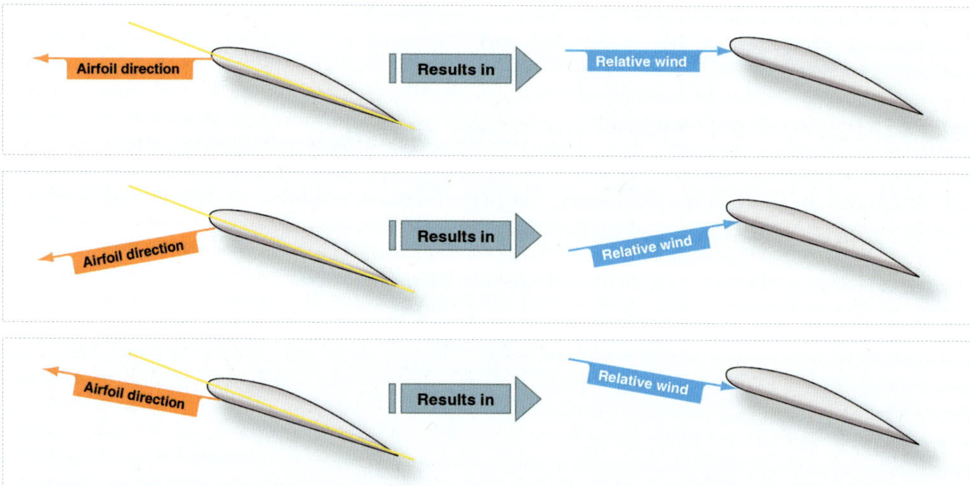

그림 2-15 상대바람(relative wind)

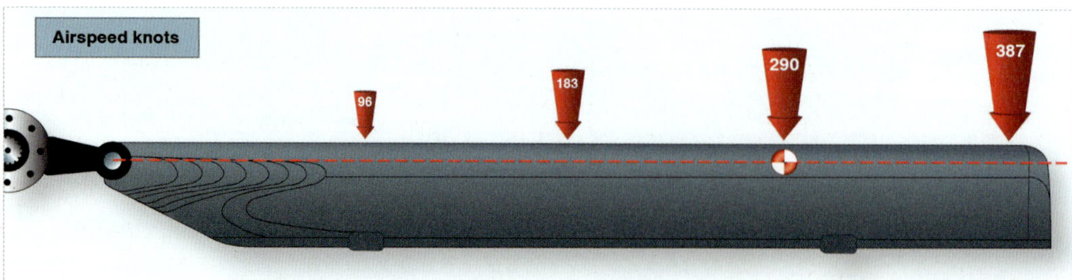

그림 2-16 수평성분

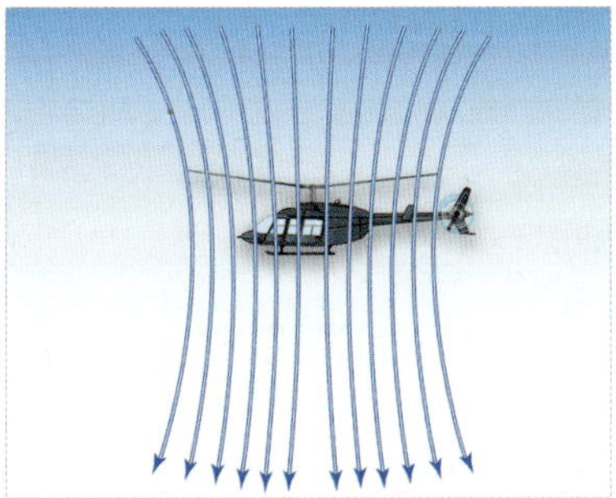

그림 2-17 유도흐름

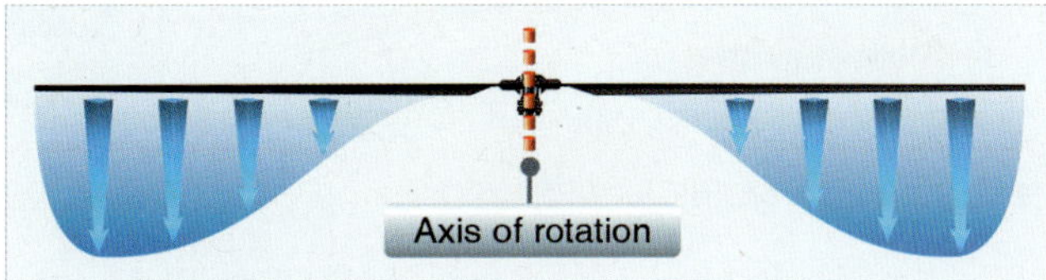

그림 2-18 제자리비행 시 유도흐름

• 수직성분(vertical part): 회전익을 통하여 아래로 내려가는 공기흐름과 헬리콥터의 상승 또는 하강으로 발생하는 공기흐름그림 2-17, 2-18

나. 회전상대바람(Rotational Relative Wind: Tip-Path Plane)

회전익이 마스트를 중심으로 회전할 때 회전상대바람을 일으킨다. 회전(rotational)이라는 용어를 붙인 것은 상대바람을 일으키는 방식이 회전이기 때문이다. 회전상대바람은 에어포일의 항적과 반대방향으로 날개의 앞전에 90°로 부딪쳐 회전면과 평행으로 흐른다. 물론 날개가 돌기 때문에 방향은 계속해서 변하게 된다. 이 회전상대바람의 속도는 날개 끝단에서 가장 빠르고 일정하게 줄어들어 회전축(마스트 중심)에서는 영(0)이 된다.그림 2-19

다. 유효상대바람(Resultant Relative Wind)

제자리비행 시 유효상대바람은 유도흐름으로 변형된 회전상대바람이다. 이것은 약간 아래로 기울어져 에어포일의 실제 비행경로가 아니고 유효비행경로(effective flightpath)와 반대방향으로 흐르는 공기의 흐름이다. 유효상대바람은 양력, 항력 그리고 총 공기력의 벡터량을 발생시키는 기준면으로 역할을 한다.그림 2-20 헬리콥터가 수평으로 움직이면 대기속도가 유효상대바람을 더 많이 변하게 한다. 상대바람의 대기속도 성분은 공중에서 움직이는 헬리콥터에서 발생하기 때문에 헬리콥터의 움직임을 기준으로 회전익이 전진하느냐 아니면 후진하느냐에 따라 대기속도 성분은 회전상대바람에서 더하거나 빼주어야 한다. 대기속도의 상대바람 성분을 포함하면 유도흐름도 변하는데 일반적으로 유도흐름의 아래 방향으로의 속도가 줄어든다. 헬리콥터가 수평으로 움직이면 회전익 판(disc)의 공기순환 형태가 변한다. 헬리콥터의 비행속도가 빨라지면

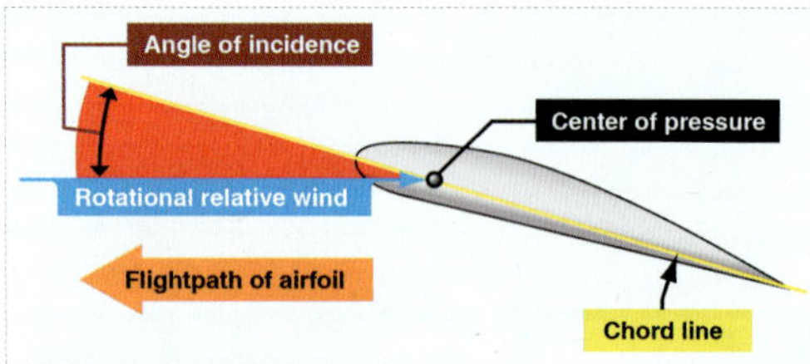

그림 2-19 회전상대바람

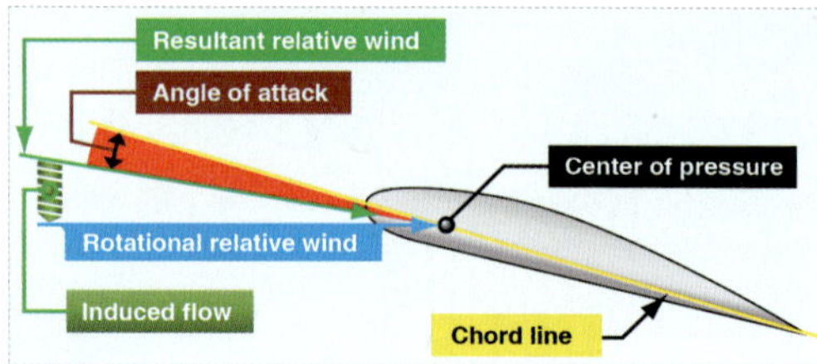

그림 2-20 유효상대바람

전진속도가 커져 유도흐름의 속도가 적어진다. 그래서 회전익을 같은 피치로 세트하여도 효율성이 좋아져 양력을 더 많이 발생한다.

1) 유도흐름(induced flow: downwash)

피치각이 없으면 회전익의 앞전을 통과한 공기가 뒷전을 떠나면서 방향이 변하지 않아 양력과 유도흐름이 발생하지 않는다. 회전익의 피치각이 커지면 회전익에서 공기를 아래쪽으로 유도하여 회전상대바람과 만나게 된다. 회전익이 수평으로 움직이기 때문에 일부 공기는 아래 방향으로 변한다. 회전익이 모두 같은 경로를 뒤따라 통과하게 되면서 공중에 떠있는 정지된 공기를 하강기류 통로로 변하게 한다. 그래서 모든 회전익이 공기의 내리흐름으로 인하여 받음각이 줄어든다. 이렇게 공기가 아래쪽으로 흐르는 것을 유도흐름(induced flow) 또는 내리흐름(downwash)이라 한다. 바람이 불지 않는 조건에서 제자리비행을 할 때 가장 많이 발생한다.그림 2-21

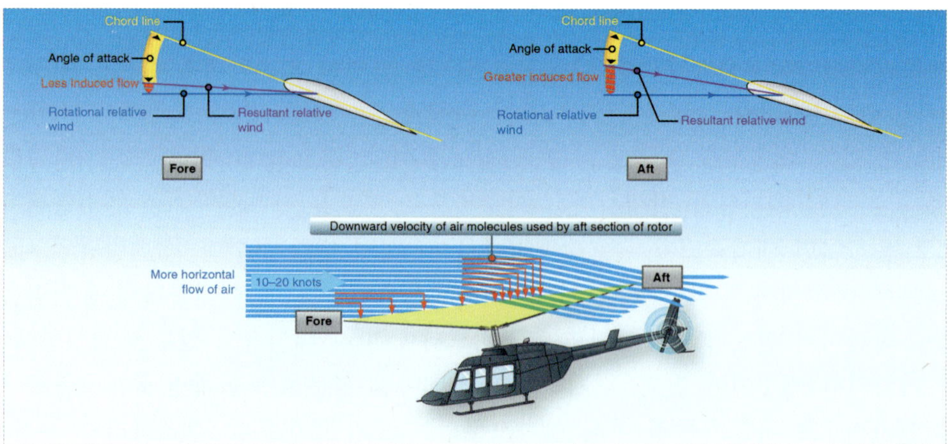

그림 2-21 유도흐름

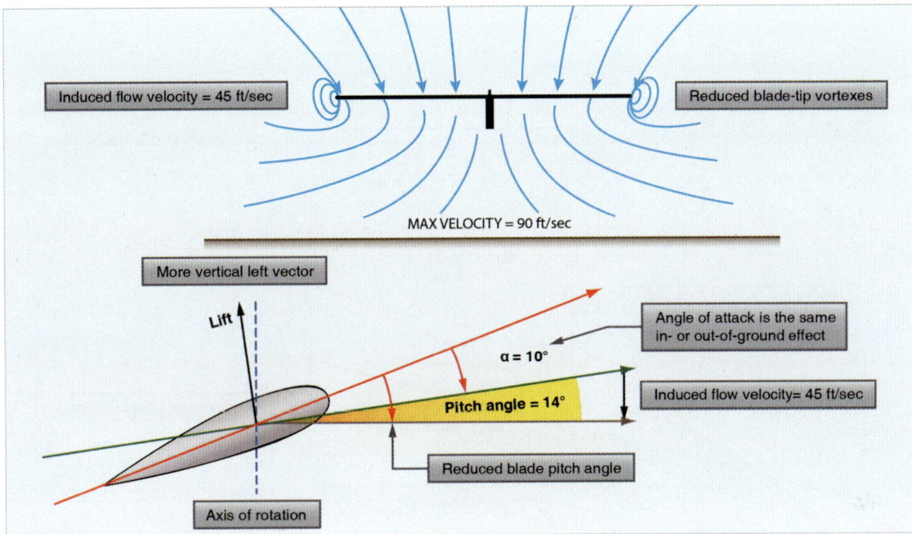

그림 2-22 지면효과권내(IGE)

2) 지면효과권내(in ground effect: IGE)

헬리콥터가 지면 가까이 있을 때 공기흐름의 간섭이 일어나 회전익의 효율성이 커지는 것을 지면효과(ground effect)라 한다. 아래쪽의 공기압력, 즉 밀도가 증가하여 공기의 내리흐름 속도를 줄여준다. 지면효과로 상대바람이 거의 수평상태로 되어 양력성분이 거의 수직으로 작동하고 유도항력도 적어진다. 그래서 회전익의 효율성이 좋아진다. 매끄럽고 단단한 지면에서 제자리비행을 할 때 최대의 지면효과를 얻는다. 그러나 큰 풀이나 나무, 숲, 울퉁불퉁한 지형, 물 위에서는 지면효과가 적다. 대부분의 헬리콥터는 회전익 직경 정도의 고도(지상에서 회전익면까지) 까지는 지면효과로 회전익의 효율성이 좋아진다. 유도흐름속도가 감소하여 회전익 받음각이 커지기 때문에 회전익 피치각을 줄여 유도항력을 적게 할 수 있다. 그래서 지면효과권에서 제자리비행을 할 때 필요마력도 최소가 된다.그림 2-22

3) 지면효과권외(out of ground effect: OGE)

헬리콥터를 지상 가까이 위치시킬 때 도움이 되었던 지면효과가 헬리콥터의 고도를 올리게 되면 없어진다. 즉 지면효과 고도를 벗어나면 제자리비행에 필요한 동력(필요마력)은 거의 일정하여야 한다. 유도흐름 속도가 증가하면 받음각이 줄어들고 양력도 적어진다. 그에 대한 합당한 조치를 취하는 도중이라도 이러한 내리흐름이 매우 국지적으로 일어나 공기의 교란을 일으켜 헬리콥터가 위험스러운 속도로 내려 앉을 수도 있다

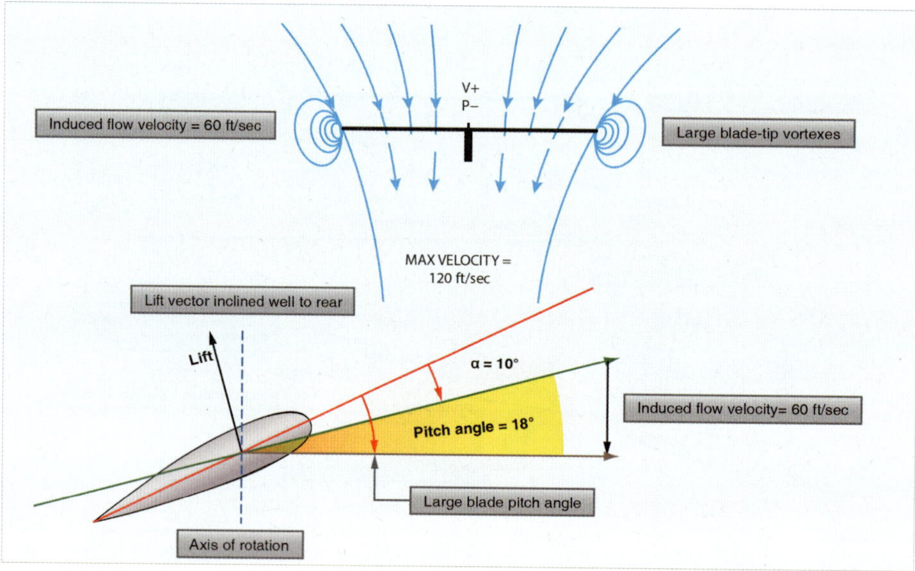

그림 2-23 지면효과권외(OGE)

(sink). 이러한 상황을 동력침하(settling with power)라 하며 11장(헬리콥터 비상절차)에서 자세하게 다루기로 하자. 지면효과범위에서 제자리비행을 할 때와 같은 받음각을 유지하려면 피치각이 훨씬 커져야 한다. 피치각을 키우면 항력도 커지게 되어 보다 큰 동력이 요구된다.그림 2-23

라. 회전익 각(Rotor Blade Angles)

헬리콥터가 비행하는데 필요한 양력을 발생시키는 회전익 판에 두 종류의 각이 있다.

1) 피치각(pitch angle) 또는 붙임각(angle of incidence)

회전익의 붙임각은 로터 회전면과 회전익이나 꼬리회전익의 시위선이 이루는 각이다. 이 각은 공기역학적 각이 아니라 기계적인 각으로 회전익의 피치각이라 한다.그림 2-24 유도흐름이 없으면 받음각과 붙임각은 서로 같다. 그러나 유도흐름이나 헬리콥터 속도가 상대바람을 변형시키면 받음각이 붙임각과 달라진다. 조종장치인 콜렉티브 조작과 사이클릭 페더링으로 붙임각, 즉 피치각의 변화를 주면 받음각의 변화가 일어나 양력계수가 달라지고 에어포일이 발생시키는 양력도 변하게 된다.

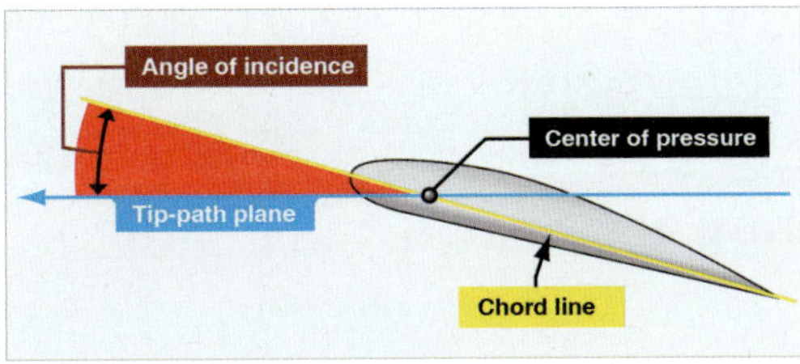

그림 2-24 붙임각(피치각)

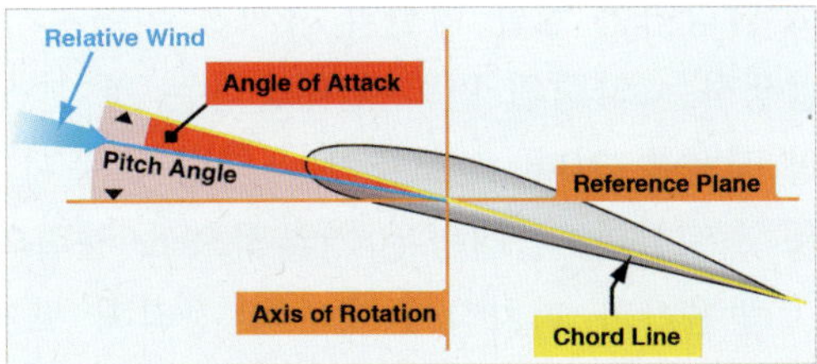

그림 2-25 받음각

2) 받음각(angle of attack: AOA)

받음각은 에어포일의 시위선과 유효상대바람이 이루는 각이다.그림 2-25 받음각은 공기역학적인 각이며 쉽게 잴 수가 없다. 날개의 피치각(붙임각)이 변하지 않아도 받음각은 변할 수 있다.

받음각이 커지면 에어포일의 윗면을 지나가는 공기흐름이 먼 거리를 지나가야 하기 때문에 공기의 속도가 빨라져 보다 많은 양력을 발생시킨다. 그러나 받음각이 너무 커지면 윗면의 공기흐름이 매끄럽지 못하게 되어 공기흐름이 표면에서 이탈하여 교란이 발생한다. 이러한 교란으로 항력이 커지고 양력을 잃게 된다. 받음각을 키워주면 임계각(critical angle of attack)에 도달할 때까지 양력이 계속해서 커진다. 이 각을 지나면 실속하고 급격하게 양력을 잃게 된다.

회전익의 받음각을 변하게 하는 여러 가지 요소가 있다. 조종사는 직접적으로 받음각을 조종하지 않고 간접적으로 비행조종장치를 조작하여 조종한다.

콜렉티브(collective)와 사이클릭(cyclic)으로 받음각의 변화를 일으킨다. 페더링(feathering)은 날개 길이방향의 축을 중심으로 회전익을 회전시켜 피치각을 조절하는 것을 말한다. 콜렉티브 페더링은 모든 회전익을 동시에 같은 방향으로 피치각에 변화를 준다. 피치각에 변화를 주면 받음각도 변하여 양력이 달라진다.

사이클릭 페더링은 회전익의 위치에 따라 피치각을 서로 다르게 변화를 주어 양력도 차이가 나게 한다. 모든 회전익에 받음각을 다르게 변화를 줌으로써 날개마다 서로 다른 양력을 발생하게 하여 회전익 판의 자세를 조종한다. 사이클릭 페더링은 회전익 판의 자세를 변하게 하나 회전익장치가 생산하는 양력의 양에 변화를 주는 것은 아니다.

대부분의 받음각 변화는 대기속도가 달라지거나 상승 혹은 하강률의 변화, 회전익장치가 자동적으로 플래핑(flapping)이 일어날 때와 같은 경우에 발생한다. 플래핑은 완전관절형 회전익장치에서 모든 회전익에 힌지가 있어 위 아래로 움직이는 것을 말한다. 반고정형장치에서는 힌지는 없지만 한 구조로 플래핑을 할 수 있다. 고정형장치에서는 수직이나 수평 힌지가 없어 플래핑이나 드래깅이 안 되지만 휘어질 수가 있다. 두 힌지로 담당하는 힘을 회전익 자체가 휘어져서 감당한다. 속도 변화나 사이클릭 페더링으로 발생하는 양력의 변화에 대응하는 것이다. 회전익의 회전면이 마스트에 수직이면 플래핑 작동은 없다. 사이클릭 페더링과 동시에 혹은 별도로 플래핑 동작은 양력의 비대칭을 조정한다. 플래핑은 기본적으로 양력의 비대칭 현상을 보완하기 위한 수단이다.

받음각과 피치각에 대하여 정리해 보자.

피치각은 고정된 기준면에 대한 각이고 받음각은 상대바람의 방향에 의해 시위선과 이루는 각이다. 물론 조종장치를 사용하여 피치각에 변화를 주면 받음각도 달라진다. 만약 피치각을 줄이면 받음각이 작아지고 피치각을 키우면 받음각도 커진다.

08 동력비행(Powered Flight)

동력비행(제자리비행, 수직비행, 전진비행, 측면비행, 또는 후진비행)을 할 때 회전익에 발생하는 양력과 추력의 합은 회전익의 회전면(tip-path plane)에 수직으로 작동한다.

09 제자리비행(Hovering Flight)

제자리비행(호버링)은 헬리콥터가 운항하는데 있어 가장 난해한 비행이다. 왜냐하면 제자리비행을 하는 동안에 헬리콥터가 스스로 돌풍을 일으켜 동체와 조종장치 표면에 영향을 주기 때문이다. 따라서 헬리콥터를 제자리에 위치하도록 하기 위해서는 조종사가 일정한 조작과 수정을 해주어야 한다. 조종입력은 매우 간단하다. 사이클릭으로 수평면에서 편류가 일어나지 않도록 앞, 뒤, 오른쪽, 왼쪽으로 이동시키면 된다. 거버너를 사용하지 못하면 스로틀로 회전속도(rpm)를 조절하고, 콜렉티브를 사용하여 고도를 유지해준다. 페달을 사용하여 기수, 즉 헤딩을 조종한다. 한 가지의 조종이 다른 두 가지의 장치의 조종을 필요로 하여 계속해서 반복적으로 수정조작을 하여야 하기 때문에 이러한 조종장치들을 상호 유기적으로 사용하는 제자리비행이 어렵다 하겠다.

제자리비행은 지면에서 약간 떨어진 상공의 한 지점 위에서 고정된 위치를 유지하는 것이다. 이러한 제자리비행을 하기 위해서는 회전익장치에서 발생하는 양력 성분으로 중력과 헬리콥터 하중을 지탱하여야 하고, 추력성분으로 원하는 방향에서 가속이나 감속을 하도록 해주어야 한다. 항공기가 수평을 유지하면서 사이클릭을 사용하여 회전익 판의 추력을 조종하여 바람에 의한 이동을 막아주어 항공기의 위치를 고정시키기

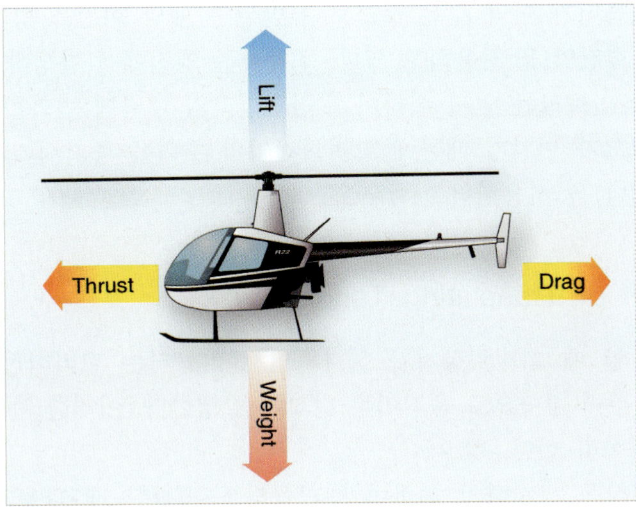

그림 2-26 제자리비행

위해서이다. 바람이 없는 조건에서 제자리비행을 할 때에는 모든 힘(양력, 추력, 항력, 중력)이 서로 반대이고 균형을 가져야 한다. 양력과 중력이 같아야 헬리콥터가 정지된 위치에 머물게 된다.그림 2-26

제자리비행을 할 때 회전익의 추력은 원하는 고도를 유지하기 위하여 조절하여야 한다. 이때는 콜렉티브를 사용하여 회전익의 붙임각(즉 피치각)을 변화시켜 받음각을 조정한다. 받음각이 변하면 회전익의 항력도 달라져 회전익의 회전속도를 일정하게 유지하려면 엔진에서 제공되는 동력도 조절해주어야 한다.

중력은 헬리콥터와 탑승자의 전체 무게이다. 만약 양력의 크기가 중력보다 커지면 헬리콥터는 양력과 중력이 같아질 때까지 위로 올라가고 반대로 추력이 중력보다 작아지면 헬리콥터는 아래로 내려간다.

제자리비행에서 헬리콥터의 항력은 주로 회전익이 발생시키는 양력으로 인한 유도항력이다. 그러나 회전익이 공기 속을 회전하기 때문에 약간의 프로파일항력도 발생하고 회전익 허브, 덮개, 착륙기어 등과 같은 표면에서도 적지만 유해항력도 발생한다. 이후에 언급되는 '항력'은 유도항력, 프로파일 항력, 그리고 유해항력 모두를 포함한다.

회전익이 추력을 발생시키는데 있어 필연적으로 토크가 발생한다. 앞 장에서 언급한 바와 같이 뉴턴의 제3법칙에 따라 모든 작용에는 반작용이 발생하기 때문에 엔진이 회전익장치를 반시계방향으로 회전시키면 헬리콥터의 동체를 시계방향으로 돌리는 반작용의 회전력이 발생한다. 동력이 변화하면 회전력도 달라진다. 회전익을 돌리는데 사용되는 엔진출력의 크기에 따라 회전력은 비례한다.

대부분의 헬리콥터가 이와 같은 토크로 유발된 몸체의 회전을 방지하기 위하여 꼬리회전익(반토크 회전익)을 사용하고 있다. 조종사는 엔진에서 발생하는 토크의 변화에 따라 이를 상쇄할 반토크를 얻기 위하여 꼬리회전익의 추력에 변화를 준다. 엔진의 출력이 증가하면 토크가 커지기 때문에 꼬리회전익의 추력을 증가시키기 위하여 반토크 페달(혹은 러더페달)을 사용한다.

가. 편류(Drift or Translating Tendency)

제자리비행을 할 때 회전익장치가 하나뿐인 헬리콥터는 꼬리회전익에서 발생하는 추력으로 인하여 추력 방향으로 움직이는 현상이 발생한다. 이러한 측면 이동현상을 편류 또는 이동성향이라 한다.그림 2-27

이러한 편류현상을 방지하기 위하여 헬리콥터를 제작할 때 다음과 같은 방법들을 사용하고 있다. 여기에서 언급하는 예는 회전익이 반시계방향으로 회전하는 경우이다.

1) 회전익의 중심축(mast)이 꼬리회전익 추력과 반대방향으로 약간 왼쪽(뒤에서 볼 때)으로 기울어지도록 동력전달장치를 장착한다.
2) 사이클릭 조종이 중앙에 올 때 회전익 회전판이 약간 왼쪽으로 기울어지도록 조종장치를 조절한다. 어떤 방법을 사용하든지 간에 제자리비행을 할 때 회전면이 약간 왼쪽으로 기울게 한다.
3) 회전익 축을 동체에 수직으로 하여 동력전달장치를 장착하지만, 헬리콥터가 제자

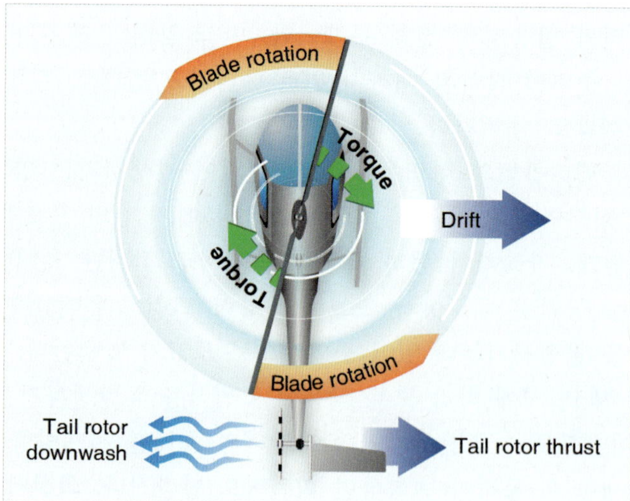

그림 2-27 편류(drift)

리비행 시 왼쪽 스키드가 아래로 처지게 한다.(위에서 볼 때 회전익이 시계방향으로 돌면 반대, 즉 오른쪽 스키드가 내려가게 한다.)

4) 꼬리회전익이 회전익 회전판보다 아래에 있고 반토크 추력을 제공한다면 동체가 기울게 된다. 동체가 기울어지는 것은 꼬리회전익의 추력과 회전익 토크가 완벽한 균형이 맞지 않아서다. 헬리콥터가 기울어지는 것은 두 가지의 힘 때문인데, 하나는 편류성향을 없애기 위하여 회전익 회전판이 기울고 아래쪽 꼬리회전익의 추력이 동체에 토크작동을 일으킨 것이다.
5) 전진비행 시 꼬리회전익은 계속해서 오른쪽으로 밀어 회전익이 수평이고 미끄럼볼이 중앙에 있을 때 헬리콥터는 바람과 약간의 각을 형성하는데 이것을 고질적인 사이드슬립(side slip)이라 한다.

일부 대형 헬리콥터에서는 수직 핀 혹은 수직안정판을 설치하고 그곳에 꼬리회전익을 장착하여 옆으로 밀리는 것을 보정하고 제자리비행 때 기울어지는 것을 일부 방지해준다.(수직 핀이나 파일론의 위쪽 끝단에 꼬리회전익을 장착하여 반토크가 토크 기준면에 근접시켜 몸체가 꼬리회전익에서 최대로 적게 기울어지도록 함) 이렇게 꼬리회전익을 지면으로부터 보다 높게 설치하면 외부물질이 회전익에 부딪치는 위험도 줄일 수 있다. 그러나 무게 증가와 복잡성 비용이 문제이다.

나. 시계추작동(Pendular Action)

회전익장치가 하나뿐인 헬리콥터는 질량이 큰 동체가 하나의 점에 매달려 있는 것과 같아, 한 번 흔들리면 시계추와 같이 전후 또는 좌우로 자연스럽게 진동운동을 하게 된다. 이러한 현상은 헬리콥터를 과도하게 조종하면 더욱 커지게 된다. 그래서 조종조작은 가급적 부드럽게 수행하여야 한다.그림 2-28

수평안정판이 전진비행 시 헬리콥터의 수평유지에 도움이 된다. 그러나 후진비행 시는 수평안정판이 꼬리를 내려가게 압력을 주어 바람이 부는 쪽으로 후진하다가 꼬리가 지면에 부딪치게 될 가능성이 많다. 일반적으로 바람이 불고 있을 때 헬리콥터가 후진이동을 시작하면 수평안정판이 앞에서 불어오는 바람의 영향을 거의 받지 못한다. 후진비행을 하는 지상속도가 바람속도와 같으면 헬리콥터는 무풍조건으로 제자리비행을 하는 것과 같게 된다. 그러나 바람이 불어오는 방향으로 후진 제자리비행을 할 때에는 조심하고 꼬리가 땅에 부딪치지 않도록 주의하여야 한다.

시계추작동 현상이 반고정형 헬리콥터와 완전관절형 헬리콥터는 서로 크게 차이가 있다. 완전관절형은 회전익이 서로 비대칭으로 고정되어 있기 때문에 회전익에서 당기

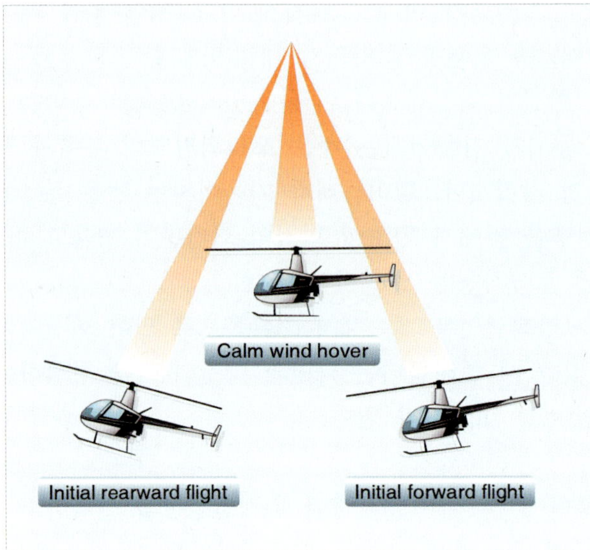

그림 2-28 시계추 작동

는 원심력이 동체에 전달되어 동체가 회전익 자세를 따르려 한다. 그러나 반고정형에서는 시계추와 똑같아 동체를 통제하려면 동체의 무게중심 주위에 모멘트를 발생시키기 위하여 추력이 필요하다.

다. 원뿔형상(Coning)

헬리콥터가 양력을 얻기 위해서는 회전익이 회전하여야 한다. 비행기나 활공기는 기체가 공기 속을 움직이면서 상대바람을 일으키나, 헬리콥터는 회전익 회전판이 회전익을 공기 속으로 움직여 상대바람을 일으킨다. 회전익과 헬리콥터의 기체 움직임에 따라 여러 요소가 상대바람의 방향을 변하게 한다. 회전익이 회전할 때 원심력이 발생하여 회전익은 중심인 회전익 축(허브)으로부터 바깥쪽으로 당겨진다. 원심력은 회전이 빠를수록 커지고 회전이 느릴수록 적어진다. 원심력은 회전익이 휘어지지 않도록 경직성, 즉 항공기 무게를 견디는 강도를 증가시켜준다. 최대원심력은 회전익의 최대 작동 회전 속도(rpm)에 의해 결정된다.

예로 이륙할 때 회전익의 양력이 증가하나 동시에 2개의 힘이 걸리는데 그 하나는 위로 작용하는 양력이고 또 다른 하나는 바깥쪽으로 작용하는 원심력이다. 이러한 두 가지 힘의 합성으로 회전익은 회전할 때 수평원판을 이루지 못하고 원뿔형상(coning)을 가지게 된다. 모든 헬리콥터에서 이륙할 때 이러한 원뿔모양을 볼 수 있다.그림 2-29

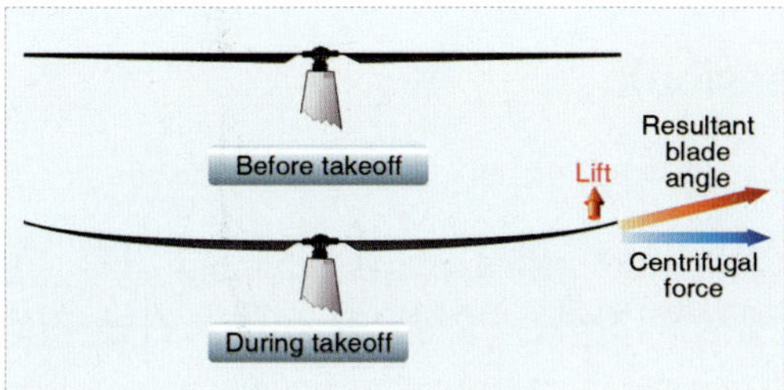

그림 2-29 원뿔현상(coning)

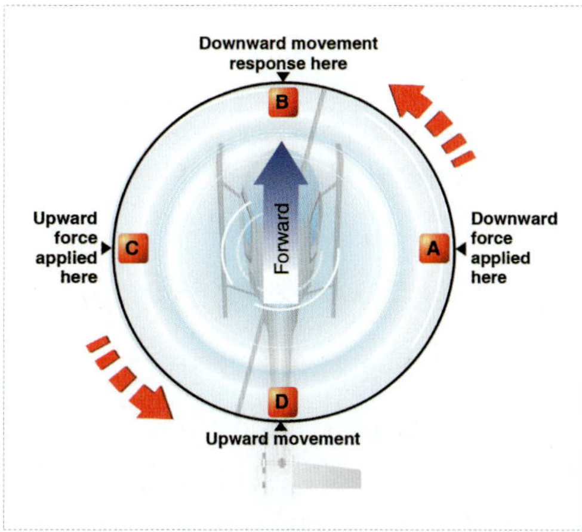

그림 2-30 자이로스코프 세차성(precession)

회전익 회전속도(rpm)가 너무 낮으면 원심력도 적어져 원뿔각이 매우 커진다. 다른 말로 표현하면 회전속도가 너무 낮아지면 원상으로 회복되지 못할 정도로 회전익이 위로 젖혀지게 된다.

라. 코리올리 효과(Coriolis Effect)

코리올리 효과는 '각운동량 보존의 법칙(law of conservation of angular momentum)'이라고도 한다. 회전하는 물체의 각운동량의 크기는 외부에서 힘을 가하지 않는 한 변하지 않는다. 참고로 각운동량은 관성모멘트(질량×회전중심으로부터 거리의 제곱)와 회전속도를 곱한 것이다.

각속도의 변화, 즉 각 가속과 감속은 회전축으로부터 회전하는 물체의 질량이 얼마나 가깝게 혹은 멀어질 때 발생한다. 회전하는 물체 질량의 속도는 반경의 제곱에 비례하여 변한다.

아주 좋은 예로 얼음판에서 제자리에 서서 회전하는 피겨스케이터를 연상해 보자. 스케이터가 한 발을 딛고 다른 다리와 팔을 넓게 좌우로 벌리고 선회를 시작한다. 스케이터의 몸 회전은 상대적으로 느리다. 스케이터가 양팔을 움츠리고 다른 한 다리를 안으로 모으면 관성모멘트(질량×반경 제곱)가 많이 작아지는데 몸의 회전속도는 눈이 따라갈 수 없을 정도로 빨라진다. 자연의 법칙대로 외력이 없으니 각운동량은 같아야 하기 때문에 각속도가 증가하여야 한다.

회전익 축을 중심으로 회전하는 회전익은 각운동량을 가진다. 회전익이 G-하중 기동으로 원뿔이 되기 시작하면 회전익의 회전판 직경이 줄어든다. 각운동량 보존의 법칙에 따라 회전익의 끝단은 회전직경이 작아져 보다 짧은 거리를 돌지만 회전익의 회전속도는 증가하게 된다. 회전속도의 증가로 약간의 양력 증가도 발생한다. 대부분의 조종사는 콜렉티브 피치를 키워 회전속도(rpm)의 증가를 저지한다. 회전익의 회전속도 증가분의 양력은 회전익의 원뿔이 위로 향해 회전판의 면적이 약간 줄어서 거의 무시해도 된다.

마. 자이로 세차성(Gyroscopic Precession)

헬리콥터의 회전하는 회전익은 자이로스코프와 같아 지이로 특성이 있는데 그 중 하나가 세차성(precession)이다. 이것을 섭동성이라고도 한다. 자이로 세차성이란 "회전하는 물체에 힘을 작용하면 힘을 가한 지점에서 회전하는 방향으로 90°가 지난 지점에서 힘을 받은 것 같이 물체가 작동하는 것"을 말한다.그림 2-30

2개의 회전익을 가진 회전익장치에서 회전판의 움직임에 자이로의 세차현상이 어떠한 영향을 주는지 살펴보기로 하자. 사이클릭 피치조종으로 한쪽 회전익의 피치각을 증가시키면 그 쪽 지점의 회전판을 들어 올리는 양력이 커지고 반대쪽 지점에서는 회전익의 피치각이 감소하여 회전판을 들어 올리는 양력의 힘이 줄어든다. 그러므로 한쪽의 회전익은 위로 움직이고 반대쪽 회전익은 아래로 움직여야 한다. 그러나 회전판은 자이로와 같이 작동하여 회전면에서 90°가 지난 지점에서 최대의 움직임이 발생한다. 그림 2-31에서와 같이 3시 방향의 전진하는 회전익은 받음각이 감소하고 9시 방향의 후진하는 회전익은 받음각이 증가하여 좌우 양쪽에서 반대의 힘이 작용하나 90°가 지난 앞뒤

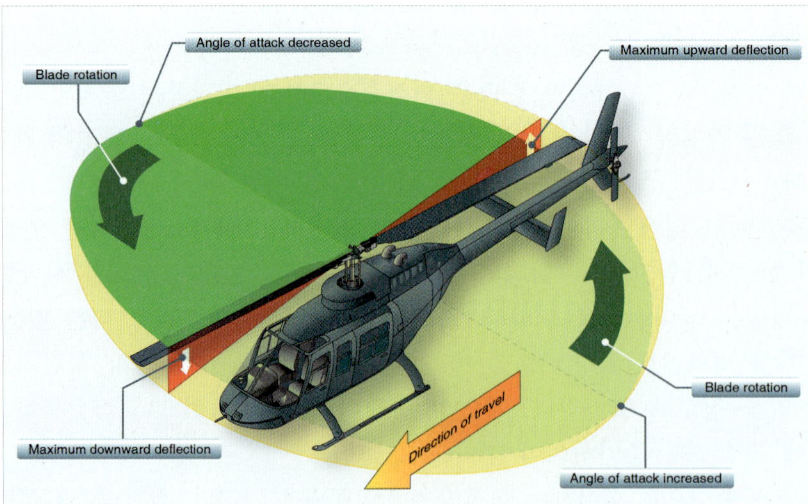

그림 2-31 회전익의 움직임

방향에서 움직임이 일어난다. 즉, 회전판은 앞쪽에서 아래로 기울어지고 뒤쪽에서 올라가는 현상을 일으킨다. 3개 혹은 그 이상의 회전익을 가진 회전익장치에서도 사이클릭 피치조종으로 각각의 회전익에 받음각을 변화시키면 전체적으로 같은 현상이 일어난다.

10 수직비행(Vertical Flight)

제자리비행은 실제적으로 수직비행의 한 요소이다. 만약 회전익의 회전속도에 변화를 주지 않고 피치(붙임각)를 증가시키면 수직방향으로 양력이 커져 헬리콥터는 상승하고 반대로 피치를 감소시키면 하강하게 된다. 바람이 없다고 가정하면 양력과 추력이 중력과 항력보다 크면 상승하고 중력과 항력보다 작으면 수직으로 하강한다.그림 2-32

11 전진비행(Forward Flight)

일정한 속도로 전진비행을 할 때 4개의 힘인 양력, 추력, 항력과 중력이 서로 균형을 이루어야 한다. 회전익의 회전면을 앞쪽으로 기울게 하면 회전익에서 발생하는 힘이 수직방향에서 앞쪽으로 기울어진다. 그래서 이 힘의 수직방향의 성분이 양력이 되고 비행방향인 수평성분이 추력이 된다. 물론 아래 방향으로 중력이 작동하고 비행 반대방향으로 항력이 작동한다.그림 2-33

등속도 수평전진비행을 하기 위해서는 양력이 중력과 같고 추력은 항력과 같아야

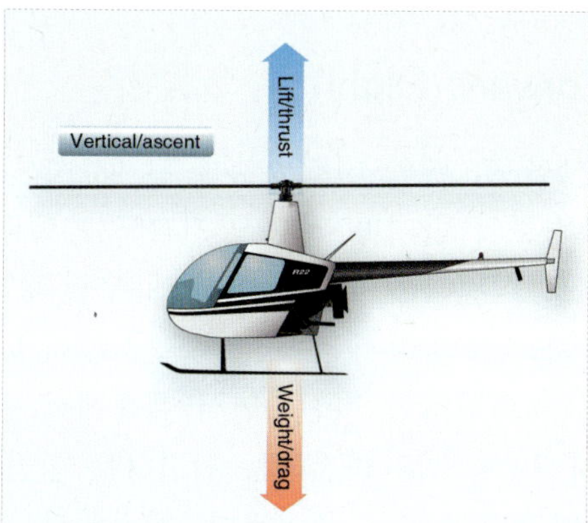

그림 2-32 수직비행

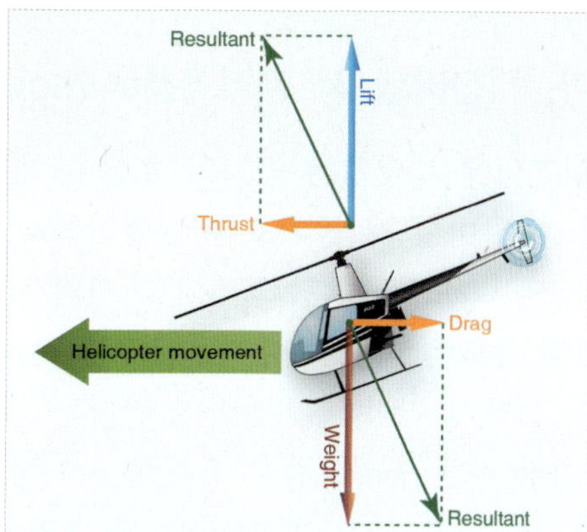

그림 2-33 전진비행

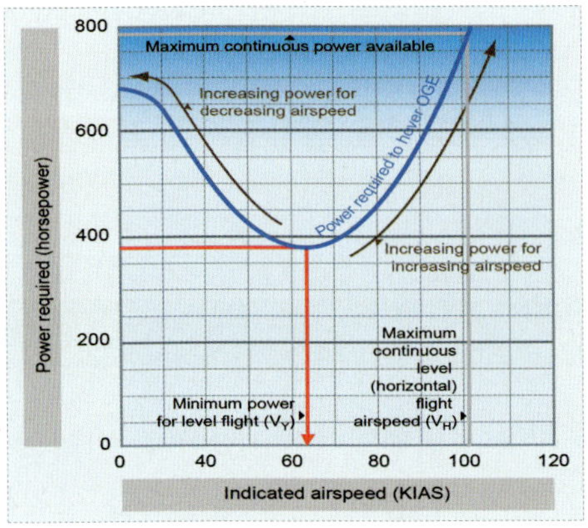

그림 2-34 동력과 헬리콥터 속도 관계

한다. 만약 양력이 중력보다 커지면 헬리콥터는 상승하고 반대로 양력이 중력보다 작아지면 헬리콥터는 하강한다. 또한 추력이 항력보다 크면 헬리콥터의 속도가 증가하고 반대의 경우에는 속도가 떨어진다.

헬리콥터가 앞으로 움직이기 시작하면 일부 양력이 추력으로 전환되기 때문에 헬리콥터는 고도를 잃게 된다. 그러나 헬리콥터가 정지 상태에서 앞으로 가속이 되면 전이양력(translational lift)이 발생하게 되어 제자리비행 때보다 여유마력을 갖게 된다. 헬리콥터가 어느 속도까지 가속될수록 공기흐름이 증가하여 여유마력도 커진다. 따라서 속도를 일정하게 유지하려면 조종사는 동력이나 사이클릭을 얼마나 변환을 주면 헬리콥터가 상승이나 하강을 시작하는지 알고 있어야 한다. 일단 직선수평 비행상태가 되면 필요동력으로 맞춰 놓고(토크 세팅) 조종장치를 과다하게 조작하지 않아야 한다. 그림 2-34

가. 전진비행 시 공기흐름(Airflow in Forward Flight)

회전익에 부딪치는 공기의 흐름이 제자리비행을 할 때와 전진비행을 할 때 서로 다르다. 전진비행 시 공기흐름은 헬리콥터의 비행경로와 반대가 되나 공기속도는 헬리콥터의 전진속도와 같다. 그러나 회전익은 원형으로 회전하기 때문에 날개에 부딪쳐오는 공기의 속도는 회전하는 회전익의 위치와 회전속도, 그리고 헬리콥터 속도에 따라 달라진다. 그래서 각각의 회전익이 만나는 공기흐름은 회전익이 회전하면서 계속해서 변한다. 가장 빠른 공기흐름은 오른쪽 3시 방향(반시계방향으로 회전하는 전진하는 회전익)에서 일어나고 12시 방향(기수)에 오면 회전익의 회전속도로 줄어든다. 계속해서 속도가 줄어 왼쪽 9시 방향(후진하는 회전익)에서 최소가 된다. 다시 공기흐름의 속도가 증

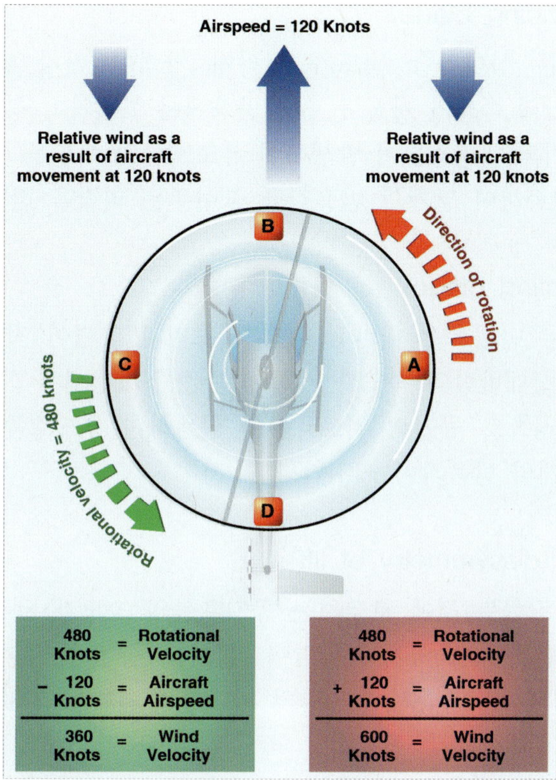

그림 2-35 공기흐름 속도

가하여 회전익이 6시 방향(꼬리)이 되면 회전익의 회전속도가 되고 계속해서 증가하여 3시 방향에서 최고속도가 된다.

그림 2-35, A점의 전진하는 회전익은 헬리콥터와 같은 방향으로 움직여 날개에 부딪치는 공기의 속도는 날개의 회전속도(480노트)에 헬리콥터의 전진속도(120노트)를 합쳐 600노트가 된다. 그러나 C점의 후진하는 날개는 날개의 회전속도(480노트)에서 헬리콥터의 전진속도(120노트)를 빼 360노트의 공기흐름을 받는다. B와 D점의 날개는 오직 날개의 회전속도인 480노트의 공기흐름을 받게 된다. 종합해보면 회전판을 지나면서 위치에 따라 날개에 부딪치는 공기흐름의 속도가 달라져 모든 날개의 양력 발생 패턴도 변하게 된다.

1) 전진 깃(advancing blade)

전진하는 깃에서는 상대바람 속도가 빨라져 양력이 커져 날개가 위로 올라간다.(flap up) 상대바람의 속도가 가장 큰 3시 방향에서 회전익이 최대로 올라간다. 이러한 오름현상으로 공기의 내리흐름이 발생하여 유도흐름의 속도를 증가시켜서 상대바람이 아래로 꺾이게 작동하여 날개의 받음각을 줄여주는 역할을 한다.

2) 후진 깃(retreating blade)

후진하는 깃에서는 반대로 상대바람 속도가 느려져 양력이 적어져 날개가 아래로 처진다.(flap down) 상대바람의 속도가 가장 적은 9시 방향에서 회전익이 최대로 내려간다. 이러한 내림현상으로 공기의 위로흐름이 발생하여 유도흐름의 속도를 감소시켜 상대바람에 대한 날개의 받음각이 커진다.

3) 양력의 비대칭(dissymmetry of lift)

전진하는 깃과 후진하는 깃에 부딪치는 공기흐름의 속도가 달라 양력의 비대칭 현상이 발생한다. 이러한 양력의 차이로 바람이 없는 제자리비행 시를 제외하곤 헬리콥터를 통제할 수가 없게 된다. 따라서 양방향의 비대칭 양력차이를 없애기 위하여 보완하는 장치가 필요하다.

헬리콥터가 움직이면 전진방향의 회전익과 후진방향의 회전익에 부딪치는 상대바람이 달라진다. 전진방향의 회전익은 헬리콥터의 속도만큼 상대바람의 속도가 커지고 후

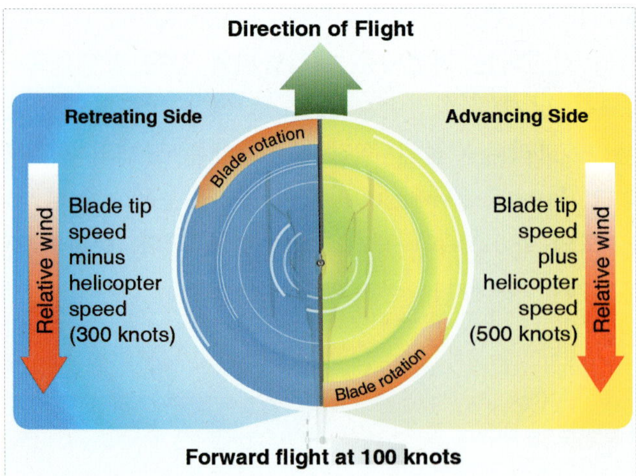

그림 2-36 상대바람의 차이

진하는 회전익은 헬리콥터의 속도만큼 상대바람의 속도가 줄어들게 된다. 따라서 전진하는 회전익은 후진하는 회전익보다 양력을 많이 발생하게 된다. 즉 상대바람의 속도로 인하여 전진하는 회전익 쪽의 회전판이 후진하는 회전익 쪽의 판보다 많은 양력을 발생하게 된다.그림 2-36

이러한 상태로 내버려두면 반시계방향으로 회전하는 회전익을 가진 헬리콥터인 경우 오른쪽부분 회전익의 양력이 왼쪽부분 회전익의 양력보다 커져서 헬리콥터가 왼쪽으로 기울어지게 된다(roll). 그러나 실제 모든 헬리콥터는 각각의 회전익이 자동으로 플래핑(flapping)과 페더링(feathering)을 하여 이러한 양력 차이가 발생하지 않도록 하고 있다. 3개 혹은 그 이상의 회전익을 가진 완전관절형 회전익장치에서는 수평힌지(flapping hinge)를 설치하여 각각의 회전익이 회전하면서 독립적으로 위나 아래로 움직인다. 2개의 회전익을 가진 반관절형 회전익장치에서는 테터링 힌지(teetering hinge)를 이용하여 한 세트로 작동하여 시소처럼 한쪽 회전익이 올라가면 반대쪽 회전익이 내려간다.

그림 2-37을 살펴보자. 회전익은 회전면 A지점에서 최대로 위로 젖혀진다(flap up). 회전익이 위로 젖혀지면 시위선과 유효상대바람의 받음각이 줄어들어 발생하는 양력도 감소하게 된다. C지점에서는 회전익이 최대로 아래로 젖혀져(flap down) 시위선과 유효상대바람의 각이 커지게 되어 양력이 증가한다. 일반적으로 회전익의 플래핑과 후진

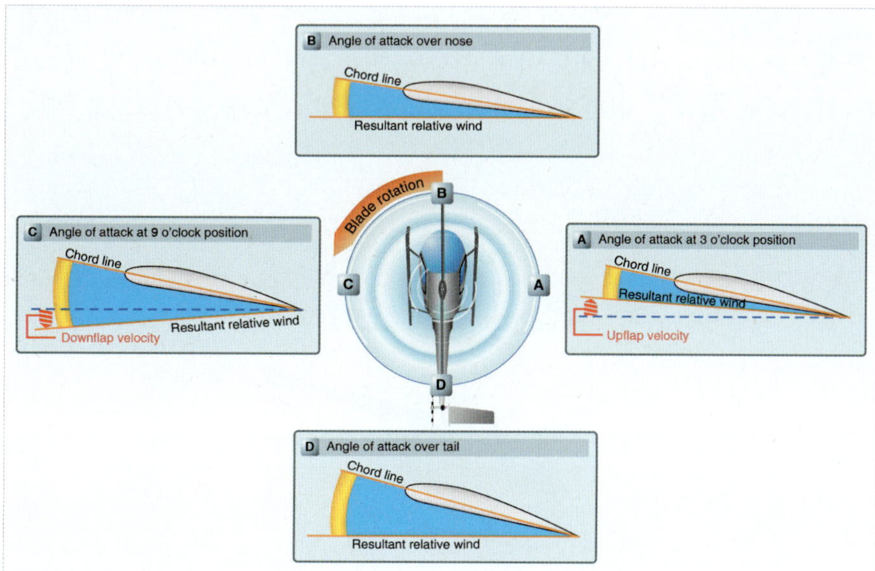

그림 2-37 플래핑과 받음각의 관계

하는 회전익에 작용하는 상대바람의 속도저하로 인하여 헬리콥터의 최대전진속도가 제한된다. 헬리콥터의 전진속도가 빨라지면 후진하는 회전익은 받음각은 커지나 상대바람의 속도가 떨어져 양력을 잃게 된다. 이러한 상황을 후퇴익 실속(retreading blade stall)이라 하는데 헬리콥터의 기수가 들리고 진동이 발생하며 롤링현상(회전익이 반시계방향으로 회전하는 헬리콥터에서는 왼쪽 방향)이 일어난다. 그래서 헬리콥터는 전진할 때 속도의 제한을 받게 되는데, 이것을 절대초과금지속도 또는 최대전진속도(Vne: never-exceed speed)라 하며 표찰(placard)에 표시되어 있고, 헬리콥터 속도계에도 빨간색 선으로 표시되어 있다.

양력의 비대칭 현상을 보완하는 회전익의 플래핑 방법을 보자. 제자리비행 시 모든 회전익은 같은 피치각을 가지고 회전판 주변에 같은 양력을 제공하여 회전익 판은 수평으로 된다. 추력을 내려면 회전익 판을 헬리콥터가 움직이고자 하는 방향으로 기울게 하여야 한다. 사이클릭 조종으로 회전익 판 둘레의 모든 회전익의 피치각에 변화를 준다. 반시계방향으로 회전하는 경우, 헬리콥터가 전진하도록 사이클릭을 조작할 때 회전익 판의 오른쪽 회전익의 피치각은 줄여주고 왼쪽 회전익의 피치각을 크게 한다.

헬리콥터가 지상에서 이륙할 때나 제자리비행(hovering)에서 전진비행으로 전환할 때 헬리콥터의 속도가 증가하면 전이양력(translational lift)이 발생하여 헬리콥터의 기수가 들리게 된다.(pitch up) 이것을 블로우백(blowback)이라고 한다. 이러한 현상은 양력의 비대칭 현상과 교차흐름으로 일어난다. 블로우백이 발생하는 속도범위에서 헬리콥터를 전진시킬 때는 조종사가 회전익 판의 자세가 변하지 않도록 유지하여 이러한 현상을 방지해주어야 한다. 만약 이 속도범위에서 기수가 들리도록 내버려두면 헬리콥터는 오른쪽으로 기울어진다(roll). 이런 경향을 피하려면 이륙이 완료될 때까지, 즉 헬리콥터가 전진비행 상태로 전환될 때까지 헬리콥터의 속도가 증가하도록 계속해서 사

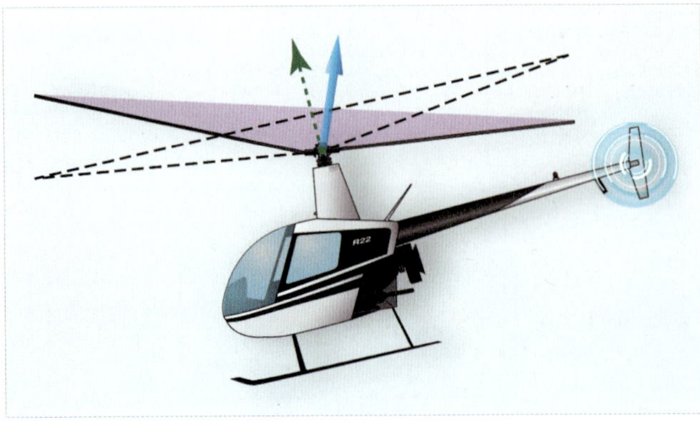

그림 2-38 블로우백(blowback)과 사이클릭 조종

이클릭을 앞쪽으로 밀어주어야 한다.

그림 2-38은 회전익 판이 앞으로 기울어진 것을 보여주는데, 이것은 전진 사이클릭으로 피치각에 변화를 준 결과이다. 제자리비행에서 사이클릭은 중앙에 있어 전진회전익과 후진회전익 모두 같은 피치각을 갖는다. 느린 전진 속도에서 사이클릭을 앞으로 밀면 전진회전익의 피치각은 줄고 후진회전익은 피치각이 커지게 되어 회전익 판이 약간 기울어진다. 사이클릭을 계속해서 전방으로 밀어 헬리콥터의 속도가 빨라지면 전진회전익의 피치각은 더욱 감소하고 후진회전익의 피치각은 커진다. 결국 회전익 판은 헬리콥터의 속도가 빨라지면서 더 많이 기울게 된다.

양력의 수평성분(추력)이 헬리콥터의 속도를 증가시킨다. 속도가 빨라질수록 양력의 균형을 유지하기 위하여, 즉 양력의 비대칭 현상이 발생하지 않도록 회전익의 플래핑이 요구된다. 플래핑과 사이클릭 페더링을 적절하게 사용하여 양력의 균형을 유지하고 회전익 판과 헬리콥터의 자세도 유지하여야 한다.

그림 2-38에서와 같이 앞쪽으로 기울어 있던 회전익의 회전판이 점차 헬리콥터의 전진속도가 커지면 실선과 같이 뒤로 젖혀진다. 왜냐하면 전진하기 위하여 사이클릭 조종을 하면 처음에는 회전판이 앞으로 기울어지나 헬리콥터 속도가 커지면 양력의 불균

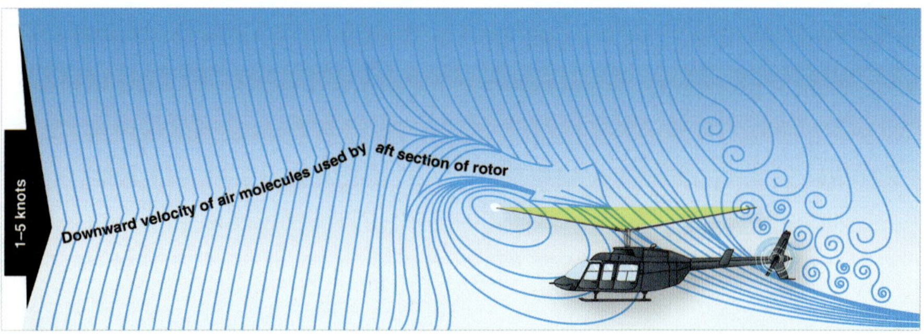

그림 2-39 1~5 노트에서의 공기흐름 형태

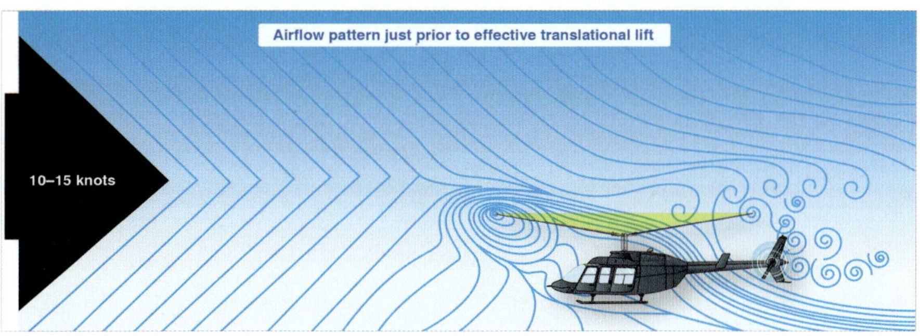

그림 2-40 10~15노트에서 공기흐름 형태

형 현상이 발생하고 이러한 불균형을 해소하기 위하여 회전익들이 플래핑 작용을 하게 되어 회전판이 뒤로 젖혀진다. 이렇게 회전판의 기울기가 변하면 회전익이 발생시키는 추력성분이 줄어들어 헬리콥터의 속도가 떨어지게 되기 때문에 속도를 유지하기 위해서는 사이클릭 조종으로 보완해주어야 한다.

나. 전이양력(Translational Lift)

직선비행을 할 때 회전익의 효율성이 좋아져 추가로 발생하는 양력을 전이양력(translational lift)이라 한다. 제자리비행 시에 비해 불어오는 바람으로 속도가 증가하면 효율성이 계속해서 커진다. 헬리콥터의 이동으로 회전익에 부딪쳐오는 바람이 와류나 난기류를 뒤로 밀어내어 공기의 흐름이 보다 좋아진다. 또한 꼬리회전익도 제자리비행에서 전진비행으로 전환될 때 공기역학적으로 효율성이 좋아진다. 그림 2-39과 2-40은 속도에 따라 공기 흐름의 형태 차이와 꼬리회전익의 효율성에 공기흐름이 미치는 영향을 보여주고 있다.

1) 유효전이양력(ETL: effective translational lift)

헬리콥터는 약 16~24노트로 전진비행을 할 때 유효전이양력(ETL)을 갖는다. 회전익은 전진 속도가 증가하면 효율이 좋아진다. 헬리콥터 속도가 약 16~24노트일 때 회전익의 회전판은 자체적으로 발생시킨 와류(vortices)가 들어오지 않는 상대적으로 정순한 대기에서 작동을 한다. 회전익에 부딪치는 공기흐름이 수평방향으로 좋아져 유도흐름과 유도항력이 감소하여 회전익의 받음각과 양력이 증가한다. 헬리콥터 속도 16~24노트에서 추가로 얻어지는 양력을 '유효전이양력(ETL: effective translational lift)'이라고 한다.그림 2-41 이 효율성은 최상의 상승 속도에 이를 때까지 증가된 헬리콥터 속도

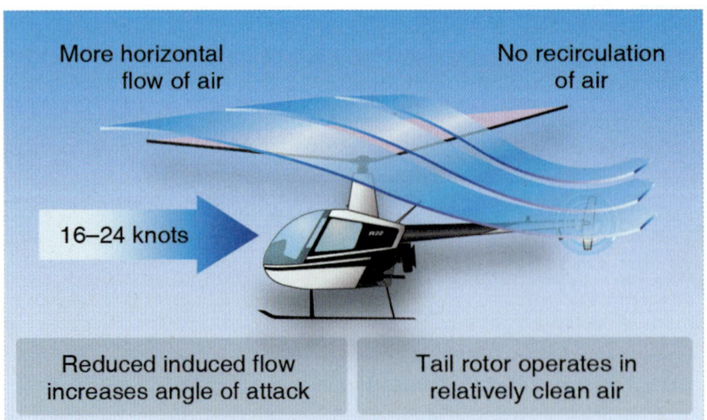

그림 2-41 유효전이양력(ETL)

와 같이 지속되어 총항력이 최소가 된다.

헬리콥터 속도가 빨라지고 전이양력도 커질 때 헬리콥터의 기수가 들리고 헬리콥터가 오른쪽으로 기울어진다. 이것은 양력의 비대칭과 자이로스코프의 세차성, 그리고 교차흐름의 영향을 받아 발생하게 된다. 이런 현상을 이해하고 수정조치를 고려하는 것이 매우 중요하다. 헬리콥터가 유효전이양력을 받고 비행을 할 때 조종사는 일정한 회전익판의 자세를 유지하기 위해서는 사이클릭을 전방과 왼쪽 방향으로 작동시켜야 한다.

2) 전이추력(translational thrust)

제자리비행에서 전진비행으로 전환할 때 꼬리회전익의 공기역학적인 효율성이 좋아져 전이추력이 발생한다. 꼬리회전익이 점차 난기류에서 벗어나면서 반토크 추력이 커지게 되어 헬리콥터의 기수가 왼쪽으로 틀어진다.(yaw) 따라서 조종사는 오른쪽 페달을 밟아 꼬리회전익의 받음각을 줄여주어야 한다.

수평안정판이 달려 있는 헬리콥터에서는 수평안정판을 지나가는 공기흐름이 좋아져 헬리콥터의 기수를 보다 수평자세로 해준다.

다. 유도흐름(Induced Flow)

회전익이 회전하게 되면 소위 회전하는 상대바람을 일으킨다. 이 공기흐름은 회전익의 회전방향과 반대방향이지만 회전면과 수평으로 회전익의 앞전(leading edge)에 수직으로 부딪친다. 이러한 상대바람도 양력을 발생시킨다. 회전익이 양력을 발생할 때 회전익 윗면을 지나가는 공기가 가속되어 아래방향으로 휘어지게 된다. 헬리콥터가 양

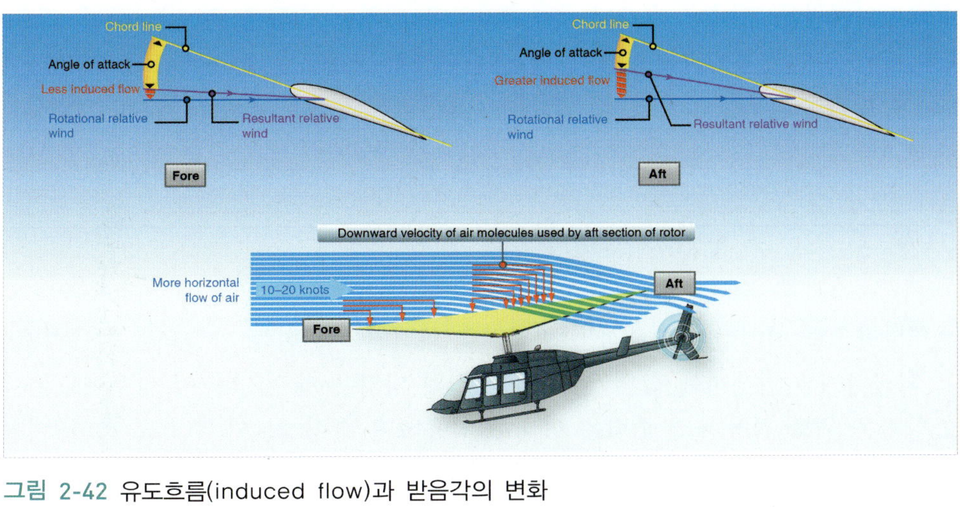

그림 2-42 유도흐름(induced flow)과 받음각의 변화

력을 발생할 때에는 회전익을 통하여 많은 양의 공기가 아래로 흐르게 된다. 이러한 공기의 유도흐름(내리흐름)이 회전익장치의 효율에 막대한 영향을 초래한다. 회전하는 상대바람과 유도흐름이 합쳐져 유효상대바람(resultant relative wind)이 형성되는데 유도흐름이 커지면 커질수록 유효상대바람은 수평방향에서 많이 기울어진다. 받음각은 시위선과 유효상대바람이 이루는 각이기 때문에 유효상대바람이 수평에서 기울어지면 그만큼 받음각이 작아지게 된다.그림 2-42

라. 교차흐름효과(Transverse Flow Effect)

헬리콥터가 전진비행을 시작하면 회전익의 회전판 전방부위에서는 유도흐름이 거의 없어지나 후방부위에서는 유도흐름이 커진다. 이렇게 해서 발생하는 앞부분의 양력과 뒷부분의 양력의 차를 교차흐름효과(transverse flow effect)라 하며, 앞쪽 회전익은 받음각이 커져 위로 젖혀지고 뒤쪽 회전익은 받음각이 작아져 아래로 젖혀지게 된다. 그러나 회전익은 자이로와 같은 성질을 가지고 있기 때문에 회전면의 최대 변형은 90°가 지난 지점에서 발생한다. 헬리콥터가 20노트 정도로 가속되거나 정면에서 바람이 20노트 정도 불어오면 헬리콥터가 오른쪽으로 약간 기울어지는 현상이 일어나는 것은 바로 이러한 이유로 일어난다.

헬리콥터가 12~15노트에서 진동이 커지는 것은 교차흐름효과 때문이다. 이런 현상은 제자리비행에서 전진비행을 할 때 혹은 제자리비행 상태에서 바람이 불어올 때 발생한다. 또한 이륙하면서 유효전이양력을 받기 직전의 속도에서나, 착륙할 때 유효전이양력이 사라지는 속도에서 헬리콥터의 진동이 커지는 것은 바로 이러한 교차흐름의 영향 때문이다.

유효전이양력을 벗어날 때 교차흐름효과로 느껴지는 진동을 잘 인식하여 오해하지 않도록 하라. 교차흐름효과에 대처할 때는 사이클릭 조종을 왼쪽 방향으로 사용하여 대처하여야 한다.

12 측면비행(Sideward Flight)

측면방향으로 비행하기 위해서는 회전익의 회전면을 원하는 방향으로 기울여주어야 한다. 회전익에서 발생하는 합력(양력과 추력)의 방향은 틀어지나 이 경우에도 수직성분인 양력은 위로 작용하고 중력은 아래로 작용하며 수평성분인 추력은 측면방향으로 작용하고 항력은 추력의 반대방향으로 작용한다.그림 2-43

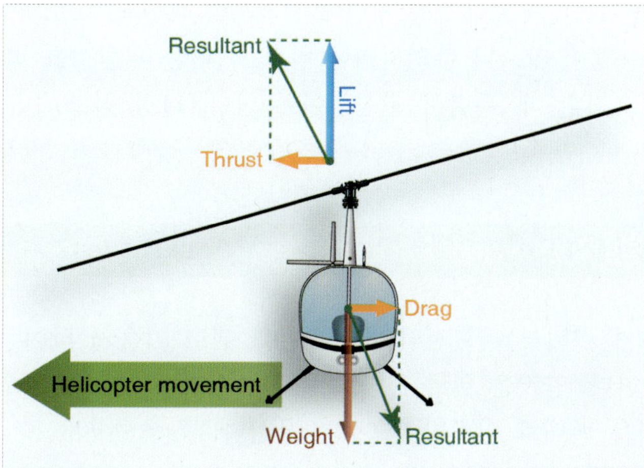

그림 2-43 측면비행

측면비행은 비행방향으로 수평안정판이 없을 뿐만 아니라 동체의 유해항력으로 매우 불안정한 상태가 된다. 고도를 올리는 것이 조종에 도움에 되며 조종사는 항상 비행방향을 자세히 살펴보아야 한다.(scan) 비록 원하는 비행방향으로 사이클릭을 움직여주지만 콜렉티브와 반토크페달이 측면비행에 중요한 요소이다. 전진비행에서와 마찬가지로 지면과 충돌하지 않도록 하는 것은 콜렉티브이고 기수를 조종하는 것은 페달의 역할이다. 측면비행을 한다 해도 헬리콥터의 꼬리는 항상 조종사의 뒤쪽에 있다. 사이클릭의 조작은 부드럽게 조종하여야 하고 또한 회전익의 회전면(tip-path plane)과 지면과의 거리를 유념해야 한다.그림 2-44

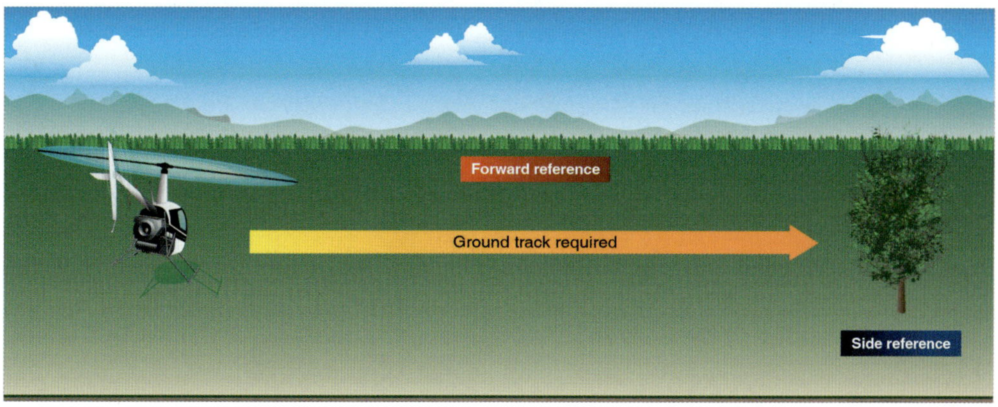

그림 2-44 측면비행 시 주의사항

측면비행으로 헬리콥터의 스키드를 지면에 접촉시킬 때 동적 롤오버(dynamic rollover) 사고가 발생할 가능성이 많으니 주의하여야 한다. 이러한 위험성을 피하기 위하여 헬리콥터를 측면으로 조작할 때 특별히 조심하여야 한다.(11장 참조)

13 후진비행(Rearward Flight)

후진비행을 하기 위해서는 회전익의 회전면을 뒤로 기울게 하여 양력-추력 합력이 뒤쪽으로 향하게 한다. 양력은 위로 향하고 중력은 아래로 향하지만 추력이 뒤쪽방향으로 작용하여 항력은 반대로 앞쪽방향으로 작용한다.그림 2-45

조종사는 후진비행의 위험성을 잘 알고 있어야 한다. 수평안정판이 있기 때문에 헬리콥터의 꼬리 끝단이 아래로 내려가(pitch down) 전진비행에서보다 지면에 접촉할 가능성이 높다. 또 하나 후진비행에서 고려할 사항은 스키드 디자인이다. 대부분의 헬리콥터의 스키드는 뒤쪽이 위로 휘어져 있지 않아 뒤로 가면서 지면에 부딪치면 헬리콥터가 조종불능상태가 되어 꼬리회전익이 땅에 충돌하기가 쉽다. 조종사는 후진으로 제자리비행을 시도하려면 먼저 장애물과 지형변화를 파악하고 주변을 잘 살펴보아야 한다. 가급적 비행속도를 줄이는 것이 위험을 줄이는데 도움이 되고 제자리비행 시 정상보다 높은 비행고도를 유지하는 게 좋다.

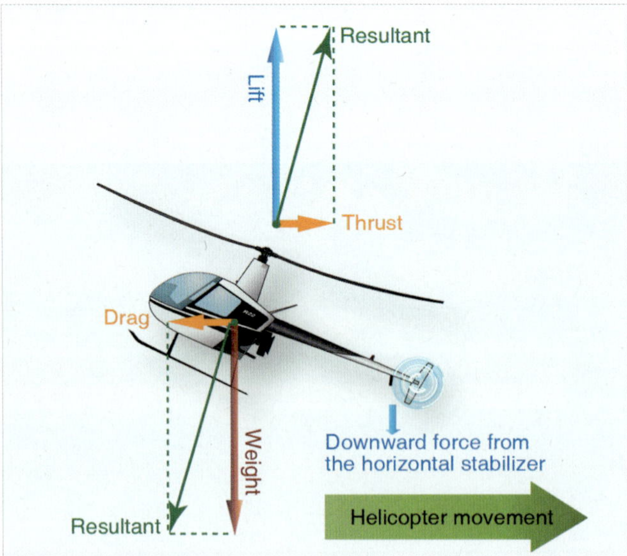

그림 2-45 후진비행

14 선회비행(Turning Flight)

전진비행을 할 때 회전익의 회전면을 앞쪽으로 젖혀 회전익에서 발생하는 추력과 양력의 합력이 앞쪽으로 기울게 된다. 이 상태에서 헬리콥터가 옆으로 기울어지면 회전익의 회전면이 옆으로 기울어져 회전익에서 발생하는 양력이 두 성분으로 나누어져 수직성분은 중력을 담당하는 양력이 되고 수평성분은 원심력(centrifugal force)에 대응하는 구심력(centripetal force)이 된다.그림 2-46

헬리콥터가 옆으로 기울어질수록(bank) 회전익의 총 양력이 수평방향으로 기울어져 보다 많은 양력성분이 수평방향으로 작용하여 선회율을 증가시킨다. 그러나 수직성분인 양력이 상대적으로 줄어들기 때문에 헬리콥터의 고도를 유지하기 위해서는 회전익의 받음각을 증가시켜 양력을 보충하여야 한다. 헬리콥터의 뱅크각이 크면 클수록 회전익의 받음각(angle of attack)도 커져야 헬리콥터가 고도를 유지할 수 있다. 뱅크각이 커지고 받음각이 커지면 작용하는 양력의 힘이 커져서 선회율도 커진다. 선회하는 동안 헬리콥터의 고도와 속도를 유지하려면 콜렉티브 피치를 키워주어야 한다. 콜렉티브 피치는 피치각을 조종하지만 결국에는 회전익의 전반적인 받음각을 결정한다.

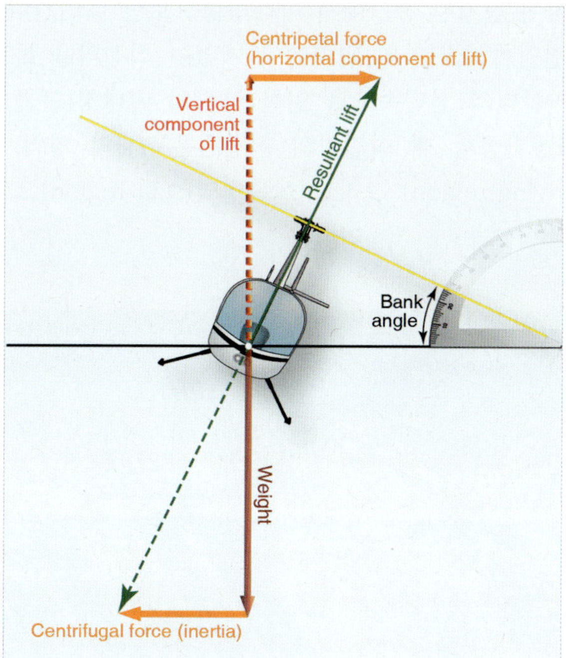

그림 2-46 선회비행

15 자동활공(Autorotation)

자동활공이란 회전익장치가 엔진의 동력으로 회전하지 않고 아래에서 위로 불어오는 상대바람의 힘으로 회전하는 상태를 말한다. 정상적인 동력비행을 할 때에는 회전익장치가 위의 공기를 끌어내려 아래로 보내지만 자동활공을 할 때에는 헬리콥터가 하강하면서 아래의 공기가 회전익장치를 통해 위로 올라간다. 엔진과 회전익 사이에 자유회전장치(freewheeling unit)라는 특수 클러치(clutch) 장치가 있어 회전익이 계속해서 회전할 수 있도록 해준다.

엔진이 고장 났을 때 자유회전장치가 엔진과 회전익을 자동으로 분리시켜 회전익이 자유롭게 돌게 해준다. 엔진 고장 시 헬리콥터를 안전하게 착륙시키는 수단으로 사용하기 때문에 모든 헬리콥터는 법적으로 반드시 이러한 성능을 필수로 가져야 한다.그림 2-47 참고로 만약 공중에서 엔진을 다시 시동을 걸어 작동하면 자유회전장치가 엔진과 회전익을 재결속시켜준다.(reengage)

가. 수직 자동활공(Vertical Autorotation)

대부분의 자동활공 비행은 전진속도가 있는 상태에서 수행된다. 그러나 단순히 항공역학적인 설명을 위하여 정지된 공기에서 아래방향으로만 내려간다고 가정하자. 이러한 상황에서는 모든 회전익이 회전판의 위치에 관계없이 회전익을 돌도록 해주는 힘은 거의 같다. 그래서 헬리콥터의 전진속도로 인한 양력의 비대칭(불균형) 현상은 발생하지 않는다. 수직으로 자동활공할 때 회전익의 회전면은 3개의 영역, 즉 추진영역(driven region), 구동영역(driving region) 그리고 실속영역(stall region)으로 구분된다.그림 2-48

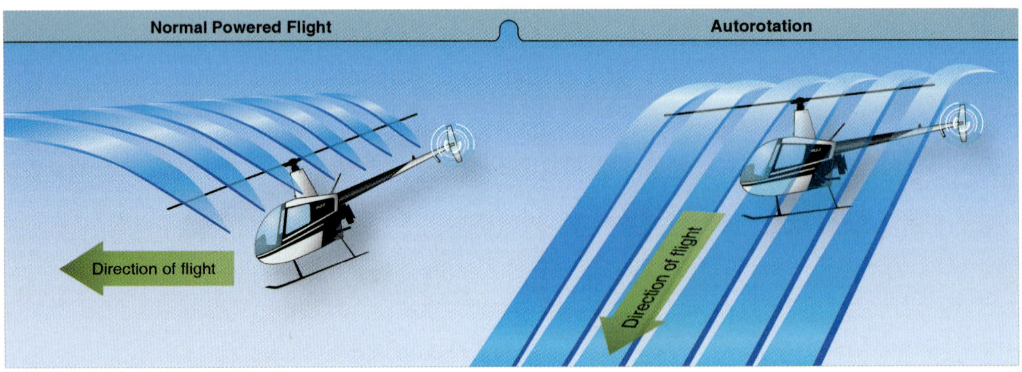

그림 2-47 정상비행과 자동활공 시의 공기흐름

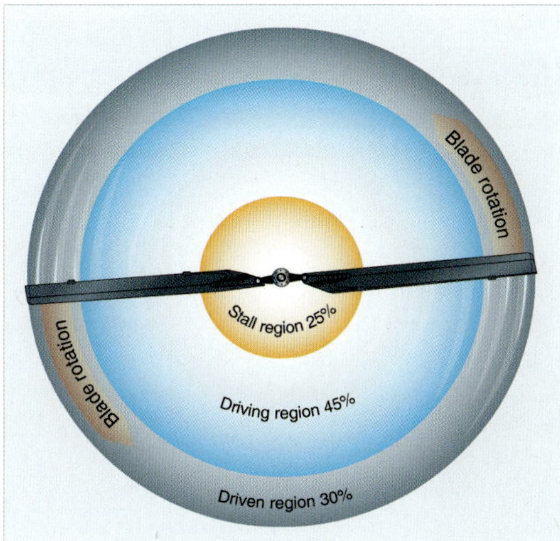

그림 2-48 회전면의 3개 영역

1개의 회전익에서 각각의 영역별 회전익 단면을 도해한 것이 그림 2-49이다. A부분이 추진영역, B와 D는 평형상태점, C부분은 구동영역, E부분은 실속영역이다. 이렇게 영역이 구별되는 것은 회전하는 상대바람의 속도가 회전익 중심부에서는 느리고 끝부분으로 갈수록 빨라지기 때문에 영역별로 실제 힘의 합성성분이 달라지기 때문이다. 또한 회전익 자체가 비틀려 있어 C부분(driving region)의 회전익이 A부분(driven region)의 회전익보다 받음각이 크다. 밑에서 위로 흐르는 공기흐름이 같다 해도 회전익의 위치에 따라 회전상대바람의 속도가 다르고 받음각의 차이로 회전익의 위치에 따라 발생하는 공기력이 달라진다.

1) 추진영역(driven region)은 프로펠러 영역(propeller region)이라고도 하는데 회전익의 끝쪽이다. 보통 회전익 길이의 30% 정도의 영역이 해당된다. 그림 2-49 A영역에서 발생하는 공기력의 방향이 회전축 뒤쪽으로 작용하여 회전익의 회전을 억제하는 항력 역할을 한다. 약간의 양력도 얻지만 항력으로 상쇄된다. 이 영역의 크기는 회전익의 피치와 헬리콥터의 하강률과 회전익의 회전속도 등에 따라 달라진다. 회전익의 자동활공속도, 회전익 피치 혹은 하강률에 변화를 주면 추진영역도 다른 영역에 대해 상대적으로 변화한다.
2) 회전익의 두 지점(B와 D)은 평형상태로 공기역학적인 힘이 회전축과 일치하여 양력과 항력이 발생해도 회전익의 회전에 아무런 영향을 미치지 않는다.
3) 구동영역(driving region)은 자동활공영역(autorotative region)이라고도 하는데 보통 회전익 반경의 25~70% 영역이 해당된다. 그림 2-49 C영역으로 자동활공

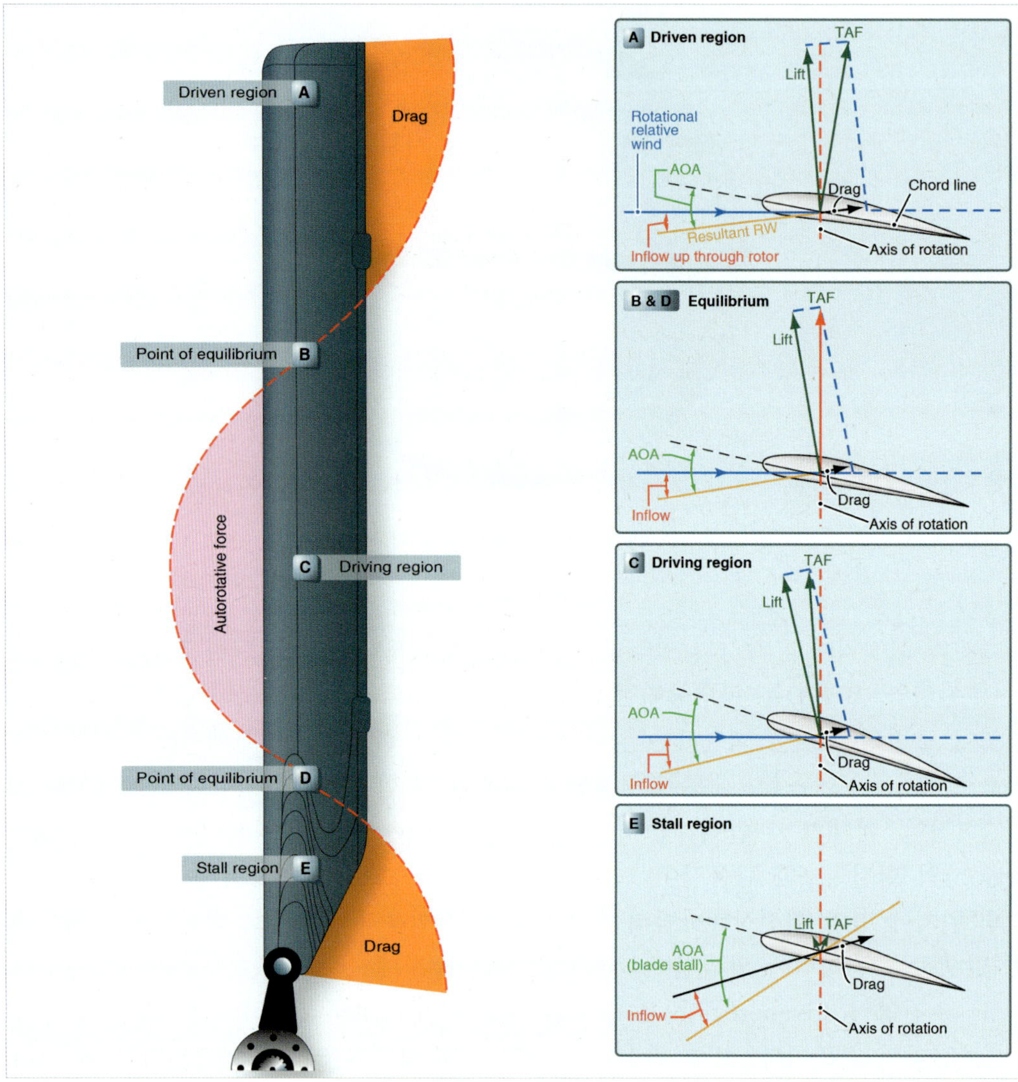

그림 2-49 회전영역별 힘의 분포

할 때 회전익이 회전하도록 해주는 힘을 발생시킨다. 이 영역에서는 공기력이 회전축보다 약간 앞쪽으로 기울게 작용하여 계속해서 가속력을 제공한다. 즉 기울어진 힘의 성분이 추력이 되어 회전익의 회전을 가속시키는 것이다. 물론 이 영역의 크기도 회전익의 피치, 헬리콥터의 하강률과 회전익의 회전속도에 따라 달라진다.

이 영역의 크기를 조종하여 조종사가 회전익의 자동활공 속도를 조정할 수 있다. 만약에 콜렉티브 피치를 크게 하면 모든 영역에서 피치각이 커지고 평형점(B)이 안쪽으로 이동하게 되어 추진영역(A)이 커지고 실속영역도 커지나 구동영역(C)이 작아진다. 결국 구동영역이 작아지면 회전익을 회전시키는 추력이 감소하고 반대로 항력은 증가하여 회전익의 회전속도가 떨어지게 된다.

종합하여 정리하면 자동활공 속도를 일정하게 유지하기 위해서는 구동영역의 가속력과 추진영역과 실속영역에서 발생하는 감속력이 같아지도록 콜렉티브 피치를 조정하면 된다.

4) 실속영역(stall region)은 회전익의 가장 안쪽 25%의 영역(E)으로 최대받음각(실속각)을 초과하여 회전익의 회전을 방해하는 항력을 발생시킨다.

나. 전진비행 자동활공(Autorotation in Forward Flight)

전진비행 중에 발생하는 자동활공도 수직으로 하강하면서 발생할 때와 같은 원리이다. 다만 전진속도가 회전익의 회전판에 불어오는 공기흐름에 변화를 일으키기 때문에 앞 절에서 설명한 3개의 영역이 왼쪽으로 이동하게 된다. 왜냐하면 전진하는 회전익은 받음각이 작기 때문에 추진영역(driven region)이 커지고 후진하는 회전익은 실속영역(stall region)이 커진다.그림 2-50 중심부위는 역풍영역이 존재하여 후진하는 회전익의 추진영역도 작아진다.

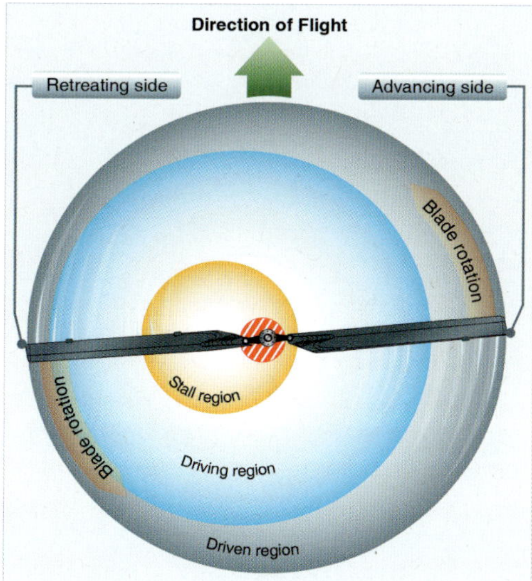

그림 2-50 전진자동활공 시 3개 영역 변화

자동활공으로 착륙하기 전에 조종사는 헬리콥터 속도를 줄여주기 위하여 헬리콥터를 뒤로 젖혀주어야 한다.(flare) 사이클릭을 뒤로 당기면 헬리콥터가 뒤로 젖혀지면서 공기흐름이 변하여 회전익의 회전속도가 증가한다. 이때 rpm이 작동범위 안에 들도록 필요에 따라 콜렉티브 피치도 조종해야 한다.

CHAPTER 03

비행조종장치

(Helicopter Flight Control)

헬리콥터에 장착되어 있는 기본 조종장치는 네 가지이다. 조종사는 콜렉티브 피치조종, 사이클릭 피치조종, 그리고 반토크 페달(꼬리회전익 조종)을 사용하여 항공기를 조종한다. 또 하나 스로틀조종이 있는데 이것은 보통 콜렉티브 피치조종에 장착되어 있다.

여기에서 예시하는 것은 위에서 내려다볼 때 회전익이 반시계방향으로 회전하는 헬리콥터를 기준으로 설명하였다. 만약 시계방향으로 회전하는 회전익을 가진 헬리콥터에서는 회전익의 피치변화, 반토크페달 조작, 꼬리회전익 추력 등을 반대방향으로 적용해야 한다.

01 콜렉티브 피치조종(Collective Pitch Control)

조종석 왼쪽에 위치한 콜렉티브 피치조종은 왼손으로 조작하며 모든 회전익의 피치각을 동시에 변화시킨다. 조종레버를 위로 잡아당기면 모든 회전익의 피치각이 증가하고 반대로 아래로 내리면 피치각이 감소한다. 콜렉티브 피치조종은 기계적인 연결 장치로 레버의 움직임에 따라 피치각의 크기가 변화한다.그림 3-1 레버를 조작할 때 힘(마찰

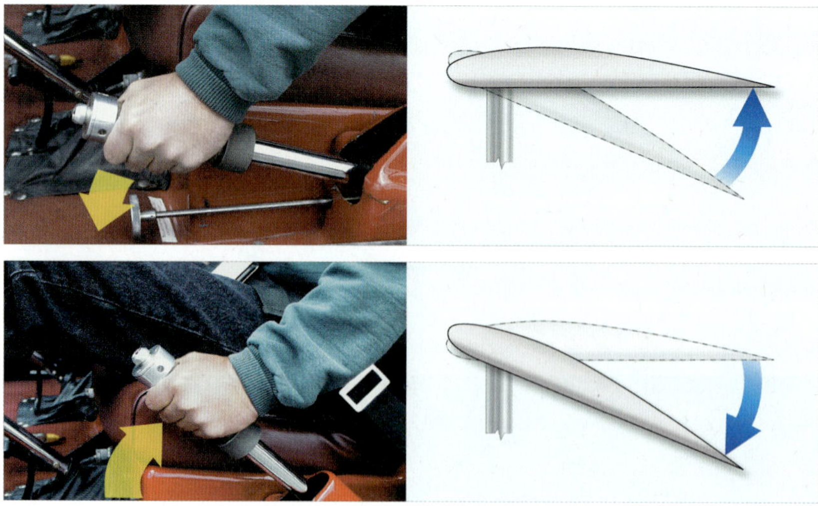

그림 3-1 콜렉티브 피치 조종레버

력)이 걸리게 하여 본의 아니게 움직이는 것을 방지한다.

회전익의 피치각에 변화를 주면 받음각도 같이 변한다. 피치각을 키우면 받음각이 증가하여 항력도 증가하게 되어 회전익의 회전속도(rpm)는 감소한다. 반대로 피치각을 줄이면 받음각이 작아져 항력이 감소하게 되어 회전익의 회전속도는 빨라진다. 헬리콥터에서 회전익의 회전속도를 일정하게 유지하기 위해서는 항력의 변화에 따라 엔진의 동력을 조절해주어야 한다. 자동으로 엔진동력을 조절해주는 장치로 스로틀조종이나 별도의 조정기(correlator or governor)가 있다.

02 스로틀 조종(Throttle Control)

스로틀의 기능은 엔진의 회전속도를 조절하기 위한 것이다. 만약에 콜렉티브 피치조종레버를 조작할 때 조정기(correlator/governor)가 원하는 회전속도를 유지하지 못하거나, 조정기가 설치되어 있지 않으면, rpm을 유지하기 위하여 수동으로 손잡이를 돌려 스로틀을 조정해주어야 한다. 스로틀 조종은 조종사로부터 멀리(반시계방향) 돌리면 회전속도가 증가하고 가깝게(시계방향) 돌리면 회전속도가 감소한다.그림 3-2

가. 조정기(Governor/Correlator)

거버너(governor)는 회전익의 회전속도와 엔진의 회전속도를 감지하는 장치로써 회전익의 회전속도를 일정하게 유지하도록 필요한 조절을 한다. 정상작동의 경우, 회전익

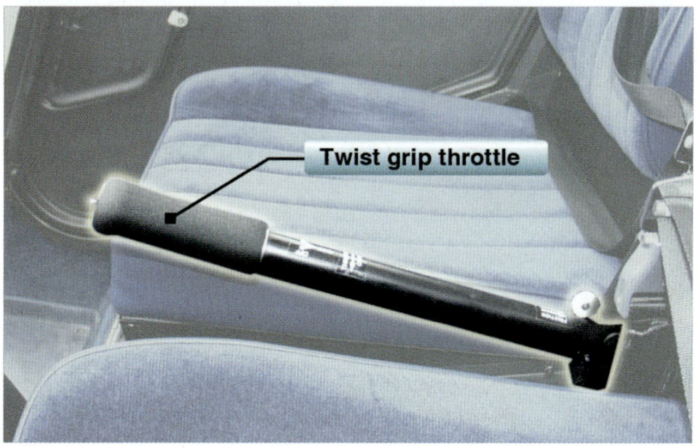

그림 3-2 스로틀조종 그립(twist grip)

의 회전속도를 세트하면 조정기가 회전속도를 일정하게 유지해주어 별도로 스로틀 조종을 할 필요가 없다. 터빈엔진에서는 거버너(governor)가 필수장치(터빈엔진의 연료조절장치의 기능)이나 일부 피스톤엔진에는 없다.

코리레이터(correlator)는 콜렉티브 피치조종 레버와 엔진 스로틀을 연결하는 기계적인 장치이다. 이 장치는 조종레버를 올리면 자동적으로 엔진동력을 증가시켜주고 레버를 내리면 엔진동력을 줄여주어 어느 정도 요구되는 회전속도를 유지하게 한다. 그러나 미세한 조절을 위해서는 스로틀을 조종해야 한다.

이러한 조정기(correlator/governor)가 없는 헬리콥터는 콜렉티브 피치조종과 스로틀조종을 동시에 조절해야 한다. 콜렉티브 피치조종 레버를 들어 올릴 때에는 스로틀도 증가시키고 반대로 레버를 내릴 때에는 스로틀도 감소시켜야 한다. 이들 조종장치를 사용할 때 부드럽고 원만하게 조작해야 하며 급격한 조작은 피해야 한다.

나. 스로틀과 콜렉티브 조종의 연관성(Relationship between Throttle and Collective Pitch Control)

피스톤엔진 헬리콥터에서는 콜렉티브 피치조종으로 흡기압력을 조절하고 스로틀로 회전속도를 조절하지만, 콜렉티브 피치조종도 회전속도에 영향을 주고 스로틀도 흡기압력에 영향을 미친다. 따라서 회전계와 흡기압력계를 상호 비교하여 어느 장치를 사용할지를 결정하여야 한다. 그림 3-3은 회전속도와 흡기압력과 두 조종장치의 상관관계를 도표화한 것이다.

if rpm is	and manifold pressure is	Solution
LOW	LOW	Increasing the throttle increases manifold pressure and rpm
LOW	HIGH	Lowering the collective pitch decreases manifold pressure and increases rpm
HIGH	LOW	Raising the collective pitch increases manifold pressure and decreases rpm
HIGH	HIGH	Reducing the throttle decreases manifold pressure and rpm

그림 3-3 회전속도와 흡기압력의 연관성

03 사이클릭 피치조종(Cyclic Pitch Control)

시이클릭 피치조종(간단히 사이클릭)은 조종사의 다리 사이 또는 두 조종사 사이에 바닥에서 위로 설치되어 있다.그림 3-4

헬리콥터의 주 조종장치로 앞, 뒤, 좌, 우 어느 방향이든지 비행할 수 있도록 해준다. 2장에서 설명한 바와 같이 총 양력은 회전익의 회전면에 수직으로 작동한다. 사이클릭 피치조종의 목적은 헬리콥터를 원하는 방향으로 갈 수 있도록 회전면을 기울게 하는 것이다. 헬리콥터의 움직이는 방향을 조종할 수 있도록 사이클릭이 회전익의 회전면을 수평면에서 진행방향으로 틀어준다.

사이클릭 피치조종 레버를 움직인 방향으로 회전익의 회전면이 기울어진다. 만약 사이클릭을 앞으로 밀면 회전면도 앞으로 기울고 레버를 뒤로 당기면 회전면은 뒤로 기울어진다. 그러나 회전익의 회전판은 자이로와 같은 성질을 가져 실제로는 사이클릭 조종의 기계적인 연결부는 레버가 움직이는 방향을 기준으로 90° 전의 전진하는 회전익의 피치각을 감소시키고, 90°가 지난 후진하는 회전익의 피치각이 증가되도록 해준다. 피치각과 받음각은 같이 증가하거나 감소하여 예를 들어 사이클릭 조종 레버를 앞으로 밀면 헬

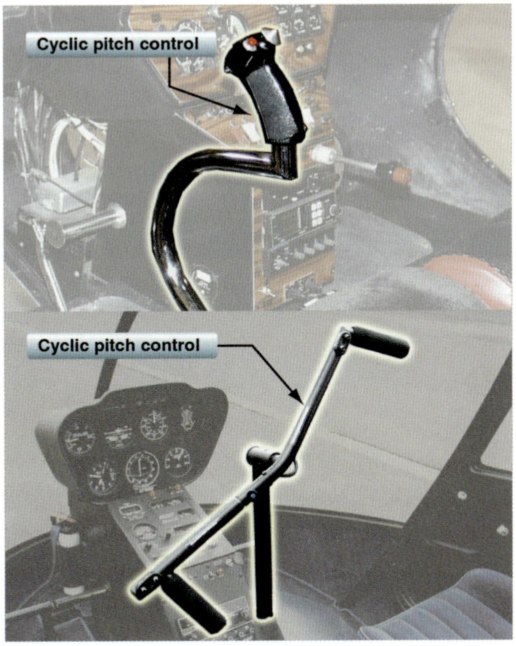

그림 3-4 사이클릭 피치조종 레버

리콥터의 오른쪽을 지나가는 회전익의 받음각이 감소하고 왼쪽을 지나가는 회전익의 받음각이 증가한다. 그러나 자이로의 세차성으로 90°가 지난 앞쪽에서 오른쪽 회전익이 아래로 내려가고 뒤쪽에서 왼쪽 회전익이 위로 들려서 회전익의 회전면은 앞쪽으로 기울어지게 된다.

04 반토크페달(Antitorque Pedals)

조종사 발밑에 위치한 반토크페달은 꼬리회전익의 피치를 조정하여 꼬리회전익의 추력에 변화를 준다.그림 3-5 제2장 공기역학에서 설명한 뉴턴의 제3운동의 법칙에 따르면 모든 작용에는 반작용이 있어 회전익이 회전하는 방향과 반대로 동체가 회전하게 된다. 이러한 반작용(토크)을 제거하여 비행이 가능하도록 꼬리회전익(반토크로터)을 설치한다. 꼬리회전익의 주목적은 반작용으로 발생하는 동체의 회전력을 상쇄시키기 위한 것이다. 반토크페달로 꼬리회전익의 피치각을 조종하여 전진비행을 할 때 헬리콥터의 자세를 세로방향(동체방향)으로 유지해주고 제자리비행을 할 때에는 헬리콥터를 360° 선회하게 할 수 있다. 반토크페달은 꼬리회전익의 기어박스에 있는 피치변환장치와 연결되어 꼬리회전익의 피치각을 키우거나 줄여준다.

가. 기수조종(Heading Control)

꼬리회전익은 회전익의 회전력을 상쇄하는 기능뿐만이 아니라 제자리비행이나 제자리비행에서 선회할 때 헬리콥터의 기수를 조종하기 위하여 사용한다. 보통 제자리비행

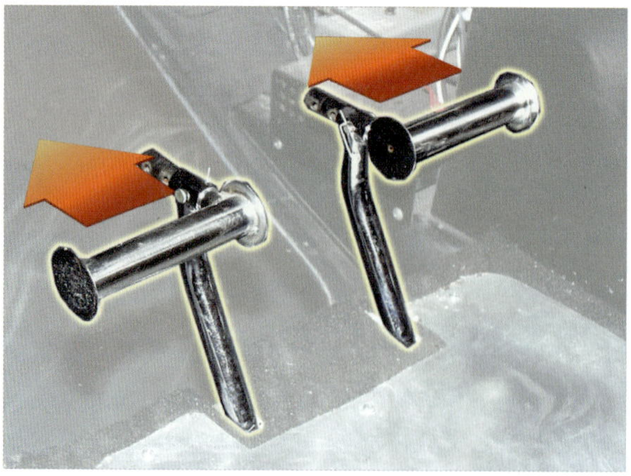

그림 3-5 반토크페달

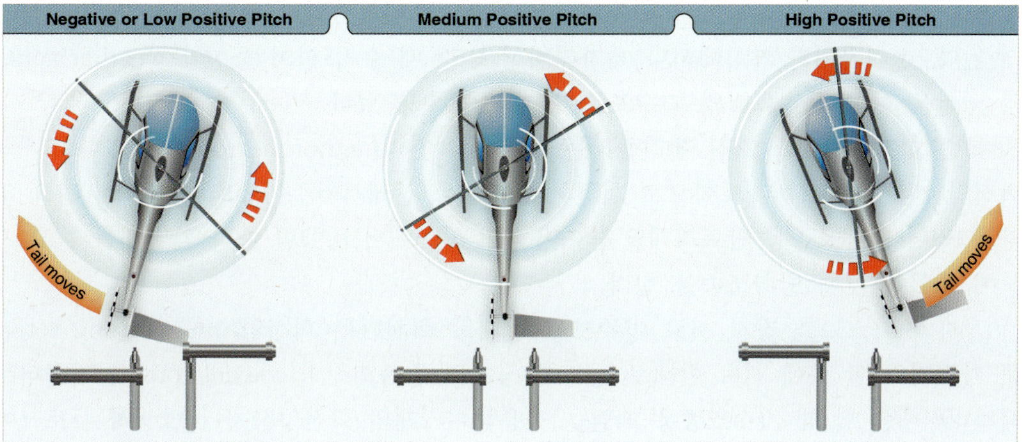

그림 3-6 페달위치와 꼬리회전익의 피치

선회를 '페달선회(pedal turns)'라고 한다.

전이양력을 얻는 속도 이상에서는 페달을 사용하여 세로방향의 트림을 잡아주도록 토크를 보상하여 헬리콥터가 정상적인 자세로 비행을 유지하도록 한다. 헬리콥터를 원하는 방향으로 선회를 할 때 사이클릭 조종으로 기수(heading)를 조종한다.

꼬리회전익의 추력은 꼬리회전익의 피치각에 따라 달라진다. 피치각은 (+), (−), 혹은 0이 될 수 있다. 피치각이 (+)일 때 꼬리는 오른쪽으로 움직이고 피치각이 (−)이면 반대로 왼쪽으로 움직인다. 물론 피치각이 0이면 추력이 없어 꼬리는 움직이지 않게 된다. 꼬리회전익의 최대 (+)피치각은 최대 (−)피치각보다 크다. 그 이유는 꼬리회전익의 주목적이 회전익의 회전력을 상쇄하기 위한 것이기 때문이다. 그러나 꼬리회전익이 (−)피치각을 가질 수 있도록 하는 것, 즉 왼쪽으로도 추력이 발생할 수 있도록 하는 것은 자동활공을 할 때 동력전달장치의 항력이 기수를 왼쪽으로 틀어지게 하거나 또는 회전익이 회전하는 방향으로 기수가 틀어지는 것을 방지하기 위해서이다.

중립위치에서 오른쪽 페달을 밟으면 헬리콥터의 기수가 오른쪽으로 틀어지고 꼬리는 왼쪽으로 틀어진다. 왼쪽 페달을 밟으면 반대의 현상이 일어난다.그림 3-6

반토크페달이 중립위치에 있으면 꼬리회전익은 중간 피치각을 가지고 있어 순항 시에 회전익의 회전력과 상응하는 추력을 발생시켜 헬리콥터가 수평비행에서 정자세를 유지하게 한다.

단수 회전익장치를 가진 헬리콥터는 기수조종에 도움이 되도록 수직 핀(vertical fin)이나 수직안정판(vertical stabilizer)을 사용하고 있다. 이 핀은 비행할 때 꼬리회전익의 추력을 영(zero)으로 하고 최상의 방향안정성을 가지도록 설계하는데 핀의 크기도 중요한 디자인 요소이다. 만약에 크기가 너무 크면 꼬리회전익의 추력이 제 역할을 못하게 된다. 헬리콥터가 저속에서나 제자리비행을 할 때 수직 핀이 풍향계(weather vane)의 역할을 하여 헬리콥터의 기수조종이 어려울 수도 있다.

복수 회전익장치를 가진 헬리콥터는 반토크 회전익(antitorque rotor)이 없다. 2개의 회전익장치가 서로 반대방향으로 회전하여 토크를 상쇄시켜주어 꼬리회전익이 필요 없다. 그러나 방향조종용 반토크페달을 사용하여 공중에서 비행할 때나 앞바퀴를 들고 지상에서 활주할 때 방향조종을 한다.

각각의 마스트를 가져 서로 마주보고 반대로 회전하는 회전익(intermeshing rotor)을 가졌거나 한 축에 서로 반대로 돌도록 장치된 동축회전익(coaxial rotor)헬리콥터는 제자리비행을 할 때 기수조종용 페달을 사용하여 2개의 회전익장치가 발생하는 토크에 변화를 주어 그 차이로 헬리콥터가 선회하게 한다.

CHAPTER 04

헬리콥터의 구성품과 시스템 (Helicopter Components and Systems)

헬리콥터의 시스템에 대한 지식과 경험이 많을수록 항행 중에 발생하는 잠재적인 문제점을 보다 용이하게 인지할 수 있다. 또한 실제로 문제가 발생하였을 때 대처할 조치로 무엇을 하여야 할지 결정하는 데도 큰 도움이 된다.

헬리콥터의 기체, 즉 기본구조물은 금속, 목재, 또는 복합재료나 두 가지를 혼용하여 제작한다. 고응력이나 고열을 받는 곳에는 강철이나 티타늄 같은 재료가 사용되나 도관과 금속판 구조물은 보통 알루미늄으로 만든다. 기체 디자인을 할 때 성능, 신뢰성, 비용 등을 고려한 적절한 목표를 위하여 엔지니어링, 공기역학, 재료공학, 제작방법 등을 총체적으로 적용하여야 한다.

01 동체(Fuselage)

동체는 승무원, 승객, 화물 등을 싣는 공간을 가진 헬리콥터의 몸체를 말한다. 헬리콥터의 객실은 다양한 좌석 배치를 하지만 대부분의 헬리콥터는 기장인 조종사가 오른쪽에 앉는다. 일부 헬리콥터는 조종사가 왼쪽이나 중앙에 앉는 배치도 있다. 동체는 동력장치, 동력전달장치, 전자장치, 비행조종장치 등을 지니고 있다.그림 4-1

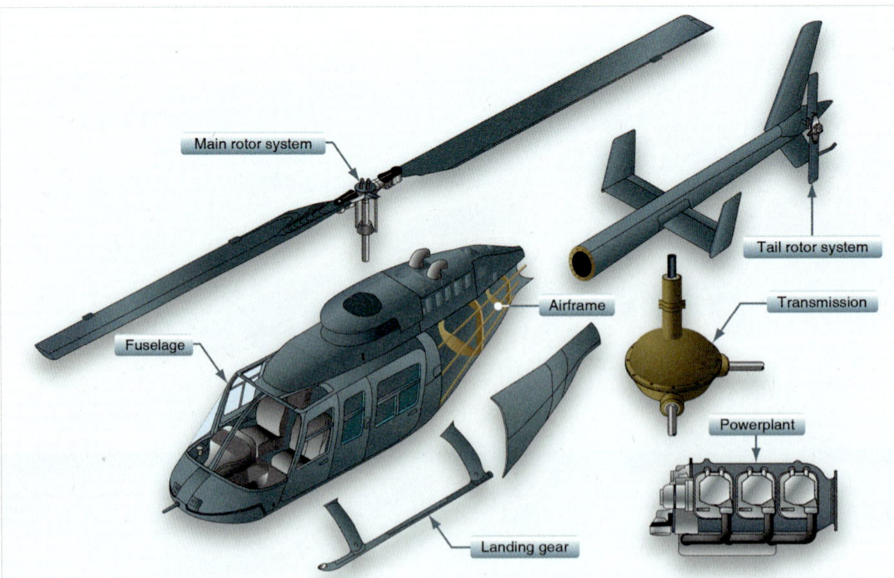

그림 4-1 주요 구성품

02 회전익장치(Main Rotor System)

회전익장치는 양력을 발생시키는 헬리콥터의 회전하는 부분이다. 회전익장치는 마스트, 허브, 그리고 회전익으로 구성된다. 마스트는 동력전달장치로 구동되는 속이 빈 금속 샤프트이고 그 끝단에 회전익을 부착하는 허브가 있다. 회전익은 허브에 여러 다른 방식으로 부착되고 있다. 회전익장치는 회전익이 허브에 어떻게 부착되고 허브를 중심으로 어떻게 움직이느냐에 따라 분류한다.

기본적으로 완전관절형(fully articulated type), 반고정형(semi-articulated or semirigid type), 그리고 고정형(rigid type)으로 세 가지로 분류한다. 베어링리스(bearingless) 회전익 타입과 같은 일부 최신장치는 이것들을 공학적으로 혼합하고 있다.

가. 완전관절형 회전익장치(Fully Articulated Rotor System)

이 장치는 각각의 회전익에 3개의 힌지를 중심축에 연결시켜 서로 자유롭게, 즉 독립적으로 작동할 수 있도록 한 것이다. 각각의 회전익 깃이 앞뒤로 움직이는 리드/래그, 각기 독립적으로 위아래로 움직이는 플래핑, 양력에 변화를 줄 수 있도록 피치축을 중심으로 페더링을 한다. 이러한 회전익장치는 3개 이상의 회전익을 가진 헬리콥터에서 볼 수 있다.그림 4-2

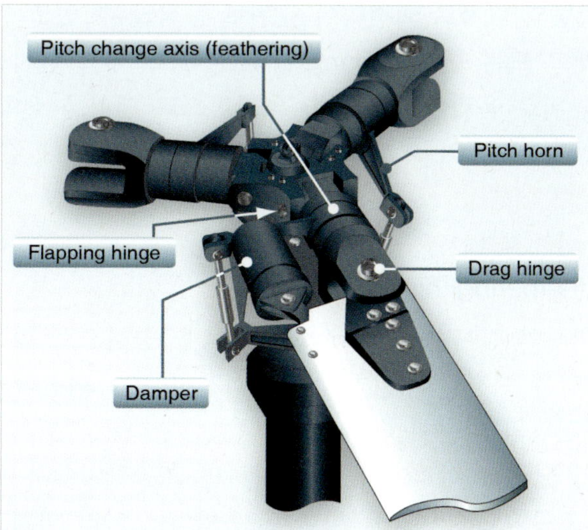

그림 4-2 완전관절형 회전익장치

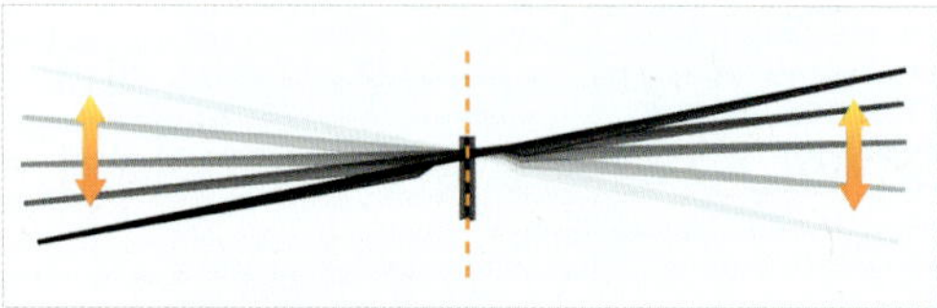

그림 4-3 플래핑(flapping) 힌지

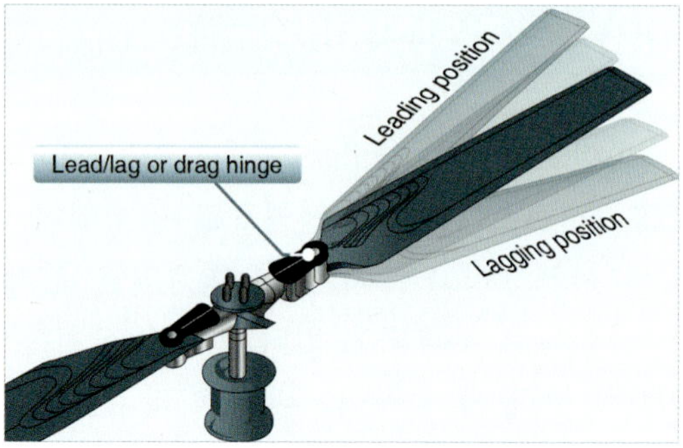

그림 4-4 리드/래그 혹은 드래그 힌지 (lead/lag or drag hinge)

세 가지의 힌지를 소개하면 다음과 같다.

1) 플래핑 힌지(flapping hinge)

한 회전익에 양력이 커지면 그 회전익은 플래핑 힌지에 의해 위로 젖혀진다. 플래핑 힌지는 수평방향의 힌지로 회전익이 위아래로 움직일 수 있도록 한다. 이런 움직임을 플래핑이라 하며 양력의 불균형을 해소하기 위한 것이다. 이 힌지는 회전익 중심축으로부터 거리를 달리하고 여러 개 설치할 수 있다.

2) 리드/래그 혹은 드래그 힌지(lead/lag or drag hinge)

이 힌지는 수직방향의 힌지로 회전익이 앞뒤로 움직일 수 있도록 한다. 이런 움직임을 리드-래그나 드래그 또는 헌팅(hunting)이라 한다. 드래그 힌지를 중심으로 회전익이 너무 급격하게 앞뒤로 움직이지 않도록 일반적으로 댐퍼를 설치하고 있다. 드래그 힌지와 댐퍼의 역할은 코리올리 효과에 의한 회전익의 가속이나 감속현상을 보완하기 위한 것이다.

3) 페더링 힌지(feathering hinge)

모든 회전익이 회전익 길이방향(spanwise)의 축을 중심으로 회전하는 것을 페더링이라 한다. 이 움직임은 회전익의 피치각을 변화시켜준다. 회전익의 피치각이 변하면 추력과 회전익의 회전면의 방향이 달라진다.

세 가지의 힌지가 달린 회전익이 돌기 시작하면 조종장치에서 입력을 받아 각각의 회전익은 항공기가 조종되도록 반응을 한다. 조종입력에 따라 피치, 롤, 그리고 상방향으로의 움직임을 하도록 회전익장치의 양력중심이 변한다. 양력의 크기는 콜렉티브 입

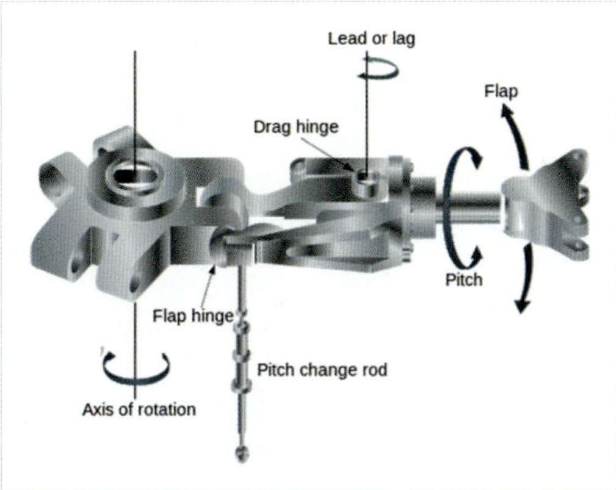

그림 4-5 페더링 힌지(피치 변화)

력에 따라 커지거나 작아지며 모든 회전익이 동시에 같은 방향으로 피치가 변화한다. 이 양력의 위치는 조종사의 피치와 롤 입력에 따라 달라진다. 그래서 각 회전익의 페더링 각은 회전할 때 주기적으로 변하여 이것을 '사이클릭 조종(cyclic control)'이라 한다.

한 회전익에 양력이 커지면 이 회전익은 위로 젖혀지려고 한다. 플래핑 힌지가 이러한 움직임을 허용하며 회전익을 수평면으로 유지하려는 원심력과 평형상태를 이룬다.

여하튼 여러 움직임이 합쳐진다. 원심력은 대체적으로 일정하다. 그러나 플래핑 힘은 기동상태(상승율, 전진속도, 항공기 총중량)에 따라 달라진다. 회전익이 젖혀지면(flap) 그 무게중심(CG)이 변한다. 회전익장치의 여러 회전익에서 한 회전익의 관성모멘트가 변하면 다른 회전익보다 회전속도가 빨라지거나 느려지게 된다. 이런 상황을 리드/래그 혹은 드래그 힌지(lead/lag or drag hinge)가 감당한다. 일반적으로 항공기에 댐퍼를 설치하여 리드/래그 움직임을 완화시킨다.

제2장에서 설명한 바와 같이 얼음판에서 제자리에 서서 회전하는 아이스 스케이터를 연상하면 쉽게 이해된다. 스케이터가 팔을 쫙 넓게 좌우로 벌리면 회전속도가 줄어드는데 이것은 질량중심이 회전축으로부터 멀어지기 때문이다. 반대로 팔을 움츠리면 질량중심이 회전축에 가까워져 스케이터의 회전속도가 빨라진다.

중립위치에서 한 회전익이 한 번만 회전한다고 보자. 페더링을 키워 부하가 증가하면 이 회전익은 위로 젖혀지고 앞으로 나아갈 것이다. 계속해서 돌면 다시 아래로 내려가고 뒤로 밀린다. 가장 적은 하중점에서 가장 적은 플랩각이 되면서 가장 많이 뒤쪽으로 밀리게 된다. 회전익도 큰 회전체라 자이로스코프와 같이 움직인다. 그래서 조종입력을 주면 90° 지난 지점에서 변위가 일어난다. 이러한 사항을 고려하여 설계자가 회전익장치의 조종입력을 줄 때 사이클릭 조종간을 앞으로 밀 때 항공기도 앞쪽으로 움직이도록 해놓았다.

과거의 힌지 설계에서는 전통적인 금속베어링에 의존하다보니 기하학적인 면에서 플래핑 힌지와 리그/래그 힌지를 동시에 담당할 수가 없어 고질적인 정비의 원인이었다. 새로운 회전익장치에서는 두 축으로 움직임을 할 수 있는 고무와 스틸의 배합인 탄소중합체 베어링을 사용한다. 위에서 언급한 일부 운동학적인 문제 해결만이 아니라 이러한 베어링은 압축도 되고, 검사도 쉽게 할 수 있어 정비작업이 감소되었다.

또한 탄소중합체 베어링은 페일세이프 성질을 가졌고 마모도 천천히 일어나 시각적으로 판단하기가 용이하다. 더욱이 과거의 금속베어링은 금속간의 접촉으로 윤활작업이 필요하였지만 이러한 베어링에서는 윤활작업이 필요 없다.

나. 반고정형 회전익장치(Semirigid Rotor System)

이 장치는 반관절형(semi-articulated rotor system)이라고도 하며 회전익 중심축에 고정된 2개의 회전익 깃으로 구성되어 있다. 회전익 중심 허브가 테터링 힌지(teetering hinge) 혹은 플래핑 힌지(flapping hinge)라고 하는 회전축을 기준으로 자유롭게 시소와 같이 움직인다. 2개의 회전익이 동시에 한 쌍으로 움직여 한 회전익이 올라가면 반대쪽 회전익은 내려가는 플래핑을 한다. 이 장치에는 드래그힌지가 없어 회전익 자체가 리드/래그 힘을 흡수하고 회전익 깃이 휘어져서 감수한다. 반고정형회전익은 페더링 힌지(feathering hinge)가 있어 회전익의 피치각을 변하게 할 수 있다. 그림 4-6

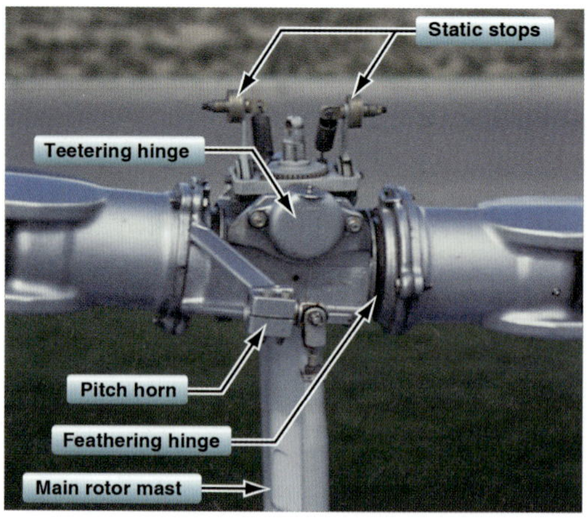

그림 4-6 테터링 힌지(teetering hinge)

만약 반고정형 회전익장치가 언더슬렁 회전익이면 무게중심(CG)이 회전익이 장착된 마스트보다 아래에 있다. 언더슬렁 설치가 회전익 깃의 질량중심과 플래핑 힌지와 일치하게 디자인하여 회전익이 플래핑을 할 때 양쪽의 회전익 깃의 질량 중심이 회전중심으로부터 같은 거리에서 변하지 않도록 해준다. 이 장치의 회전속도가 변하려 하지만 엔진의 관성과 구동장치의 유연성이 억제해준다. 억제력을 갖기 위하여 회전익 깃 뿌리부분에 약간의 경직성이 필요하다. 간단히 말하면 회전축보다 낮게 달면 기하학적 불균형을 효과적으로 제거해준다.그림 4-7

언더슬렁 회전익장치는 일반적인 회전면보다 약간 아랫부분에 회전익을 설치함으로써 리드/래그 힘을 최소화해준다. 회전익 깃 원뿔이 울라갈 때 회전익의 압력중심이 허브와 거의 같은 면에 있다.

반고정형 회전익을 가진 헬리콥터는 회전익의 플랩 스톱(Flap stop)이 마스트를 절단하게 하는 '마스트범핑(mast bumping)'으로 알려진 상황에 취약하다. 반고정형장치의 기계적인 디자인은 회전익 깃의 아래 방향의 플래핑에 물리적으로 제한을 해주어야 한다. 마스트범핑은 회전익의 플래핑이 커지면 발생하기 때문에 이 장치는 최대 플래핑각을 제한한다. 회전익의 구성품으로 고정스톱이 달려 있어 마스트와 허브 사이의 곡면 표면과 밴드피팅의 움직임을 제한해준다. 만약 이 고정스톱이 마스트와 비행 중에 심하게 부딪치면 마스트가 손상되어 떨어져 나갈 수 있다. 절대로 이러한 접촉이 발생하지 않도록 비행중에 주의해야 한다.

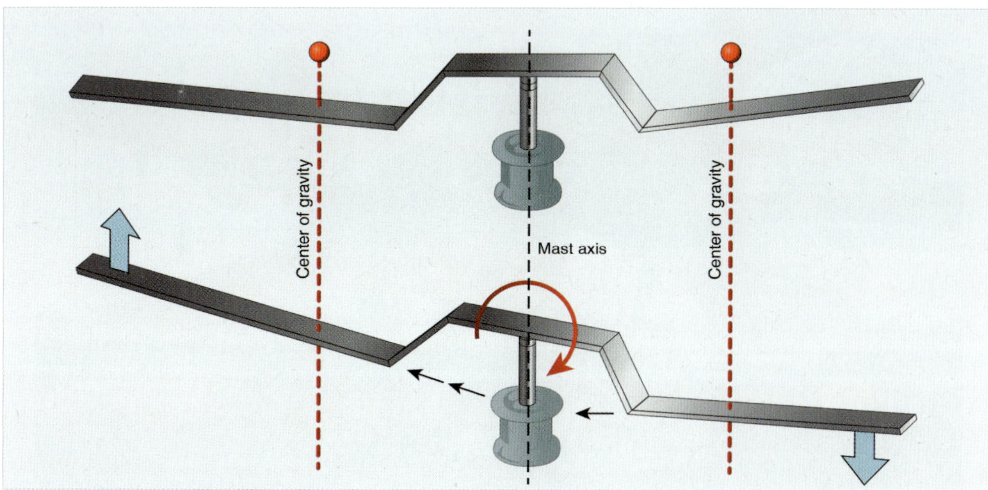

그림 4-7 언더슬렁 회전익장치

다. 고정형 회전익장치(Rigid Rotor System)

이 장치는 그림 4-8과 같이 기계적으로는 매우 간단하다. 그러나 회전익에 작용하는 모든 하중을 힌지가 없어 굽힘(bending)으로 감당하여야 한다. 회전익 뿌리가 허브에 단단하게 고정되어 있다. 고정형 회전익장치는 플래핑 힌지와 리드/래그 힌지가 없지만 공기역학적인 면에서는 완전관절형과 같은 방식으로 작동한다. 플래핑과 리드/래그 힘은 모두 회전익이 자체적으로 감수하여야 한다. 힌지가 없어 플래핑이나 리드/래그(드래깅)을 할 수가 없고 오직 페더링만 가능하다.

헬리콥터 항공역학의 발전과 재료가 계속해서 진보하면서 고정형 회전익장치가 보다 일반화되었다. 왜냐하면 설계가 기본적으로 쉽고 완전관절형과 반고정형의 장점을 모두 제공할 수 있기 때문이다.

고정형(rigid rotor)은 회전익이 즉각 반응하고 회전익 허브가 견고하게 마스트에 장착되어 있어 반고정형장치에서와 같은 마스트 범핑(bumping) 현상은 거의 발생할 염려가 없다. 회전익과 동체가 한 몸체를 이뤄 같이 움직이기 때문에 다른 회전익장치와 비교하여 진동도 훨씬 적다. 장점으로는 회전익 허브의 무게와 항력도 줄이고 복잡한 힌지들이 없어 회전익장치가 보다 신뢰성도 있고 정비하기도 쉽다. 이 장치의 단점은 난기류나 돌풍에서 큰 부하(load)를 흡수할 힌지가 없어 다른 장치보다 실내에서 진동을 많이 느껴 탑승감이 좋지 않다.

기본적인 세 가지 회전익 헤드 디자인의 변형으로 베어링리스(bearingless) 회전익

그림 4-8 고정형(rigid or hingeless) 회전익

장치는 완전관절형과 유사하나 베어링이나 힌지가 없다. 이 장치는 회전익과 허브가 모든 응력을 흡수하도록 한다. 고정형과 차이점은 페더링 힌지도 없다는 것이다. 피치 조절 암을 조작하면 커프(cuff) 안에 있는 부분이 틀어진다.(twist) 거의 모든 베어링리스 회전익허브는 섬유 복합재료로 만들어진다.

종합해서 위의 세 가지 종류의 회전익장치의 장단점을 간단히 정리하면 아래와 같다. 그림 4-9

System Type	Advantages	Disadvantages
Articulated	Good control response	High aerodynamic drag. *More complex, greater cost.*
Semirigid (Teetering, Underslung, or See-Saw)	Simple, easy to hangar due to two blades	Reaction to control input not as quick as articulated head. Vibration can be higher than *multi-bladed articulated* systems.
Rigid	Simple design, crisp response	Higher vibration than articulated rotor.

그림 4-9 회전익장치 종류별 장단점

03 회전경사판(Swashplate Assembly)

회전경사판의 목적은 직선적인 조종입력을 회전입력으로 전환하여 회전익에 전달하는 것이다. 즉 회전경사판은 사이클릭 피치조종 레버나 콜렉티브 피치조종 레버를 조작하면 그에 따라 각각의 회전익을 조정하는 장치이다. 이 장치는 2개의 구성품으로 되어 있으며, 하나는 고정판(stationary plate)이고 또 하나는 회전판(rotating plate)이다. 그림 4-10

고정경사판은 회전익 마스트에 장착하고 푸시로드(pushrod)로 사이클릭 조종장치와 콜렉티브 조종장치에 연결되어 있다. 이 판은 회전하지 않지만 모든 방향으로 기울거나 위아래로 움직일 수 있다. 그러나 회전경사판은 고정경사판 위에 포개져 있지만 사이에 베어링으로 받치고 있어 회전익 마스트와 구동 링크(drive links)로 연결되어 마스트와 함께 회전한다. 물론 2개의 경사판은 한 단위로 함께 기울거나 위아래로 움직일 수도 있다. 회전경사판은 피치링크(pitch link)로 피치 혼(pitch horn)과 연결되어 있다.

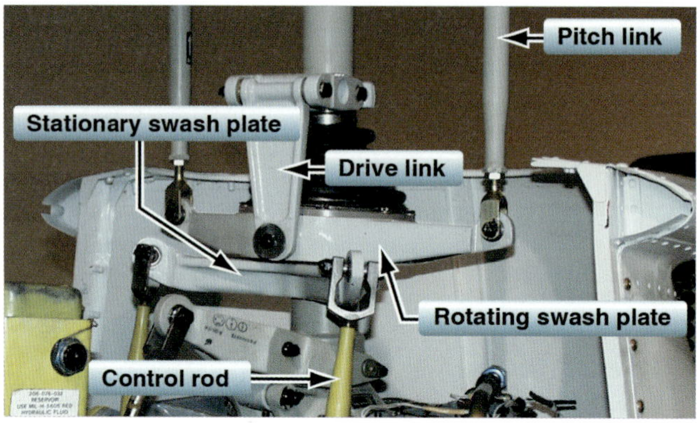

그림 4-10 회전경사판(swash plate)

04 자유회전장치(Freewheeling Unit)

헬리콥터는 회전하는 날개로 양력을 얻기 때문에 엔진에 고장이 발생해도 날개가 방해를 받지 않고 회전할 수 있어야 한다. 자유회전장치는 엔진의 회전속도가 회전익의 회전속도보다 느려지면 자동으로 엔진과 회전익을 분리시켜 주는 장치이다.그림 4-11 그래서 회전익과 꼬리회전익이 엔진의 저항을 받지 않고 회전을 계속할 수 있게 된다. 가장 일반적인 자유회전장치로는 엔진과 동력전달장치 사이에 한 방향으로만 돌 수 있는 후퇴방지 클러치(sprag clutch)가 있다. 피스톤엔진의 경우에는 동력전달장치의 위쪽 풀리(pulley)에 클러치를 설치하고 터빈엔진의 경우에는 엔진 기어박스에 설치하고 있다. 엔진이 회전익을 구동시킬 때에는 후퇴방지 클러치의 경사진 면의 롤러가 바깥쪽 드럼에 힘을 가하도록 해준다. 그래서 엔진의 회전속도에 따라 동력전달장치의 회전속도가 증가한다. 그러나 엔진이 고장일 때는 롤러가 안쪽으로 움직여 바깥쪽 드럼이 분

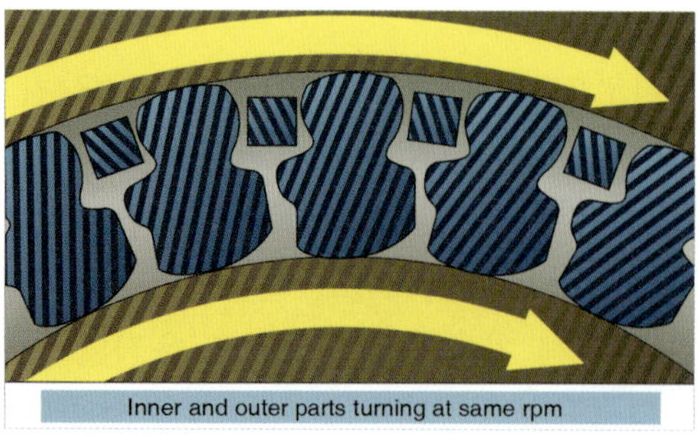

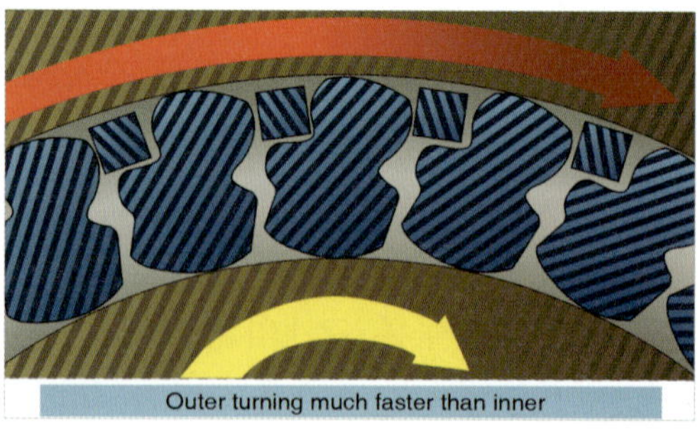

그림 4-11 a. 안쪽면과 바깥면이 같이 돌 때 b. 안쪽면보다 바깥면이 빨리 돌 때

리되어 안쪽 부분보다 자유롭게 돌 수 있어 동력전달장치의 회전속도가 엔진의 속도보다 빨라질 수 있다. 즉 엔진속도는 구동장치의 속도보다 느려지고 헬리콥터는 자동활공 상태가 된다.

05 반토크장치(Antitorque System)

가. 꼬리회전익(Tail Rotor)

회전익장치가 하나뿐인 헬리콥터에서는 회전익의 토크를 상쇄할 수 있는 별도의 장치가 필요하다. 이러한 목적의 반토크장치로 그림 4-12와 같이 반토크회전익, 즉 꼬리회전익(antitorque rotor or tail rotor)이 있다. 회전익의 토크가 달라질 때마다 꼬리회전익의 추력을 변화시켜야 헬리콥터의 기수방향을 똑바로 유지할 수 있다. 제자리비행을 하면서 기수를 변화시킬 때 꼬리회전익을 사용하여야 한다. 대부분의 헬리콥터는 동력전달장치에서 연결된 샤프트로 꼬리회전익을 구동하는데 그 이유는 엔진이 고장 날 때를 고려한 것이다. 일반적으로 동력전달장치의 마찰력을 극복하기 위하여 자동활공에서는 (−)의 반토크 추력이 필요하다.

나. 페네스트론(Fenestron)

꼬리회전익으로 페네스트론, 즉 꼬리내부에 팬(fan-in tail)이 있는 형태도 있다. 이 장치는 회전익이 수직꼬리 내부의 원형도관에 들어 있기 때문에 지상에서 사람이나 기타 물체와 부딪칠 염려가 거의 없다.그림 4-13

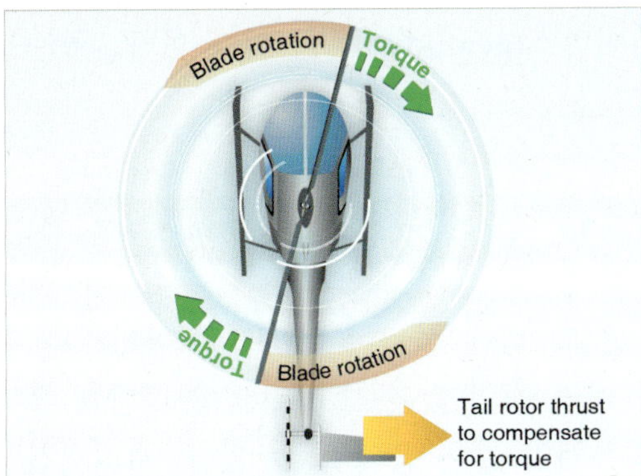

그림 4-12 꼬리회전익의 역할

그림 4-13 페네스트론(Fenestron)

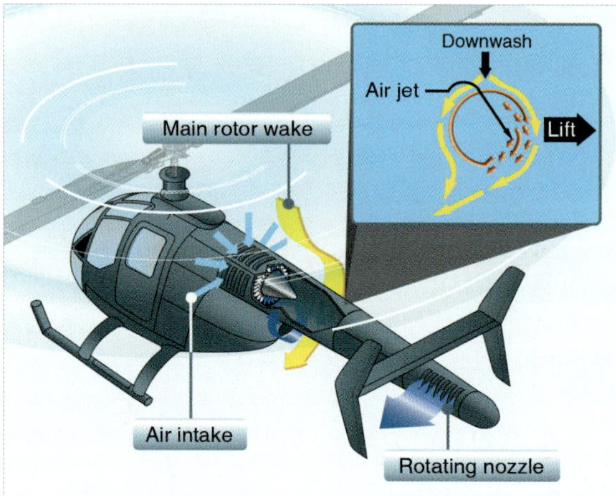

그림 4-14 노타(NOTAR)장치

다. 노타(NOTAR)

노타장치는 회전익의 토크를 공기역학적인 특성을 이용하여 상쇄하거나 조절하는 장치이다. 이것은 안전하고 소음도 없고 반응도 확실하고 외부물질에 의한 손상이 없는 방향조절장치라 하겠다. 헬리콥터 동체에 설치한 팬에서 저압으로 압축한 공기를 오른쪽 꼬리동체(tailboom)에 수평으로 뚫려 있는 길쭉한 구멍(slot)으로 분출시킨다. 이렇게 분출되는 공기가 회전익장치에서 발생시키는 공기의 내리흐름과 합쳐져 '코안다 효과(Coanda Effect)'를 일으켜 꼬리동체가 날개역할을 하여 오른쪽 방향으로 양력을 발생시킨다. 참고로 제자리비행을 할 때 방향을 유지하기 위한 힘(anti-torque)으로 이렇게 발생시킨 양력이 약 2/3의 추력을 제공해준다. 나머지 추력은 꼬리부분에 설치한 제트 노즐(jet nozzle)을 통해 공기를 분출시켜 방향조정을 한다.

노타장치는 꼬리회전익으로 인한 기계적인 단점인 긴 구동샤프트(drive shaft)와 베어링(bearing) 그리고 중간기어박스와 90° 기어박스(gearbox) 등이 필요 없다.그림 4-14

06 반토크 구동장치(Anti-Torque Drive Systems)

반토크 구동장치는 반토크 구동샤프트와 동체꼬리에 설치한 반토크 기어박스로 구성된다. 구동샤프트는 하나로 된 긴 샤프트나 여러 개의 짧은 샤프트에 양 끝단에 유동성이 있는 이음쇠(coupling)로 연결하여 꼬리동체와 같이 움직일 수 있다. 꼬리회전익 기어박스는 방향을 90° 꺾어 꼬리회전익을 구동시키고 꼬리회전익의 회전속도(rpm)를

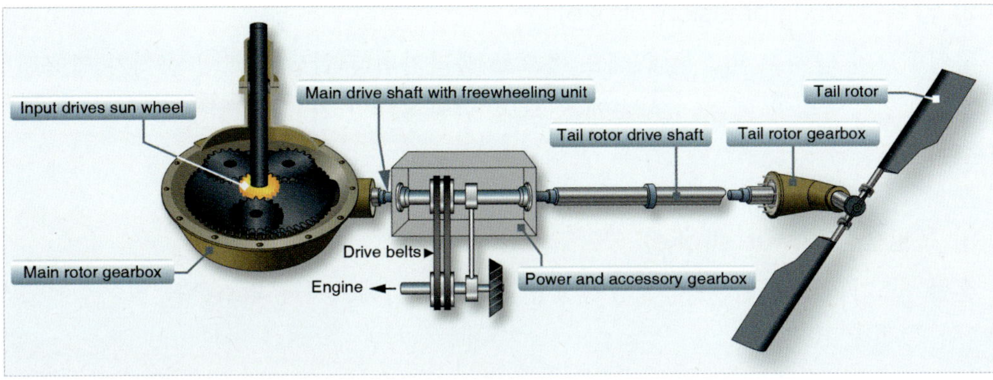

그림 4-15 꼬리회전익 구동장치

최적의 속도로 조절할 기어장치가 있다.그림 4-15 수직 핀(vertical fin)이나 파일론(pylon)을 가진 헬리콥터는 동력을 전달하기 위하여 중간 기어박스도 있다.

07 엔진(Engines)

헬리콥터에 사용하는 대표적인 엔진 종류로는 왕복엔진과 터빈엔진이 있다. 터빈엔진은 동력이 커서 많은 종류의 헬리콥터에 사용하고 있지만 운영비용이 많이 소요된다.

가. 왕복엔진(Reciprocating Engine)

왕복엔진은 흔히 피스톤엔진이라고도 하는데 일반적으로 소형 헬리콥터에 사용한다. 대부분의 훈련용 헬리콥터도 왕복엔진을 사용하는데 상대적으로 간단하고 운용비용도 적게 들기 때문이다.

왕복엔진은 하나의 회전하는 크랭크축에 연결된 여러 개의 피스톤으로 구성되어 있다. 피스톤이 위아래로 왕복하면 크랭크축이 회전한다. 왕복엔진이라는 이름은 바로 엔진의 내장품이 왕복 움직임을 한다는 데서 연유된 것이다. 4행정(four-stroke) 엔진이 가장 보편적이며 동력을 발생하기 위하여 네 가지 주기운동을 한다.그림 4-16

1) 흡입행정(intake stroke)

흡입행정은 피스톤이 실린더 헤드에서 가장 멀리 내려가고 흡입밸브가 열려 연소실에 연료와 공기가 혼합되어 들어온다.

2) 압축행정(compression stroke)

흡입밸브가 닫히고 피스톤이 헤드 쪽으로 올라가면 혼합된 연료와 공기가 압축된다. 피스톤의 압축행정이 거의 상사점에 이르면 점화 플러그가 작동하여 혼합공기를 점화해준다.

3) 폭발행정(power stroke)

혼합가스가 연소하면 부피가 급팽창하면서 실린더헤드에서 피스톤을 밀어주어 크랭크축이 회전한다.

4) 배기행정(exhaust stroke)

배기밸브가 열리고 아래로 내려온 피스톤이 다시 실린더 헤드 쪽으로 올라가면서

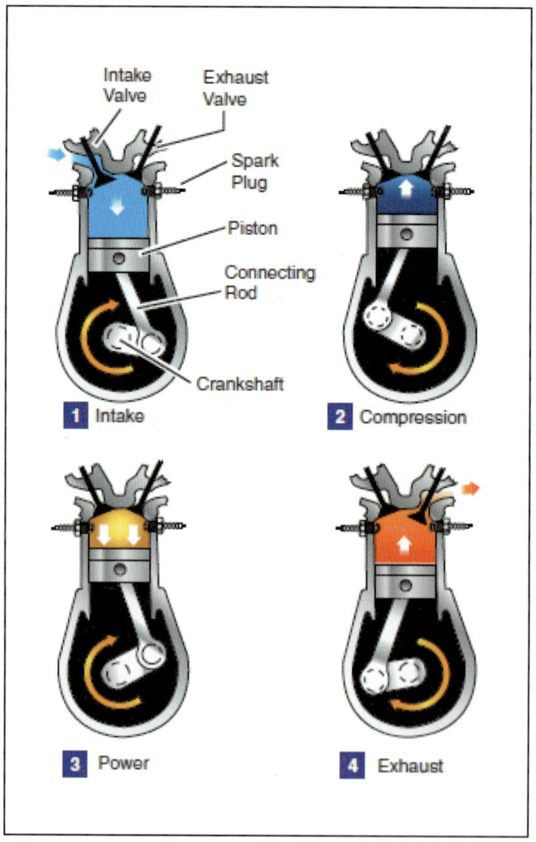

그림 4-16 4행정 운동

연소된 가스를 외부로 방출한다.

엔진이 상당히 저속으로 움직일 때라도 위의 4행정은 분당 수백 차례나 반복된다. 4기통 엔진의 경우, 각각의 기통은 각기 다른 행정의 운동을 하게 된다. 각 기통이 일정한 시간대에 맞춰 폭발행정을 수행함으로써 크랭크축은 계속해서 회전하게 된다.

나. 터빈엔진(Turbine Engine)

터빈엔진은 동력이 커서 여러 종류의 헬리콥터에서 사용된다. 엔진의 크기에 비해 큰 동력을 내지만 운용하는데 비용이 많이 든다. 헬리콥터에 사용되는 터빈엔진은 일반 비행기에 사용되는 엔진과는 다르게 작동한다. 보통 엔진의 배기가스는 그냥 배출되며 헬리콥터의 추력으로 사용되지 않는다. 흡입되는 공기의 약 75%를 엔진의 냉각에 사용한다.

대부분의 헬리콥터에 장착하고 있는 가스터빈 엔진은 압축기(compressor), 연소실(combustion chamber), 터빈(turbine), 그리고 액세서리 기어박스(accessory gearbox assembly)로 구성되어 있다. 흡입된 공기를 압축기가 압축하여 연소실에 보내고 연소실에서 분무상태로 분사된 연료와 공기를 점화시켜 연소가스가 팽창하게 한다. 이 연소가스가 일련의 터빈을 돌려준다.

터빈은 출력축을 통하여 엔진의 압축기와 액세서리 기어박스에 동력을 제공한다. 엔진의 종류에 따라 rpm이 20,000에서 51,600까지 다양하다.

액세서리 기어박스에 전달된 동력은 액세서리 기어박스의 출력축에 장착되어 있는

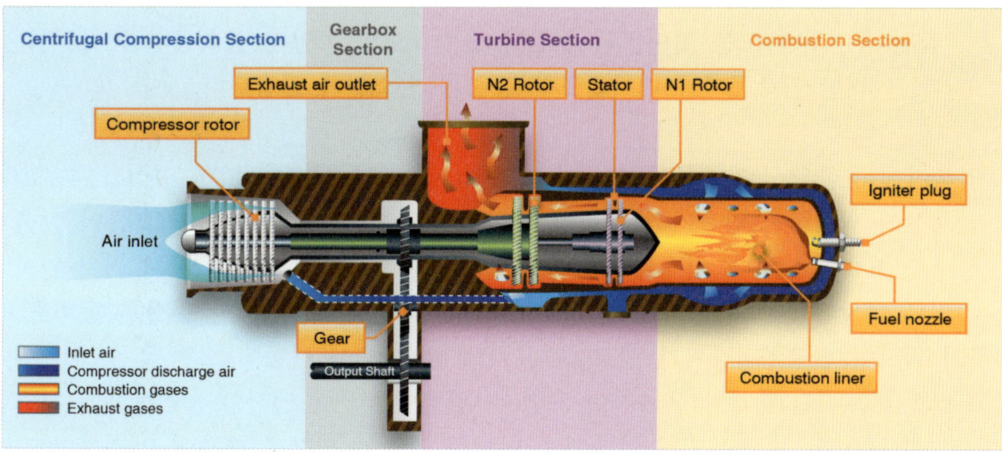

그림 4-17 터보샤프트 엔진

자유회전장치를 통해 회전익과 꼬리회전익 장치에 전달된다. 터빈을 돌려준 연소 가스는 배기출구를 통하여 외부로 방출된다. 가스의 온도는 제작회사에 따라 여러 위치에서 감지하여 참조하고 있다. 일반적인 용어로 터빈내온도(ITT: inter-turbine temperature), 배기가스온도(EGT: exhaust gas temperature), 또는 터빈출구온도(TOT: turbine outlet temperature)가 있다. 여기에서는 터빈출구온도(TOT)를 설명하기로 한다.그림 4-17

1) 압축기(compressor)

압축기는 축류형 압축기(axial compressor)나 원심형 압축기(centrifugal compressor) 또는 두 가지를 혼합한 형태가 있다.

가) 축류형 압축기(axial compressor)

이 압축기는 회전체(rotor)와 고정체(stator)라고 하는 두 가지 기본요소로 구성되어 있다. 회전체는 회전축에 고정되어 있는 수많은 깃(blades)으로 구성되었으며 하나의 팬을 이루고 회전하면서 공기를 뒤로 밀어 보낸다. 한편 고정깃(stator vanes)은 회전깃(rotor blades) 사이에 고정된 배열을 이루고 각 단계마다 공기의 속도를 줄여주고 압력을 높여주어 디퓨저(diffuser) 역할을 한다. 압축기는 필요한 공기의 양과 압력을 얻을 수 있도록 여러 줄의 고정깃과 회전깃으로 배열되어 있다.

나) 원심형 압축기(centrifugal compressor)

이 압축기는 임펠러(impeller)와 디퓨저(diffuser) 그리고 매니폴드(manifold)로 구성되어 있다. 여러 개의 깃이 몸체와 한 덩어리로 구성되어 있는 임펠러는 고속으로 회전하면서 공기를 끌어들이고 가속시켜 디퓨저로 보낸다. 디퓨저는 공급된 공기의 속도를 떨어뜨려 정압을 올림으로써 고압의 압축공기를 만들어 준다. 이러한 압축공기가 매니폴드를 통하여 연소실에 공급된다.

압축기에 공급된 공기흐름이 교란되면 서지(surge)나 실속(stall)이 일어날 수 있다. 이런 형상이 발생하면 압축기의 압력이 떨어져 연소실의 압력으로 공기흐름이 압축기의 출구로 역류하게 된다. 압축기에서 공기흐름이 줄어들면 공기압이 다시 커져 일시적으로 역류 현상이 없어지나 다시 반복적으로 발생하게 된다. 이러한 현상은 동력을 유지하기 위하여 연료조절장치가 연료를 더 보낼 때 기체에 진동이 오면서 출력이 떨어지고 터빈출구온도(TOT)가 올라가면 느낄 수 있다. 이럴 때 엔진의 블리드에어 시스템(bleed air system)이 작동되면 압축기의 과도한 압력을 외부로 빼주어 압축기의 깃에 실속이 걸리지 않도록 보다 많은 공기가 들어오게 해준다.

2) 연소실(combustion chamber)

피스톤 엔진과는 달리 터빈엔진에서는 연소가 연속해서 이루어진다. 점화플러그는 엔진의 시동을 걸 때 연료/공기 혼합가스를 점화하기 위하여 사용한다. 한번 혼합가스가 점화되면 혼합가스가 공급되는 한 계속해서 연소하게 된다. 만약 연료나 공기공급에 이상이 발생하면 연소가 중지되어 엔진이 꺼지게 되는데 이것을 '플레임 아웃(flame-out)'이라 한다. 이럴 경우에는 재시동, 즉 재점화를 해주어야 한다. 일부 헬리콥터는 자동점화장치가 있어 엔진이 꺼졌을 때 자동적으로 점화장치가 작동하여 연소가 이루어지도록 하고 있다.

3) 터빈(turbine)

2단계 터빈은 몇 개의 터빈 휠(wheel)로 구성되어 일부는 압축기를 돌려주고 일부는 액세서리 기어박스를 돌려준다. 앞쪽 1단계 터빈은 흔히 가스생산기(N1 혹은 NG)라 하고, 뒤쪽 2단계 터빈은 보통 동력터빈(N2 혹은 NP)이라 하며, 각기 하나 혹은 여러 개의 터빈 휠로 구성되어 있다.

만약에 1단계 터빈과 2단계 터빈이 기계적으로 하나로 묶여 있어 같이 회전하는 구조이면 고정터빈(fixed turbine)이라 한다. 이 경우에는 엔진이 하나의 공동 축을 통하여 터빈이 돌기 때문에 압축기와 출력축이 서로 연결되어 있다.

헬리콥터에 사용되는 대부분의 터빈엔진인 경우 1단계 터빈과 2단계 터빈이 서로 독립된 이중 축에 부착되어 있어 각기 별도로 회전한다. 그래서 이와 같은 터빈을 '자유터빈(free turbine)'이라 한다. 엔진이 작동하면 연소가스는 1단계 터빈(N1)을 회전시켜 압축기를 구동해주고 1단계 터빈을 지난 연소가스는 2단계 터빈(N2)을 회전시켜 액세서리 기어박스를 통해 출력축(output shaft)을 구동시킨다.

4) 액세서리 기어박스(accessory gearbox)

엔진의 액세서리 기어박스는 헬리콥터의 여러 구성품을 구동하기 위하여 여러 가지 필요한 기어를 가지고 있다. N1 터빈과 N2 터빈은 각각 샤프트를 통해 2개의 액세서리 기어박스에 동력을 제공한다. 1단계인 N1 터빈은 엔진이 계속 작동하도록 터빈 사이클에 필요한 구성품을 구동해준다. 일반적으로 N1 터빈이 구동하는 구성품은 압축기와 오일펌프, 연료펌프, 그리고 시동기/발전기 등이다. 2단계인 N2 터빈은 주회전익과 꼬리회전익을 구동하는데 사용되며 일부 부속품인 발전기, 냉방장치 등을 구동해준다.

08 동력전달장치(Transmission System)

동력전달장치는 정상 비행상태에서 엔진의 동력을 회전익과 꼬리회전익 및 기타 부속품에 전달하는 장치이다. 주요 구성품으로는 회전익 동력전달장치와 꼬리회전익 구동장치, 그리고 클러치와 자유회전장치 등이 있다. 자유회전장치(자동활공 클러치)는 자동활공 비행 시에 회전익 동력장치가 꼬리회전익 동력장치를 구동하게 해준다. 벨사의 BH-206 같은 헬리콥터는 자유회전장치를 액세서리 기어박스에 설치해 놓았다. 이것은 동력전달계통의 한 부분이기 때문에 동력전달장치가 윤활해주어 자유롭게 돌도록 하기 위함이다. 헬리콥터의 동력전달장치는 일반적으로 자체 오일로 윤활과 냉각을 하며 오일 양(level)을 점검하기 위한 육안 게이지(sight gauge)가 설치되어 있다. 일부는 오일 섬프(oil sump)에 금속조각 탐지기(chip detector)를 장착하여 내부에 이상이 발생할 때 조종석의 계기판에 경고등이 켜지게 해준다. 최신의 헬리콥터에서는 조각탐지기가 연소(burn-off) 기능을 가져 조종사의 조치가 없어도 스스로 이물질을 태워서 상황을 제거할 수도 있다. 그러나 만약 자체적으로 문제가 해소되지 않으면 조종사는 반드시 해당 헬리콥터의 비상절차에 따라야 한다.

가. 회전익 동력전달장치(Main Rotor Transmission)

회전익 동력장치의 주목적은 엔진출력 회전속도를 감속시켜 최상의 회전익 회전속도를 얻도록 하는 것이다. 감속비율은 헬리콥터에 따라 다르지만 예를 들어 엔진회전속도가 2,700rpm인 경우 회전익회전속도를 450rpm으로 낮추려면 감속비를 6 대 1로 한다. 만약 감속비가 9 대 1이면 회전익은 300rpm으로 회전하게 된다. 수평으로 장착한 엔진을 가진 헬리콥터에서는 동력전달장치가 엔진의 수평 회전축을 회전익의 수직축으로 방향을 전환하는 역할도 한다.

1) 이중 회전속도계(dual tachometer)

대부분의 헬리콥터는 엔진과 회전익의 회전속도를 지시하거나 엔진과 회전익의 회전속도율(%)을 지시하는 2개의 지침을 가진 회전속도계나 수직눈금 계기를 사용한다. 이 계기에서 회전익 회전속도(rpm)계기는 클러치가 결속되는 과정에서 회전익의 가속상태를 관찰하기 위하여 그리고 자동활공을 할 때 회전익의 회전속도를 허용범위로 유지하기 위하여 사용해야 한다. 회전익의 회전속도가 중요 지표이며 엔진의 회전속도는 부수적이라는 것을 명심하여야 한다. 만약 회전익 회전속도계가 고장이 나도 간접적으로 엔진의 회전속도로 회전익의 회전속도를 추정할 수 있다. 왜냐하면 엔진이 회전익을 고정된 1 대 1의 비율로 구동하기 때문이다. 엔진이 작동하고 있는데도 불구하고 회전익 회전속도계의 고장으로 헬리콥터를 자동활공으로 전환하는 사고가 자주 발생하고 있다.

그림 4-18에 있는 계기의 표시를 자세히 보자. 모두 복수회전계기이다. 왼쪽에 있는 두 계기에서 지침 하나는 'T(터빈)'라는 문자로 표기가 되어 있고 또 하나는 'R(회전익)'이라는 문자로 표기되어 있다. 왼쪽 하단 계기는 눈금 원호가 하나이지만 정상 작동 시에는 2개의 지침이 거의 포개져 있어야 한다. 왼쪽 상단 계기는 2개의 눈금 원호가 있는데 큰 숫자로 표기된 바깥쪽 원호는 엔진의 회전속도를 지시하고 안쪽 작은 숫자로 표기된 것은 회전익 회전속도를 지시한다. 정상적으로 작동할 때에는 두 지침이 거의 포개져 있어야 한다. 상단 오른쪽 계기는 서로 독립된 지침이 계기의 중앙방향을 향하고 있는데 지침의 끝이 색깔 표시의 범위를 가리키고 있다. 왼쪽은 엔진의 작동수치를 가리키고 오른쪽은 회전익의 작동수치를 가리킨다.

회전익이 엔진과 연동된 정상적인 조건에서는 2개의 지침(바늘)이 같은 방향으로 같이 움직인다. 그러나 갑자기 엔진이 동력을 잃으면 클러치가 분리되어 엔진과 회전익이 더이상 연동되지 않아 지침이 서로 분리된다.그림 4-19

최신의 헬리콥터는 소위 글라스 조종실(glass cockpit)로 계기가 디지털(digital) 상태로 디지털 화면에 수직으로 나타난다. 그림 4-18의 오른쪽 하단 계기가 그 한 예이다. 왼쪽의 눈금은 회전익 회전속도(NR)를 오른쪽의 눈금은 엔진의 회전속도(NP)를 수직으로 지시하며 색깔로 각각 회전속도의 작동영역을 표시한다.

그림 4-18 복수지침 이중회전속도계

그림 4-19 지침 분리(split)

2) 구조 설계(structural design)

수평으로 설치된 엔진을 장착한 헬리콥터에서 또 하나의 회전익 동력전달장치의 기능은 엔진의 동력을 수평축에서 회전익의 샤프트인 수직축으로 방향전환을 해준다.그림 4-20 이것은 프로펠러가 엔진 구동축과 바로 연결된 일반 비행기의 엔진 동력전달방식과 큰 차이점이다.

회전익의 회전속도(rpm)를 유지하는 것은 적절한 양력을 위하여 필수적인 사항이다. 정상범위 안의 rpm을 가져 충분한 양력을 발생시켜야 헬리콥터 기동을 제대로 할 수 있게 된다. 그래서 회전속도계의 위치와 이 계기가 제공하는 정보를 잘 이해하는 것이 매우 중요하다. 회전익의 회전속도가 정상범위보다 내려가게 내버려두면 치명적인 결과를 초래할 수 있다.

나. 클러치(Clutch)

일반 비행기에서는 엔진과 프로펠러가 고정되어 있으나 헬리콥터에서는 엔진과 회전익을 고정해 놓을 수가 없다. 왜냐하면 비행기의 경우 엔진의 동력에 비해 프로펠러의 무게가 상대적으로 가벼우나 회전익 헬리콥터의 경우 회전익의 무게가 너무 무겁기 때문에 엔진을 시동할 때 회전익을 분리해주어야 한다. 클러치의 역할은 엔진이 시동된 후에 서서히 회전익의 하중이 엔진에 전달되도록 한다.

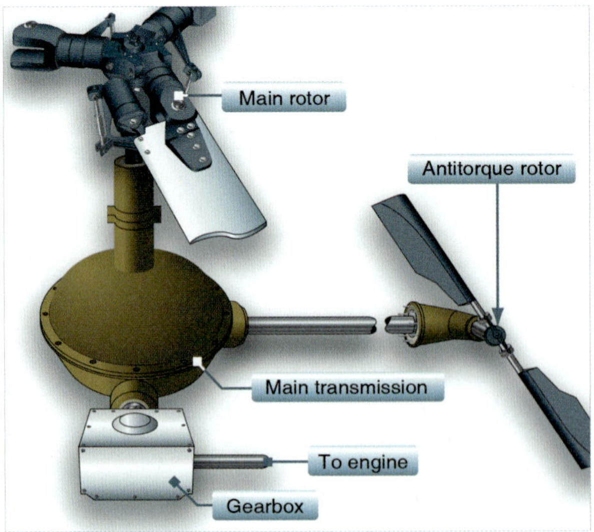

그림 4-20 동력전달장치

그러나 자유터빈(free turbine)엔진에서는 가스생산기(N1 터빈)과 동력터빈(N2 터빈) 사이에 공기 클러치가 있는 것과 같이 시동할 때 N2 터빈이 분리되어 별도의 클러치가 필요 없다. 엔진을 시동할 때 동력전달장치와 회전익의 부하(load)를 전달하는 N2 터빈으로부터 거의 저항을 받지 않는다. 점차 N2 터빈에 가스압력이 증가하게 되면 회전익이 서서히 돌기 시작하다가 점차 가속되어 정상 작동속도로 증가하게 된다.

왕복엔진과 고정터빈엔진의 경우에는 엔진을 시동할 때 클러치가 필요하다. 공중에서 자연바람으로 시동하는 것은 불가능하다. 주종을 이루는 클러치 타입으로 원심형클러치(centrifugal clutch)와 수동형클러치(idler or manual clutch)가 있다

엔진이 시동되고 회전익장치를 접속시키는 클러치의 작동방식은 헬리콥터의 종류에 따라 다르다. 피스톤 엔진(왕복엔진) 헬리콥터는 자동차의 수동클러치와 같은 방식으로 접속한다. 엔진이 정상적인 작동상태가 되면 전기모터로 풀리(pulley)를 당겨 동력을 전달한다. 이때 풀리의 조작은 조종석에 있는 스위치로 한다.

1) 벨트구동 클러치(belt drive clutch)

일부 헬리콥터는 엔진에서 동력전달장치에 동력을 전달하기 위하여 벨트구동장치를 이용한다. 벨트구동장치는 엔진에 장착된 풀리(lower pulley), 동력전달장치의 입력샤프트에 장착한 풀리(upper pulley), 벨트 혹은 V벨트 세트, 인장력을 벨트에 제공하는

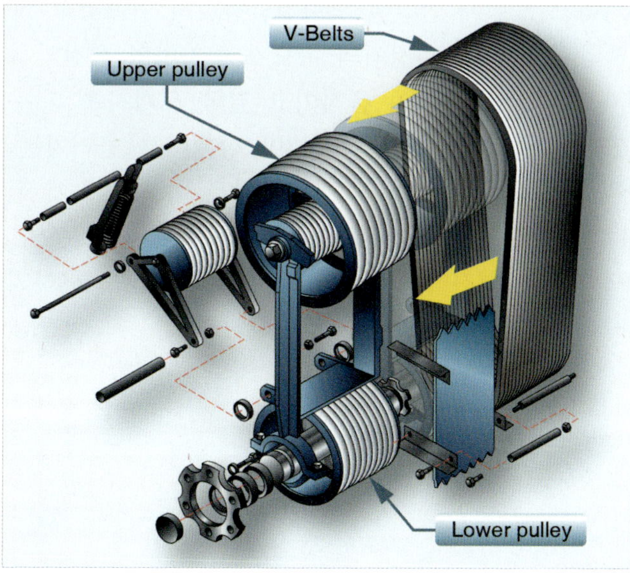

그림 4-21 수동클러치

부분품으로 구성된다. 벨트에 인장력이 걸리지 않으면 벨트는 2개의 풀리에 느슨하게 걸려있어 엔진을 시동할 때 동력전달장치로부터 아무런 하중이 엔진에 전달되지 않는다.그림 4-21

일부 헬리콥터는 시동할 때 클러치를 사용한다. 이것은 동력전달장치를 구동하지 않고 엔진이 시동되도록 한다. 이 방식의 장점은 엔진에 아무런 부하가 걸리지 않고 시동을 걸기 때문에 최소의 스로틀조종으로 수행할 수 있다. 그러나 시동을 걸면서 스로틀조종을 급격하게 올리면 엔진이 과속되기 쉬우니 주의해야 한다.

엔진이 돌기 시작하면 점차 벨트에 인장력이 커진다. 회전익과 엔진의 회전속도계의 지침이 겹칠 때 클러치는 완전하게 결속되어 회전익과 엔진은 동조하게 된다. 이 장치의 장점은 진동을 서로 격리시킬 수 있고, 정비가 용이하다. 그러나 클러치가 결속되지 않으면 엔진이 과속(overspeed)되기 쉬워 점검이나 정비로 인한 과다한 비용을 초래할 가능성이 높으니 이러한 상태에서 동력, 즉 스로틀조종에 주의해야 한다.

2) 원심형 클러치(centrifugal clutch)

원심형 클러치는 내장부품과 외부 드럼으로 구성되어 있다. 엔진 구동축과 연결된 내장부품은 자동차의 브레이크 라이닝과 유사한 라이닝이 있는 편자(shoes)로 되어 있다. 엔진속도가 느릴 때는 스프링이 편자를 안쪽으로 당겨 동력전달장치의 입력축에 연결되어 있는 외부 드럼과 떨어져 있다. 그러나 엔진속도가 빨라지면 원심력으로 편자가 바깥쪽으로 벌어져 외부 드럼과 접촉하면서 같이 미끄러져 돌게 된다. 점차 속도가 커지면 마찰력이 증가하고 드럼에 연결된 동력전달장치의 입력축의 회전력도 커져 결국 회전익의 회전도 빨라지게 된다. 회전익의 속도가 증가하면 회전익 회전속도계의 지침이 점차 엔진회전계의 지침을 향하여 움직이고 결국 포개지게 되는데 이때를 엔진과 회전익이 동조되었다(synchronized)고 한다. 이 상태에서 클러치는 완전히 접착되어 클러치 편자가 전혀 미끄럼현상이 없이 드럼과 같은 속도로 돌게 된다.

고정터빈엔진에서도 마찬가지로 원심력으로 클러치를 결속시킨다. 회전익 브레이크를 사용하여 주 구동축, 즉 회전익과 자동으로 연결되지 않도록 하지 않는 한, 엔진과 자유회전장치의 내부 드럼이 접속하여 돌기 시작하면 서서히 회전익장치가 회전을 시작하게 된다.

09 연료장치(Fuel Systems)

헬리콥터의 연료장치는 연료공급장치와 엔진연료 조절장치로 구성되어 있다.

가. 연료공급장치(Fuel Supply System)

연료공급장치는 연료탱크, 연료량게이지(fuel quantity gage), 개폐기(shutoff valve), 여과기(filter), 엔진까지 연결하는 연료관(fuel line), 그리고 프라이머(primer)와 연료펌프(fuel pump) 등으로 구성되어 있다.그림 4-22

연료탱크는 가급적 헬리콥터 무게중심(CG)에 가까운 위치의 동체부분에 설치하고 있다. 이것은 비행 중에 연료가 사용되더라도 무게중심의 변화가 일어나지 않도록 하기 위함이다. 탱크 밑바닥에는 드레인 밸브(drain valve)를 장착하여 탱크 안에 고인 물이나 기타 침전물을 빼낼 수 있도록 한다. 또한 통기구멍(vent hole)이 있어 탱크가 진공상태가 되지 않도록 하고 연료의 팽창으로 연료탱크가 터지지 않도록 가스를 배출하는

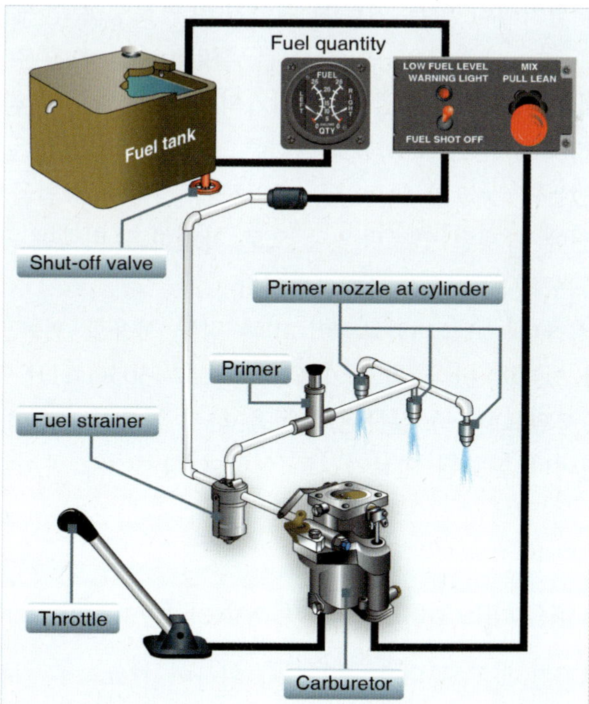

그림 4-22 연료공급장치

장치가 달려 있다. 조종석 계기판에는 연료량 계기가 설치되어 있고 탱크에 설치한 연료 감지장치를 통하여 연료량을 지시한다. 일부 계기는 연료량을 부피단위(갤런)와 무게단위(파운드)를 모두 지시한다. 연료가 탱크에서 개폐기를 통하여 공급되도록 하는 것은 비상시 혹은 화재가 발생하였을 때에 연료가 엔진에 공급되지 않도록 차단하기 위함이다. 개폐기는 정상으로 작동할 때는 항상 열려 있어야 한다.

중력을 이용하지 않고 연료를 공급하는 연료공급장치는 전기펌프와 기계적으로 작동하는 엔진구동 펌프를 가지고 있다. 전기펌프는 압력을 가진 연료를 엔진펌프에 공급하기 위하여 사용하지만 엔진구동 펌프가 고장 날 때 백업용으로도 사용된다. 전기펌프는 조종석에서 스위치로 조작한다. 그러나 엔진구동 펌프는 엔진에 연료를 공급하는 주펌프로서 엔진이 구동하면 항상 작동한다.

연료여과기는 연료가 엔진에 도달하기 전에 연료의 습기나 이물질들을 제거해준다. 이러한 오염물질은 일반적으로 연료보다 무거워 연료여과기 통 아래에 침전되며 정비사나 조종사가 지상에서 외부로 배출시킬 수 있다.

일부 장치에는 프라이머(primer)라고 부르는 소형 수동펌프가 있어 엔진시동 전에 엔진 피스톤 흡입구에 연료를 공급하기 위하여 사용한다. 프라이머는 기화기에서 연료의 기화가 잘되지 않는 추운 날씨에 유용하다.

조종사 계기판에 설치되어 있는 연료량 게이지는 연료탱크 안에 있는 감지장치에서 연료량을 재어 알려준다. 대부분의 연료계기는 갤런(gallons) 혹은 파운드(pounds)로 지시한다. 참고로 탱크가 완전히 비었을 때 계기의 지시가 영을 가리키도록 교정해주어야 한다.[참고: 14CFR sec.27.1337(b)(1)] 여하튼 조종사나 운영자는 탱크가 꽉 차 있는지 혹은 얼마나 비었는지 탱크의 연료량을 파악하는 정확한 방법을 알고 있어야 한다.

가능하면 비행 전에 탑재된 연료량을 눈으로 확인하고 비행에 필요한 충분한 연료가 있는지를 파악하는 것은 매우 좋은 습관이다.

추가로 신형 헬리콥터는 탱크 연료량이 10분 정도 사용할 연료만 남으면 조종사에게 경고하는 장치가 있어야 한다.[참고: 14CFR sec.27.1305(1)(1)] 엔진에 연료 흐름에 장애를 줄 수 있는 불필요한, 즉 잘못된 기동을 하지 않도록 주의하여야 한다. 조종사의 미숙한 연료계획이나 잘못된 연료지시로 인하여 항공기가 목적지에 도달하지 못하는 사례가 많다.

나. 엔진연료조절장치(Engine Fuel Control System)

왕복엔진과 터빈엔진 모두 동력을 제공하기 위하여 연료와 공기를 혼합하여 점화하여 연소를 시킨다. 연료조절장치는 필요한 동력을 얻기 위하여 요구되는 적절한 연료량을 산정하는 여러 방식을 이용한다. 이 장치는 외부공기를 엔진에 흡입시킬 때 적당한 비율로 연료와 혼합하여 연소실에서 점화되도록 한다.

1) 왕복엔진

왕복엔진에서는 연료를 기화기나 또는 연료분사장치를 통하여 엔진의 실린더에 공급한다.

가) 기화기(carburetor)

기화기장치에서는 외부 공기가 기화기의 벤투리관을 통과하면서 기화된 연료와 혼합되어 실린더 입구로 공급된다.그림 4-23

기화기는 해면기준으로 조율되어 있어 해당 고도에 맞는 적절한 연료와 공기의 혼합비는 'Full Rich' 위치에서 혼합비조절장치에 의해 조정된다. 그러나 고도가 증가하면 연료의 밀도는 변화가 없지만 공기의 밀도는 감소한다. 따라서 고도가 올라갈수록 혼합비가 농후(rich)해진다. 그래서 적절한 연료/공기 혼합비를 유지하기 위해서는 유입되는 공기와 혼합되는 연료의 양을 조절할 수 있어야 한다. 이러한 역할을 하는 것이 혼합비조절장치이다. 이러한 연료조절을 '혼합비를 묽게 한다'라고 말하며 비행기마다 절차가 다르다. 따라서 해당 헬리콥터에 인가된 비행교범의 절차를 따라야 한다. 그러나 대부분의 헬리콥터 제작회사에서는 비행 중에 연료혼합비를 묽게 하는 것을 권고하지 않는다.

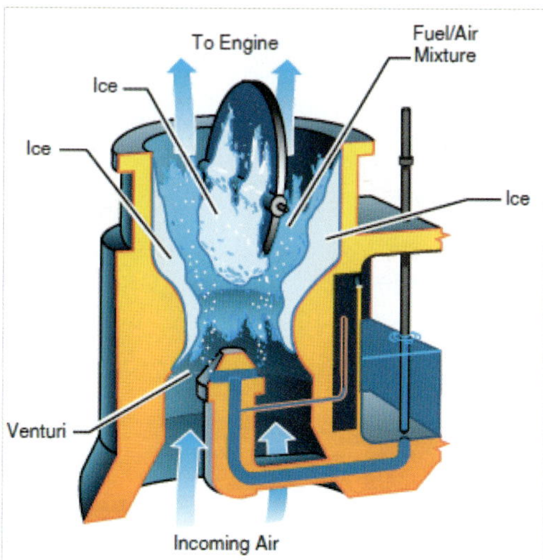

그림 4-23 기화기의 구조

나) 기화기 방빙(carburetor anti-ice)

벤투리관에서 연료가 기화하고 더불어 공기압이 낮아져 기화기의 온도가 급격히 떨어지게 된다. 그래서 만약 공기가 습기를 포함하고 있으면 공기 중의 수증기가 응축되고 이때 기화기의 온도가 빙점 이하이면 스로틀밸브(throttle valve)를 포함하여 기화기 내부에 결빙현상이 발생하게 된다.그림 4-23 보통 상대습도가 80% 이상이고 기온이 21°C(70°F) 이하이면 거의 얼음이 형성되며, 습도가 50% 정도로 낮고 기온이 높은 38°C(100°F) 정도에서도 결빙현상이 일어난다. 결빙현상은 온도가 내려갈수록 습기가 많을수록 심해진다. 그러나 빙점(0°C) 이하에서는 온도가 내려갈수록 기화기의 결빙현상이 줄어든다.

기화기의 결빙현상은 어느 비행 상태에서도 발생할 수 있지만 하강할 때와 같이 출력을 줄여 조작할 때 특히 위험성이 높다. 왜냐하면 하강 시에는 이러한 결빙현상을 느끼지 못하다가 출력을 올리고자 할 때 감지되기 때문이다.

기화기가 결빙되면 엔진의 회전수나 흡기압력이 감소하고 기화기의 공기온도계가 안전작동범위를 벗어나며 엔진작동이 부드럽지 못하고 덜덜거린다. 엔진회전수나 흡기압력이 변하는 요인은 많기 때문에 기화기의 결빙조건에서는 기화기의 공기온도계기를 같이 관찰하여야 한다. 기화기의 공기온도계기는 노란색의 경고범위와 초록색의 작동범위가 표시되어 있다. 대부분의 경우에는 온도눈금계가 노란색 범위를 벗어나 초록색 범위에 있도록 하여야 한다. 기화기 예열장치는 외부공기가 기화기에 들어가기 전에 배기관 같은 뜨거운 열원을 지나가게 하여 얼음을 제거해준다.그림 4-24

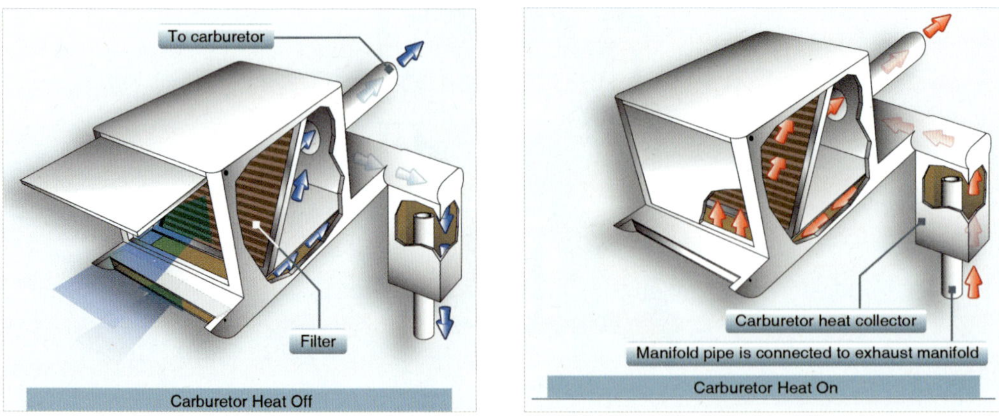

그림 4-24 기화기 예열장치

다) 연료분사장치(fuel injection)

연료분사장치에서는 연료조절장치(fuel control unit)가 연료와 공기를 조절하지만 서로 혼합시키는 것은 아니다. 연료는 실린더 입구에 직접 분사하며 실린더 안으로 들어가기 직전에 공기와 혼합된다. 이 장치는 실린더 간에 연료를 보다 고루 배분시켜주고 연료의 기화성도 높여주어 연료의 사용효율을 좋게 한다. 또한 결빙현상이 발생하지 않아 예열장치가 필요 없다.

2) 터빈엔진

터빈엔진에서는 여러 가지의 매개변수를 조정하기 때문에 연료조절장치는 상당히 복잡하다. 물론 이러한 조절은 자동적으로 이루어져 엔진을 시동하거나 엔진을 정지시키는 조작만 하면 되기 때문에 조종사 입장에서는 혼합비 조정이 필요 없어 아주 간단하다고 할 수 있다.

최신의 연료조절장치로는 FADEC(full authority digital engine control)이라는 전자장치로 컴퓨터가 연료량을 조절해준다. 이 장치는 연료의 효율성도 높이고 엔진의 마모율도 줄여주며 조종에도 편리하다. 물론 이러한 컴퓨터의 고장시를 대비하여 백업장치도 마련되어 있다.

10 전기장치(Electrical Systems)

전기장치는 대부분의 헬리콥터에서 복잡한 전자계통과 전기용품을 작동하기 위하여 사용한다.그림 4-25 현재와 같은 비행환경에서는 전기장치의 이용이 증가되고 있다. 그러나 모든 헬리콥터는 전기계통의 고장이나 비상시 전기가 없어도 안전하게 비행할 수 있다.

헬리콥터는 14V 혹은 24V 직류장치를 가지고 있다. 소형 피스톤엔진 헬리콥터는 자동차와 유사하게 벨트와 풀리로 엔진과 연결된 엔진구동 교류발전기가 전기를 공급한다. 교류발전기는 과거의 직류발전기에 비해 가볍고 정비도 적게 소요되며 엔진의 낮은 회전수에서도 일정한 전기를 생산하는 장점이 있다. 쉽게 풀이하면 전기시스템에서 전압(V)은 전기의 압력(electrical pressure)을 잰 것으로 물로 비교하면 물의 압력(psi)이라 하겠다. 전류(amperes)는 전기양의 크기로 100-amp 발전기는 100갤런/시간의 물펌프와 같다 하겠다.

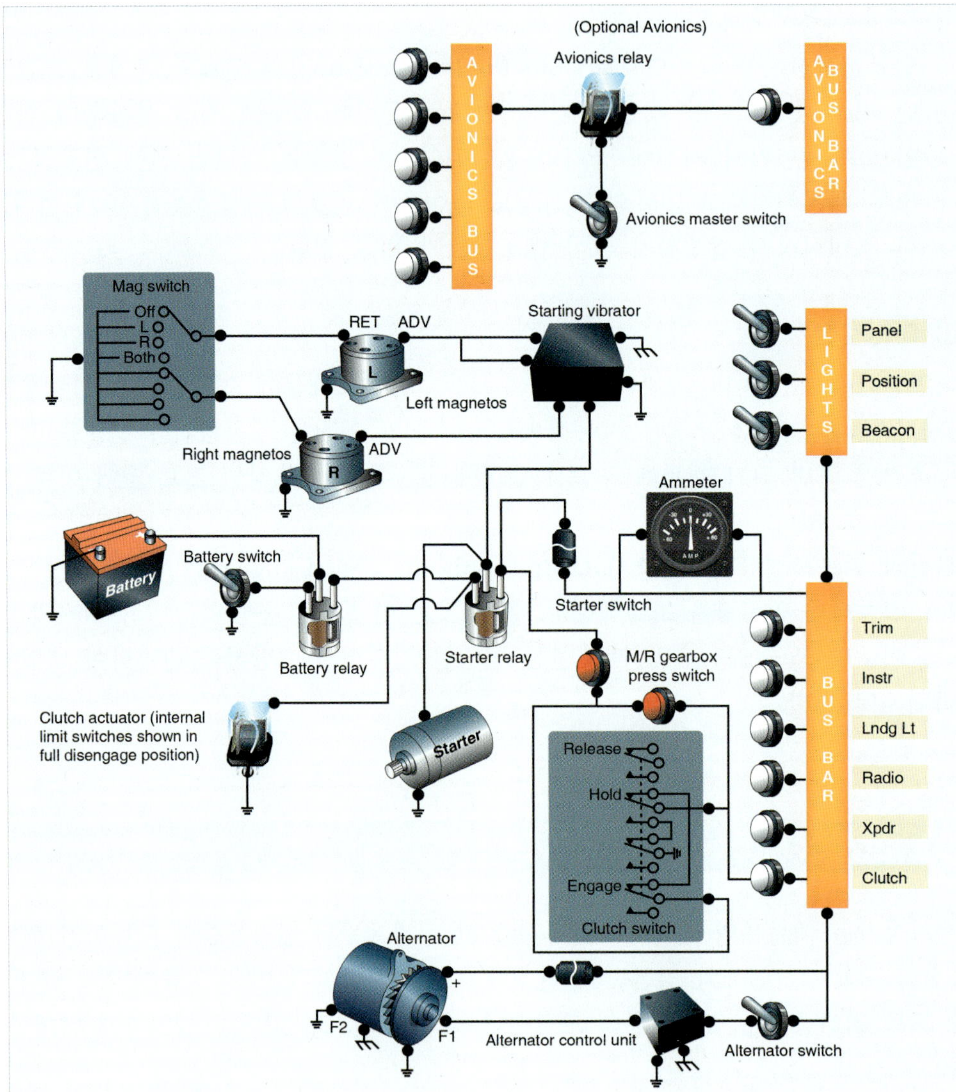

그림 4-25 전기계통도

터빈엔진 헬리콥터는 시동발전기(starter-generator)를 사용한다. 시동발전기는 엔진의 액세서리 기어박스와 맞물려 고정되어 있다. 엔진을 시동할 때는 축전지(battery)에서 전기가 공급되어 엔진을 돌려주는 시동기 역할을 하지만 엔진이 일단 구동하면 엔진이 시동발전기를 돌려 전기를 생산하는 발전기가 된다.

발전기에서 전압조절기를 통하여 전류가 버스 바(bus bar)에 공급된다. 전압조절기는 발전기의 출력을 조절하여 전기계통에서 필요로 하는 일정한 전압을 유지하게 한다.

전기용품들의 손상을 방지하기 위하여 과전압 조절장치가 있어 과도한 전압이 발생치 않도록 한다. 버스 바(bus bar)는 여러 전기용품들에게 전기를 분배하기 위하여 사용된다.

축전지는 엔진을 시동하기 위하여 기본적으로 사용된다. 또한 엔진이 구동하지 않을 때 무선장치나 전등과 같은 전기용품에 제한적으로 사용한다. 물론 발전기가 고장 날 경우 비상용 전기 동력원으로 사용한다.

전기계통에서 전류의 흐름을 감시하기 위하여 전류계(ammeter)나 부하계(load meter)가 사용된다. 전류계는 축전지의 전류흐름을 감지하는데 축전지가 충전될 때에는 충전 쪽으로 방전할 때에는 반대로 지시한다. 엔진이 시동되면 충전되는 쪽으로 전류계가 지시하는 것이 정상이다. 일단 축전지가 충전이 완료되면 전류계는 영(0) 부근에서 안정되는데 이것은 발전기에서 직접 계통에 필요한 전기를 공급하기 때문이다.

전류계가 방전을 보여주는 것은 전기계통의 부하가 발전기의 출력을 초과하고 있다는 것을 의미하며, 축전지가 일부 전기동력을 제공하고 있다는 것이다. 이것은 발전기에 이상이 있거나 전기부하가 초과되었다는 것을 의미한다. 부하계는 전기제품들로 인하여 발전기에 걸리는 부하를 나타내준다. 발전기가 고장이 나면 부하계는 영(0)을 지시한다.

전기는 스위치를 통하여 각각의 구성품에 직접 또는 릴레이를 거쳐 공급된다. 릴레이는 스위치의 용량을 초과하는 고압 전류나 고압 전선이 필요한 특정 구성품을 작동할 때 사용한다.

회로차단기(circuit breaker)나 퓨즈(fuse)는 전기제품을 과부하로부터 보호하기 위하여 사용한다. 해당 구성품에 과부하가 걸리면 회로차단기는 분리된다.(pop out) 회로가 합선되거나 과부하가 걸려 있지 않으면 다시 눌러서 연결할 수 있다(pop-in). 그러나 회로가 비정상으로 과부하가 걸려 있으면 반복적으로 분리되어 다시 연결(reset)할 수가 없다. 퓨즈는 회로에 과부하가 걸리면 타버리기 때문에 반드시 새 퓨즈로 교환하여야 한다. 그래서 헬리콥터에 일반적으로 여분의 퓨즈를 비치하고 있어 비행 중에 교환할 수 있도록 하고 있다. 계기판에 경고등을 설치하여 전기용품의 고장을 지시하는 장치도 있다.

11 유압장치(Hydraulic Systems)

소형 피스톤엔진 헬리콥터를 제외하고 대부분의 헬리콥터는 힘이 많이 필요한 조종장치를 쉽게 조종하기 위하여 유압장치를 사용하고 있다.그림 4-26 일반적인 유압계통에는 각각의 조종장치에 작동기(actuator: 서보servo라고도 함)와 회전익 기어박스를 통하여 구동하는 펌프, 그리고 작동유(hydraulic fluid)를 저장하는 탱크(reservoir)가 있다. 일부 헬리콥터는 별도로 축압기(accumulator)를 설치하여 계통에 계속해서 유압이 걸리도록 하고 있다. 조종실에는 유압계통을 차단할 수 있는 스위치가 있으나 평상시에는 작동상태로 조작한다(on).

유압스위치를 'on'으로 놓으면 작동유가 계통에 흐르도록 솔레노이드밸브에서 전기가 차단된다. 만약 스위치를 'off' 위치에 놓으면 솔레노이드밸브는 비지화되어 닫힌다. 이때는 조종사가 작동기에 있는 작동유를 가지고 헬리콥터의 조종을 할 수가 있다. 이것은 페일세이프 구조로 비행 중에 전기계통이 고장이 나도 유압장치는 작동될 수 있게 하기 위한 것이다. 조종실에 유압계기를 설치하여 조종사가 유압계통의 작동상태를 확인할 수 있다.

조종사가 조종장치를 조작하면 작동기가 작동하여 해당 조종장치를 유압으로 움직여주기 때문에 조종할 때 많은 힘이 필요 없다. 물론 유압계통에 고장이 나더라도 헬리콥터를 조종할 수는 있으나 조종하는데 많은 힘이 요구된다.

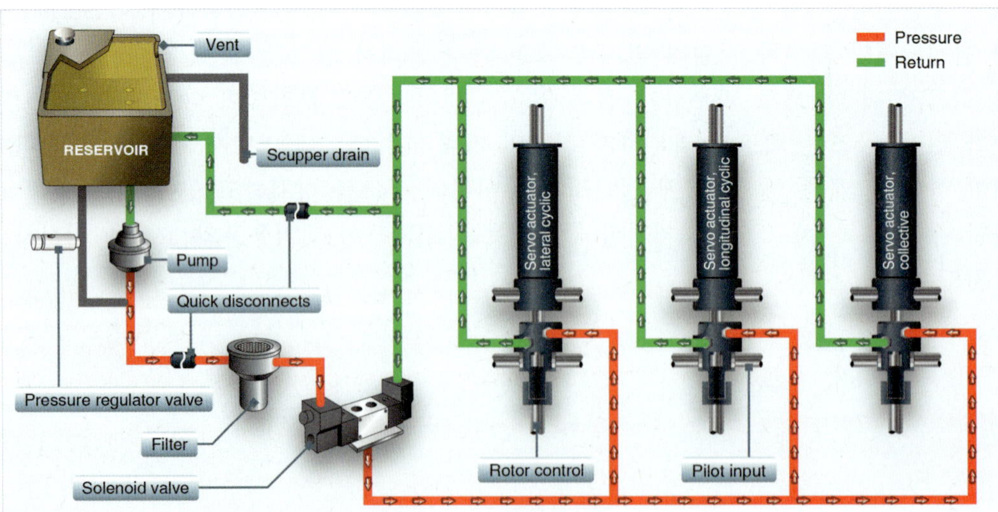

그림 4-26 유압시스템

만약 조종을 하는데 큰 힘이 필요하여 유압장치를 사용하지 않으면 조작이 불가한 대형헬리콥터인 경우에는 2개 또는 그 이상의 독립된 유압장치를 설치하고 있다. 일부 헬리콥터는 축압기(accumulator)를 설치하여 압력을 저장해 놓아 유압펌프가 고장 났을 때 짧은 시간 동안 즉 비상시에 헬리콥터가 착륙할 때까지 유압을 제공하여 정상적으로 조종이 가능하게 해준다.

12 안정성 증대장치(Stability Augmentations Systems)

일부 헬리콥터는 정상비행과 제자리비행을 할 때 안성성을 도모하기 위하여 안정성 증대장치를 설치하고 있다. 원래 목적은 조종사의 업무량과 피로를 줄여주기 위한 것이다. 그래서 헬리콥터를 고정된 자세로 유지시켜 주어 조종사가 다른 임무를 수행할 수 있도록 도와주며 장거리비행을 할 때 헬리콥터의 안정성을 유지해준다.

가. 힘 트림(Force Trim)

힘 트림(미세한 조종)은 간단한 장치로 자석클러치와 스프링을 설치하여 조종사가 사이클릭 조종레버를 한 위치로 놓으면 그 상태로 유지시켜 준다. 특별한 감지장치로 작동하는 시스템이 아니고 단순히 조종사가 원하는 위치에 놓고자 할 때 사용한다. 물론 언제든지 트림 제거 버튼(release button)을 누르거나 힘을 가해서 조종사가 조종장치를 수동으로 조종할 수 있다. 최근의 장치는 자세유지시스템이라 한다.

나. 자동 안정성 증대장치(Active Augmentation Systems)

실제 안정성증대장치는 전기작동기를 사용하여 유압서보에 입력을 제공한다. 이 서보들은 바람과 난기류 같은 외부 환경적인 입력을 감지하는 컴퓨터에서 조종명령을 받는다. 즉 전기적인 작동기(actuator)가 작동하여 유압서보에 입력을 전달하면 비행조종장치가 움직인다. 안정성 증대장치는 제작사에 따라 복잡하나 간단히 말하면 헬리콥터의 3축 안정성을 제공하기 위한 것이다. 보다 안정된 비행이 이루어지도록 컴퓨터에서 산출한 입력으로 헬리콥터의 자세와 동력 그리고 항공기 트림을 조정해준다.

조종사가 시스템을 켜면(on) 여러 자이로(gyro)와 전기기계적 작동기로 부터 감지한 변화를 조종사의 도움 없이 즉각 제공하여 비행조종장치들을 작동시킨다. 이 장치는 조종사가 언제든지 끄고(off) 수동으로 헬리콥터를 소종할 수 있다. 참고로 자동비행조종장치(AFCS)는 트림(trim) 스위치가 있는데(beeper trim 혹은 coolie hat라 함) 자동으로 움직이는 조종장치를 수동으로 미세하게 조정할 때 사용한다.

안정성 증대장치(SAS)는 기본적으로 헬리콥터의 조종을 원활하게 해주고 헬리콥터의 동요도 적게 일으켜 조종사의 업무 부담을 줄여준다. 특히 조종사가 헬리콥터에 물건을 매달거나 탐색/구조작업 같은 다른 임무를 수행할 때 크게 도움이 된다. 완벽한 자동조종을 하기 위하여 기수방향, 속도, 고도, 항행정보 등의 입력을 컴퓨터에 제공할 수도 있다.

다. 자동조종장치(Autopilot)

헬리콥터의 자동조종장치는 안정성 증대장치와 유사하나 몇 가지 추가 기능을 가지고 있다. 자동조종장치는 실제로 헬리콥터 비행을 수행하거나 조종사의 선택에 따라 특정 기능을 수행한다. 물론 헬리콥터에 장착된 자동조종장치의 타입에 따라 자동조종기능은 서로 다르다.

가장 보편적인 기능으로는 고도와 기수 유지이다. 일부 최신의 장치는 일정한 상승률 또는 하강률을 갖도록 수직속도를 유지하거나 일정한 비행속도를 유지시키는 기능도 있다. 일부 장치는 여러 가지 항법능력을 가지는데, 계기비행조건(IFR)에서 유용한 고주파수전방향표시시설(VOR), 계기착륙장치(ILS)와 특히 계기비행조건에서 매우 유용한 지구위치장치(GPS) 탐지 추적 등이다. 이는 동조시스템이다. 비행지시계(FD)라고 부르는 장치도 장착한다. 비행지시계는 조종사에게 항공기를 선택한 수평 수직 모드로 작동시키는 시각적인 안내 지침을 제공한다. 가장 최신의 자동조종장치는 기능선택에 따라 조종사가 아무런 조작을 하지 않아도 계기비행으로 접근하여 한 지점에서 제자리 비행을 할 수 있다.

자동조종장치는 조종장치에 연결된 전기작동기(electric actuator or servo)를 가지고 있으나 작동기의 위치나 수량은 장치 종류에 따라 다르다. 예를 들면 2축 자동조종장치는 헬리콥터의 피치와 롤을 조종한다. 하나의 서보가 사이클릭을 앞뒤로 조종하고, 또 하나는 사이클릭을 좌우로 조종한다. 3축 자동조종장치는 반토크 페달에 작동기를 추가로 장착하여 헬리콥터의 기수를 좌우로 움직이게 하는 요(yaw) 동작을 조종한다. 4축 자동조종장치는 콜렉티브 피치조종 장치를 조종하는 작동기가 하나 더 있다. 이러한 작동기들은 중앙컴퓨터로부터 명령을 받아 각각의 조종장치를 작동시킨다. 물론 컴퓨터는 비행계기와 항법장비에서 자세변화에 대한 자료와 항법에 관련된 정보를 받게 된다. 조종실에는 자동조종장치를 조작하고 원하는 기능을 선택할 수 있는 조종패널이 설치되어 있다.

자동조종장치에는 안전장치가 마련되어 있어 헬리콥터가 심하게 요동치거나 위험한 비행자세가 되면 자동조종장치가 자동적으로 차단된다. 물론 조종사가 수동으로 조종조작을 하면 자동조종기능은 언제나 저절로 차단되지만 별도로 조종간에 자동조종을 차단하는 버튼이 설치되어 있어 조종사가 조종간에서 손을 떼지 않고도 확실하게 자동조종장치를 차단할 수 있도록 하였다. 자동조종장치는 헬리콥터 종류마다 서로 달라 반드시 해당 헬리콥터의 비행교범에 나와 있는 작동절차를 참조하여야 한다.

13 냉난방장치(Environmental Systems)

헬리콥터의 실내 냉난방을 위하여 여러 가지 방법이 이용되고 있다. 가장 단순한 냉방 방법은 외부공기를 이용하는 것으로 헬리콥터의 전방이나 측면에 공기배관을 설치하고 조종사가 필요에 따라 외부공기가 들어오게 열거나 닫는다. 이러한 장치는 외부공기 공급을 위하여 전진비행이 요구되고 외부공기의 온도에 따라 사용이 제한된다. 별도의 에어컨디션 장치를 설치하면 냉방효과는 개선되겠지만 보다 복잡해지고 헬리콥터의 중량이 커진다.

가장 간단한 냉방 방법은 창문을 장탈하고 공기가 조종석과 엔진칸을 통과하게 하면 된다. 장탈한 창문을 보관할 때에는 유리창에 흠집이 발생하지 않도록 조심한다. 또한 의자쿠션과 기타 개별 물품을 잘 보관하여 주회전익이나 꼬리회전익으로 흩날려 부딪치지 않도록 하여야 한다. 창문을 다시 장착했을 때에는 제대로 고정되고 닫힌 것을 확인하여야 한다.

피스톤엔진 헬리콥터는 난방을 하기 위하여 엔진배기관 주변에 열교환기를 설치하여 실내로 따뜻한 공기를 공급한다. 외부공기(outside air)가 뜨거운 배기관 주변을 지나면서 가열되어 실내로 들어오는 것으로 이 따뜻한 공기는 연소된 배기가스(exhaust gas)가 아니다.

터빈헬리콥터는 엔진에서 압축한 일부 공기를 이용하여 난방을 한다. 외부공기가 엔진의 압축기에 들어가 압축되면 뜨거워지게 되는데 이 공기(bleed air)가 열교환기(heat exchanger)를 거쳐 적절한 온도로 조절되어 배관을 거쳐 실내로 공급한다. 이 공기의 온도는 조종사가 혼합밸브(mixing valve)를 이용하여 뜨거운 압축공기와 외부공기를 섞어서 원하는 온도로 조절한다.

참고로 이렇게 압축한 공기를 동력을 얻는 연소에 사용하지 않고 냉난방에 사용하기 때문에 엔진의 성능이 저하된다. 그래서 일부 헬리콥터는 이륙 시나 착륙 시에 냉난방장치의 작동을 제한하기도 한다.

14 방빙장치(Anti-icing Systems)

방빙(anti-icing)이란 헬리콥터의 표면에 얼음이나 눈, 진눈깨비 등이 형성되는 것을 방지하는 것이다.

가. 엔진 방빙(Engine Anti-ice)

터빈엔진이 장착된 헬리콥터의 방빙장치는 엔진에서 압축한 뜨거운 공기, 즉 블리드에어(bleed air)를 사용한다. 블리드에어는 엔진에서 압축단계를 지나 연료가 분사되기 직전의 압축된 공기이다. 블리드에어가 입구 가이드 베인을 통하여 흘러 흡입구의 결빙을 방지하고 베인에도 얼음이 형성되지 않도록 한다. 공기공급은 전기적으로 작동하는 밸브를 설치하고 조종사가 스위치를 조작하여 공기의 흐름을 조절한다. 엔진 방빙장치는 결빙조건의 비행에 들어가기 전에 작동시키고 결빙조건에서 벗어날 때까지 작동하게 해주어야 하며, 반드시 헬리콥터 비행교범의 절차에 따라야 한다.

나. 동체 방빙장치(Airframe Anti-ice System)

동체와 회전익의 방빙장치는 복잡성, 비용측면, 무게증가 등으로 일부 대형헬리콥터에만 설치되어 있다. 회전익의 앞전은 블리드에어나 전열선으로 가열하여 결빙현상을 방지해준다. 만약 회전익에 불균형적으로 결빙현상이 일어나면 밸런스를 잃어 조종에 문제가 발생할 수도 있다. 참고로 얼음이 붙지 않는 아주 가벼운 방빙(ice-phobic) 재료나 도료(coating)들이 연구되고 있으며 효과도 기대할만하다.

피토관은 습기가 축적되어 얼음이 얼기 쉽다. 이것을 방지하기 위하여 전열선을 깔아 피토관을 덥혀주는 방식을 사용한다.

다. 제빙장치(Deicing System)

제빙(deicing)은 얼어붙은 오염물, 눈, 얼음 그리고 슬러시 등을 표면에서 제거해주는 것을 말한다. 헬리콥터의 동체와 회전익의 제빙은 헬리콥터를 시동하기 전에 필수적인 작업이다. 보통 옥외에 계류된 헬리콥터는 서리, 눈, 진눈개비 등으로 동체와 회전익이 얼기 쉽다. 회전익에 형성된 얼음 막으로 날개가 균형을 잃어 고장이 나거나 떨어져나간 얼음조각이 구조물이나 헬리콥터 주변의 사람을 다칠 수도 있고, 꼬리회전익도 손상되기 쉽다.

회전익을 시동하기 전에 철저한 비행전 점검을 수행하여야 한다. 비행전 점검을 수행할 때 얼음을 제거했다면 비행 조종장치들이 자유롭게 움직이는지 확인하여야 한다. 만약 방빙장치가 설치된 헬리콥터라면 비행할 때 결빙상태의 비행조건에 들어가면 즉시 작동시켜야 한다.

CHAPTER 05

회전익항공기 비행교범
(Rotorcraft Flight Manual)

14CFR 91part에 따라 조종사는 인가된 회전익비행교범에 명시된 작동한계, 표시, 플래카드 등을 준수하여야 한다. 초기 비행교범은 필수적인 정보가 부족하고 제작회사에 따라 합당하다고 보는 형식과 내용이 서로 달랐지만, 현재의 조종사 운항지침서(operating handbook)는 소형비행기와 회전익항공기 비행교범에 표준화된 형식을 제정한 소형항공기제작사협회(GAMA)의 기준을 따르도록 하였다. 조종사운항교범(POH)이라는 용어가 회전익항공기 비행교범(RFM) 대신에 사용되기도 한다.

미연방항공청에서 인가하는 비행교범은 서문을 제외하고 총 10장으로 구성되며, 각 장별로 구분하여 나열하면

1) 일반사항(general information)
2) 운용한계(operating limitations)
3) 비상절차(emergency procedures)
4) 정상절차(normal procedures)
5) 성능(performance)
6) 중량과 평형(weight & balance)
7) 항공기 및 계통설명(aircraft and system description)
8) 항공기 취급 및 정비(handling, servicing, and maintenance)
9) 부록(supplements)
10) 안전 및 작동요령(safety and operational tips) 순으로 구성된다.

일부 헬리콥터제작회사는 안전 및 작동요령(safety and operational tips)과 찾아보기 목록(alphabetical index)을 추가하고 있다.

01 서문(Preliminary Pages)

헬리콥터 비행교범은 같은 제작회사의 동일형식의 헬리콥터인 경우에 아주 유사하게 보이지만 각 헬리콥터마다 독자적인 비행교범을 가지고 있다. 왜냐하면 설치된 장치나 헬리콥터의 중량과 평형정보 등과 같은 그 헬리콥터에만 해당하는 정보를 포함하고 있기 때문이다. 그래서 비행교범 첫 장에 해당 헬리콥터의 일련번호와 등록번호가 명시

그림 5-1 회전익항공기 비행교범

되어 있다. 특정 헬리콥터의 등록번호나 제작일련번호가 명시되어 있지 않은 비행교범은 오직 일반적인 교육용으로만 사용하여야 한다.

대부분의 헬리콥터 제작회사는 비행교범 구성에 있어 제일 앞 장에 부문별 번호와 제목을 나타내는 전체 목차가 있고 각 부문별로 해당 내용에 대한 목차가 있다. 쪽 번호는 해당 부문별로 1-1, 2-1, 3-1 등으로 표시한다. 만약 비행교범이 가제식으로 바인더 형태이면 부문별로 부문번호와 제목을 나타내는 색인표로 표시가 되어 있고, 비상절차부문은 쉽게 찾아볼 수 있도록 붉은 색인표로 구분해 놓았다.

02 일반사항(General Information)

이 부문은 헬리콥터와 동력장치에 대한 기본적인 정보를 제공하고 있다. 일부 교범에서는 헬리콥터의 전장, 폭, 회전익의 직경 등 헬리콥터의 3면도가 나와 있고 항공기에 대한 기본적인 사항이 소개되어 있다. 격납고 공간, 착륙장소, 지상취급 등 항공기의 작동이 적당한지 판단하는데 중요한 정보이다. 또한 이 교범에서 사용되는 정의, 약어, 기호설명, 용어풀이가 있다. 일부는 단위비교표도 포함하고 있다.

03 운용한계(Operating Limitations)

이 부문에서는 법적 운용한계와 헬리콥터, 동력장치, 시스템 그리고 장비의 안전한 작동을 위하여 필요한 제한사항들을 언급하고 있다. 또한 운용한계, 계기표시, 색깔분류, 기본적인 플래카드(placard)들을 제시한다. 그리고 대기속도와 고도한계, 회전익과 연료와 오일조건을 포함한 동력장치의 제한사항, 중량과 하중분포, 비행 제한사항 등이 포함된다.

가. 계기 표기(Instrument Markings)

헬리콥터의 안전한 작동을 위하여 초록색(green), 빨간색(red), 노란색(yellow) 등으로 계기에 표기를 하고 있다. 초록색 영역은 연속해서 작동해도 좋은 범위를 표기하고, 빨간색 영역은 최대 혹은 최저 작동범위를 표기한다. 노란색 영역은 주의가 요구되는 범위로 전환구간도 노란색으로 표시한다.

나. 대기속도 한계(Airspeed Limitations)

대기속도(비행속도) 한계는 대기속도계에 색깔로 표시하고 조종석에 있는 플래카드나 그래프에도 표기되어 있다. 대기속도계에 표시된 빨간색 선은 속도한계선으로 초과하면 구조물에 손상이 발생할 수 있는 속도를 의미하며 이것을 절대초과 금지속도(Vne: never exceed speed)라 한다. 정상작동속도 범위는 초록색 원호로 표시한다. 일부 계기는 최대안전 자동활공 속도를 푸른색 가로선으로 표시하고 있다.그림 5-2

일부 제한 속도도 나와 있어, 출입문을 장탈하고 비행을 할 때 제한한 절대초과금지속도(Vne), 최대연속동력(VH)으로 수평비행을 할 때 최대대기속도, 외부화물 운반할 때의 제한 등이 있다. 헬리콥터의 형식과 형상에 따른 대기속도의 제한사항을 이해하고 준수하여야 한다.

다. 고도 한계(Altitude Limitations)

만약 헬리콥터가 작동하는데 있어 밀도고도 제한을 받는다면 이 부문에 최대 작동 밀도고도가 언급된다. 최대고도는 헬리콥터 총중량에 따라 달라진다.

라. 회전익속도 한계(Rotor Limitations)

회전익이 저속으로 돌면 충분한 양력을 발생하지 못하고, 너무 고속으로 돌면 구조물이 손상될 수 있어 회전익의 회전속도는 최소 및 최대한계가 있다. 초록색 원호는 정상작동범위를 가리키며 빨간색 선은 최소한계와 최대한계를 가리킨다.그림 5-3

그러나 회전익 회전속도 제한은 동력이 있을 때(power-on)와 동력이 없을 때(power-off) 각기 다르다. 동력이 있을 때란 엔진이 회전익을 구동할 때를 말하며 정상작동범위를 계기판에 가느다란 초록색 원호로 표시하고 있다. 참고로 일부계기에 표시된 노란색 원호는 경과범위로 헬리콥터의 진동을 가져와 이 범위에서의 작동은 제한된다는 것을 의미한다. 동력이 없을 때란 자동활공같이 엔진이 회전익을 구동하지 않을 때를 말하며 작동범위는 계기판에 굵은 초록색 원호로 표시되며 상대적으로 원호범위가 좁다.그림 5-3

마. 동력장치 작동한계(Powerplant Limitations)

이 부문에서는 엔진회전속도범위, 출력한계, 작동온도, 연료 및 오일조건 등 엔진에 관한 작동한계 사항들을 언급하고 있다. 대부분의 터빈엔진과 일부 피스톤엔진은 최대출력과 정격 최대연속출력으로 구분되어 있다. 최대출력은 엔진이 낼 수 있는 최대출력으로 시간제한이 있고 엔진계기에 노란색(yellow) 원호로 표시되며 빨간색 선은 결코 초과해서는 안 되는 최대출력을 가리킨다. 최대연속출력은 작동시간의 제약을 받지 않고 엔진이 계속해서 낼 수 있는 최대출력으로 초록색(green) 원호로 표시되어 있다.그림 5-4

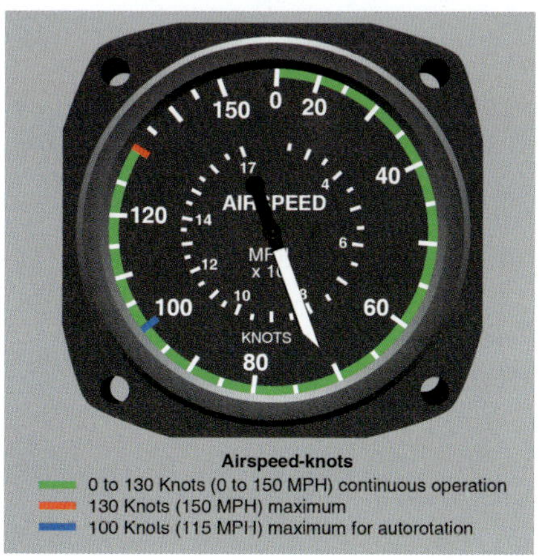

그림 5-2 대기속도계

그림 5-3 복수지침 회전속도

그림 5-4 터빈엔진의 토크계기 및 온도계기

그림 5-5 매니폴드 압력계기

피스톤엔진의 매니폴드 압력은 흡입관에서 공기압력(진공상태)을 표시한다. 엔진주변의 대기압과 흡입관 안의 압력에는 차이가 있다. 매니폴드 압력계기도 최대출력은 빨간색 선으로 표시된다. 또한 노란색 원호는 정격출력 한계에 접근하는 경고압력을 지시한다. 계기부근에 부착되어 있는 플래카드(placard)에는 특정조건에 따라 최대범위를 제시하고 있다.그림 5-5

바. 중량과 하중 분포(Weight and Loading Distribution)

헬리콥터의 최대인가중량과 무게중심(CG) 범위를 명시하고 있다. 평형 계산에 이용하는 기준선(datum line)의 위치도 이 부문에 나와 있다. 참고로 제작회사 비행교범(RFM)에는 중량과 평형산출에 대한 정보가 제공되지 않으나 정부승인 비행교범(FAA-approved RFM)에는 포함되어 있다.

사. 비행한계(Flight Limitations)

이 부문에서는 곡예비행이나 결빙조건에서 비행하는 것 등, 금지된 비행에 대하여 언급하고 있다. 만약에 헬리콥터가 시계비행조건(VFR)에서만 비행하게 되어 있다면 이 부문에 명시된다. 또한 최소승무원의 조건이나 만약 단독비행을 한다면 조종사의 좌석 위치에 대한 것도 여기에 포함된다.

아. 플래카드(Placards)

일반적으로 모든 헬리콥터는 헬리콥터의 안전한 작동을 위하여 직접적으로 관계된 중요한 요소를 제시하는 플래카드 1개 또는 그 이상을 부착하고 있다. 이러한 플래카드

Press Alt. (1,000 ft.)	V_{NE}—MPH IAS							Gross Weight
F OAT	2	4	6	8	10	12	14	
0	109	109	105	84	61	--	--	More than 1,700 lb
20	109	109	94	72	49	--	--	
40	109	103	81	59	--	--	--	
60	109	91	70	48	--	--	--	
80	109	80	59	--	--	--	--	
100	109	70	48	--	--	--	--	
0	**109**	**109**	**109**	**109**	**98**	**77**	**58**	1,700 lb or less
20	**109**	**109**	**109**	**109**	**85**	**67**	**48**	
40	**109**	**109**	**109**	**96**	**75**	**57**	**--**	
60	**109**	**109**	**108**	**84**	**66**	**48**	**--**	
80	**109**	**109**	**95**	**74**	**57**	**--**	**--**	
100	**109**	**108**	**84**	**66**	**48**	**--**	**--**	
Maximum V_{NE} Doors off—102 MPH IAS								

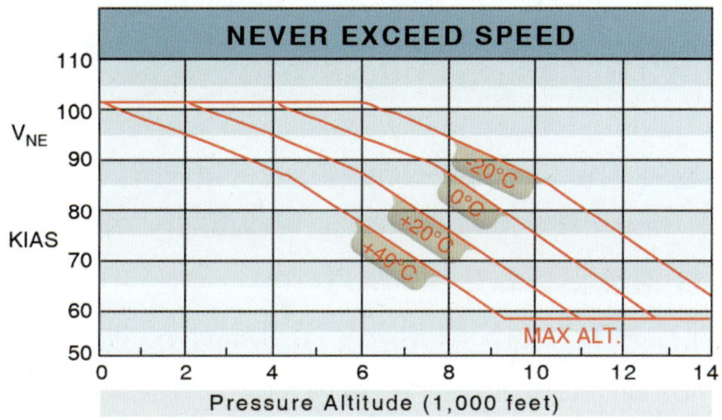

그림 5-6 절대초과금지속도(Vne) 플래카드

는 실내 잘 보이는 장소에 부착해 놓았으며 한계부문(limitation section)에 나와 있다. 예를 들면 절대초과금지속도(Vne)는 고도에 따라 변하기 때문에 Vne 플래카드는 모든 헬리콥터에서 볼 수 있다.그림 5-6

04 비상절차(Emergency Procedures)

이 부문에는 여러 경우의 비상상황에 따른 적절한 절차와 비행속도를 제시하는 간편한 점검목록이 수록되어 있다. 주요 예로써 제자리비행시의 엔진고장, 공중에서의 엔진고장, 꼬리회전익의 고장, 화재, 계통고장 등에 대한 비상조치사항이 기술되어 있다. 엔진 재시동절차나 수면에 착수하는 절차도 여기에 소개된다.

먼저 비상시 조치할 사항을 순서에 맞춰 수행하도록 약식 비상점검목록을 제시한다. 그 다음 장에는 해당절차를 이해할 수 있도록 부수적인 정보까지 설명하는 상세한 점검목록이 있다. 비상사태나 비정상상황에 대비하기 위해서는 모든 단계는 아니더라도 각 점검목록의 초도 조치사항들은 알고 있어야 한다. 시간이 허락한다면 점검목록을 참조하여 모든 항목을 빠짐없이 수행하도록 한다.(비상상황에 대한 보다 상세한 내용은 11장, 헬리콥터 비상상태를 참조하라.)

추가적으로 비정상절차(abnormal procedures)가 소개되어 있을 수 있는데 이것은 비상사태로 간주할 정도로 심각하지 않은 고장에 대한 적절한 조치사항을 제시하고 있다. 이러한 정보는 보통 대형 헬리콥터에서 제시된다.

05 정상절차(Normal Procedures)

이 부문이 가장 많이 사용되는 부분으로 정상작동의 안전성을 보장하는 비행속도의 목록부터 나와 있다. 정상비행운항에 사용되는 비행속도는 기억하고 있는 게 바람직하다. 그 다음에는 여러 점검목록이 있는데 열거하면 다음과 같다. 해당되는 절차를 수행할 때는 중요한 단계가 빠지지 않도록 반드시 점검표(checklist)를 사용하도록 한다. 보다 상세한 정보는 제9장(기본비행조작)과 제10장(고급비행조작)을 참조하라.

- 비행전 점검(preflight inspection)
- 시동전 절차(before starting procedure)
- 엔진시동절차(how to start the engine)
- 회전익 연동절차(rotor engagement)
- 지상점검(ground checks)
- 이륙, 접근, 착륙절차(takeoff, approach, landing)
- 엔진정지(engine shutdown)
- 자동활공절차(procedures for practice autorotations; 일부 제작회사만 해당)

06 성능(Performance)

이 부문에는 법적으로 요구되는 성능에 대한 모든 정보와 헬리콥터를 안전하게 작동하는데 도움이 될 것으로 판단되는 그 외의 부수적인 성능에 관한 정보가 기술되어 있다. 비록 이 부문은 제한범주에 해당되지는 않지만 제시된 성능범위를 벗어나면 비용도 과다하게 발생하고 생명과 재산에 위험성을 초래할 수도 있다. 따라서 어느 경우라도 조종사는 헬리콥터의 성능을 잘 판단하고 그 범위에서 벗어나지 않도록 계획을 세워야 한다.

여기에 소개되는 차트나 도표 또는 테이블 등의 스타일이 다를 수는 있으나 기본적인 정보는 모두 포함하고 있다. 예를 들어 지시속도와 수정속도의 환산도표, 제자리비행 상승한도와 총중량과의 차트, 고도-속도도표 같은 성능에 대한 정보는 거의 모든 비행교범에서 볼 수 있다.그림 5-7 이러한 정보를 이용하는 방법에 대한 내용은 제7장(성능)에서 설명하겠다.

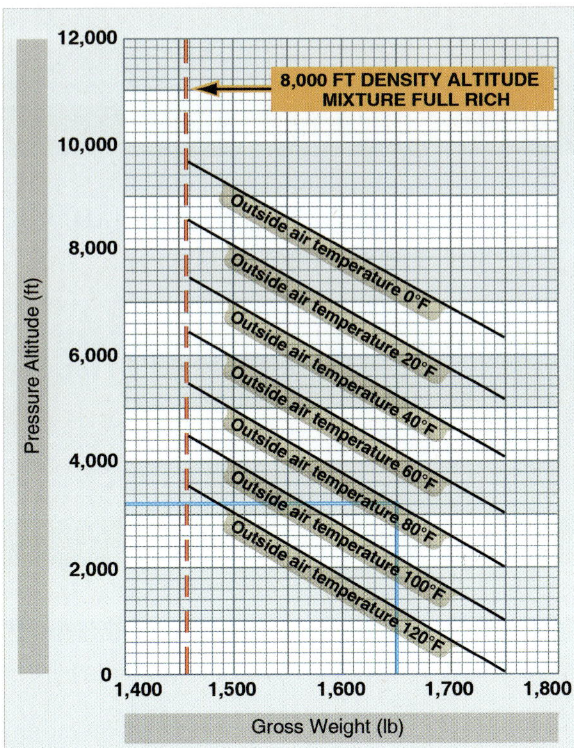

그림 5-7 성능 차트 예

07 중량과 평형(Weight and Balance)

이 부문에는 헬리콥터의 중량과 평형 계산에 필요한 법적으로 요구되는 모든 정보가 기술되어 있다. 또한 올바르게 계산하는 방법을 제시하기 위하여 대부분의 제작회사에서는 예제 문제를 소개하고 풀이해 놓았다. 상세한 내용은 제6장(중량과 평형)에서 다루기로 하자.

08 헬리콥터와 계통설명(Aircraft and Systems Description)

이 부문은 해당 헬리콥터의 모든 계통에 대한 지식을 습득하는데 아주 좋은 길잡이이다. 제작회사는 대부분의 조종사가 각 계통을 쉽게 이해할 수 있도록 내용을 기술하여야 한다. 그러나 대형헬리콥터로 복잡한 헬리콥터인 경우에는 어느 정도 고도의 지식을 전제로 내용이 기술되어 있다. 보다 자세한 정보는 제4장(헬리콥터의 구성품과 시스템)을 참조하라.

09 헬리콥터 취급 및 정비(Handling, Servicing, and Maintenance)

이 부문에서는 법적으로 요구하거나 감항성 개선명령(AD) 수행절차와 제작회사에서 권고하는 지상취급 및 정비에 대한 사항을 다루고 있다. 또한 인가를 받은 조종사* 가 수행하여야 할 예방정비도 기술하고 있다. 격납고 입출 고려사항, 헬리콥터의 고정작업(tie down)과 일반적인 보존절차 등 제작회사가 권고하는 지상취급절차도 포함되어 있다.

10 부록(Supplements)

일반 표준형 헬리콥터에는 장착되어 있지 않은 운영자가 설치한 설비(optional equipment)를 작동하는데 필요한 정보를 기술하고 있다. 이러한 정보는 헬리콥터 제작

* 정비사 자격이 없는 조종사가 일부 헬리콥터의 계통을 점검할 수 있도록 법적으로 자격을 부여한 경우를 말한다.

회사가 제공하거나 또는 해당제품의 제작회사가 제공하기도 한다. 이러한 정보는 해당 설비가 장착되었을 때 비행교범에 수록된다.

민간용 교범은 군용 교범에 비해 최신판이 잘 유지되지 않아 부록을 잘 읽고 무슨 설비가 설치되어 있는지 확인하고 부속 지침과 절차를 포함한 일일 점검목록을 수정하여야 한다. 항공사가 조종사에게 점검목록을 제공하는 이유가 바로 여기에 있다. 조종사에게 제공되는 점검목록은 항공기에 설치된 모든 장비에 대한 승인된 항공사 절차를 포함하여야 한다.

11 안전 및 작동요령(Safety and Operational Tips)

이 부문은 선택적인 사항으로 헬리콥터 작동의 안전을 보장할 수 있는 일련의 정보들을 소개하고 있다. 제작사는 안전을 도모하고 사고를 줄일 수 있는 최상의 작동절차와 그 외의 권고절차들을 제공한다. 그 예로 생리적인 요소(physiological factors), 일반 기상정보, 연료절감절차, 외부화물 탑재경고, 회전익의 저회전시 고려사항, 비상사태를 일으키지 않도록 꼭 지켜야 할 권고사항 등이 있다.

CHAPTER 06

중량과 평형 (Weight and Balance)

헬리콥터에서는 해당 헬리콥터에 설정된 중량과 평형 제한을 준수하는 것이 매우 중요하다. 허용최대중량을 초과하여 운용하면 헬리콥터의 구조적인 형체뿐만 아니라 성능에도 악영향을 미친다. 평형(balance)도 아주 중요한 요소인데 예를 들면 최대로 적재된 헬리콥터에서는 무게중심이 3인치만 벗어나도 헬리콥터의 특성이 엄청나게 달라진다. 중량과 평형 허용범위를 벗어난 상태로 헬리콥터를 운항하는 것은 대단히 위험하다. 보다 자세한 정보는 FAA-H-8083-1(항공기 중량과 평형 지침서)을 참조하기 바란다.

01 중량(Weight)

헬리콥터의 중량이 허용중량범위 안에 있는지 계산할 때 헬리콥터의 자중, 승무원, 승객, 화물, 그리고 연료 무게를 모두 고려하여야 한다. 물론 유효무게(하중계수)는 헬리콥터의 기동조건에 따라 달라지지만 여기에서는 헬리콥터가 정상적으로 비행한다고 가정하자.

최대허용중량이 비행하는 동안에 변할 수 있다는 것을 확실하게 알고 있어야 한다. 지면효과범위를 벗어난(OGE) 제자리비행이나 협소한 지역에서 운항한다면 비행하는 모든 과정에서 당해 헬리콥터의 중량을 충분히 감당할 수 있는지 확인하고 비행계획을 세워야 한다. 이른 아침시간에는 해당 헬리콥터의 중량을 감당하지만 한낮이 되어 밀도고도가 증가하면 헬리콥터를 안전하게 비행하기 위해서는 최대허용중량이 적어져야 한다.

헬리콥터의 중량을 계산할 때 다음과 같은 용어를 사용하고 있다.

- 자중(basic empty weight)
- 최대총중량(maximum gross weight)
- 중량제한(weight limitations)

가. 자중(Basic Empty Weight)

중량을 산출 할 때 자중이 기본 출발점이다. 자중은 헬리콥터의 기본무게와 추가로 장착한 설비의 무게, 사용이 불가한 잔류 연료의 무게, 엔진과 동력전달장치의 오일을 포함하여 모든 작동유의 무게들을 합친 중량이다. 일부 헬리콥터에서는 인가자중(licensed empty weight)이란 용어를 사용하는데 앞의 자중과 비슷하나 엔진과 동력전달장치의 잔류 오일만 포함하기 때문에 실제 엔진오일의 무게는 포함되지 않는다. 따라서 인가자중을 기준으로 총중량을 계산할 때는 보충한 오일의 무게를 추가하여야 한다.

나. 최대총중량(Maximum Gross Weight)

헬리콥터의 최대중량은 보통 최대총중량을 말한다. 헬리콥터 구조물 내부에 적재할 수 있는 화물을 포함한 내부 최대총중량(internal MGW)과 헬리콥터 외부에 탑재할 수 있는 화물을 포함한 외부 최대총중량(external MGW)이 있다. 외부최대총중량은 적재물이 어디에 장착되느냐에 따라 달라진다. 대형 화물기에서는 여러 곳에 슬링(sling)이나 윈치(winch)를 사용할 수 있는 부착점이 있다. 만약 항공기 무게중심 바로 밑에 있는 부착점을 사용한다면 훨씬 무거운 화물을 탑재할 수 있다.

다. 중량제한(Weight Limitations)

헬리콥터의 중량제한은 헬리콥터의 성능을 발휘하는데 있어 가장 기본적인 요소일 뿐만 아니라 또한 헬리콥터의 구조물의 형체를 유지하는데 필수적인 사항이다. 비록 제작회사가 안전율을 고려하여 헬리콥터를 제작하고 있지만 인가된 중량을 초과시켜서는 안 된다. 최대중량을 초과한 상태로 헬리콥터를 운항하면 강한 돌풍이 불거나 요동으로 하중계수가 커지면 비행 중에 헬리콥터 구조물이 변형되거나 파괴될 수도 있다.

또한 인가된 최소중량 이하로 운항하면 헬리콥터의 조종특성이 나빠지게 된다. 그 예로 일부 헬리콥터에서는 조종사가 한 명만 타게 되면 제자리비행을 할 때 사이클릭 조종을 상당히 많이 앞쪽으로 작동시켜야 한다. 이러한 경우에 헬리콥터에 밸러스트(ballast)를 탑재하여 사이클릭 조종이 중간에 오도록 해주어야 헬리콥터를 앞뒤로 조종하는 폭을 최대로 크게 할 수 있다. 또한 헬리콥터의 중량이 크면 자동활공 하강이 쉽게 이루어져 헬리콥터의 자동활공 특성이 좋아지나, 헬리콥터가 최소무게보다 가벼우면 자동활공을 할 때 회전익(rotor)이 원하는 회전속도(rpm)를 얻지 못하게 된다.

헬리콥터가 최대총중량으로 인가되었다고 언제나 이 무게로 이륙하면 안전한 것은 아니다. 이륙이나 상승, 제자리비행, 착륙 등의 성능을 떨어뜨리는 요소가 발생하면 연료나 승객 또는 화물을 어느 정도 줄여 최대중량보다 가볍게 운항하여야 한다. 성능을 떨어뜨리는 요소로는 고고도(high altitude), 고온(high temperature), 습도가 높은(high humidity) 날씨 등이 있는데 이러한 것들이 고밀도고도(high density altitude)를 초래하기 때문이다. 따라서 이러한 조건에서 운항을 할 때에는 심도 있는 성능계획을 세워야 한다.

02 평형(Balance)

헬리콥터의 성능은 총중량만이 아니라 무게중심의 위치에 따라서도 영향을 받는다. 그래서 헬리콥터의 무게중심이 비행교범의 '중량과 평형한계'에 명시되어 있는 무게중심(CG) 허용범위에 들도록 승객과 화물을 탑재하여야 한다. 허용한계를 벗어나게 탑승/탑재하면 조종범위를 벗어나 안전운항을 할 수 없다.

가. 무게중심(CG: Center of Gravity)

조종사는 항공기가 무게중심의 허용범위 안에 적절하게 평형을 이뤘는지 확인하여야 한다. 헬리콥터의 하중이 제대로 평형을 이루고 있지 않으면 심각한 조종문제를 초래할 수 있다. 바람이 부는 상태가 아니라면 최소의 사이클릭 조종으로 제자리비행을 할 수 있다. 동체가 회전익에 매달아 놓은 시계추 같아 무게중심의 위치에 따라 헬리콥터의 자세가 변한다. 만약 무게중심이 회전익 마스트 바로 밑에 있으면 헬리콥터는 수평으로 되나 무게중심이 마스트보다 앞에 있으면 기수가 내려가고 반대로 마스트 뒤쪽에 있으면 기수가 들리게 된다.그림 6-1

무게중심이 허용되는 범위를 'CG range'라고 한다. 비행교범에 헬리콥터의 무게중심과 허용범위가 나와 있다. 화물을 불균형상태로 적재하면 조종도 문제지만 기동성도 나빠진다. 왜냐하면 무게중심 위치의 반대편으로는 사이클릭 조종의 효과가 적어지기 때문이다.

1) 전방한계점을 초과하여 무게중심(CG)이 앞쪽에 있을 때

체중이 무거운 조종사와 승객이 탑승하였을 때 회전익 마스트 뒤쪽에 수화물이나 적절한 밸러스트를 싣지 않고 이륙하면 무게중심이 전방으로 오기 쉽다. 특히 연료탱크가 마스트 뒤쪽에 위치하고 있으면 연료가 연소되면서 무게중심이 전방으로 이동하게 되어 상황은 더욱 나빠진다.

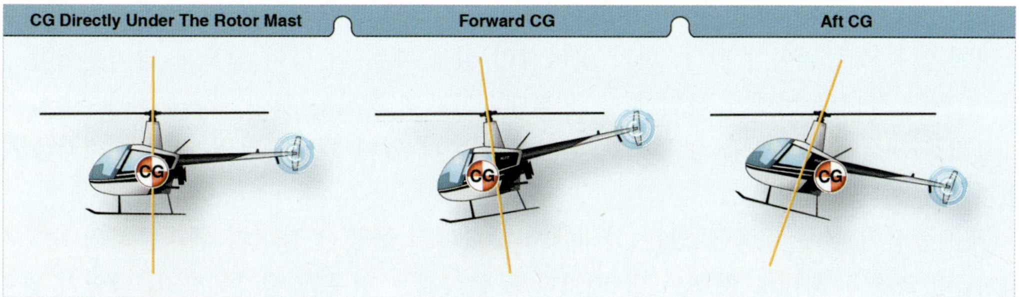

그림 6-1 무게중심과 헬리콥터의 자세

수직이륙 후 제자리비행 상태에서 이러한 상황을 바로 알 수 있다. 왜냐하면 헬리콥터의 기수가 내려간 자세가 되어 사이클릭 조종간을 뒤쪽으로 조작하여야 수평으로 오기 때문이다. 연료가 계속 소모되면 사이클릭 조종을 더이상 뒤쪽으로 조작할 수 없는 상황이 초래될 수 있어 이러한 상태로 비행을 계속해서는 안 된다. 무게중심이 너무 전방에 있으면 헬리콥터를 정지하기 위하여 감속하는 것도 거의 불가능하게 된다. 또한 엔진의 고장으로 자동활공을 할 경우에도 사이클릭 조종을 충분히 할 수 없어 착륙을 위하여 기수를 들고 접근할 수도 없다.

강한 바람이 부는 쪽으로 제자리비행을 할 때는 바람이 없을 때만큼 사이클릭 조종간을 뒤쪽으로 조작하지 않아도 되기 때문에 전방에 무게중심이 와있는 것을 쉽게 감지하지 못한다. 그래서 무게중심이 심하게 벗어난 것을 판단하기 위해서는 바람의 속도와 사이클릭 조종간의 후방 이동 상태를 비교하여야 한다.

2) 후방한계점을 초과하여 무게중심(CG)이 뒤쪽에 있을 때

조종석에 적절한 밸러스트를 탑재하지 않으면 아래와 같은 경우에 헬리콥터의 무게중심이 후방한계점을 초과할 가능성이 있다.

가) 회전익 마스트보다 뒤쪽에 있는 연료탱크에 연료를 가득 채우고 체중이 가벼운 조종사가 단독으로 탑승하고 이륙할 때

나) 회전익 마스트 뒤쪽에 있는 수화물 칸에 수화물을 가득 탑재한 상태에서 체중이 가벼운 조종사가 탑승하고 이륙할 때

다) 회전익 마스트 뒤쪽에 있는 연료탱크와 수화물 칸에 연료와 화물을 싣고 체중이 가벼운 조종사가 탑승하고 이륙할 때

헬리콥터를 수직으로 이륙하고 제자리비행을 하면 무게중심이 후방으로 쏠려 있는지를 판단할 수 있다. 만약 무게중심이 후방으로 쏠려 있으면 헬리콥터의 꼬리부분이

아래로 처진 자세가 되며 제자리비행 상태를 유지하기 위해서는 사이클릭 조종간을 과도하게 앞쪽으로 밀어야 한다. 만약 맞바람이 있을 때는 더 많이 앞으로 밀어주어야 한다. 이러한 상태로 비행을 하면 허용된 최대속도로 비행하는 것이 불가능하게 된다. 왜냐하면 사이클릭 조종간을 앞쪽으로 밀어줄 여유가 없어 헬리콥터의 기수를 내려줄 수 없기 때문이다.

무게중심이 아주 뒤쪽에 있는 상태에서 뒤쪽에서 돌풍이 불어와 헬리콥터의 속도가 사이클릭 조종을 최대로 앞으로 밀 때보다도 빨라지는 경우를 생각해보자. 당연히 양력의 불균형으로 회전익이 플래핑하여 회전익의 회전면이 뒤로 젖혀지게 된다. 그러나 이미 사이클릭 조종간은 최대로 앞쪽으로 민 상태라 회전익 면을 앞쪽으로 더이상 기울게 할 수 없어 조종불능이 되거나 회전익이 꼬리부분을 칠 수도 있다.

나. 가로 평형(Lateral Balance)

대부분의 소형 헬리콥터는 보통 정상비행이나 승객을 탑승하고 비행할 때에 가로 무게중심에 대해서는 고려하지 않는다. 왜냐하면 헬리콥터의 동체가 상대적으로 좁고 대부분의 장비들이 중앙선에 따라 장착되어 있기 때문이다. 그러나 일부 헬리콥터에서는 단독 비행할 때 특정좌석에 앉도록 지정하고 있다. 만약에 극단적인 경우로 체중이 무거운 조종사와 한쪽 방향에만 연료를 가득히 채우면 가로 무게중심에 영향을 초래할 수도 있다. 이럴 때에는 가로 무게중심 범위를 벗어나는지 확인하여야 한다. 만약 외부에 화물을 매달고 비행할 때 수평비행을 유지하기 위하여 사이클릭 조종간을 좌우로 많이 사용하여야 할 경우에는 사이클릭 조종간의 앞뒤 조작효과가 극히 제한될 수가 있다. 일반적으로 제작회사는 가로불균형을 대비하여 외부 부착점을 위치시킬 때 무게중심의 변형을 고려한다. 예로 군용항공기에서는 호이스트를 측면에 매달고 외부연료포드나 무장시스템을 날개 쪽에 장치한다.

03 중량과 평형 계산(Weight and Balance Calculations)

헬리콥터에 화물이 적절하게 실려 있는지 확인하기 위해서는 다음과 같은 두 가지 질문에 답해야 한다.

첫째, 헬리콥터의 총중량이 최대허용 총중량보다 적거나 같은가?

둘째, 무게중심은 허용된 무게중심범위(CG range) 안에 들어 있고 비행 중에 하중변화로 인한 중량에 변화(예; 연료가 소모)가 와도 허용된 무게중심범위 안에 들어가는가?

첫째 질문에는 헬리콥터 자중(basic empty weight)에 유효하중(조종사, 승객, 연료, 오일, 화물, 소화물의 총무게)을 더하여 그 무게가 최대허용총중량을 초과하는지 확인하면 된다.

둘째 질문에는 헬리콥터의 비행교범에서 탑재차트나 테이블 혹은 그래프로 나와 있는 무게중심 혹은 모멘트에 대한 정보를 이용하여야 한다.

비행교범에 소개된 방식 중 하나를 사용하여 탑재된 화물(유상하중)의 모멘트나 무게중심을 계산하고 비행교범에 나와 있는 허용 무게중심범위 안에 들어가는지 확인하면 된다.

중량과 평형을 계산할 때 제공된 정보가 얼마나 정확한가가 매우 중요하다. 승객에게 체중을 묻고 특히 겨울철에는 승객의 겉옷의 무게까지도 고려하여야 한다. 가능하면 수화물은 저울을 사용하여 무게를 재어야 한다. 저울이 없으면 각각의 승객의 예상치를 산출하여 계산한다. 그림 6-2는 각종 작동유에 적용하는 표준 무게로, 헬리콥터의 평형을 계산할 때 사용한다.

Aviation Gasoline (AVGAS)	6 lb/gal
Jet Fuel (JP-4)	6.5 lb/gal
Jet Fuel (JP-5)	6.8 lb/gal
Reciprocating Engine Oil	7.5 lb/gal*
Turbine Engine Oil	Varies between 6 and 8 lb/gal*
Water	8.35 lb/gal

*Oil weight is given in pounds per gallon while oil capacity is usually given in quarts; therefore, convert the amount of oil to gallons before calculating its weight. Remember, four quarts equal one gallon.

그림 6-2 각종 액체류 표준 무게(기준)

가. 기준선(Reference Datum)

평형은 무게중심(CG)의 위치로 결정되며 무게중심은 기준선으로부터 떨어져 있는 거리를 인치(inche) 단위로 나타낸다. 수평기준선은 헬리콥터의 세로축(longitudinal axis)을 따라 임의로 선정한 가상의 수직면 또는 점이며, 이 면(점)에서부터의 수평거리를 재어 중량과 평형 계산 목적에 사용한다. 참고로 이 면(점)의 위치에 대하여 특별한 법칙은 없다. 예를 들어 회전익 마스트나 헬리콥터의 기수나 심지어 헬리콥터의 전방의

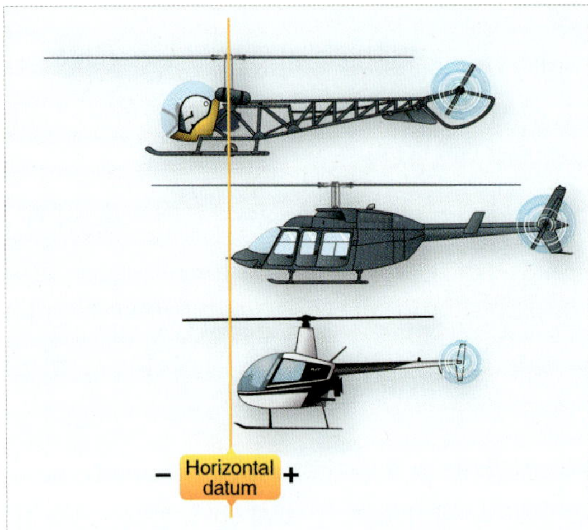

그림 6-3 세로기준선

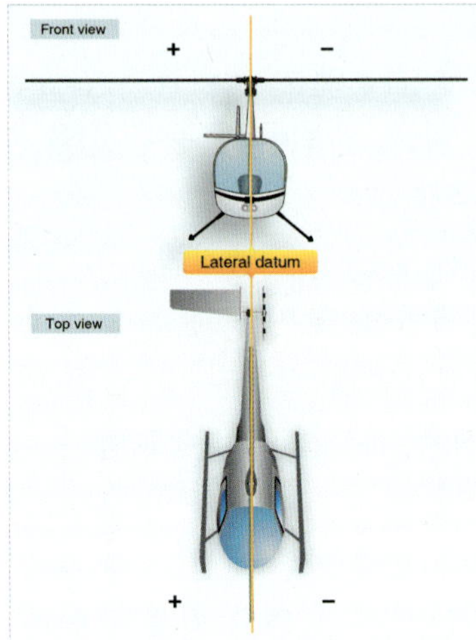

그림 6-4 가로기준선

한 지점을 임의로 기준해도 된다.그림 6-3

가로기준선(lateral datum line)은 일반적으로 헬리콥터의 중앙으로 한다. 기준선의 위치는 헬리콥터 제작회사에서 지정하여 비행교범에 정의하고 있다.그림 6-4

나. 암(Arm)

헬리콥터의 기준선을 기점으로 헬리콥터의 구성품이나 헬리콥터에 탑재된 물건까지의 수평거리를 암(arm) 또는 스테이션(station)이라고 한다. 물체가 기준선 뒤쪽에 위치하고 있으면 양(+)의 수를 사용하고 기준선으로부터 인치 거리로 표시한다. 반대로 기준선 앞쪽에 위치하면 음(−)의 수를 사용하고 마찬가지로 기준선으로부터 인치 거리로 표시한다.

다. 모멘트(Moment)

한 물체의 무게와 암을 곱하면 그 물체의 모멘트가 된다. 모멘트는 물체가 한 점을 중심으로 회전하고자 하는 힘, 즉 회전력(torque)이다. 물체가 기준점에서 멀리 떨어질수록 모멘트, 즉 회전력은 커진다.

라. 무게중심(Center of Gravity) 계산

모든 적재물품의 무게와 모멘트를 합산하면 헬리콥터가 어느 점에서 평형이 되는지를 계산할 수 있다. 총모멘트를 총무게로 나누면 헬리콥터가 평형을 이루는 점, 즉 무게중심의 위치가 된다.

무게중심(CG)의 위치 = 총모멘트(total moment) ÷ 총무게(total weight)

CHAPTER 07

성능

(Performance)

비행하기 전에 헬리콥터의 성능을 예측하는 조종사의 능력이 아주 중요하다. 왜냐하면 이륙 전에 헬리콥터가 총중량을 얼마로 해야 특정고도와 온도에서 안전하게 제자리비행을 하고, 장애물을 벗어나 상승할 수 있는 거리와 최대상승율이 얼마가 될지 등을 판단할 수 있기 때문이다.

01 성능에 영향을 주는 요소

헬리콥터의 성능은 엔진의 출력과 주회전익이 발생하는 양력에 따라 달라진다. 엔진과 회전익의 효율성에 영향을 주는 요소가 헬리콥터의 성능에 영향을 미친다. 성능에 영향을 초래하는 세 가지 요소가 밀도고도(density altitude)와 중량(weight), 그리고 바람(wind)이다.*

가. 밀도고도(Density Altitude)

공기의 밀도는 헬리콥터의 성능에 직접으로 영향을 준다. 공기의 밀도가 커지면 커질수록 엔진의 출력과 회전익의 효율성과 양력이 모두 커진다. 밀도고도란 표준대기상태에서 해면으로부터의 고도이다. 압력고도는 공기압이 29.92 in.Hg인 표면에서부터의 고도로 고도계의 세팅을 29.92 in.Hg로 할 때 계기가 가리키는 고도이다. 압력고도(pressure altitude)는 그 위치에서의 보다 정밀한 공기상태를 나타내기 때문에 성능을 계산하는데 있어 중요한 수치이다. 압력고도와 대비되는 진고도(true altitude)는 해면으로부터의 고도를 말하며 고도계를 현지고도로 세팅할 때 지시하는 고도이다.

만약 현지고도세팅을 30.12 in.Hg로 하면 고도계는 이 값에 맞춰 해면으로부터의 고도를 지시한다. 그러나 이것은 표준대기조건에서의 고도가 아니다. 즉, 고도계 세팅을 29.92 in.Hg보다 많게 하였기 때문에 이 공기는 낮은 고도에서의 공기(고압공기)와 같아 압력고도는 해면으로부터의 실제고도보다 낮게 지시한다.

고도가 1,000ft만큼 증가할 때마다 약 1 in.Hg의 압력이 감소하는 것을 이용하여 고도계를 이용하지 않고 압력고도를 계산하는 방법도 있다. 예를 들어 현지고도세팅이

* FAA-H-8083-25: Pilot's handbook of aeronautical knowledge 참조

30.42일 때 해발 4,000ft라면 압력고도는 3,500ft가 된다.(30.42－29.92＝0.50 in.Hg. × 1,000ft＝500ft. 4,000－500＝3,500ft)

밀도고도에 가장 영향을 미치는 네 가지 요소는 대기압, 고도, 온도 그리고 공기에 포함된 습기이다.

1) 대기압(atmospheric pressure)

기후 조건의 변화로 대기압은 수시로 변한다. 압력이 낮아지면 공기의 밀도도 떨어진다. 이것은 밀도고도가 높아질수록 헬리콥터의 성능이 떨어진다는 것을 의미한다.

2) 고도(altitude)

고도가 높아질수록 공기층이 엷어지게 되어 밀도가 떨어진다. 이것은 공기에 작용하는 대기압이 낮아져 공기분자들이 서로 멀리 떨어져 있다는 것을 의미한다. 밀집된 공기는 보다 가까이 많은 공기분자가 모여 있고 희박한 공기는 공기분자가 서로 멀리 떨어져 있다. 따라서 고도가 높아질수록 밀도고도도 증가한다.

3) 온도(temperature)

온도변화는 밀도고도에 큰 영향을 미친다. 더운 공기는 팽창하여 공기분자가 서로 멀리 떨어지게 되어 공기 밀도가 적어진다. 찬 공기는 부피가 줄어들어 공기분자가 서로 가깝게 모여 밀도가 커진다. 온도가 높으면 낮은 고도에서도 밀도고도가 높아진다.

4) 습도(humidity/moisture)

습도는 대기 중에 포함한 수증기의 양을 말하며 공기가 지닐 수 있는 최대의 수증기 양의 퍼센트(%)로 표시한다. 수증기의 양은 대기온도에 따라 달라지며 더운 공기가 찬 공기보다 많은 수증기를 지닐 수 있다. 수증기를 포함하지 않은 완전하게 건조한 공기는 상대습도가 0%이고 더이상 수증기를 포함할 수 없을 만큼 포화된 공기는 상대습도가 100%이다.

밀도고도와 헬리콥터의 성능을 계산하는데 있어 습도 자체는 중요한 요소로 간주되지 않지만 여하튼 성능에 영향을 준다. 밀도고도에 습도가 얼마나 영향을 주는지 산출하는 기준은 없으나 일부 헬리콥터 제작회사에서는 80%의 상대습도에 대한 차트를 추가로 제공하고 있는데 이 자료에는 같은 고도와 온도에서 약 3~4%의 성능 저하를 가져온다. 3~4%가 별로 의미가 없는 것 같아 보이나 헬리콥터의 한계치에서 운항하고 있다면 잘못될 수도 있다. 엄밀히 말하면 수증기의 무게가 공기의 무게보다 가볍기 때문에 공기 중에 물이 함유되면 공기밀도의 변화를 가져온다. 그래서 공기 중에 물의 함유량이 많아질수록 공기 밀도가 떨어지게 되어 밀도고도가 높아지고 성능도 나빠지게 된다.

나. 중량(Weight)

중량은 조종사가 조정할 수 있기 때문에 가장 중요한 요소 중의 하나이다. 대부분의 성능차트는 중량을 하나의 변수로 하고 있다. 다른 방법으로는 불가능한 이착륙을 헬리콥터의 무게를 줄여서 가능하게 할 수도 있다. 그러나 이륙이나 착륙을 안전하게 수행할 수 있을지 조금이라도 의심스러우면 보다 좋은 밀도고도 조건이 될 때까지 이륙하지 않는 것이 바람직하다. 만약 공중에서라면 보다 좋은 조건의 위치에 착륙하도록 하거나 제자리비행이 필요 없는 곳에 착륙하는 것이 좋다.

또한 헬리콥터의 총중량이 커질수록 제자리비행에 많은 동력이 필요하기 때문에 헬리콥터에 발생하는 회전력이 커진다. 결국 반토크 추력도 커져야 한다. 일부 헬리콥터에서는 비록 총중량이 허용치 이내라 하더라도 고고도에서 제자리비행을 할 때 꼬리회전익이 발생시키는 토크가 헬리콥터의 회전력을 극복하지 못하는 경우도 있다.

다. 바람(Winds)

바람의 방향과 속도도 제자리비행 성능과 이륙성능 및 상승성능에 영향을 준다. 전이양력(translational lift)은 회전익의 회전면에 상대적인 공기흐름만 있으면 발생한다. 따라서 헬리콥터가 움직이거나 바람이 불면 전이양력이 생긴다. 바람이 강하게 불면 전이양력도 커져 제자리비행에 동력이 적게 필요하게 된다. 바람의 방향도 아주 중요한 요소로 최고의 성능을 얻기 위해서는 정풍(headwind)이 가장 바람직하다. 강한 측풍(crosswind)이나 배풍(tailwind)이 불면 방향을 유지하기 위하여 꼬리회전익을 작동하는 추력이 커져야 한다. 엔진동력이 꼬리회전익 작동에 소모되면 양력을 발생시키는 주회전익에 사용할 이용마력이 적어진다. 일부 헬리콥터는 바람방향에 심각한 제한을 받아 만약 바람방향이 최대허용범위를 벗어나면 꼬리회전익의 기능이 상실될 수도 있다.

또한 이륙 및 상승성능도 바람에 큰 영향을 받는다. 정풍에서 이륙하면 유효전이양력이 빨리 발생하기 때문에 양력이 커져 상승각을 크게 할 수 있다. 반대로 배풍에서 이륙하면 전이양력을 얻기까지 보다 먼 거리를 가속시켜야 한다.

02 성능차트(Performance Charts)

성능차트를 만들 때 헬리콥터 제작회사는 헬리콥터의 상태와 조종사의 능력에 대한 기본적인 가정을 하는데, 즉 헬리콥터는 정상적인 작동상태로 바람도 조용하고 엔진은 정격출력을 내며 조종사는 정상작동절차를 따르며 평균적인 비행능력이 있다고 본다. 여기서 평균적인 비행능력이란 모든 필요한 조치나 조작을 정확하고 적절한 시간에 수행할 수 있는 조종능력을 의미한다.

이러한 전제하에 제작회사는 실제 비행시험을 거쳐 헬리콥터의 성능데이터를 작성하게 된다. 그러나 성능차트에 나온 모든 조건대로 시험비행을 하는 것은 아니다. 일부 특정 데이터를 평가하여 나머지 데이터는 수학적으로 계산하여 산정한다.

가. 고도/속도 도표(Height/Velocity Diagram)

고도/속도 도표(혹은 H/V 선도)는 엔진이 고장 날 때 일반적인 조종사가 안전하게 착륙을 할 수 있는 항공기속도와 지상으로부터의 고도 조합을 보여준다. 이 도표를 잘 이해함으로써 안정된 자동활공 하강에 들어갈 수 없는 고도와 속도를 피할 수 있다. 바꿔 표현하면 심각한 상황이 발생할 가능성이 있는 대기속도와 고도와의 상관관계를 그린 것이라고 보면 되겠다. 아래 설명은 도표 7-1을 기준으로 한다.

도표에서 사선을 그은 영역(어둡게 칠한 부분)의 고도와 속도로 운항하면 긴박한 상황 때 동력비행에서 안정된 자동활공으로 전환하는데 있어 충분한 시간과 고도가 없게 된다. H/V 도표는 이륙과정을 보여주는 것으로 고도 0에서 속도 0으로 출발하여 어둡게 칠한 영역을 통과하지 않거나 최소로 하여 순항비행에 들어가야 한다.

왼쪽의 회색부분은 자동활공을 성공적으로 할 수 없는 영역으로 속도가 부족하여 자동활공에 들어가지 못해 충돌을 면할 수가 없다. 오른쪽 아래쪽 어둡게 표시된 영역은 속도가 빠르고 지면에 가까워 매우 위험한 영역으로 기계적인 고장이나 비상 시 조종사가 후속조치를 할 시간이 거의 없다. 다발 엔진 헬리콥터에서는 이 부분이 나와 있지 않는데 그 이유는 한 엔진이 고장이 나도 안전하게 제자리비행과 비행을 할 수 있는 능력이 있기 때문이다.

아래 예시되는 것은 단수 엔진 헬리콥터에 해당하는 고도/속도 도표에 대한 설명이다.

호버활주(hover taxi)와 같이 저고도에서 저속으로 비행할 때 회전관성을 양력으로 전환하도록 콜렉티브를 사용하여 착륙을 완화하도록 주회전익 회전판의 운동에너지를 이용할 수 있다. H/V도표에서 이 부분은 안전한 영역이다. 극단적인 경우(예: 걷는 속

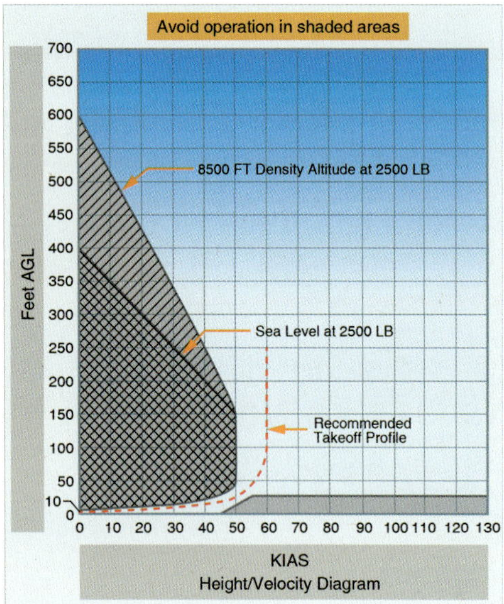

그림 7-1 고도/속도 도표 예

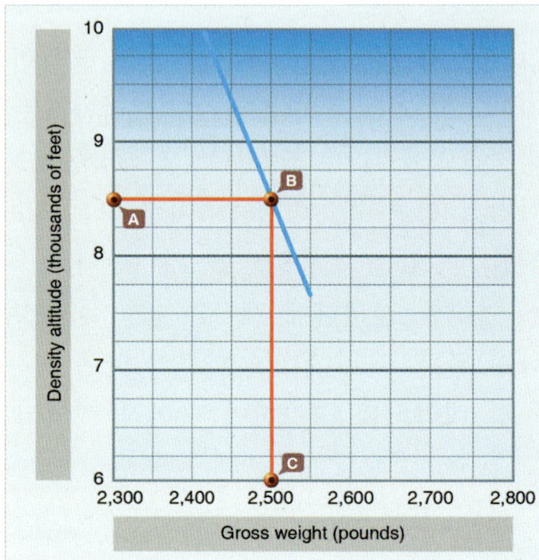

그림 7-2 총중량과 밀도고도 관계

도로 3ft 호버활주)에 쿠션 없이 착륙을 초래할 정도로 동력상실을 인식하지 못한 경우라 할지라도 생존할 가능성이 크다.

고도의 증가 없이 속도만 증가시키면 어느 지점에서 조종사의 대응시간이 부족하여 속도를 떨어뜨리기 위한 플래어 동작을 못해 치명적으로 지상에 충돌할 수 있다. 또 하나는 저고도 저속에서 조종장치를 작동시킬 때 반응시간과 꼬리부분의 길이를 고려해 보면 고도를 약간만 올려도 반응시간이 커져 오른쪽 하단의 영역이 기울어지게 된다.

항공기속도가 이상적인 자동활공속도를 넘어서면 조종사는 본능적으로 속도를 고도로 전환하기 위하여 항공기의 기수를 들고(flare) 회전익의 회전속도를 올려 위험한 상황에서 벗어날 수 있다.

역으로, 항공기속도를 같이 올리지 않고 고도를 높여도 회전익 관성이 충분한 양력으로 바뀌어 생존할 수 있는 착륙이 가능하다. 이상적인 자동활공 속도(40~80노트) 보다 적은 속도에서 거칠게 발생한다. 성공적으로 자동활공하기 위하여 자동활공속도로 가속할 충분한 시간을 가져야 한다. 이것이 고도에 대한 요구사항과 연관된다. 일정한 고도 이상에서는 속도 제로로 출발해도 자동활공속도에 도달할 수 있다. 즉 커브를 벗어난 영역에서는 OGE 제자리비행을 할 수 있다.

전형적인 안전 이륙비행은 2~3ft 착륙장치 높이에서 전진비행을 시작하여 헬리콥터가 전이양력으로 가속되어 고도가 올라가면 안전한 자동활공속도에 접근하게 된다. 이 지점에서 증가된 이용추력의 일부가 안전한 상승속도를 갖도록 사용한다. 이렇게 하여 헬리콥터가 H/V도표의 어두운 영역 틈을 빠져 나간다. 비록 항공기를 어둡게 칠한 영역으로 기동하는 것을 제한하지는 않지만, 조종사가 이러한 영역에서 운항할 때 만약 엔진이나 구동계통에 고장이 발생하면 조종사와 항공기 및 승객이 위험한 상황에 빠질 수 있다는 것을 이해하고 있어야 한다. 조종사는 항상 운항의 가치와 기동의 위험성을 비교 판단하여야 한다.

나. 중량과 밀도고도의 영향(the Effect of Weight Versus Density Altitude)

고도/속도 도표는 성공적인 자동활공을 할 수 있는 고도와 속도 관계를 보여주고 있다.그림 7-1 안정된 상태로 자동활공 하강을 하려면 시간, 즉 고도가 필요하나 이것은 헬리콥터의 무게와 밀도고도에 영향을 받는다. 그래서 헬리콥터의 고도/속도 도표는 총중량과 밀도고도 관계 차트에 따라 운항할 때에만 적용된다. 해당 헬리콥터의 비행교범(RFM)에 그림 7-2와 같은 차트가 나와 있다. 총중량과 밀도고도 관계차트는 총중량에 대한 제한사항이 아니라 다만 이륙과 상승할 때 헬리콥터의 자동활공능력을 보여주는 권고사항이다. 그러나 이 차트에서 권고하는 총중량을 초과할 때 누구도 그 결과를 예측할 수 없다.

밀도고도가 8,500ft이라면 그림 7-1(고도/속도 도표)은 헬리콥터의 총중량이 2,500lbs 이하일 때만 적용된다. 그림 7-2에서 밀도고도 8,500ft(A점)에서 오른쪽으로 수평으로 이동하여 파란색 선과 만나는 지점(B)으로부터 수직으로 내리면 최대총중량이 2,500lbs(C점)이다.

헬리콥터에 대한 성능 차트와 도표는 14CFR part 27(감항성기준)에서 규정한 것으로 운항에 대한 안전지수를 제시한 것이다. 고도/속도 도표의 어둡게 칠한 영역에서 운항하기 전에 위험성이 크다는 것을 숙고하고 최고의 위기관리를 수행하여야 한다.

다. 자동활공 성능(Auto-Rotational Performance)

대부분의 자동활공 성능차트는 자동활공 하강성능이 대기속도(IAS: 헬리콥터 속도)의 한 기능이지만, 밀도고도와 총중량은 기본적으로 영향을 주지 않는다. 그러나 어느 정도 자동활공 때 위치에너지가 기수를 들고 착지하는 과정에 운동에너지로 전환된다는 것을 명심하여야 한다. 밀도고도가 올라가고 총중량이 크면 자동활공을 잘 마무리하는데 매우 큰 장애요소라는 점이다. 다른 말로 표현하면 회전판이 헬리콥터의 하향 운동량을 극복하고 착륙을 부드럽게 해줄 충분한 양력을 발생시킬 수 있어야 한다는 것이다. 고밀도고도나 헬리콥터 중량이 크면 낼 수 있는 양력이 줄어들어 콜렉티브 피치

그림 7-3 자동활공곡선

각을 크게 해주어야 한다.

자동활공에서 중력이 회전익을 구동하는 에너지원을 제공하여 하강할 때 회전익을 통과하는 상향방향의 공기흐름을 일으킨다. 즉 항공기가 내려갈 때 위치에너지가 회전익을 돌리는 운동에너지로 바뀐다고 말할 수 있다.

그림 7-3에서 S-300 곡선은 회전익이 일정한 471rpm으로 유지하는데 필요한 에너지를 제공하는 여러 경우의 수직 및 수평 속도를 보여준다. 예로 항공기속도 54mph에서 수직하강속도 1,600ft/min일 때 회전익의 회전속도를 471rpm으로 유지하는 운동에너지를 제공한다. 에너지가 회전속도를 유지하는데 충분하면 회전익은 공기가 앞쪽에서 또는 아래쪽에서 들어오든지 간에 상관이 없다. 곡선의 모든 점은 회전익속도를 유지한다. 그러나 만약 30노트로 활공한다면 해당 하강속도는 2,200fpm 이상이 되어 주의를 요한다. 착지하기 전에 하강률을 줄이기 위하여 감속할 항공기속도가 거의 없기 때문에 콜렉티브 피치 적용(회전익이 느려지기 전에 피치각을 올려 일시적으로 양력을 증가시킴)을 해도 하강률을 줄일 수 없다.

이러한 상관관계를 제대로 이해한다면 자동활공 훈련 시 보통 항공기속도를 최소하강률 속도와 최대하강률 속도(보통 최소하강률 때의 항공기속도 보다 약 25% 빠른 속도) 사이의 속도로 제한하는 것을 이해할 것이다.

그림 7-3과 같은 커브를 참조하여 자동활공을 수행할 때 목표속도를 꼭 유지할 필

요가 없다는 것을 이해하기 바란다. 간단히 말하면 하강률에 영향을 주는 가장 중요한 요소는 항공기속도라는 것을 알아야 한다.

라. 제자리비행 성능(Hovering Performance)

제자리비행을 할 수 있거나 혹은 할 수 없어도 헬리콥터는 한 지점에서 돌 수 있다. 다른 비행에 비해 제자리비행을 할 때 보다 많은 출력이 필요하다. 제자리비행을 유지할 수 있으면 장애물 옆에서도 전이양력효과를 이용하여 이륙할 수가 있다. 제자리비행 차트는 총중량, 고도, 온도, 그리고 동력 조건을 고려한 지면효과권내(IGE: in ground effect) 차트와 지면효과권외(OGE: out of ground) 차트가 있다. 지면효과권내 제자리비행 상승한도(ceiling)가 지면효과권외 제자리비행 상승한도보다 높다. 왜냐하면 지면효과로 보다 많은 양력을 얻을 수 있기 때문이다. 조종사는 항상 불확실하거나 잘 모르는 지역에서는 착륙할 때 지면효과권외 제자리비행으로 계획을 세워야 한다.

지면효과권내 제자리비행은 지면효과의 영향권인 보통 지면에서 회전익 직경보다 낮게 떠서 제자리비행을 하는 것이며, 지면효과권외 제자리비행은 지면효과의 영향권을 벗어나 높게 떠서 제자리비행을 하는 것을 말한다.

밀도고도가 커지면(즉 고도가 높아지면) 제자리비행에 보다 많은 동력이 필요하게 된다. 어떤 지점에서 필요마력과 이용마력이 같아지는데 이때가 제자리비행 상승한도(ceiling)가 된다. 연료나 유상하중(승객/화물)을 내려 헬리콥터의 총중량을 조절하면 제자리비행의 상승한도를 올릴 수 있다. 헬리콥터의 총중량이 무거워질수록 제자리비행 상승한도는 낮아진다. 반대로 헬리콥터의 무게가 가벼워질수록 제자리비행의 상승한도는 높아지게 된다.

예제(1): 제자리비행

야생동물을 촬영하기 위하여 사진사를 태우고 멀리 비행하고자 한다. 그림 7-4를 사용하여 아래 조건일 때 출발지점에서 지면효과권내(IGE) 제자리비행이 가능한지 살펴보기로 하자.

조건: 압력고도 ································ 8,000feet
온도 ·· +15℃
총이륙중량 ···························· 1,250pounds
R.P.M ··· 104%

먼저 왼쪽 눈금 압력고도 8,000ft(A점)에서 수평으로 온도선 10°와 20°의 중간지점까지 간 다음(B점) 수직으로 내려와 총중량 눈금과 마주친 점(C점)의 수치가 최대허용중량으로 약 1,280lbs이다. 헬리콥터의 무게가 이보다 가볍기 때문에 안전하게 제자리비행을 할 수 있다.

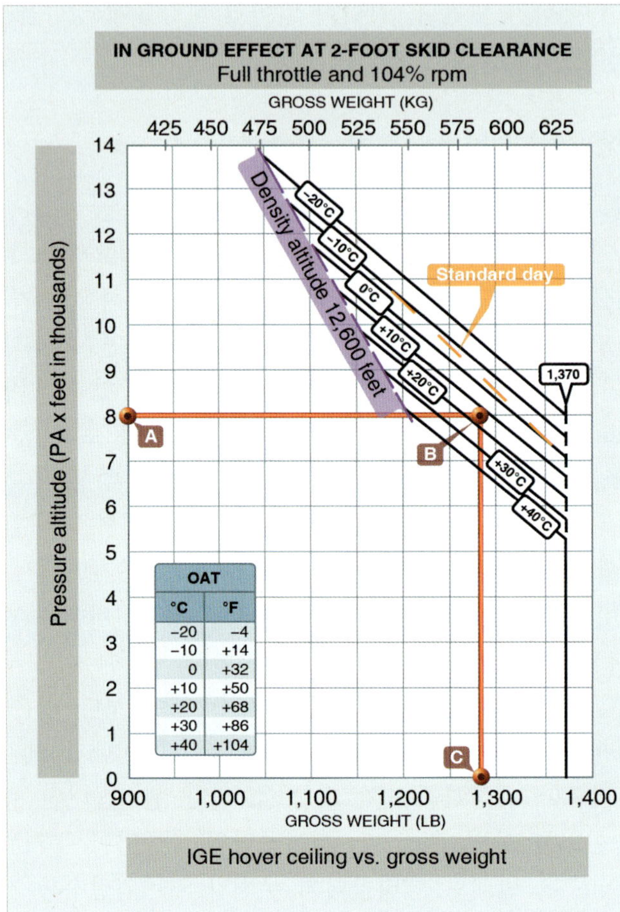

그림 7-4 IGE에서의 상승한도와 총중량

예제(2): 제자리비행

앞의 예제(1)의 헬리콥터가 출발하여 현장에 도착하여 사진을 촬영하기 위하여 지면효과권외(OGE)의 공중에서 제자리비행을 하려고 한다. 이 지점에서의 압력고도가 9,000ft이고 여기까지 연료 50lbs를 소모하여 헬리콥터의 총중량은 1,200lbs로 변하였다. 그러나 온도는 +15℃로 변하지 않았다. 그림 7-5를 사용하여 이러한 비행이 가능한지를 확인해보자.
왼쪽 좌표의 9,000ft(A점)에서 수평으로 온도선(15° C)과 만나는 B점으로부터 수직으로 내려와 최대총중량 눈금을 읽으면 1,130lbs가 된다(C점). 그러나 헬리콥터의 실제 총중량이 1,200lbs로 이 수치보다 크기 때문에 이 조건에서는 제자리비행을 할 수 없게 된다. 따라서 이러한 임무를 수행하려면 출발하기 전에 약 70lbs의 무게를 줄여야 한다.

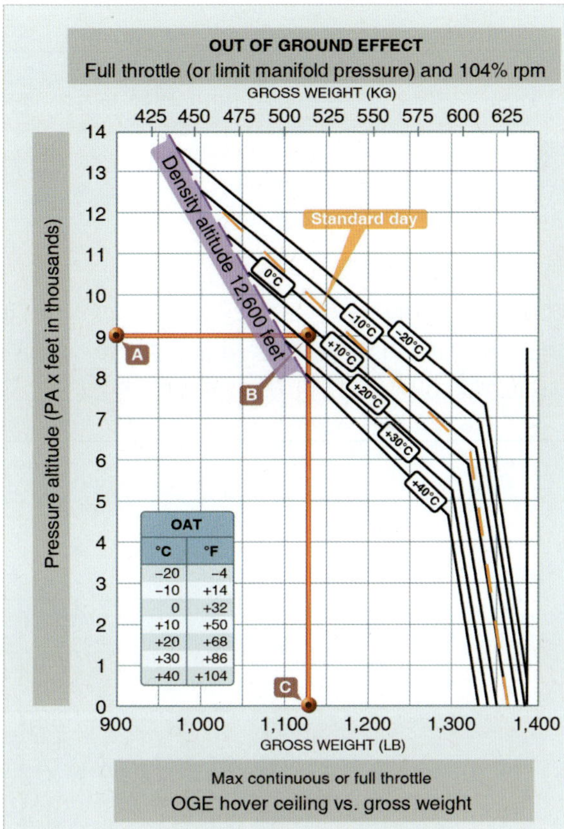

그림 7-5 OGE에서의 상승한도와 총중량

앞의 두 가지의 예에서 알 수 있듯이 전반적인 비행조건을 고려하여 헬리콥터의 총중량과 제자리비행 고도를 결정하는 것이 매우 중요하다. 다시 말하면 이륙지점에서 제자리비행이 가능하다고 착륙지점에서 같은 성능, 즉 제자리비행이 가능한 것이 아니다. 만약 고도가 높거나 온도가 높거나 상대습도가 높아 목적지의 밀도고도가 높아지면 제자리비행을 하기 위해서는 보다 많은 동력이 필요하게 된다. 헬리콥터의 비행교범에 수록되어 있는 성능차트를 사용하여 온도와 바람의 조건을 적용시켜 목적지에서 제자리비행 출력이 나오는지 미리 예상할 수 있어야 한다. 그리고 목적지에 접근하여 착륙을 시도하기 전에 제자리비행을 할 때나 비행 중에 필요한 동력이 가능한지 확인하여야 한다.

쌍발 엔진을 가진 헬리콥터의 경우 성능차트는 두 엔진의 토크 총량을 보여준다.

예제(3): 제자리비행

그림 7-6을 사용하여 아래 조건에서 제자리비행을 하기 위한 토크를 계산해보자.

조건: 압력고도 9,500ft
외부온도 .... 0℃
총중량 4,250lbs
권고 스키드 높이 5ft

먼저 밀도고도 9,500ft에서 시작하여(A) 오른쪽으로 공기온도, 0℃ 선과 만나는 점(B)에서 총중량 4,250lbs까지 아래로 내려가(C) 다시 왼쪽으로 5ft 스키드 높이 점(D)으로 간다. 이 점에서 아래로 내려가면 제자리비행을 하는데 필요한 66% 토크가 나온다.

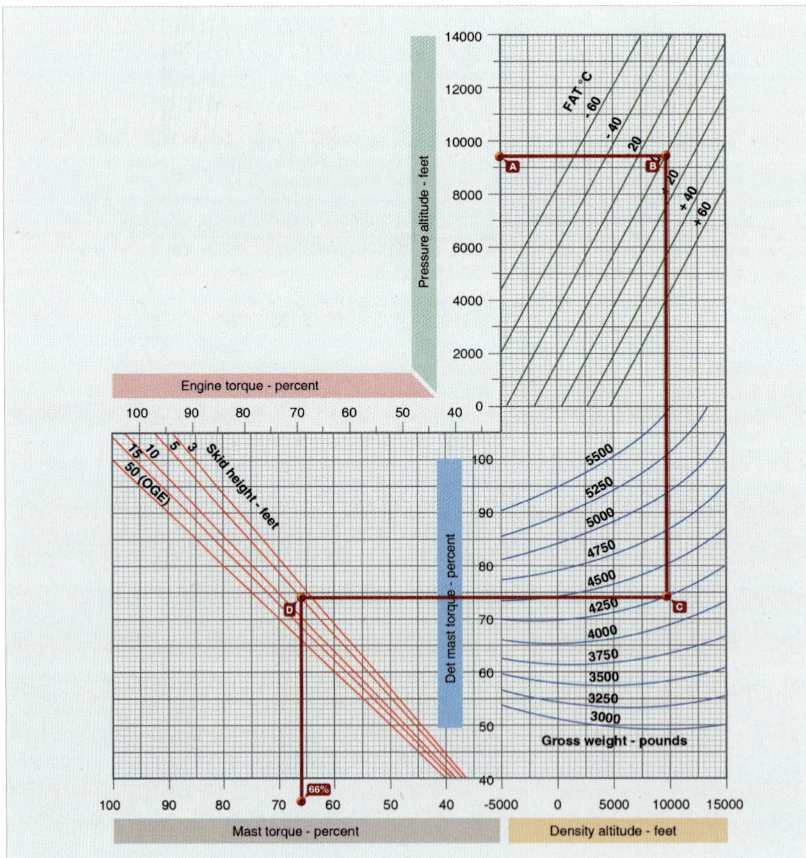

그림 7-6 필요 토크

마. 상승성능(Climb Performance)

제자리비행이나 이륙성능에 영향을 미치는 대부분의 요소가 상승성능에 영향을 미치게 된다. 또한 조종기술이나 난기류 그리고 헬리콥터의 전반적인 상태 등이 상승성능에 변화를 줄 수도 있다.

헬리콥터가 '최대 상승률 속도(Vy)'로 비행하면 주어진 시간에 최고의 고도에 도달하게 된다. 모든 장애물을 벗어나서 헬리콥터가 순항고도에 도달할 때까지 상승하는 동안 통상 이 속도를 유지하고 비행한다. 상승률(rate of climb)과 상승각(angle of climb)은 다르다. 상승각은 비행한 거리와 상승 고도의 비를 말한다. 최대상승률 속도(Vy)는 최고의 상승률을 주지만 가장 급격한 상승각을 주는 것은 아니다. 따라서 장애물을 벗어나는데 충분하지 않을 수 있다. '최대상승각 속도(Vx)'는 이용마력에 따라 달라진다. 만약 이용마력에 여유가 있으면 헬리콥터는 수직으로 상승할 수 있어 최대상승각 속도, Vx=0이 된다.

바람의 방향과 속도가 상승성능에 영향을 주지만 가끔 잘못 이해할 수 있다. 대기속도는 헬리콥터가 대기 속에서 움직이는 속도이기 때문에 바람에 의해서 영향을 받지 않는다. 대기바람은 오직 지상속도, 즉 헬리콥터가 지표면을 움직인 속도만 영향을 준다. 따라서 오직 상승각만이 대기바람에 영향을 받는 상승성능이며 상승률은 영향을 받지 않는다.

상승성능을 계획할 때는 수평비행의 토크 세팅을 먼저 세우는 것이 중요하다. 상승성능 차트는 원하는 상승률(혹은 하강률)을 가지려면 수평비행에서 필요한 토크를 기준으로 올리거나 내려주어야 할 토크(%) 변화를 보여주고 있다.

예제(4): 순항 또는 수평비행 시

그림 7-8을 사용하여 순항 혹은 수평비행 시의 토크세팅을 결정해 보자.

조건: 밀도고도 8,000ft
외부공기온도 .... +15℃
A. 지시속도 .... 80 노트
B. 최대총중량 5,000lbs

우선 먼저 압력고도 8,000ft에 OAT + 15℃의 차트인지 확인하라. 해당 차트에서 왼쪽 80노트 지시속도(A점)를 출발하여 오른쪽으로 이동하여 총중량 5,000lbs 곡선과 만나는 점(B)에서 내려온다. 수평비행에 필요한 토크 74%가 나온다.(C점) 이 토크세팅이 다음 예제에서 상승/하강할 때의 토크 변화(더하거나 빼는)에 사용한다.

예제(5): 상승 시

다음 조건에서 상승/하강 때 필요한 토크 %를 산출해보자.그림 7-9

조건: 상승률(혹은 하강률) ······················ 500fpm

최대총중량 ·································· 5,000lbs

그림 7-9의 왼쪽 좌표 상승/하강률 500fpm(A점)에서 오른쪽으로 이동하여 최대총중량 5,000lb 곡선에서 만나는 지점(B)에서 내려가면 토크좌표에서 15%(C점)가 나온다. 순항비행 때 필요한 74% 토크(예제 4 참조)에서 상승이나 하강할 때 15% 토크를 더하거나/빼주면 된다. 만약 최상의 상승성능을 얻으려면 토크세팅을 89%로 조정하여야 한다.

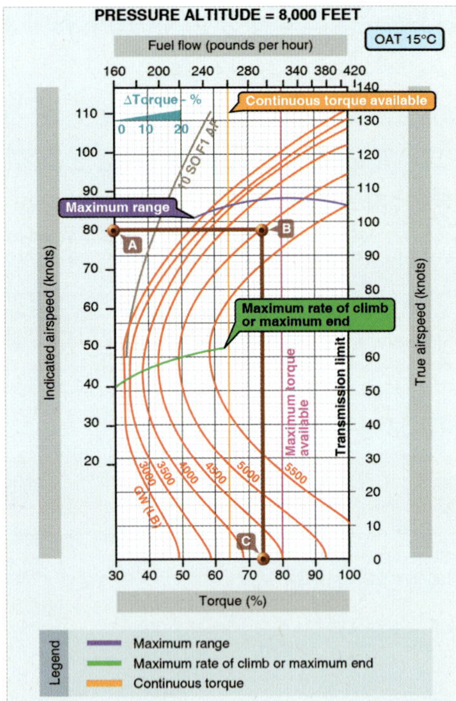

그림 7-8 최대상승률 차트

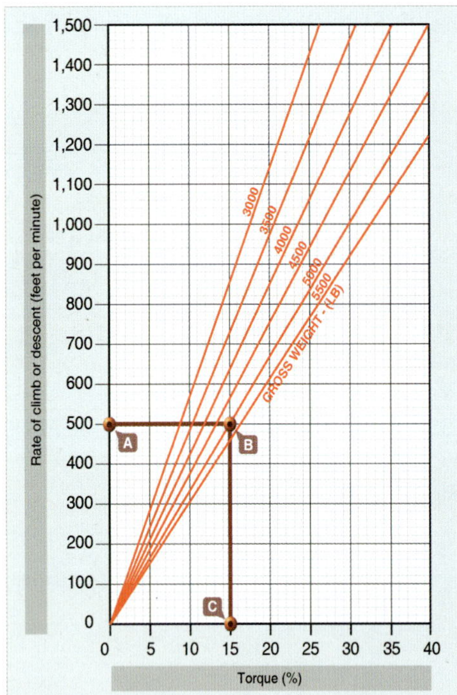

그림 7-9 상승/하강 토크(%) 보정차트

CHAPTER 08

지상절차와 비행준비

(Ground procedures and Flight Preparations)

헬리콥터가 이륙하고 나면 비행하는 동안에 적절한 판단과 결정을 하는 것이 조종사의 고유 직능이다. 그러나 비행전 점검을 할 때나 정비작업을 결심할 때나 연료보급, 지상조작을 수행할 때에도 같은 자세로 임하는 것이 매우 중요하다. 이 장에서는 비행을 준비할 때 헬리콥터 내외부의 지상안전에 대한 조종사의 책임을 알아보기로 하자.

01 비행전 점검(Preflight)

어떠한 비행이라도 비행을 하기 전에 헬리콥터의 비행교범(RFM)과 조종사의 운항교범(POH) 그리고 항공사와 제작회사가 제공한 정보를 기준으로 헬리콥터를 점검하고 안전운항이 가능한지(감항성)를 확인하여야 한다. 헬리콥터의 감항성(airworthiness)을 확인하는 책임은 조종을 책임진 조종사(PIC: pilot in command)에게 있다.

비행을 준비할 때 한 항목이라도 빠뜨리지 않기 위하여 점검목록(checklist)을 사용하는 것이 중요하다.그림 8-1 헬리콥터의 내부 및 외부를 점검할 때 제작회사가 제시한

그림 8-1 비행전 점검

지침에 따라 제작회사가 중요하다고 생각하는 모든 항목을 반드시 점검하여야 한다. 만약 부대설비가 추가되었을 때는 이것들에 대한 절차도 점검목록에 포함되어야 한다.

가. 최소장비목록(MEL: minimum equipment lists)과 부작동장비조건의 운항(Operations with Inoperative Equipment)

미 연방항공법규(14CFR)에 따르면 헬리콥터에 장착된 모든 계기와 장비는 항상 헬리콥터가 출발하기 전에 작동되어야 한다. 그러나 연방항공청이 14CFR part 91에 따라 운항하는 항공기인 경우 최소장비목록(MEL)을 인가해주면 일부항목이 작동하지 않아도 비행을 할 수 있다. 물론 부작동항목이 안전운항에 꼭 필요한 품목이 아니라는 것이 판정된 경우에 한해서다. 인가받은 최소장비목록이 없는 경우에도 연방항공법규의 지침(part 91)에서 필수장비가 아닌 경우에는 해당 장비의 수리작업을 이월하는 것이 허용된다.

정비를 이월하는 방법으로 두 가지 방법이 있는데, 그 하나는 연방항공법규의 이월허용규정(part 91.213(d))에 따르는 것이고, 또 하나는 연방항공청이 승인한 최소장비목록(MEL)을 이용하는 것이다.

대부분의 조종사/운용자가 이월허용규정(part 91.213(d))을 주로 이용하는데 그 이유는 간편하고 서류작업이 단순하기 때문이다. 비행전 점검중이나 출발 직전에 장비가 작동하지 않는 것을 발견하였을 때, 할 수 있는 조치는 비행을 취소하고 정비를 하도록 하거나, 부작동 장비로 인하여 제한된 조건으로 비행을 하거나, 또는 해당 장비의 정비를 이월시키는 것이다.

비행 중에 결함이 발생하면 정비이월이 적용되지 않으며 제작회사가 발행한 비행교범/운항교범(RFM/POH)의 절차에 따라야 한다. 원래 비행하기 전에 수행되어야 할 정비작업을 비행 후로 이월(deferral)시키는 것은 조종사가 그것을 원할 때에만 적용된다.

이월허용규정을 적용할 때 조종사는 부작동장비가 형식설계나 연방항공법이 필요로 하는 항목인지 아닌지를 판단하여야 한다. 만약 법적으로 해당 장비가 없어도 되고, 항공기가 해당 장비가 없어도 안전하게 비행할 수 있다면 정비이월을 해도 된다. 그러나 고장장비는 반드시 작동차단(deactivation)작업을 해주거나 해당 장비를 장탈하고 해당 스위치나 조종장치나 계기 부근에 '부작동(inoperative)'이라는 플래카드를 부착해야 한다. 만약 고장장비를 장탈하거나 작동차단 작업을 할 때 정비작업이 필요하면 자격을 갖춘 항공정비사가 수행하여야 한다.

예를 들어 위치표시등(position lights)이 작동하지 않아도 주간비행일 때에는 이월허용규정을 적용하여 비행해도 된다. 그러나 조종사는 등불이 요구되는 야간이 되기 전에 비행이 끝날지를 판단하여야 한다.

작동차단작업(deactivation)은 조종사가 해당 회로차단기를 차단위치(off)로 하는 단순한 작업도 있지만 해당계기나 장비를 완전히 작동하지 않도록 해주는 복잡한 작업도 있다. 복잡한 정비작업은 적정자격을 갖춘 정비사가 수행하여야 한다. 어느 경우라 해도 반드시 '부작동(inoperative)'이라는 플래카드를 부착하여야 한다.

운용자가 최소장비목록을 요청하여 항공당국으로부터 인정서(LOA: letter of authorization)가 발행되면, 그때부터 운용자는 반드시 최소장비목록을 준수하여야 한다. 모든 정비이월은 MEL 조건과 해당 운용자가 마련한 문서화된 절차에 따라야 한다.

연방항공청은 운용 중에 있는 헬리콥터에 대한 마스터 최소장비목록(MMEL)을 마련해 놓았다. 운용자가 서면으로 요구하면 연방항공청의 지역사무소(FSDO)에서 해당 헬리콥터 형식 모델에 적용하는 마스터 최소장비목록과 전문(preamble)을 인정서와 함께 발행해준다. 운용자는 마스터 최소장비목록을 근거하여 작동 및 정비(O&M: operations and maintenance)절차를 제정한다. 이러한 절차가 포함된 마스터 최소장비목록(MMEL)이 운용자의 최소장비목록(MEL)이 된다. 헬리콥터를 운항할 때는 최소장비목록(MEL)과 인정서와 전문 그리고 운용자가 제정한 작동 및 정비(O&M) 절차를 해당 헬리콥터에 반드시 탑재하고 다녀야 한다.

연방항공청은 인가된 최소장비목록을 해당 헬리콥터에 발행하는 부가형식승인서(STC)로 간주한다. 그래서 원래의 형식승인과 다른 조건에서도 해당 헬리콥터를 운용할 수 있는 권한을 부여한 것이다.

예를 들어 위치표시등(position lights)이 주간 비행전에 부작동하는 것을 알았다면 조종사는 정비기록부(결함기록부)에 기록을 한다. 이 결함은 정비사가 정비작업을 하여 고치거나 최소장비목록에 따라 이월시킬 수 있다. 주간비행으로 확인되면 최소장비목록의 절차에 따라 위치표시등이 작동하지 않아도 되기 때문에 조종사는 위치표시등의 스위치를 끄고(off) 회로차단기는 열어놓고(open) 위치표시등의 스위치에 '부작동'이라는 플래카드를 부착한 후 출발할 수 있다.

정비이월을 위한 최소장비목록을 적용하는데 있어 일부 예외가 있다. 예를 들어 최소장비목록에 정비이월이 가능한 항목으로 명시되지 않은 항목(예를 들면 로터 회전속도계나 엔진 회전속도계나 사이클릭 조종 트림계통 등)이 고장일 때에는 헬리콥터가 출발하기 전에 정비작업을 수행하여야 한다. 그러나 부품조달이나 정비작업이 현지에서 불가할 때에는 가까운 항공청 지역사무소에 요청하여 특별비행을 허락받을 수 있다. 이것은 헬리콥터가 정비를 위하여 다른 곳으로 비행하도록 허용하는 것이다. 비록 헬리콥터가 법적인 감항성 요건을 갖추지는 못했지만 특별비행에 허용된 제한조건으로 운항하면 안전한 비행을 할 수 있을 경우에만 해당된다.

그렇다고 정비이월을 간단하게 생각해서는 안 된다. 만약에 다른 장비가 고장 날 경우 정비이월한 부작동장비가 헬리콥터의 작동에 미칠 영향을 심사숙고하여야 한다.

최소장비목록과 작동하지 않는 장비의 운용에 관한 보다 상세한 정보는 AC91-67 (Minimum Equipment Requirements for General Aviation Operations Under FAR Part 91)을 참조하라.

02 엔진시동과 회전익 결속(Engine Start and Rotor Engagement)

엔진시동, 회전익 결속, 시스템 지상점검을 할 때 제작회사의 점검목록을 사용하여야 한다. 그리고 문제가 발생하면 더이상 조작을 진행하지 말고 바로 점검받도록 하여야 한다. 또한 상기 조작을 수행할 때 헬리콥터 주위와 위쪽 공간에서 사람이나 장비들이 안전하게 떨어져 있는지 확인하여야 한다. 회전익 날개(blade)가 동체와 일직선으로 있지 않도록 하라. 회전날개가 고정된 상태에서 엔진을 시동할 가능성을 방지하기 위해서다. 2개의 날개를 가진 헬리콥터에서는 반드시 회전익을 동체에 수직으로 하여 조종석에서 쉽게 보이도록 하라. 제작회사가 제시한 수치범위를 지켜 운항하면 헬리콥터는 안전하고 효과적인 비행체이다.

가. 회전익 안전고려사항(Rotor Safety Considerations)

헬리콥터는 회전익과 꼬리회전익이 외부로 노출되어 있기 때문에 특별한 주의를 요한다. 회전익 끝단과 장애물과의 간격을 판단하기가 매우 어려워 격납고나 장애물 근처로 지상주행을 할 때에는 특히 조심하여야 한다.그림 8-2 또한 일부 헬리콥터는 기내에

그림 8-2 건물주변 조종시 요주의

서 꼬리회전익이 보이지 않아 후진비행을 하거나 방향을 전환할 때 꼬리회전익 부근에 충분한 여유 공간을 주어야 한다. 이러한 여유상태를 확보하기 위하여 어깨너머로 시선을 주는 것이 좋은 방법이다.

또 하나 안전고려사항은 헬리콥터가 발생시키는 추력이다. 회전익은 주변에 있는 모래나 먼지, 눈, 얼음과 물 같은 것들을 빠른 속도로 불어내어 근처에 있는 사람이나 건물, 자동차, 다른 헬리콥터에 손상을 초래할 수 있다. 흩어진 눈(snow)이나 모래와 흙이 시야를 막아 주변의 시각적인 참조물이 보이지 않을 수도 있다. 또한 헬리콥터 주변에 흩날린 모래와 눈이 엔진흡입구에 들어가 필터가 막혀서 엔진에 공기가 공급되지 않거나 걸러지지 않은 공기가 들어가 엔진의 조기 손상을 가져올 수도 있다. 또한 공중에 흩날린 파편들이 엔진의 흡입구에 튀어 들거나 회전익과 꼬리회전익 날개를 칠 수도 있다.

나. 헬리콥터 급유(Aircraft Servicing)

연료를 보급할 때는 항상 먼저 헬리콥터의 회전익을 정지시키고 헬리콥터와 연료보급차를 적절하게 접지시킨 후 수행하여야 한다. 조종사는 합당한 등급의 연료와 첨가제(필요시)가 주입되는지 확인하여야 한다.

회전익이 돌고 있는 상태에서 헬리콥터에 연료를 보급하는 것을 'hot fueling'이라고 하는데 일부 헬리콥터에서는 허용하나 이러한 작업은 올바르게 수행되지 않으면 매우 위험하다. 조종사는 조종석에 대기하고 있어야 하며 연료보급자는 해당 헬리콥터에 대한 올바른 연료보급절차를 숙지하고 있어야 한다. 때에 따라서는 조종사가 연료보급자에게 해당 헬리콥터의 연료보급절차에 대하여 교육을 할 필요가 있다. 통신 수신호나 호출방법, 정상 주유절차, 최소한의 응급조치 등에 대하여 설명해주어야 한다. 연료를 보급하는 동안 조종사는 항상 주변상황을 예의주시하고 필요시 즉각 엔진을 끄고 헬리콥터에서 피신할 준비가 되어 있어야 한다. 적절한 교육을 받지 않은 자가 'hot fueling'을 함으로써 사고가 발생한 적이 종종 있다.

연료보급 차는 회전익의 끝단으로부터 충분한 거리에 떨어져 있어야 한다. 연료보급 작업에 관계가 없는 자는 주변에서 멀리 떨어져 있도록 한다. 또한 연료를 주유하는 동안 헬리콥터 안에서나 주변에서 담배를 피워서는 안 된다.

주유하는 동안 조종사가 조종석을 비울 수밖에 없을 경우에는 스로틀을 공회전(idle) 위치로 놓고 힘조절장치(friction)를 단단하게 세트하여 조종간이 저절로 움직이지 않게 하여야 한다. 조종사는 조종장치의 세팅과 항공기로부터 탈출/진입에 대한 훈련을 완벽하게 받아야 한다.

03 헬리콥터 주변 안전(Safety in and around Helicopter)

헬리콥터에 타거나 내리는 방법을 알려주었더라면 일어나지 않았을 헬리콥터의 사고로 사람들이 다치거나 목숨을 잃는 사고가 끊임없이 발생하고 있다.그림 8-3 승객이 제대로 설명을 받았다면 회전하는 회전익에 다칠 위험은 없었을 것이다. 이러한 사고를 예방하는 가장 간단한 방법은 헬리콥터에 승객을 태우거나 내리기 전에 회전익의 작동을 멈추면 된다. 그러나 언제나 그렇게 할 수도 없을 뿐만 아니라 또한 헬리콥터의 특성을 고려하면 엔진과 회전익이 작동하는 상태에서 승객을 태우거나 내리도록 할 때도 있어야 한다. 따라서 사고를 방지하기 위해서는 승객을 포함하여 헬리콥터 운용에 종사하는 모든 사람에게 여러 위험가능요소를 인식시키고 사고를 피할 수 있는 방법을 제시하여야 한다.

가. 계류장 종사자(Ramp Attendants and Aircraft Servicing Personnel)

계류장에서 서비스 업무에 종사하는 자는 자신의 임무와 임무를 수행하는 올바른 방법에 대하여 교육을 받아야 한다. 아울러서 아래 사항도 수행하여야 한다.

1) 헬리콥터의 이착륙장에 승객과 비인가자가 들어가지 않도록 하여야 한다.
2) 헬리콥터의 회전익이 돌고 있는 상태일 때 승객들에게 헬리콥터에 접근하여 탑승하는 가장 좋은 방법을 설명해주어야 한다.

승객을 탑승시키거나 하기시키는 일과 헬리콥터 연료보급이나 외부에 화물을 매다는 작업 등에 직접 관계되는 사람들에게는 각각의 임무에 대하여 교육을 받아야 한다. 헬리콥터에 관한 모든 작업을 언급할 수는 없으나 가장 보편적인 작업사항에 대하여 살펴보기로 하자.

나. 승객(Passengers)

승객으로 인하여 조종사의 책임과 업무부담 그리고 위험감수 등이 늘어난다. 경험이 적은 조종사가 항공기를 운항하는데 자신감과 능력을 갖추기까지는 업무부담과 주의산만이 매우 심각하다. 그래서 좋은 비행조건과 익숙한 지역에서 운항할 때 승객처리 경험을 쌓아야 할 필요가 있다.

회전익이 작동하고 있는 상태에서 승객이 탑승할 때에는 안전수칙을 알려주어야 한

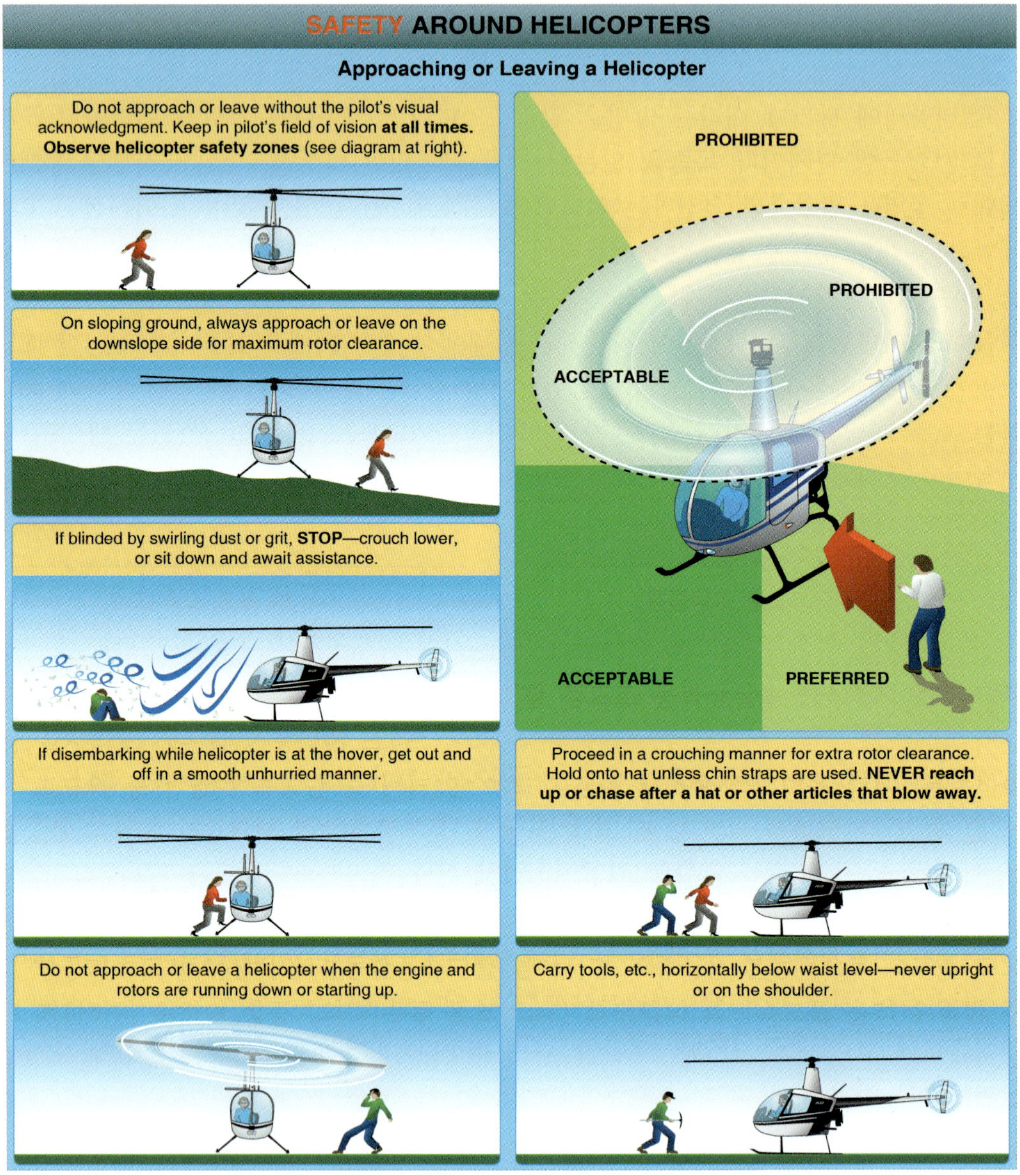

그림 8-3 헬리콥터 탑승/하기 안전수칙

다. 기장(PIC)은 엔진을 시동하기 전에 승객들에게 모든 절차를 설명해주어야 한다. 정확한 절차는 헬리콥터 종류에 따라 약간 다를 수 있으나 일반적으로 아래와 같은 사항을 준수하여야 한다.

항공기에 탑승할 때 승객들이 지켜야 할 사항.

1) 헬리콥터의 후미에서 멀리 떨어져 있어라.
2) 헬리콥터에 접근하거나 벗어날 때는 몸을 숙여라.
3) 헬리콥터에 접근할 때는 옆에서 접근하고 조종사의 시야에서 벗어나지 않도록 한다. 일부 회전익장치는 회전익이 헬리콥터 앞쪽에서 지상과 보다 가깝게 지나가도록 설계를 하고 있어 승객이 옆 방향에서 접근하는 것을 보편적으로 받아들인다. 뒤쪽에서 탑승하도록 되어 있는 헬리콥터인 경우는 꼬리회전익의 위험성으로 인하여 보다 철저한 주의를 요한다.
4) 휴대하는 도구들은 허리 아래로 수평으로 하여라. 절대 머리 위나 어깨 위로 하지 마라.
5) 모자나 흩날릴 우려가 있는 물품들은 단단히 붙잡아라.
6) 모자나 기타 물건이 바람에 날리면 쫓아가서 잡으려 하지 마라.
7) 손으로 눈을 가리거나 가늘게 떠서 눈을 보호하라.
8) 먼지나 불어 닥친 이물질로 갑자기 눈이 안 보이게 되면 걸음을 멈추고 자세를 더욱 낮추어라. 여차하면 주저앉아 도움을 받을 때까지 기다려라.
9) 절대 감각적으로 헬리콥터 쪽으로 가거나 헬리콥터에서 멀리 벗어나려 하지 마라.
10) 귀마개(earplugs or earmuffs)를 착용하여 귀를 보호하라.

대부분의 헬리콥터는 객실승무원을 태우지 않기 때문에 조종사가 이륙전 안내(방송)와 착륙전 안내(방송)를 해야 하는데 보통 소음 때문에 이륙 전에 실시한다. 운항형태에 따라 필요한 브리핑 내용들이 있겠지만 다음 사항들은 반드시 포함하여야 한다.

1) 승객들에게 안전벨트, 출입문, 헤드세트/인터콘장치의 사용과 작동방법을 설명하고 이해시켜야 한다.
2) 안전한 출입 경로(꼬리회전익에서 멀리 그리고 조종사의 시야범위)
3) 가능하면 앞 승객 좌석의 조종장치를 제거하라. 그리고 카메라와 휴대폰 같은 승객 개인용품을 단단히 고정해 놓았는지 확인하라.
4) 해상비행을 할 때 구명동의나 다른 비상장비의 위치와 사용법.
   해상에 불시착할 경우에는 언제 어떻게 헬리콥터에서 이탈해야 하는지에 대해서도 설명하여야 한다.
5) 산악지대를 비행할 때에는 모든 탑승자에게 지도와 비상장비가 어디에 탑재되어 있는지를 알려주어야 한다.
6) 승객들에게 비상시 취하여야 할 행동에 대하여 지침을 주어야 한다. 예를 들면 급격하게 수직으로 충격적인 착륙이 이루어질 경우에는 척추를 보호하는 몸자

세(등을 등받이에 단단하게 고정시킴), 착륙 후에 언제 어떻게 탈출해야 하는지 등에 대하여 설명해주어야 한다.

7) 소화기와 생존설비(survival equipment)의 위치에 대해서도 알려주어야 한다. 만약 비상위치무선송신기(EPIRB)가 설치되어 있으면 이것의 사용법도 알려주어야 한다.

8) 회전익이 작동하는 상태로 헬리콥터가 경사면에 서 있을 때에는 모든 승객들을 내리막경사 방향으로만 접근하거나 떠나도록 하여야 한다. 이것은 회전익과 지면이 최대의 간격을 갖도록 하기 위한 것이다. 만약 헬리콥터 주위를 돌아가야 한다면 항상 앞쪽으로 돌아가야 하며 뒤쪽으로 돌아가서는 안 된다.

다. 조종석의 조종사(Pilot at the Flight Controls)

많은 헬리콥터 운영자가 공항에 착륙한 후 곧바로 돌아가기 위하여(quick turnaround) 엔진을 끄지 않고 계속 지상에서 작동시키는 경우가 많다. 이러한 경우에 헬리콥터에서 조종사가 자리를 비우게 되면 헬리콥터는 매우 위험한 상황에 빠질 수 있다. 만약 헬리콥터에 돌풍이 불어 회전익면이 요동치거나 콜렉티브 조종장치(collective control)가 움직여 회전익이 양력을 발생하게 되면 헬리콥터가 좌우나 앞뒤로 흔들려 회전익이 꼬리부분이나 지면에 부딪칠 수가 있다. 엔진이 작동하고 회전익이 돌고 있는 상황에서는 반드시 조종사가 조종석에 머무는 것이 당연한 절차라 하겠다.

만약에 조종사가 주유를 하기 위하여 조종석을 이탈할 때에는 스로틀을 공회전(idle) 위치로 하고 힘 조절장치(friction)를 안전하게 세트하여 조종간이 스스로 움직이지 않도록 하여야 한다. 조종사는 이러한 조종장치가 잘못 조작되지 않도록 조종장치를 고정하고 자리를 이석하는 것에 대한 충분한 훈련을 받아야 한다.

라. 착륙 후 조치사항(After Landing and Securing)

비행이 종료되면 다른 항공기에 지장을 주지 않고 엔진을 정지시키는 동안 사람들에게 위험을 주지 않는 곳에 주기한다. 헬리콥터는 바람이 오른쪽에서 꼬리동체로 흐르는 방향으로 착륙하는 것이 좋다(반시계방향 로터). 꼬리동체 쪽의 회전익에 양력을 주어 헬리콥터의 앞쪽 회전익을 내려가게 하기 때문에 돌풍이 불어도 주회전익이 꼬리동체를 칠 가능성을 줄여준다.

회전익의 공기의 내리흐름으로 가까이 있는 항공기에 손상을 주거나 주변사람들이 회전익의 회전을 보지 못해 위험성을 감지하지 못할 수도 있다. 승객들은 회전익이 회전을 멈출 때까지 좌석벨트를 매고 헬리콥터 안에 있어야 한다. 엔진정지 및 비행후점검은 제작회사의 점검목록에 따라 수행한다. 그리고 비행 중에 발견된 결함은 기록하고 필요하면 정비사에게 설명하여야 한다.

CHAPTER 09

기본비행 조작
(Basic Flight Maneuvers)

기본적으로 반시계방향으로 회전하는 회전익장치를 가진 헬리콥터를 기준으로 설명하고 있으나, 시계방향 회전익장치를 가진 헬리콥터에서 동력을 증가시키면 왼쪽 페달 대신에 오른쪽 페달을 조작하라고 언급하였다. 많은 경우 '적절한 페달에 압력을 가하라'라는 표현을 했는데 이것은 두 종류의 회전익장치에 모두 해당한다. 그러나, 회전속도를 유지하기 위한 스로틀조종은 조정기가 있든 없든 차이가 없다. 조정기가 있으면 조종사가 할 일을 조정기가 하는 것뿐이다.

또한 '콜렉티브 피치조종'과 '사이클릭 피치조종'을 간단히 '콜렉티브(collective)'와 '사이클릭(cyclic)'으로 표기하였다.

헬리콥터의 성능은 기상조건과 항공기 적재하중에 따라 변하기 때문에 여기에서는 기수자세와 동력세팅에 대한 사항은 기술하지 않았다. 또한 여러 비행기동에서 헬리콥터의 자세와 주어진 기동을 수행하기 위하여 해야 될 움직임에 대한 것도 기술하지 않았다.

헬리콥터 기동을 소개할 때 먼저 간략하게 개념을 설명하고 조작기술과 조작실수에 대하여 기술하였다.

01 네 가지 기본비행(The Four Fundamentals)

모든 조작에 기본으로 적용되는 조종이 네 가지이며 수평직선비행, 선회, 상승, 그리고 하강비행이다. 모든 비행조작은 하나 혹은 그 이상의 기본비행으로 구성된 것이다.

조종훈련생이 이러한 조작을 잘 수행할 수 있고 훈련생의 수행능력이 기계적인 조작보다 정확한 감각(feel)과 조종 분석에 따른 것이라고 보면, 주어진 조작을 수행하는 능력은 확실한 시각적이고 정신적인 개념을 습득하는 것이라 하겠다.

비행교관은 이러한 기본요소에 대한 좋은 지식을 학생에게 전해주고 이것들을 섞어 실습하도록 하여야 한다. 그래서 각각의 요소의 적절한 성능이 의식적인 노력이 아니라 본능적으로 나오게 하여야 한다. 성공적인 비행훈련을 하기 위해서는 이 점을 아무리 강조해도 지나치지 않다고 하겠다. 훈련생이 보다 복잡한 기동에 들어갈 때 기동을 시각화하는 것을 등한시하는데, 대부분의 학생들이 어려움을 겪는 것은 하나 또는 그 이상의 기본적인 사항에 대한 훈련이나 연습 또는 이해 부족에 기인한다. 기동비행을 할 때 따라야 할 좋은 훈련요소는 아래와 같다.

1) 트림, 토크, 회전익속도가 유지될 정도의 속도로 사이클릭을 조작하라. 조작에 들어가면 트림, 회전익, 또는 토크가 생각보다 빠르게 반응하여 조종범위를 지나치게 되어 내버려두면 헬리콥터의 한계를 초과한다. 헬리콥터가 조종된다는 감이 올 때까지 조금씩 조작을 해야 한다. 회전익의 빠른 회전속도로 인한 조종장치의 감각을 느껴야 한다.
2) 하중과 외부조건에 따라 헬리콥터의 성능이 달라진다는 것을 예상하여야 한다. 95°F인 4,000ft 고도에서 콜렉티브를 올릴 때 해면상에서 회전익 속도를 체크할 때만큼 콜렉티브를 올리는 것으로는 충분하지 못하다.
3) 비행조작을 할 때에는 다음과 같은 특성이 예상된다. 비행교관이 설명하고 시범하여야 한다.
   트림과 토크를 지탱하기 위하여 콜렉티브를 조절 혹은 올려주어야 한다.
   - 왼쪽 선회, 토크 증가(반토크 크게)
     대부분의 헬리콥터에 해당되나 모두는 아니다.
   - 오른쪽 선회, 토크 감소(반토크 적게)
     대부분의 헬리콥터에 해당되나 모두는 아니다.
   - 사이클릭 뒤로 조종, 토크 감소 및 회전익속도 증가
   - 사이클릭 앞으로 조종(특히, 사이클릭을 뒤로 조종 후 곧바로 수행할 때)
     토크 증가 및 회전익속도 감소
   - 갈 길을 마련해 두어라.
   - 바람이 어디에 있는지 알고 있어라.
   - 엔진 고장은 동력전환이나 순항비행에서 일어날 수 있다. 순항비행에서 엔진 고장은 기화기 공기 온도를 무시하여 기화기에 결빙으로 엔진이 꺼질 수 있다.
   - 조종사 간의 소통과 협동이 매우 중요하다. 모두 무엇이 발생하고 있는지 알고 각자 해야 할 임무를 맡아라.
   - 급격한 선회 시 기수가 내려간다. 대부분의 경우에 필요한 여유마력이 없을 때 에너지(항공기속도)가 고도를 유지하는 쪽으로 전환되어야 한다.(2G/60°에서 대기속도를 유지하려면 회전익 엔진동력이 100% 증가되어야 함) 낮은 고도에서 이러한 상황을 예상하지 못하면 승무원과 승객이 위험하게 된다.
     피치 변화율은 총중량과 밀도고도에 비례한다.
   - 착륙할 때 높은 동력세팅을 필요로 한다. 가장 높은 동력세팅을 필요로 하는 제자리비행(hover)으로 종결하기 때문이다.
   - 수평면에 대한 상대적인 사이클릭의 위치가 헬리콥터의 이동과 자세를 결정한다.

02 직선수평비행(Straight-and-Level Flight)

직선수평비행은 일정한 고도로 기수를 유지하는 비행이다. 회전익의 회전면(disc)의 자세, 즉 수평면과의 기울기로 대기속도(헬리콥터 속도)가 결정된다. 헬리콥터의 속도와 고도가 안정되면 수평안정판의 디자인에 따라 헬리콥터의 자세가 결정된다. 헬리콥터의 고도는 일차적으로 콜렉티브 조종을 통하여 이루어진다.

가. 기술

전진비행을 하기 위해서는 회전익의 회전면이 전방으로 기울어져 필요한 만큼의 수평방향의 추력을 회전익에서 얻어야 한다. 이때 헬리콥터의 기수가 내려가고 기수를 내리면 내릴수록 헬리콥터 속도는 빨라진다. 헬리콥터의 고도를 유지하려면 콜렉티브를 조절하기 위하여 동력이 커져야 한다.그림 9-1

직선수평비행에서 속도를 일정하게 하고 콜렉티브를 올리면 헬리콥터가 상승하게 된다. 반대로 속도를 일정하게 하고 콜렉티브 조종을 내리면 헬리콥터가 하강하게 된다. 콜렉티브를 변화시킬 때 회전익의 회전속도를 일정하게 유지하기 위해서는 스로틀을 동조시켜야 한다. 또한 반토크페달을 조종하여 수직축을 중심으로 헬리콥터의 방향을 조정해주어야 한다.

직선수평비행에서 속도를 빠르게 하려면 사이클릭을 앞으로 밀고 동시에 고도를 유지하도록 콜렉티브도 올려주어야 한다. 속도를 줄일 때는 사이클릭을 뒤로 당기고 콜렉티브를 내려 고도를 유지시킨다.

사이클릭은 매우 민감하나 반응하기까지 약간의 지연현상이 있다. 그래서 헬리콥터의 고도나 속도를 조정하기 위하여 사이클릭을 조작할 때 헬리콥터의 실제 움직임에 대하여 예상을 하고 과다한 조작을 하지 않도록 주의하여야 한다. 예를 들어 헬리콥터의 기수가 수평비행자세보다 올라가면 사이클릭 조종을 앞으로 밀어 기수가 내려가게 하여야 한다. 그러나 이러한 조작이 길어지면 기수가 너무 아래로 내려간다. 조종장치를 중립으로 움직여도 헬리콥터의 자세가 계속해서 변화하니 원하는 자세가 되기 전에 약간 먼저 사이클릭 조종을 중립위치로 해야 한다. 이러한 원리는 모든 사이클릭 조종에서 다 같이 적용된다.

헬리콥터는 기본적으로 불안정한(unstable) 특성을 가지고 있다. 비행기는 돌풍이나 와류로 기수가 내려가면 복원력이 발생하여 수평자세로 돌아오려 하지만 헬리콥터는 기수가 내려가면 계속해서 내려가게 된다. 따라서 헬리콥터를 조종할 때에는 항상 긴장하고 비행하여야 한다.

그림 9-1 직선수평비행

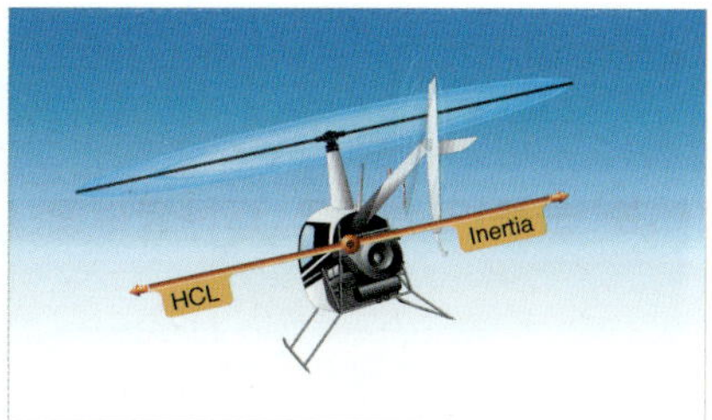

그림 9-2 선회시 힘의 균형

나. 일반적인 실수

1) 반토크페달을 오래 밟고 있거나 사이클릭 조종을 반대로 조정하여 헬리콥터를 제대로 조율하지 못함. 이것을 흔히 크로스 컨트롤(cross control)이라 한다.
2) 원하는 헬리콥터 속도를 유지하지 못함.
3) 적절한 조종위치를 잡지 못하여 원하는 지상궤적을 유지하지 못함.
4) 속도변화에 맞춰 헬리콥터를 안정시키지 못함.

03 선회(Turns)

선회는 헬리콥터의 기수를 변화시킬 때 사용하는 조작이다. 선회에 대한 공기역학은 제2장(비행역학)에서 설명한 바 있다.

가. 기술

선회를 시작하기 전에 선회하고자 하는 방향으로 위아래 모든 지역에 장애가 없어야 한다. 직선수평비행에서 선회하기 위해서는 사이클릭 조종을 선회하고자 하는 방향으로 밀어주는 것이 유일한 조작이다. 선회를 돕기 위하여 페달을 사용해서는 안 된다. 페달은 헬리콥터의 수직축을 중심으로 자세를 유지하기 위하여 토크를 보상할 때에만 사용해야 한다.그림 9-2 동체를 수직축을 중심으로 비행방향으로 해주는 것은 항력을 최소화하고 전진비행을 하기 위해서이다.

트림은 중앙에 있는 요 스트링(yaw string)이나 선회계의 볼이 중앙에 오도록 한다.

요 스트링(slip string)은 비행 중에 슬립이나 스키드를 표시하는 도구이다. 스트링은 조종사가 비행 중에 쉽게 볼 수 있도록 항공기의 기수나 캐노피에 달아 논 줄이다. 스트링이 측면

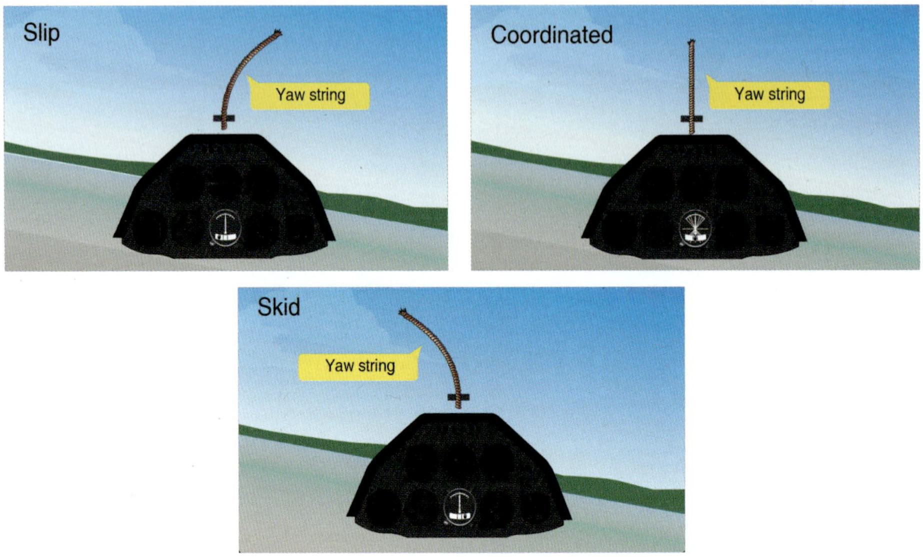

그림 9-3 슬립 스키드 표시줄

미끄럼(side slip)을 재어 요 수정을 하는데 기준이 된다.그림 9-3

헬리콥터가 얼마나 빨리 옆으로 기울어지느냐는(bank) 사이클릭을 가로방향으로 얼마나 많이 조작하느냐에 따라 달라진다. 그러나 헬리콥터가 얼마나 많이 기울어지느냐는 사이클릭을 얼마나 오래 작동시키느냐가 문제이다. 헬리콥터가 원하는 경사각을 갖게 되면 사이클릭을 중립으로 해주어야 한다. 그래야 헬리콥터의 기울기가 유지된다. 콜렉티브와 스로틀을 올려주어 고도와 회전속도를 유지한다. 토크가 커지면 커질수록 반토크 페달을 적절하게 밟아주어 세로축 자세를 맞춰준다. 경사각(bank angle)에 따라 헬리콥터의 속도를 유지하기 위하여 사이클릭을 앞쪽으로 밀어줄 필요가 있다.

선회 중 다시 직선수평비행 상태로 전환할 때는 선회를 들어갈 때와 같은 방식으로 사이클릭을 반대방향으로 조작해주면 된다. 헬리콥터가 기울어 있는 한 계속해서 선회를 하게 되므로 원하는 기수에 도달하기 전에 반대 선회조작을 하여야 한다.

상승하거나 하강하면서 선회하는 것도 수평으로 선회하는 방식이 그대로 적용된다. 다만 헬리콥터가 수평비행자세가 아니고 상승하거나 하강하는 자세로 오직 자세만 다를 뿐이다. 동시에 두 가지 동작을 원하면 상승이나 하강 조작과 선회 조작을 동시에 수행하면 된다. 상승선회나 하강선회에서 정상비행 상태로 전환할 때 원하는 기수와 고도가 동시에 이루어지기는 힘들다. 만약 기수가 먼저 도달하면 선회를 멈추고 고도를 맞추기 위하여 상승이나 하강 조작을 계속한다. 반대로 원하는 고도가 먼저 오면 수평비행고도로 정립시키고 원하는 기수가 되도록 선회를 계속한다.

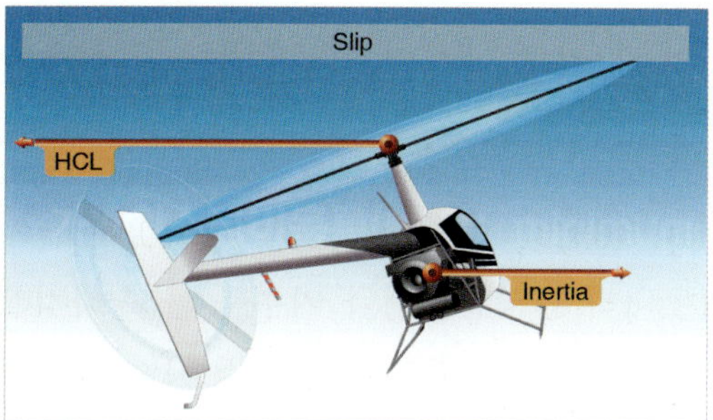

그림 9-4 슬립(Slip)

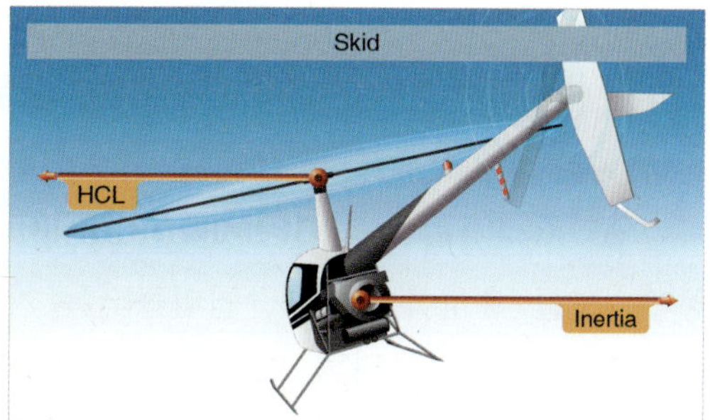

그림 9-5 스키드(Skid)

나. 슬립(Slip)

슬립은 헬리콥터가 선회중심방향으로 미끄러지는 것을 말한다.그림 9-4 이러한 현상은 사용된 동력에 비해 선회방향으로 반토크페달을 충분히 밟아주지 않거나 선회반대방향으로 너무 많이 밟아줄 때 발생한다. 다른 말로 표현하면 반토크페달을 제대로 밟아주지 않으면 기수가 선회방향으로 따라가지 못하여 헬리콥터가 선회중심으로 미끄러져 들어가게 된다.

다. 스키드(Skid)

스키드는 헬리콥터가 선회중심에서 반대방향으로 미끄러지는 것을 말한다.그림 9-5 이러한 현상은 사용된 동력에 비해 선회방향으로 반토크 페달을 너무 많이 밟아주거나 선회반대방향으로 너무 적게 밟아줄 때 발생한다. 헬리콥터의 경사각을 키우지 않고 페달압력만 증가시켜 빨리 회전을 시키면 정상적인 선회패턴으로 비행하지 못하고 회전중심으로부터 바깥쪽으로 미끄러지게 된다.

종합해서 말하면 스키드는 헬리콥터의 경사각에 비해 선회율이 클 때 발생하고 슬립은 헬리콥터의 경사각에 비해 선회율이 작을 때 발생한다.

04 정상상승(Normal Climb)

여기에서는 순항비행에서 상승하는 조작만을 취급하고 제자리비행에서 정상이륙하는 조작은 13항을 참조하도록 한다.

가. 기술

헬리콥터가 속도를 유지하면서 상승하려면 우선 콜렉티브와 스로틀을 증가시키고, 슬립/스키드 계기의 볼이 중앙에 머물도록 페달을 조정해주어야 한다. 콜렉티브를 위로 당길 때 사이클릭을 약간 뒤로 조작하여 증가된 동력이 모두 양력으로 전환되어야 항공기속도를 유지하게 된다. 헬리콥터는 기수를 내리고 상승하거나 기수를 들고 하강할 수 있다. 즉 헬리콥터의 자세변화는 항공기의 가속이나 감속을 위한 것이지 상승이나 하강을 위해서가 아니다. 그래서 상승자세는 항공기의 수평안정판 설계에 따라 안정된 상승에서 수평비행을 하는 것과 유사하다.

만약 조종사가 속도를 떨어뜨리면서 빠르게 상승을 하려면 우선 사이클릭을 뒤로 하고 상승을 시작한다. 상승을 하고자 할 때의 초도, 즉 진입속도에 따라 달라지지만 항공기 속도가 줄어도 괜찮다면 상승은 콜렉티브를 올리지 않고도 수행할 수 있다. 그러나 항공기속도가 떨어지면 수직 핀에 흐르는 공기흐름이 적어져 반토크페달(왼쪽)을 조종할 필요가 있다.

상승비행에서 수평비행으로 전환하고자 할 때에는 원하는 고도에 도달하기 몇 ft 전에 상승자세에서 수평자세로 헬리콥터의 자세를 전환한다. 물론 얼마나 빨리 자세를 전환하느냐는 수평자세의 시점에 상승률이 어떻게 되느냐에 따라 달라진다(상승률이 크면 클수록 미리 조치 필요). 일반적으로 상승률의 10%를 기준하여 상승률이 500ft/min이면 50ft만큼 아래 고도에서 수평자세로 전환을 시작한다.

수평비행으로 전환할 때 먼저 사이클릭 조종을 앞으로 밀어 헬리콥터를 기수가 약간 내려간 수평비행자세로 해준다. 그리고 원하는 순항속도에 도달할 때까지 상승동력을 유지한다. 순항속도에 이르면 콜렉티브를 낮춰 순항동력으로 전환하고 스로틀을 조정하여 순항회전속도로 유지시킨다. 이러한 일련의 조작과정에서 헬리콥터의 세로방향 자세와 기수는 반토크페달로 유지시켜야 한다.

나. 일반적인 실수

1) 적절한 동력과 헬리콥터 속도를 유지하지 못함.
2) 반토크페달을 너무 많이 밟거나 반대로 너무 적게 밟음.
3) 수평으로 전환할 때 순항자세로 기수를 조정하기 전에 동력을 줄임.

05 정상하강(Normal Descent)

정상하강은 자세를 조종하여 적절한 비율에 맞춰 고도를 낮추는 조작을 말한다.

가. 기술

순항속도로 비행하는 직선수평비행에서 정상적인 하강을 하기 위해서는 콜렉티브를 내려 적절한 동력을 얻고 스로틀을 조정하여 회전속도를 유지하고 오른쪽 페달(반시계 방향으로 회전하는 회전익 헬리콥터)에 압력을 가하여 헬리콥터 기수를 유지한다. 만약 순항속도가 하강속도보다 약간 빠르거나 같으면 동시에 사이클릭 조종을 조작하여 헬리콥터의 고도를 하강고도에 내려오도록 한다. 항공기의 속도를 감속시키려면 사이클릭을 뒤로 당겨주어야 한다. 속도를 증가시키면서 하강하기를 원한다면 한계속도를 초과하지 않으면 사이클릭만 앞으로 밀어주면 된다. 헬리콥터가 어떤 전진속도에서 안정되면 동체자세는 수평안정판에 흐르는 공기흐름으로 유선형이 된다. 항공기속도가 변하면 수직안정판이나 핀에 흐르는 공기흐름이 변하기 때문에 트림하려면 페달로 조절하여야 한다.

조종사는 양력과 추력의 총 벡터량(vector)이 사이클릭에 의해 조정된다는 것을 항상 기억하고 있어야 한다. 어떤 항공기속도를 원하면 수평비행을 하도록 사이클릭과 콜렉티브를 동시에 조종해야 한다. 사이클릭을 조작하면 추력과 양력의 배분이 달라진다. 사이클릭을 뒤로 하면 양력이 커져 고도가 올라간다. 반대로 앞으로 밀면 추력이 커져 속도가 빨라진다. 콜렉티브를 그대로 놓고 사이클릭만 조작하면 양력과 추력의 총합력이 일정하여 사이클릭을 뒤로 하면 항공기가 상승하고, 사이클릭을 앞으로 하면 속도는 빨라지나 헬리콥터가 하강하게 된다.

하강을 하다가 수평으로 전환하고자 할 때에는 원하는 고도에 도달하기 전에 하강률의 10% 정도의 고도에서 미리 조작을 한다. 예를 들면 500ft/min로 하강하는 경우 약 50ft 전에 조종 조작을 하여야 한다. 이 지점에 도달하면 콜렉티브를 올려 순항동력을 얻고 스로틀을 조절하여 회전속도를 유지시킨다. 또한 기수를 유지하기 위하여 왼쪽 페달에 압력을 가해준다. 그리고 원하는 고도에 도달하면 사이클릭 조종을 조정하여 순항속도와 수평비행자세를 갖게 한다.

나. 일반적인 실수

1) 하강하는 동안 일정한 강하각을 유지하지 못함.
2) 적절하게 미리 수평비행상태로 전환을 시작하지 않아 원하는 고도보다 낮은 고도에서 수평비행상태가 됨.
3) 동력의 변화에 따른 반토크페달의 압력조절을 못함.

06 수직이륙(Vertical Takeoff to a Hover)

수직이륙이란 헬리콥터의 기수를 일정하게 유지하고 지면에서 수직으로 2~3ft까지 상승하여 제자리비행 상태로 조작하는 것을 말한다. 원하는 높이에 도달하면 헬리콥터는 일정한 고도와 기수로 기준점 위에서 거의 움직임이 없어야 한다. 이 조작은 고차원의 집중과 여러 조종장치의 조율이 필요하다.

가. 기술

수직이륙을 하려면 먼저 좌우, 위쪽 모두 장애가 없도록 한다. 조종사는 항공기 외부에 집중하고 관제탑으로부터 이륙허가를 받는다. 조종을 담당하지 않는 조종사는 항공기가 장애를 피하도록 조언하고 장애물과 편류/고도변화에 대한 적절한 경고를 해주어야 한다.

제자리비행을 할 때 기수조종, 선회방향, 그리고 선회율은 페달을 사용하여 조종한다. 제자리비행 고도와 상승률/하강률은 콜렉티브를 사용하여 조종한다. 헬리콥터의 위치와 이동방향은 사이클릭으로 조종한다.

이륙허가를 받고 장애물과 주위에 다른 움직임이 없는지 확인한 후 콜렉티브를 아래로 누르고 사이클릭을 중립 또는 약간 바람 부는 방향으로 기동을 시작한다. 매우 서서히 콜렉티브를 올려 헬리콥터가 스키드나 바퀴에 가볍게 얹히도록 한다. 콜렉티브와 토크가 증가할 때 반토크페달을 같이 조종한다. 즉 항공기의 착륙장치가 가벼워지면 항공기의 기수를 유지하도록 반토크페달로 조종하는 것이다. 수직 상승을 할 때 기수를 유지하도록 페달을 적절하게 밟아주고 사이클릭도 같이 조작한다. 헬리콥터가 서서히 지상에서 이륙하면 자세조종 반응과 헬리콥터의 무게중심을 체크한다. 천천히 상승하는 것은 만약 착륙장치가 무언가에 걸리거나 무게중심의 문제가 있거나 또는 조종문제가 발생하여 항공기의 반응이 정상상태에서 벗어날 때 곧바로 멈추도록 하기 위함이다. 롤이나 기울어지면 콜렉티브를 줄여 그 원인을 판단하여야 한다. 원하는 제자리비행 고도에 도달하면 해당 위치에 머물도록 필요에 따라 조종장치들을 조절한다. 조종학생은 제자리비행을 하는 동안에 헬리콥터가 거의 수평상태가 안 된다는 것을 기억해야 한다. 보통 헬리콥터가 제자리비행을 할 때 왼쪽이 약간 내려가는데, 이것은 꼬리회전익의 추력을 상쇄시키기 위해 주회전익이 약간 기울어지기 때문이다.(제2장 9항 참조)

기수가 올라가거나 내려가는 것은 일반적으로 하중분포로 기인한다. 일단 안정이 되면 엔진계기들을 점검하고 제자리비행에 필요한 동력을 유념하라.

한 조종장치의 과다한 조작은 다른 조종장치의 불필요한 조작을 초래한다. 예를 들면 제자리비행 동안 헬리콥터가 한쪽으로 편류하면 반대방향으로 사이클릭을 조작하게 된다. 이때 양력이 일부분 줄어 헬리콥터의 고도가 낮아지게 된다. 따라서 고도를 유지하기 위해서는 콜렉티브를 증가시켜야 한다. 그러나 콜렉티브의 증가로 회전익에 항력이 커져 회전익의 속도가 떨어진다. 떨어진 회전속도를 올리기 위하여 스로틀을 증가시켜야 하고 그로 인해 토크가 커져 페달을 밟아 기수를 유지시켜야 한다. 이러한 일련의 조작들로 헬리콥터가 과도하게 조종될 가능성이 높아지나 조종사의 숙련도가 향상될수록 이러한 과도한 조작은 줄어들게 된다. 헬리콥터의 전체적인 조종움직임보다 압박감에 의해 조종장치들을 보다 많이 작동시킬 가능성이 높다.

나. 일반적인 실수

1) 헬리콥터가 지면에서 벗어나 공중에 뜰 때 똑바로 수직으로 상승시키지 못함.
2) 부양하기 위해 콜렉티브를 너무 당겨서 헬리콥터의 고도가 너무 올라가게 함.
3) 반토크페달을 너무 많이 밟아 헬리콥터의 기수도 변하고 회전속도도 변함.
4) 적절한 회전속도를 초과할 때 급격하게 스로틀을 줄임으로써 과다한 기수변화를 일으키고 양력을 감소시켜 헬리콥터의 고도가 떨어짐.
5) 서서히 상승하지 못함.

07 제자리비행(Hovering)

제자리비행은 고도와 기수를 고정시켜 한 지점에서 거의 정지한 것과 같은 비행상태를 유지하는 조작이다. 이러한 조작은 고도의 집중과 여러 조종장치의 복합적인 조종을 필요로 한다.

가. 기술

한 지점에서 제자리비행을 하려면 헬리콥터의 자세와 고도의 미세한 변화를 잘 관찰하여야 한다. 만약 자세나 고도의 변화가 느껴지면 헬리콥터가 움직이기 전에 필요한 조종장치를 조작하여야 한다. 고도나 위치의 미세한 변화를 감지하기 위해서는 헬리콥터의 여러 부위나 주회전익 끝단 회전면을 기준하여 헬리콥터에서 약간 떨어진 거리에 시각적인 기준점을 설정하여야 한다. 시각적인 기준점이 너무 가깝거나 내려다보는 지점이면 과도한 조종조작을 초래하게 된다. 물론 한 지점 위에서 머물기 위해서는 어디가 그 지점인지 알아야 하지만 너무 거기에 집중해서는 안 된다.

이륙을 동반한 경우에는 콜렉티브로 고도를 조정하고 스로틀을 조정하여 일정한 회전속도를 유지시켜야 한다. 헬리콥터의 자세를 유지하기 위해서는 사이클릭을 사용하고 기수를 조정하기 위해서는 페달을 이용한다. 안정된 제자리비행 상태를 유지하려면 여러 조종장치를 상호 보완하여 원만하게 조금씩 조작하여야 한다. 원하는 움직임이 시작하면 헬리콥터의 움직임이 멈추도록 조종을 원상으로 조치하여야 한다. 그 예로 헬리콥터가 뒤로 움직이기 시작하면 사이클릭을 전진방향으로 약간 밀어주어야 하나 헬리콥터가 멈추기 전에 미는 힘을 제거해서 중립으로 해야 한다. 그렇지 않으면 헬리콥터가 앞쪽으로 더 나아가게 된다.

어느 정도 조종경험을 쌓아 헬리콥터 움직임에 대한 감(feel)을 터득하게 되면 헬리콥터의 미세한 변화(편차)를 감지하고 실제로 헬리콥터가 움직이기 전에 수정조치를 할 수 있다. 완숙한 경지에 도달하면 헬리콥터의 조종은 기계적인 반응이 아니라 제2의 자연적인 반응이다.

나. 일반적인 실수

1) 헬리콥터의 움직임에 대한 긴장으로 반응이 느림.
2) 사이클릭 조종과 콜렉티브 조종에 있어 반응시간을 기다리지 않고 과도하게 조작을 함. 이것은 헬리콥터의 반응보다 앞서는 조종학생에게 나타나는 일반적인 현상이다. 항공기의 관성으로 헬리콥터가 반응하는데 어느 정도 시간이 요구된다.
3) 고도변화와 자세변화를 혼동하여 부적당한 조종장치를 조작함.
4) 너무 높게 제자리비행하여 위험한 비행상태를 초래함.
   헬리콥터에 문제가 발생할 때 안전하게 복귀할 수 있도록 제자리비행의 최대고도를 결정하는데 고도/속도 도표를 참조하여야 한다.
5) 너무 낮게 제자리비행하여 자주 지면과 접촉함.
6) 이륙할 때의 지표면에 대한 믿음.
   전복사고(dynamic rollover)가 수평표면에서 자주 발생한다는 것을 인식하고 있어야 한다.

08 제자리비행 선회(Hovering Turn)

제자리비행 선회는 제자리비행 고도에서 한 지점의 위치를 유지하면서 헬리콥터의 기수를 왼쪽이나 오른쪽으로 선회시키는 조작을 말한다. 제자리비행 선회는 마스트를 중심으로 혹은 항공기의 꼬리를 중심으로 할 수도 있다. 이러한 조종은 모든 비행조종장치를 상호 유기적으로 조작하여야 하며 지면 근처에서는 정밀한 조종이 요구된다. 또한 헬리콥터의 고도와 선회속도, 그리고 회전익의 회전속도 등을 일정하게 유지하여야 한다.

가. 기술

원하는 방향으로 반토크페달을 밟아 헬리콥터가 선회하도록 한다. 왼쪽으로 선회할 때는 엔진의 출력을 올려주어야 한다. 왜냐하면 왼쪽 페달을 밟으면 꼬리회전익의 피치각이 증가하여 엔진의 힘이 더 필요하기 때문이다. 반대로 오른쪽으로 선회할 때는 동력이 적게 필요하다.(회전익이 시계방향으로 회전하는 헬리콥터에서는 오른쪽 페달이 피치각을 증가시키기 때문에 보다 큰 동력이 요구된다.)

선회가 시작하면 원하는 지점에 헬리콥터를 머물게 하기 위해서는 필요에 따라(보통 바람이 불어오는 방향으로) 사이클릭을 사용하여야 한다. 선회를 계속하려면 헬리콥터가 측풍위치로 선회할 때보다 많은 힘을 주어 페달을 밟아주어야 한다. 왜냐하면 바람이 꼬리부분에 부딪쳐 꼬리가 바람이 불어오는 방향으로 회전이 안 되기 때문이다. 측풍의 힘을 이기기 위하여 페달을 더 많이 밟아 압력을 크게 할 때 반드시 사이클릭 조종압력을 바람방향으로 밀어주어야 헬리콥터의 위치를 유지할 수 있다. 일정한 고도와 선회속도를 유지하기 위하여 스로틀과 함께 콜렉티브를 사용하여야 한다.그림 9-6

그림 9-6에서 헬리콥터가 90° 정도 선회하면 같은 회전속도를 유지하기 위하여 왼쪽 페달압력을 약간 줄여주어야 한다. 180° 정도에 접근하면 꼬리가 앞바람(upwind)방향에서 뒷바람(downwind)방향으로 움직여 반대편, 즉 오른쪽 페달을 밟아주어야 한다. 꼬리부분이 풍향계(weathervane) 같은 역할을 하여 헬리콥터의 선회속도가 갑자기 빨라지게 될 가능성이 있기 때문이다. 또한 이 위치에서는 배풍조건이 되어 사이클릭을 후진으로 해야 헬리콥터를 제자리에 유지할 수 있게 된다.

수평안정판은 배풍이 불 때 꼬리부분에 양력을 줄 수 있어 제자리비행 선회의 가장 어려운 부분이다. 수평 및 수직 안정판의 디자인과 위치는 헬리콥터의 종류에 따라 다르다. 수직안정판의 주 목적은 반토크장치가 고장 날 때 반토크시스템을 대신하여 비행 중 헬리콥터의 트림에 도움이 된다. 수평안정판은 무게중심 범위를 키워주고 수직축 방

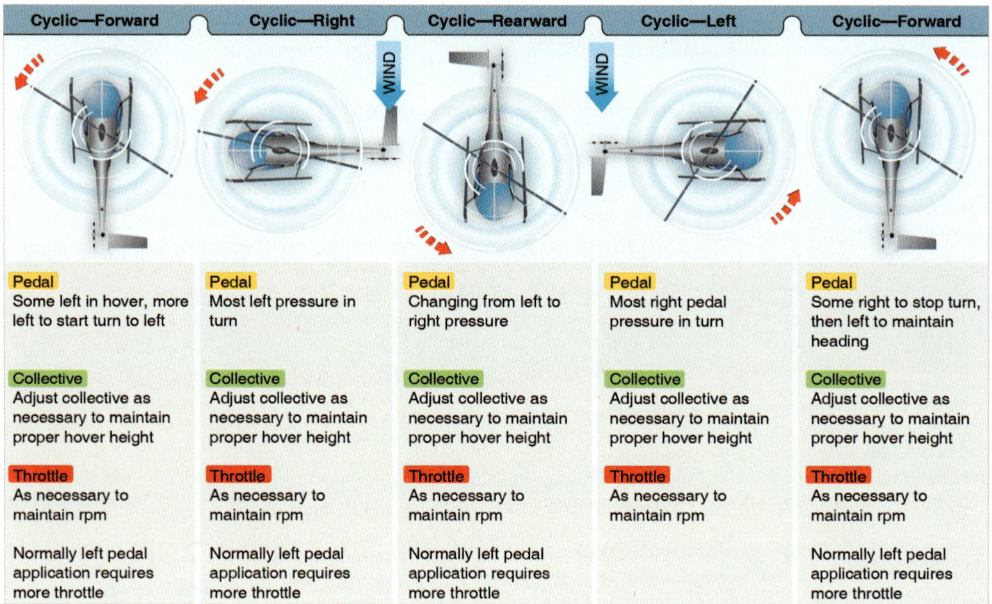

그림 9-6 방향선회

향의 트림을 도와준다.

기류흐름의 영향으로 헬리콥터의 선회속도를 같게 하려면 180° 지점부터 회전방향의 반대방향의 페달을 약간 밟아주어야 한다. 그렇게 하지 않으면 헬리콥터가 빠른 속도로 돌게 된다. 물론 페달의 압력과 사이클릭의 조작은 바람의 속도에 따라 달라져야 한다. 다시 정풍방향으로 기수가 돌아오면 반대 페달을 밟아 헬리콥터의 선회가 멈추도록 한다. 이때 조금씩 사이클릭을 전진방향으로 움직여 헬리콥터가 바람에 흘러가지 않도록 해주어야 한다.

헬리콥터가 선회하는 동안 여러 조종장치에 가하는 힘과 적용 방향을 계속해서 변화시켜야 하나 가장 힘든 조종은 헬리콥터가 바람방향, 즉 180° 이후에서 270°까지 선회할 때 항공기의 선회속도를 조절하기 위하여 페달압력과 그에 상응하는 동력을 조정하는 것이다.

선회는 좌우 어느 방향으로도 할 수 있지만 바람이 강하게 불 때는 꼬리회전익이 충분한 추력을 내지 못하여 반시계방향으로 회전하는 회전익의 경우 헬리콥터가 오른쪽으로 선회하지 못할 수도 있다. 따라서 조종이 약간 의심스러우면 먼저 왼쪽 방향으로 90° 회전을 시도하여야 한다. 만약 이때 헬리콥터를 왼쪽으로 선회시켜 측풍위치로 할 만큼 꼬리회전익이 충분한 추력을 낼 정도이면 헬리콥터를 오른쪽 방향으로 선회시키는 조종은 충분히 가능하다. 참고로 시계방향으로 회전하는 헬리콥터에서는 반대로 적용하여 우선적으로 오른쪽 방향으로 선회를 시도하여야 한다. 배풍위치에서 사이클릭을 상당히 후진상태로 해도 헬리콥터가 제자리를 유지하지 못할 정도로 바람이 강하게 불 때에는 제자리비행 선회를 해서는 안 된다. 이러한 제한사항에 대해서는 비행교범에 있는 헬리콥터 제작사의 권고사항을 확인하여야 한다.

나. 일반적인 실수

1) 헬리콥터의 선회속도를 저속으로 일정하게 유지하지 못함.
2) 한 기준점 위의 위치를 유지하지 못함.
3) 회전익의 회전속도를 정상범위로 유지하지 못함.
4) 일정한 고도를 유지하지 못함.
5) 반토크페달을 적절하게 사용하지 못함.

09 제자리비행-전진비행(Hovering-Forward Flight)

헬리콥터를 특정 위치로 이동시킬 때에는 보통 제자리비행 상태에서 출발하여 전진비행을 한다. 이러한 동작을 할 때 일정한 지상속도와 고도, 그리고 기수가 유지되어야 한다.

가. 기술

이동하기 전에 헬리콥터 앞쪽으로 일직선상에 2개의 참조지점을 잡고 헬리콥터를 조작하는 동안 두 지점이 일직선상에 있도록 맞추어야 한다.그림 9-7

일단 정상 제자리비행 고도에서 사이클릭을 앞쪽으로 밀어준다. 헬리콥터가 움직이기 시작하면 곧바로 사이클릭을 중립위치로 해주어 헬리콥터의 지상속도를 사람이 걷는 정도의 속도로 느리게 유지하여야 한다. 일련의 조작을 풀이하면 사이클릭을 사용하여 일정한 속도로 지상의 경로에 따라 반듯하게 나아가야 하고, 반토크페달로 기수를 유지하고, 콜렉티브로 고도도 유지시키고, 스로틀로 적절한 회전속도도 조정하여야 한다.

전진을 멈추게 하기 위해서는 헬리콥터가 멈출 때까지 사이클릭을 뒤쪽으로 당겨주고 헬리콥터가 멈춰서면 곧바로 사이클릭을 중립위치로 하여 헬리콥터가 뒤로 움직이지 않도록 한다. 전진움직임을 정지시킬 때 사이클릭을 약간 뒤쪽으로 힘만 주어 헬리

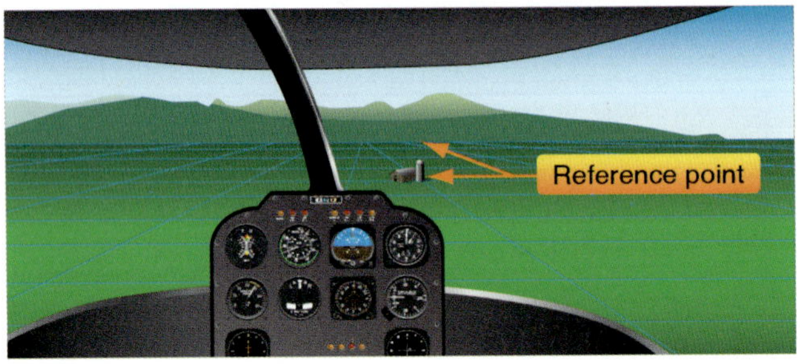

그림 9-7 전진비행 참조물

콥터를 수평으로 하여 항공기가 자연스럽게 흘러(drift) 멈추게 할 수도 있다.

나. 일반적인 실수

1) 과다한 사이클릭의 조작으로 항공기가 불안정하게 왔다 갔다 하는 현상을 초래함.
2) 반토크페달을 적절하게 사용하지 못해 기수가 많이 변하는 현상을 초래함.
3) 원하는 제자리비행 고도를 유지하지 못함.
4) 적절한 회전익 회전속도를 유지하지 못함.
5) 이동방향과 기수를 맞추지 못함.

10 제자리비행-측면비행(Hovering-Sideward Flight)

전진비행을 이용하여 특정지역에 이동시킬 수 없을 때 측진 제자리비행이 필요하게 된다. 이러한 동작에서도 일정한 지상속도와 고도 및 기수가 유지되어야 한다.

가. 기술

제자리비행에서 측면비행을 하기 전에 비행하는 쪽에 장애물이 없는지 특히 꼬리회전익 부분을 확인해야 한다. 계속해서 고도와 꼬리회전익 유격을 확인하여 전복(dynamic rollover)이나 꼬리회전익이 지상에 부딪치지 않도록 해야 한다. 그리고 측면비행을 하는 방향으로 일직선상에 2개의 점을 설정하여 헬리콥터가 이동할 때 지상경로를 유지시켜야 한다. 기동하는 내내 2개의 참조점은 일직선으로 유지되어야 한다. 그림 9-8

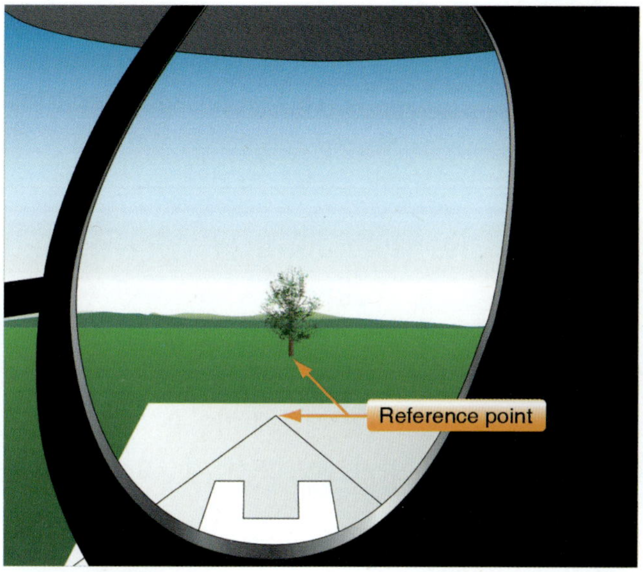

그림 9-8 측면비행 참조물

정상 제자리비행 고도에서 움직이고자 하는 방향으로 사이클릭을 밀어주고 헬리콥터가 움직이기 시작하면 곧바로 사이클릭을 중립으로 하여 헬리콥터의 지상속도가 사람이 걷는 정도의 속도로 느리게 유지하여야 한다. 움직이는 동안 사이클릭을 사용하여 일정한 지상속도와 지상궤적을 유지하여야 한다. 기수도 반토크페달을 사용하여 지상궤적과 직각으로 유지하여야 하고 콜렉티브를 사용하여 고도도 일정하게 하고 스로틀을 조작하여 적절한 회전속도를 유지시켜야 한다. 항상 항공기 기수가 바람방향으로 풍향계와 같이 되려 한다는 것을 염두에 두어야 한다. 페달의 위치변화가 회전익 회전속도를 변화시키기 때문에 콜렉티브와 스로틀을 조종하여 수정을 해주어야 한다.

측면비행을 멈추게 하기 위해서는 헬리콥터가 움직임이 멈출 때까지 사이클릭을 반대방향으로 당겨주고 헬리콥터가 멈춰서면 곧바로 사이클릭을 중립위치로 하여 헬리콥터가 반대방향으로 이동하지 않도록 한다. 측면움직임을 정지시킬 때 사이클릭을 약간 반대방향으로 힘만 주어 헬리콥터를 수평으로 해주어 항공기가 자연스럽게 흘러(drift) 멈추게 할 수도 있다.

나. 일반적인 실수

1) 과다한 사이클릭의 조작으로 항공기가 불안정하게 왔다 갔다 하는 현상을 초래함.
2) 반토크페달을 적절하게 사용하지 못해 기수가 많이 변하는 현상을 초래함.

3) 원하는 제자리비행 고도를 유지하지 못함.
4) 적절한 회전익 회전속도를 유지하지 못함.
5) 기동하기 전에 이동하고자 하는 지역에 장애가 없는지 확인하지 않음.

11 제자리비행-후진비행(Hovering-Rearward Flight)

후진비행은 전진비행이나 측면비행을 이용할 수 없을 때 헬리콥터를 이동하기 위하여 필요하게 된다. 이러한 기동에서도 일정한 지상속도와 고도 및 기수가 유지되어야 한다. 헬리콥터 뒤쪽으로 시계가 제약되기 때문에 기동을 하기 전에 헬리콥터의 후방지역이 안전한지 확인하는 것이 매우 중요하다. 또한 지상요원의 배치가 권고된다.

가. 기술

뒤쪽으로 제자리비행을 하기 전에 전진 제자리비행시와 마찬가지로 앞쪽으로 일직선상에 2개의 참조지점을 잡는다. 헬리콥터가 움직일 때 그 2개의 점이 일직선상에 있도록 하여야 한다.그림 9-7

정상 제자리비행 고도에서 후방으로 사이클릭을 당겨주고 헬리콥터가 움직이기 시작하면 곧바로 사이클릭을 중립으로 하여 헬리콥터의 지상속도가 사람이 걷는 정도의 속도로 하고 계속해서 사이클릭을 사용하여 일정한 지상속도와 지상궤적을 유지하여야 한다. 기수도 반토크페달을 사용하여 일정하게 유지하여야 하고 콜렉티브를 사용하여 고도도 일정하게 하고 스로틀을 조작하여 적절한 회전속도를 유지시켜야 한다.

후진을 멈추게 하기 위해서는 헬리콥터가 멈출 때까지 사이클릭을 앞쪽으로 밀어주고 헬리콥터가 멈춰서면 곧바로 사이클릭을 중립위치로 하여 헬리콥터가 앞으로 더 나가지 않도록 한다. 전진비행이나 측면비행을 정지시킬 때와 마찬가지로 사이클릭을 약간 반대방향으로 힘만 주어 헬리콥터를 수평으로 해주어 항공기가 자연스럽게 흘러 멈추게 할 수도 있다. 꼬리회전익의 유격을 유지시켜야 한다. 일반적으로 정상 제자리비행 고도보다 높은 고도가 바람직하다.

나. 일반적인 실수

1) 과다한 사이클릭의 조작으로 항공기의 움직임이 일정하지 못하고 불안정하게 왔다 갔다 하는 현상을 초래함.

2) 반토크페달을 적절하게 사용하지 못해 기수가 많이 변하는 현상을 초래함.
3) 원하는 제자리비행 고도를 유지하지 못함.
4) 적절한 회전익 회전속도를 유지하지 못함.
5) 기동하기 전에 움직이고자 하는 지역에 장애가 없는지 확인하지 않음.

12 활주(Taxiing)

활주는 유도로나 기타 지상 가까운 표면에서 움직이는 동작을 말한다. 헬리콥터에서는 세 가지의 활주 방법이 있다.

12.1 호버활주(Hover Taxi)

지면으로부터 25ft 이하의 상공에서 움직이는 것을 말한다.그림 9-9 호버활주는 전진 또는 후진이나 측면 제자리비행과 기술적으로 같기 때문에 여기에서는 생략한다.

12.2 공중활주(Air Taxi)

공항이나 현 위치에서 상당히 먼 거리로 이동하고자 할 때 사용되는 방법이다.그림 9-10 기본적으로는 다른 위치로 비행하는 것이지만 적절한 속도로 고도를 100ft 이하로 하며 다른 항공기나 차량과 사람 위로 비행하여서는 안 된다.

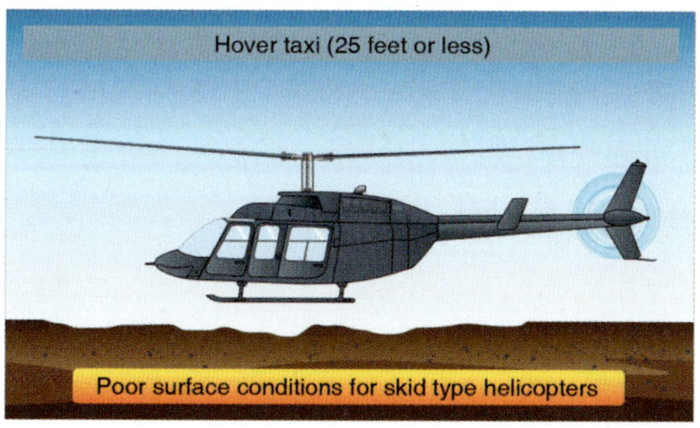

그림 9-9 호버활주

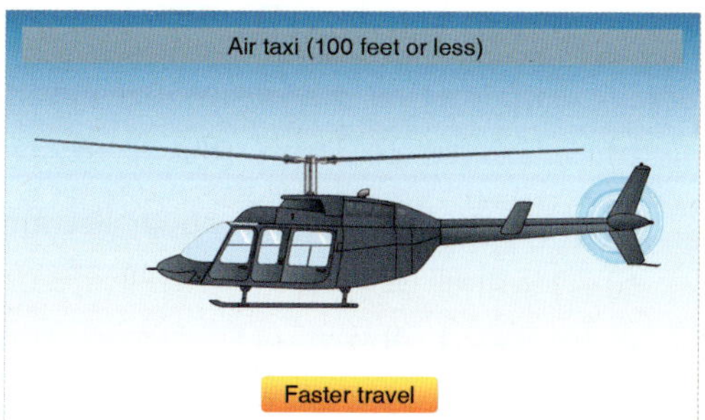

그림 9-10 공중활주

가. 기술

움직이기 전에 고도/속도 도표그림 7-1에서 어둡게 표시된 영역이 아닌 합당한 헬리콥터 속도와 고도 조합을 결정하여야 한다. 또한 꼬리회전익의 성능을 잃게 할 수도 있는 측풍상태인지 확인하여야 한다. 가고자 하는 지상궤적에 맞추어 헬리콥터 전방에 2개의 기준점을 설정하고 헬리콥터가 움직이는 동안 이 2개의 기준점이 일직선으로 유지되도록 하여야 한다.

정상 제자리비행 고도에서 사이클릭을 앞쪽으로 밀어 헬리콥터가 움직이기 시작하면 사이클릭을 조정하여 원하는 속도가 나도록 한다. 물론 콜렉티브를 사용하여 원하는 고도를 맞추고 스로틀을 조정하여 회전속도도 조절한다. 움직이는 동안에 사이클릭을 사용하여 원하는 지상속도와 지상궤적을 유지하여야 한다. 또한 반토크페달을 사용하여 기수도 일정하게 유지시키고 콜렉티브를 사용하여 원하는 고도로 비행하고 스로틀을 조작하여 적절한 회전익의 회전속도를 유지시켜야 한다.

전진 움직임을 멈추게 하기 위해서는 사이클릭을 뒤로 당겨 전진속도를 줄여준다. 동시에 콜렉티브도 낮춰주어 제자리비행 고도로 헬리콥터가 내려가게 한다. 전진 움직임이 멈추면 사이클릭을 중립에 놓아 헬리콥터가 뒤로 움직이지 않도록 한다. 그리고 적절한 제자리비행 고도에 도달하면 더이상 고도가 내려가지 않도록 필요한 만큼 콜렉티브를 올려준다.

나. 일반적인 실수

1) 사이클릭 조종조작이 서툴러 헬리콥터 속도를 제대로 조정하지 못하고 지면과 의움직임도 불안정함.
2) 반토크페달을 적절하게 사용하지 못해 기수변화가 과도한 현상을 초래함.
3) 원하는 고도를 유지하지 못함.
4) 적절한 회전익 회전속도를 유지하지 못함.
5) 주기된 항공기 위를 비행하는 행위.
   (회전익의 내리흐름으로 인하여 아래 항공기의 손상을 초래할 가능성)
6) 고도/속도 도표에서 어둡게 표시된 영역범위로 비행.
7) 꼬리회전익의 효과를 상실시킬 수도 있는 측풍에서 비행.
8) 과도하게 꼬리가 처진 자세
9) 정지하기 위하여 너무 과도한 동력 사용
10) 이동하는 방향과 자세를 맞추지 못함.

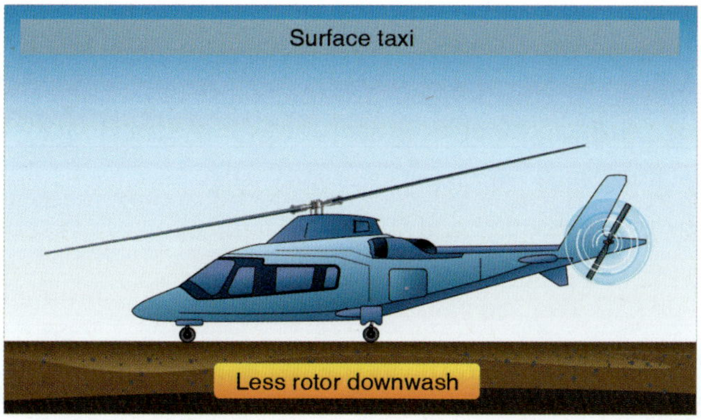

그림 9-11 지면활주

12.3 지면활주(Surface Taxi)

바퀴를 가진 헬리콥터에서 회전익의 내리흐름의 영향을 최소화시키기 위하여 지면활주를 수행한다.그림 9-11 스키드 타입에서는 전복(dynamic rollover)의 위험성으로 지면활주를 일반적으로 권고하지 않는다.

가. 기술

기본적으로 콜렉티브를 완전히 밑으로 눌러 헬리콥터를 지면에 정지위치로 하고 회전속도는 제자리비행에 사용하는 회전속도로 맞춘다. 기동하는 동안 rpm은 똑같게 유지시켜야 한다. 먼저 사이클릭을 약간 앞쪽으로 밀고 콜렉티브를 조금씩 위로 올려 헬리콥터가 지면을 따라 전진하도록 한다. 기수를 유지하도록 반토크페달을 사용하고 사이클릭을 조작하여 지상궤적을 유지하고 전진하도록 한다. 활주하는 동안 헬리콥터의 출발 및 정지 그리고 속력도 콜렉티브로 조정한다. 콜렉티브가 커지면 커질수록 활주속도도 빨라지나 사람이 걷는 속도보다 빠르게 가지 않도록 하여야 한다. 만약 제동장치가 있으면 속도를 늦추기 위하여 브레이크를 사용해도 좋으나 지상속도를 조절하기 위하여 사이클릭을 사용해서는 안 된다.

측풍으로 헬리콥터가 한쪽으로 밀리지 않도록 사이클릭을 가지고 바람에 대응하도록 한다.

나. 일반적인 실수

1) 사이클릭 조종을 제대로 사용하지 못함.
2) 반토크페달을 제대로 사용하지 못하여 기수를 조절하지 못함.
3) 측풍에서 조종장치들을 적절하게 사용하지 못함.
4) 적절한 회전익 회전속도를 유지하지 못함.

13 제자리비행에서 정상이륙(Normal Takeoff from a Hover)

제자리비행에서 정상적인 이륙은 자연스럽게 전진비행으로 전환하는 것으로 헬리콥터의 고도를 안전하게 그리고 신속하게 높이기 위한 것이다. 이륙을 시작하기 전에 조종사는 적절한 점검목록을 수행하고 모든 계통이 정상범위인지 확인하여야 한다. 이륙하는 동안 고도/속도 도표의 어두운 영역은 피하도록 비행하여야 한다.

가. 기술

그림 9-12에서 위치 1과 같이 제자리비행을 하면서 동력, 평형상태, 비행조종장치 등 먼저 항공기계통 점검을 한다. 동력체크 때 여유마력(현재의 고도와 온도조건에서 제자리비행에 사용되는 필요마력과 유효마력간의 차이)이 얼마나 나오는지도 확인하여야 한다. 헬리콥터의 평형상태는 정지상태의 제자리비행을 유지할 때 사이클릭 조종의 위치로 알 수 있다. 바람이 불면 약간의 사이클릭 조종의 편차가 있겠지만 중립위치에서 너무 벗어나면 안 된다. 비행조종장치들이 자유롭게 움직이고 헬리콥터가 정상적으로 반응하여야 한다. 그리고 주변지역도 장애물이 없는지 눈으로 확인한다.

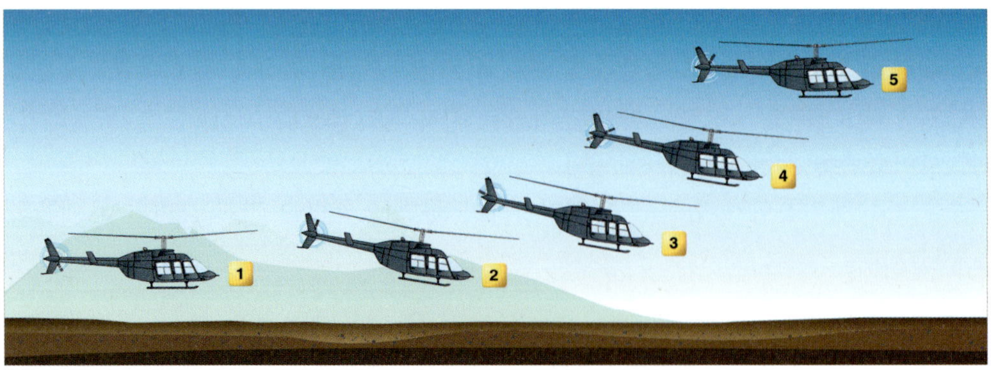

그림 9-12 이륙과정

먼저 사이클릭 조종을 서서히 부드럽게 앞으로 밀어 헬리콥터가 움직이기 시작하면 헬리콥터가 내려가지 않도록 콜렉티브를 약간 필요에 따라 올려주고 스로틀을 조종하여 회전속도를 유지시킨다.(위치 2) 동력을 올릴 때 반토크페달을 밟아 기수가 유지되도록 한다. 이륙하는 동안 직선 이륙경로를 유지한다. 유효전이양력을 받아 헬리콥터가 가속되면 항공기는 상승하면서 양력 증가로 기수가 들리게 된다.(위치 3) 이때 콜렉티브를 조정하여 정상적인 상승력을 받도록 하고 사이클릭을 충분히 앞으로 밀어 기수가 들리지 않도록 한다. 이렇게 자세를 견지하고 원활하게 가속시켜 고도/속도 도표의 어두운 영역에 들어가지 않고 이륙함으로써 상승속도와 이에 상응하는 고도에 도달하도록 한다.(위치 4) 점차 속도가 증가하면 항공기의 트림을 해주고 지상트랙을 유지하도록 옆으로의 움직임을 허용하고 보다 호조건의 상승형태를 취하도록 한다.(위치 5) 헬리콥터가 계속 상승하고 최고 상승률로 가속되면 사이클릭을 뒤로 당겨 헬리콥터의 기수를 원만하게 들어주어 정상 상승자세가 되도록 한다.

나. 일반적인 실수

1) 전이양력을 받기 전에 콜렉티브피치를 충분히 사용하지 못하여 고도 상실을 초래함.
2) 제자리비행위치에서 전진비행으로 전환하는 초기단계에서 사이클릭을 병행하지 않고 너무 빨리 동력만 증가시켜 속도는 증가하지 않고 고도만 많이 올라가는 현상을 초래함.
3) 제자리비행위치에서 전진비행으로 전환하는 단계에서 너무 기수를 지면 쪽으로 내리려고 함.
4) 지상궤적으로 직선비행경로를 유지하지 못함.
5) 상승하는 동안 적절한 속도를 유지하지 못함.
6) 스로틀을 제대로 조정하지 못하여 적절한 회전속도를 유지하지 못함.
7) 옆걸음(level crab) 조작을 못해 지상궤적을 유지하지 못함.

14 지상에서 정상이륙(Normal Takeoff from the Surface)

지상으로부터 정상이륙이란 지상에 서 있는 상태에서 유효전이양력을 받아 최소동력으로 정상적인 상승을 하는 것을 말한다. 지면에 먼지나 눈이 쌓여 있을 때 이러한 이륙조작이 가장 좋은 시계조건을 제공하며 엔진에 이물질 조각이 빨려 들어갈 가능성을 줄여준다.

가. 기술

헬리콥터를 정지위치로 세워 놓은 후 콜렉티브를 맨 아래 위치로 하고 회전익 작동 속도를 정상 회전속도 아래로 줄인다. 주변에 장애물이 있는지 확인하고 이륙 상승 시 원하는 궤적을 유지하기 위하여 도움이 될 지형이나 기타 목표물을 선정하여야 한다. 스로틀을 적절한 회전속도로 증가시키고 콜렉티브를 서서히 올려 헬리콥터가 스키드 표면에 가볍게 걸쳐 있도록 한다. 이 상태에서 약간 주춤하고 헬리콥터가 지면에서 움직이지 않도록 필요하면 사이클릭과 반토크페달을 조작한다. 그런 다음 콜렉티브를 당겨주어 헬리콥터가 지면에서 떨어질 때 사이클릭 조종을 사용하여 헬리콥터가 전진방향으로 움직이게 한다. 계속해서 가속시키면 유효전이양력을 받게 되어 헬리콥터는 상승하기 시작한다. 앞 절(제자리비행에서 정상이륙)에서 언급한 같은 방법으로 헬리콥터를 상승시킬 때 헬리콥터의 자세와 동력을 필요에 따라 조정한다. 효율성은 떨어지나 또 하나의 방법은 장애물을 벗어날 충분한 동력, 즉 양력이 있는지 수직으로 이륙을 시도해 보는 것이다. 이것은 상황이 여의치 않을 때 제자리로 돌아오기 위해서다.

나. 일반적인 실수

1) 지면에서 벗어날 때 기수가 너무 내려간 자세로 상승함. 이러한 현상으로 인하여 상승을 시작할 때 과다한 동력을 필요로 하게 됨.
2) 수평자세로 과다한 동력을 사용하여 수직상승을 일으킴.
3) 지면을 벗어날 때 급격하게 콜렉티브 조종을 사용함으로써 회전속도와 기수조정을 제대로 하지 못함.

15 이륙시 측풍 고려사항(Crosswind Considerations during Takeoff)

만약 측풍이 부는 상태에서 이륙하게 되면 헬리콥터가 움직이는 초기 단계에서 옆으로 미끄러지는 현상이 발생하게 된다.그림 9-13 사이클릭 조종을 바람이 부는 쪽으로 밀어주어 헬리콥터가 이륙하는 동안 원하는 지상궤적을 유지하도록 하여야 한다. 물론 기수는 반토크페달로 유지시킨다. 다시 말하면 회전익을 바람이 부는 쪽으로 기울어주어 헬리콥터가 바람의 힘에 의해 옆으로 쏠리는 것을 방지해준다. 이때 기수가 회전익이 기울어지는 쪽으로 틀어지는 것을 방지하기 위하여 반토크페달을 반대방향으로 밟아주어야 한다.

약 50ft 정도의 고도에 도달하면 원하는 지상궤적을 유지하기 위하여 정상선회를 한

그림 9-13 측풍과 회전익면

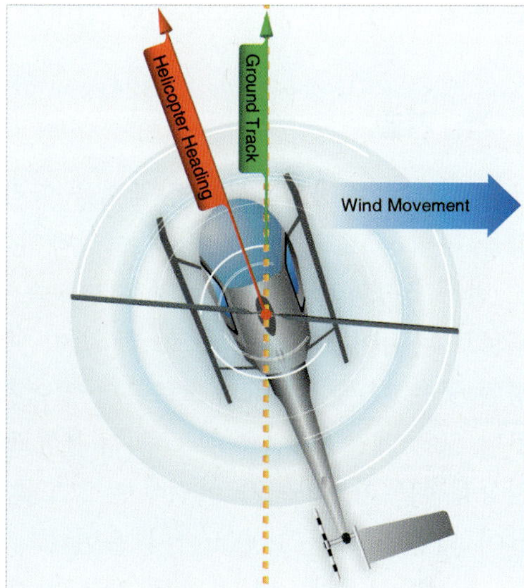

그림 9-14 게걸음 조종(crab control)

다. 이것을 바람 속에서 게걸음(crab)한다고 한다. 측풍이 강하면 강할수록 헬리콥터를 바람이 부는 쪽으로 회전시켜야 원하는 지상궤적을 유지할 수 있다.그림 9-14

16 지상기준 기동(Ground Reference Maneuvers)

지상기준 기동은 헬리콥터를 조종하면서 동시에 시야에 들어오는 다른 항공기도 관찰하고 비행경로와 지상표적물에 대한 주의력을 배분하는 것을 훈련하는 조작이다. 이러한 기동은 송유관이나 전기고압선 체크 같은 사진촬영, 관찰 목적을 위한 비행 등이 해당된다. 기동을 하기 전에 주위를 한 바퀴 선회비행을 하면서 장애가 될 항공교통이 있는지를 확인하여야 한다.

16.1 직사각형 코스(Rectangular Course)

직사각형 코스는 헬리콥터의 지상궤적이 지상의 직사각형 지역의 사면에서 같은 거리로 비행하는 훈련기동이다. 이 비행을 할 때 헬리콥터의 고도와 속도는 일정하게 유지하여야 한다. 직사각형 코스는 의도하는, 즉 헬리콥터의 지상궤적이 지상평행선으로부터 얼마나 멀어지고 편차가 발생하는지를 인식하는 훈련이다. 이것은 공항의 교통장주 여러 구간에서 활주로로부터 얼마나 벗어나 있는지를 인지하는데 도움이 된다.

가. 기술

직선으로 비행하면서 지상궤적을 따라간다는 것은 생각보다 매우 어렵다. 바람의 영향을 파악하고 그것을 어떻게 보상해야 하는지가 중요하다.

먼저 정방형이나 직사각형 지면, 즉 구역이 네 변으로 경계가 되어 있거나 구역이 도로로 나뉘어 있는 지역으로 한 변이 대략 1마일 정도가 되는 곳을 선정한다. 물론 선정된 곳은 다른 항공교통으로부터 떨어져 있어야 한다. 헬리콥터는 적당하게 지상으로부터 500ft에서 1,000ft 정도로 유지하고 비행한다. 만약에 조종학생이 높은 고도에서 지상궤적을 따라가기가 어려우면 고도를 낮추어 수행하게 하고 감각이 좋아져 점차 숙달이 되면 고도를 1,000ft까지 올린다.

지상에 선정한 4면 경계선 위를 비행하는 것이 아니라 약 0.25~0.5마일 정도 거리를 띄워 경계선과 평행으로 비행하여야 한다. 최상의 결과를 얻으려면 비행경로를 경계선에서 충분히 바깥쪽으로 떨어지게 하여 어느 조종석에서 보더라도 쉽게 관찰할 수 있도록 한다. 실제로 경계선의 끝단 위를 지나가려 하면 선회를 시작하거나 선회를 끝내기 위하여 사용할 마땅한 기준점이 없을 뿐만 아니라 헬리콥터의 궤적이 경계선에 가까울수록 선회점에서 헬리콥터의 경사가 심해지게 된다. 항상 경계선의 끝단 즉 모서리는 왼쪽 방향으로 선회할 때나 오른쪽 방향으로 선회할 때나 정상적인 위치의 조종석에서 창밖으로 내려다볼 수 있어야 한다. 그리고 코스 끝단 모서리에서 지상궤적의 거리는 왼쪽 방향으로 선회할 때나 오른쪽 방향으로 선회할 때나 똑같아야 한다. 모든 선회동작은 헬리콥터가 지상 경계선의 모서리와 직각일 때 시작되어야 하고 헬리콥터의 경사각은 30~45°를 초과해서는 안 된다. 강한 바람이 불 때에는 보다 큰 각(bank)이 필요하다.

직선으로 비행하면서 특정 기수를 유지하려면 바람을 보상하고 지상궤적을 따르기 위하여 기수를 조절해주어야 한다는 것을 이해하여야 한다. 지상 궤적을 제대로 유지하려면 비행계기와 지상의 보조 표적물을 번갈아 일정하게 살펴보아야 한다(scan).

직사각형 코스비행은 어느 방향에서 시작해도 되나 여기에서는 그림 9-15와 같이 하향방향(downwind)에서 진입한 것으로 가정한다. 헬리콥터가 하행구간(downwind leg)인 공항경계에 접근하기 전에 선회할 계획을 시작하여야 한다. 헬리콥터가 하행구간에서는 배풍으로 인하여 지상속도가 증가한다.(위치 1) 선회하는 동안 바람이 헬리콥터를 바깥쪽으로 흐르게 하기 때문에 이것을 방지하기 위하여 상대적으로 급격한 경사를 주고 상당히 빠르게 안쪽으로 돌아야 한다.(위치 2) 이때가 보통 가장 경사가 심한

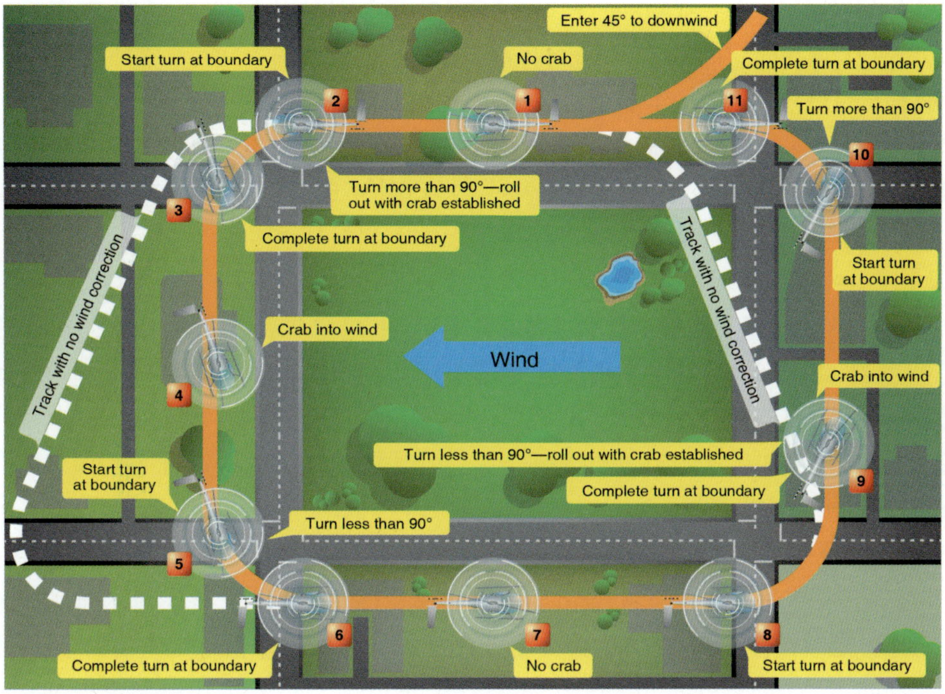

그림 9-15 직사각형 코스

기동이다.

선회가 진행하는 동안 배풍성분이 줄어들어 헬리콥터의 지상속도도 줄어든다. 점차 경사각과 선회율도 점진적으로 줄여 선회가 끝날 때 지상궤적이 지면의 모서리와 일정한 거리를 갖도록 한다. 선회가 끝나면 헬리콥터는 수평이 되고 지상궤적과 나란히 가기 위하여 게걸음 자세로 된다. 적절한 지상궤적을 유지하기 위하여 헬리콥터는 바람의 힘에 따라 거의 옆걸음으로 비행하여야 한다.

항공기속도에 맞춰 사이클릭은 비행경로 방향으로 밀고 있을 것이다. 이러한 상황에서 헬리콥터가 하행구간 코너를 지나면 이때부터 측풍이 헬리콥터를 옆으로 밀어주니까 헬리콥터 기수를 바람이 불어오는 쪽으로 틀어주어 편류를 보정해주어야 한다. 따라서 90°보다 큰 선회가 이루어진다.(위치 3)

선회가 제대로 이루어지면 지면의 코스 경계선이 다시 0.25~0.5마일 정도로 떨어져 보이게 된다. 그리고 측풍구간에서는 경계선과 계속해서 일정한 간격을 갖도록 바람에 대한 수정조작을 하여야 한다.(위치 4)

위치 5의 경계선이 가까워지면 다음 선회 계획을 한다. 즉 헬리콥터가 바람이 부는 방향으로 수정된 각을 가지고 있는(기수가 왼쪽으로 약간 기울어) 측풍구간에서 다음

구간으로 선회하기 때문에 90°보다 적게 선회하여야 한다. 선회하는 동안 측풍이 정풍으로 바뀌기 때문에 지상속도가 줄어들게 되어 선회를 시작할 때는 경사를 중간 정도로 하다가 선회가 될수록 점차 경사를 줄여주어야 한다. 선회를 끝내고 헬리콥터의 세로축이 경계선과 평행이 되도록 경계면의 모서리와 만나는 지점에서 헬리콥터가 수평이 되도록 적절한 시간에 바로 세워주어야 한다.(위치 6) 앞 구간에서와 마찬가지로 지상의 경계면과 비행궤적의 거리는 일정한 간격이 되어야 한다.

상행구간에서는 바람이 정면에서 불어오기 때문에 지상속도가 감소한다.(위치 7) 당연히 다음 구간으로 선회할 때 헬리콥터를 서서히 안쪽으로 기울여주고 경사도 적게 하여야 한다.(위치 8) 선회가 진행하면 정풍성분이 사라지면서 지상속도가 커지기 때문에 점차 경사각을 키워주어야 한다. 이 구간에서 선회하는 동안 헬리콥터는 경계선 쪽으로 바람의 영향으로 밀려서 들어오게 된다. 이러한 편차를 보상하기 위하여 선회각은 90°보다 작아야 한다.(위치 9)

또한 선회동작을 끝낼 때, 즉 헬리콥터가 수평이 될 때 헬리콥터의 기수는 경계선에서 약간 바깥쪽으로, 즉 바람이 불어오는 쪽으로 기울어 바람에 대한 편차를 수정해주어야 한다. 헬리콥터는 다른 구간에서와 마찬가지로 경계선 모서리에서 같은 거리를 유지하고 고도도 같아야 한다. 하행구간에 접근할 때까지 측행구간 비행을 계속하되 측풍으로 인한 헬리콥터의 흐름과 선회반경을 예상하여야 한다.(위치 10) 측행구간에서는 헬리콥터의 흐름을 보정하기 위하여 기수가 바깥쪽으로 기울어 있기 때문에 헬리콥터를 하행구간의 경계선과 평행으로 하려면 90°보다 많이 선회시켜야 한다. 중간 경사각으로 선회를 시작하고 선회가 진행하는 동안 점차 경사각을 크게 한다. 헬리콥터가 하행구간의 경계선과 평행이 되도록 적절한 시간에 선회를 끝내고 헬리콥터를 수평으로 한다.(위치 11)

만약 상행구간과 하행구간에서 정풍과 배풍이 분다면 헬리콥터의 흐름편차는 고려하지 않아도 된다. 그러나 바람이 경계선과 평행으로 불어오는 상황은 거의 없어 실제로는 모든 구간에서 바람에 의한 편차를 수정하여야 한다. 다시 말하면 선회할 때 지상속도, 바람편차, 선회반경 등을 보상하는 조치가 매우 중요하다. 바람이 헬리콥터 뒤에서 불면 선회는 보다 빠르고 경사를 많이 주어야 하며, 바람이 앞에서 불면 선회는 보다 천천히 그리고 경사각을 적게 주어야 한다. 이러한 기술은 비행장의 표준장주에서 비행할 때에도 똑같이 적용된다.

나. 일반적인 실수

1) 진입기술 미흡
2) 계획, 방위, 주의력 배분 미숙
3) 조종장치들의 연동조작 불량
4) 바람편류 수정 미흡
5) 고도와 속도 유지 실패
6) 활공거리 범위에 적당한 비상착륙 지역이 없는 지표 기준을 선정함
7) 코스(교통장주 또는 사각형 지역)와 나란히 비행하지 못함

16.2 S자 선회(S-Turns)

또 하나 훈련기동으로 S자 선회가 있으며 이것은 선회 시 바람의 편류 영향을 수정하는데 도움이 된다. 이 조작은 왼쪽 선회와 오른쪽 선회를 하여야 한다.

가. 기술

이 비행은 기준선으로 도로나 철도 또는 경계선을 이용하여 왼쪽과 오른쪽으로 선회한다. 물론 기준선은 상당한 거리가 직선이어야 하고 가능한 바람과 거의 직각을 이루어야 한다.

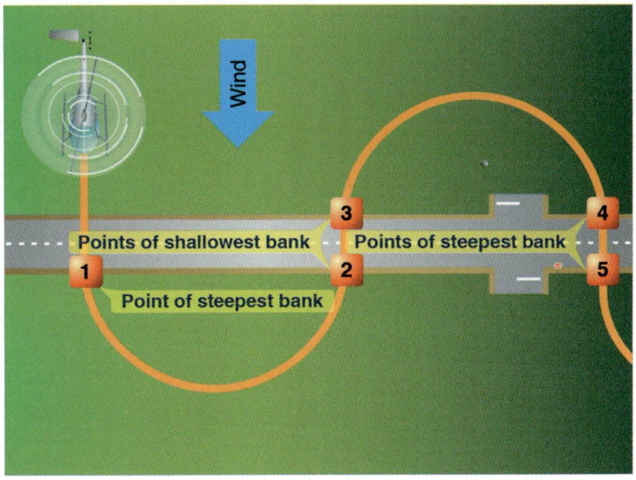

그림 9-16 S-선회

S자 선회의 목적은 기준선을 중심으로 양쪽으로 같은 크기의 반원을 그리며 비행하는 것이다.그림 9-16 이 조작은 지표면에서 600~800ft 고도에서 일정한 고도를 유지하고 수행하여야 한다. 앞에서도 언급하였지만 적절한 고도와 대기속도를 유지하는데 어려운 학생인 경우에는 지상참조물을 잘 볼 수 있는 보다 낮은 고도에서 수행하라. 지금부터 설명하는 방법은 기준선에 바람이 수직으로 불고 있고 헬리콥터는 배풍을 받고 진입하는 것을 전제로 한다.

헬리콥터가 기준선을 지나가면 곧바로 경사를 주어 선회를 시작한다. 최초 경사각은 전 과정에서 가장 많이 주는 경사각이 된다. 왜냐하면 헬리콥터가 배풍을 받아 지상속도가 가장 빠르기 때문이다.(위치 1) 점차 경사를 줄여주어 지상궤적이 반원을 그리도록 한다. 헬리콥터가 수평자세인 원상으로 돌아올 때 헬리콥터는 기준선과 수직으로 되어 기수가 정풍을 받도록 선회조작을 끝내고(위치 2) 곧바로 반대방향으로 경사를 주어 두 번째 S자를 그리도록 한다.(위치 3) 이때 헬리콥터는 정풍을 받기 때문에 경사각은 아주 작아야 한다. 점차 경사각을 증가시켜 처음 반대지역에 만들었던 반원과 같은 크기의 반원을 만들도록 지상궤적을 그린다.(위치 4) 이 선회에서는 헬리콥터가 배풍을 받는 기준선에 거의 접근할 때 최대의 경사각을 갖게 된다. 헬리콥터의 선회를 적절한 시간에 끝내 수평자세가 될 때 헬리콥터는 기준선과 수직이 되고 배풍을 받는 자세가 되어야 한다.(위치 5)

종합해서 말하면 어느 지점에서나 필요한 경사각은 지상속도에 따라 달라진다. 지상속도가 빨라지면 빨라질수록 경사각은 커져야 한다. 반대로 지상속도가 느려지면 경사각도 작아져야 한다. 이것을 다르게 표현하면 헬리콥터가 배풍상태인 자세가 될수록 경사각을 키워주고 정풍상태인 자세가 될수록 경사각을 줄여주어야 한다. 바람이 정풍 또는 배풍으로 불거나 바람이 없을 때를 제외하고 헬리콥터가 적당한 선회반경을 유지하기 위해서는 편류 수정을 위한 경사각 변화도 있어야 하고 지상궤적에 상대적으로 편류수정각(crab)을 가지고 비행하여야 한다.

일반적으로 헬리콥터의 전후방 축이 지상궤적의 모든 원호지점에서 접선을 이루어야 한다고 생각하기 쉬우나 그렇지 않다. 기준선으로 바람이 불어오는 쪽 즉 정풍을 받고 선회할 때는 헬리콥터의 기수를 원호 바깥쪽으로 틀어주고 반대로 기준선에서 바람이 불어오는 쪽 즉 배풍에서 선회할 때는 기수를 원호 안쪽으로 기울여주어야 한다. 어느 경우든 지상궤적을 직선으로 유지하려면 바람이 불어오는 쪽으로 기수를 틀어주듯이 선회할 때도 바람이 불어오는 쪽으로 기수를 틀어주어야 즉 게걸음을 하여야 한다. 게걸음 각(기수를 틀어주는 것)은 바람의 속도와 항공기가 측풍위치(원호의 중간지점)에 얼마나 가까워지느냐에 따라 달라진다. 바람이 강할수록 선회 중에 게걸음 각이 크고 측풍위치에 가까울수록 게걸음 각이 커진다. 최대 게걸음 각은 기준선에서 가장 먼

반원 중간점에서 발생한다.

S자 선회의 표준 반경을 지정할 수는 없다. 왜냐하면 선회반경은 헬리콥터의 속도와 바람의 속도 그리고 초도 진입 경사각 등에 따라 달라지기 때문이다. 유일한 기준은 지상기준선을 수평상태에서 직선으로 가로지르고 양쪽에 같은 반경의 반원을 그리게 하는 것이다.

나. 일반적인 실수

1) 선회를 할 때 반토크페달 사용
2) 선회 시 원호에서 안쪽이나 바깥쪽으로 밀려나감(slip/skid)
3) S-선회시 비대칭형 궤적
4) 바람편류 수정 미흡
5) 고도나 속도 유지 실패
6) 과도한 선회각

16.3 한 점 주위 선회(Turns Around a Point)

이 훈련기동은 지상의 한 점을 중심으로 고도를 유지하면서 30°~45° 정도의 경사를 주어 일정한 반경으로 선회하는 비행이다.그림 9-17 다른 지면참조 조작과 마찬가지로 이 훈련의 목적은 시야에 들어오는 다른 항공교통을 관찰하면서 비행경로와 선회 시 바람이 주는 영향, 지상 참조물 등에 주의를 배분하고 헬리콥터를 잠재의식적으로 조정하는 능력을 키우는 훈련이다. 이 조작은 고공정찰, 감시, 사진촬영 비행 등에 적용된다.

가. 기술

편류수정을 요하는 요소와 수정하는 원리는 S자 선회조종에서 적용하는 것과 같다. 다른 지상궤적 기동에서와 마찬가지로 한 점을 중심으로 일정한 반경으로 선회할 때 만약 바람이 있으면 경사각도 계속해서 바꿔주어야 하고 바람에 대한 기수방향도 수정해야 한다. 헬리콥터의 지상속도가 커지는 배풍이 불어오는 자세에 가까워질수록 경사도 많이 주고 선회율이 커야 적절한 바람 수정각을 갖게 된다. 반대로 정풍이 부는 방향으로 자세가 변하여 지상속도가 느려지면 경사를 적게 주고 선회율도 작게 해주어야 한다. 전 조작을 통해 경사각과 선회율은 바람으로 인한 지상속도 변화에 비례하여 조금씩 변화를 주어야 한다.

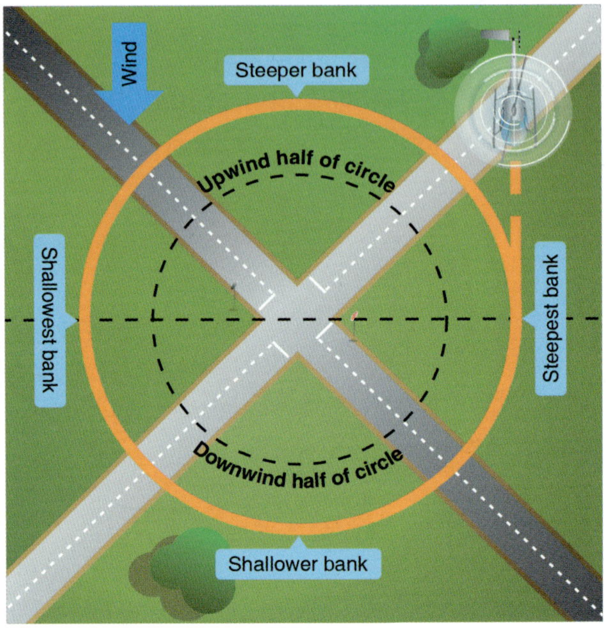

그림 9-17 한 점 주위 선회비행

선회할 지점은 점이라 할 정도로 작아야 하지만 쉽게 구별할 수 있어야 한다. 홀로 서 있는 나무나 교차로 그리고 작은 지상표시 등이 적당하다. 또한 목표점은 마을이나 가축이나 사람들로부터 멀리 떨어진 지점을 선택하여 사람이나 동물이 놀라게 하거나 위험을 초래하지 않도록 하여야 한다. 또한 상황에 따라 안전하게 비상착륙이 가능한 지역이어야 한다.

S자 선회에서 경사각을 변화시키면서 헬리콥터의 기수를 바람이 불어오는 쪽으로 경사각을 주듯이 한 점 주위를 선회할 때에도 기수를 바람이 불어오는 쪽으로 동일하게 경사를 주어야 한다. 원호의 아랫부분, 즉 뒷바람을 받는 반원지역에서는 헬리콥터의 기수를 원호 안쪽방향으로 점진적으로 경사를 주어야 하고 바람이 불어오는 윗부분의 반원지역에서는 헬리콥터의 기수를 점진적으로 원호 바깥쪽 방향으로 틀어주어야 한다. 한 점 주위를 선회하는 아랫부분은 S자 선회에서 배풍을 받는 지역과 같고 위쪽 부분은 S자 선회에서 정풍이 불어오는 쪽으로 선회하는 것과 같다고 볼 수 있다.

한 점 주위를 선회하는 경험을 쌓고 바람에 의한 편류편차의 영향으로 경사각을 주면서 바람에 대한 필요한 수정각을 숙지하면 선회 진입점을 어느 지점에서 시작해도 좋다. 그러나 임의의 지점에서 선회조작을 시작할 때에는 원형 지상궤적을 유지하기 위하여 나중에 너무 과다한 경사각이 요구되지 않도록 바람의 속도와 지상속도를 고려하여 선회반경을 신중하게 선택하여야 한다.

나. 일반적인 실수

1) 진입기술 미흡
2) 계획, 방위, 주의력 배분 미숙
3) 조종장치들의 연동조작 불량
4) 바람의 편류수정 미흡
5) 고도와 속도 유지실패
6) 한 점 중심거리 유지 실패
7) 과도한 선회각

17 교통장주(Traffic Patterns)

교통장주는 공통으로 사용하는 트랙을 설정하여 조종사에게 착륙순서를 결정하는데 도움도 주고 공용 참조물을 제공하여 비행안전을 증진해준다. 또한 교통흐름을 조절하는데 효과가 크고 특히 관제탑이 없는 공항에서 유용하다.

교통장주는 도착하는 항공기와 출발하는 항공기 그리고 선회하는 항공기 등 전 항공기에 대하여 분리, 보호, 관제 등의 안전조치를 제공한다. 헬리콥터는 비행기와 작동특성이 다르기 때문에 같은 교통 환경에서 혼용하여 운영하기 어렵다. 그래서 다용도공항에서는 법적으로 헬리콥터는 고정익항공기의 교통흐름을 피하도록 규정하고 있다. 따라서 헬리콥터 조종사는 비행기가 운용하는 통상적인 교통장주(traffic pattern)에 대하여 숙지하고 있어야 한다. 더불어 관제탑(ATC)에서 비행기의 교통장주로 비행하도록 요구할 때 이러한 장주를 어떻게 비행하여야 할지 배워야 한다. 먼저 교통장주는 주간에 배워야 한다. 야간의 교통장주 비행은 조금 조정이 필요하다. 제12장의 야간비행을 참조하라.

정상적인 교통장주는 직사각형 형태로 5개의 구간(leg)이 있으며 지정된 고도(보통 지표면에서 1,000ft)가 있다. 교통장주로 비행할 때 조종사는 소음절감규정을 명심하고 거주지역과 가축들에게 피해를 주지 않도록 비행하여야 한다.

모든 선회를 왼쪽으로 하는 장주를 표준장주(standard pattern)라 한다.그림 9-18 이륙구간(1: takeoff leg)은 보통 이륙 후 비행기의 비행경로이다. 이 구간을 출발구간(departure leg)이라고도 한다. 활주로 끝단을 지나 안전한 고도에 이르면 옆바람구간

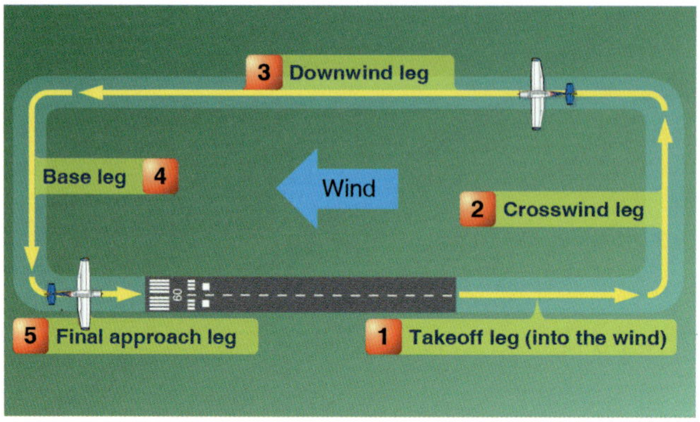

그림 9-18 표준장주(standard pattern)

(2: crosswind leg)으로 선회를 하여야 한다. 그런 다음 지정된 교통장주 고도와 활주로로부터 떨어진 거리에 활주로와 평행으로 하행구간(3: downwind leg)을 비행한다. 다른 교통과 바람의 조건에 따라 선택한 지점에서 진입구간(4: base leg)을 시작한다. 바람이 강하게 불면 정상보다 빨리 선회를 시작한다. 만약 바람이 약하게 불면 선회를 늦게 시작한다. 최종접근구간(5: final approach leg)은 항공기가 접지하기 바로 전까지 비행하는 경로이다.

특정 고도를 요하는 특별한 기동을 해야 할 때를 제외하면 항공교통관제사(ATC)의 요구로 지상 1,000ft의 고정익 교통장주로 비행하는 것이 헬리콥터에서 문제가 되지는 않는다. 지역이나 공항에 따라서 차이가 있으나 관제사는 비행기인 경우는 왼쪽 선회장주를 주고 헬리콥터에는 오른쪽 선회 장주를 안내한다. 일반 비행기는 기장이 왼쪽에 앉고 회전익은 오른쪽에 자리에 앉기 때문에 가장 좋은 시야를 제공하기 위한 것이다. 항상 공항/헬리포트의 교통장주 절차에 대하여 공항/시설주소록을 참조하라.

헬리콥터는 관제탑을 운영하는 공항에 접근할 때에 자기 의도를 통보하면 교통을 신속하게 처리할 수가 있다. 예를 들면

1) (헬리콥터의 호출부호) 'Helicopter 8340J'
2) (헬리콥터의 위치) '10miles west:서쪽방향 10마일'
3) (요청사항) 'request for landing and hover to...: 착륙하여 xx에서 제자리비행을 하고자 함'

관제탑은 고정익 항공기의 교통흐름을 피할 수 있도록 헬리콥터를 접근지점이나 목적지점 근처에 있는 특정 활주로 교차지점에 곧바로 가도록 허가하기도 한다. 관제탑이 없는 공항에서는 가능하면 표준절차와 장주를 지켜야 한다.

관제탑을 운영하는 공항에서의 교통장주 진입절차는 관제사의 지침에 따른다. 관제를 받지 않는 공항의 교통장주 고도와 진입절차는 해당공항에 설정된 절차에 따라 달라진다. 헬리콥터 조종사는 비행기의 표준교통장주(standard traffic pattern)를 알고 그것을 피하여야 한다. 일반적으로 헬리콥터는 고정익 장주의 반대쪽에 저고도 장주를 만들고 고정익 항공기가 사용하는 활주로가 아닌 지점에 접근한다.*

교통장주와 착륙지침에 관한 정보를 받으려면 공항안내서비스(혹은 UNICOM)를 이용하라.

고정익 항공기의 교통장주를 사용할 때의 표준출발절차는 일반적으로 곧바로 나아가 하행구간 혹은 오른쪽 방향으로 출발한다. 관제탑이 운영되고 있으면 원하는 출발방식을 요구할 수 있다. 일반적으로 헬리콥터는 장애물이나 다른 교통이 없으면 바람이 불어오는 쪽으로 출발한다. 관제탑이 없는 공항에서는 해당 공항에 출발절차가 설정되어 있으면 그 절차를 따라야 한다.

헬리콥터의 교통장주는 지형이나 장애물, 또는 다른 항공기교통을 고려하여 지상 500~1,000ft 고도로 오른쪽 선회로 구성되어 있다.그림 9-19 이것은 고정익항공기 교통흐름에서 떨어지게 하기 위한 것이다. 헬리콥터는 헬기장에서 바람이 불어오는 방향으로 이륙하여 지상 300ft에서 오른쪽 방향으로 선회를 한다. 지상 500ft에 도달하면 오른쪽으로 선회하여 이륙경로와 나란하게 하행구간(downwind leg)에 들어간다. 착륙할 지점이 45° 정도 헬리콥터 뒤로 올 때 오른쪽으로 선회하고 하강하여 약 300ft 고도에서 진입구간(base leg)으로 들어간다. 헬리콥터가 최종접근구간(final approach leg)에

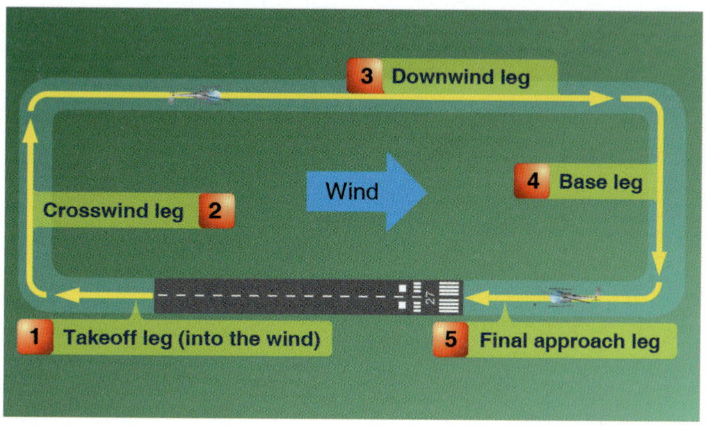

그림 9-19 헬리콥터 표준장주

* 보다 자세한 내용은 항공기 비행교범(FAA-H-8083-3: airplane flying handbook)을 참조.

접근하면 바람과 장애물을 고려하여 최종 선회를 수행한다. 장애물과 착륙지역에 따라 최종접근을 500ft까지 높은 고도에서 시작 할 수도 있다. 착륙지점은 항상 시야에 보여야 하고 착륙지점에 대한 접근각이 너무 크지도(너무 하행구간이 가깝다는 표시) 너무 작지도(착륙지점이 너무 멀다는 표시) 않아야 한다.

18 접근(Approaches)

접근은 교통장주 고도에서 제자리비행이나 지상으로 이동하는 과정을 말한다. 접근은 하강률과 지상속도가 제로(0)로 제자리비행 고도에서 종료되어야 한다. 접근은 하강각에 따라 정상접근, 급경사접근, 완만한 경사접근으로 구분한다. 여기에서는 정상접근만 다루고 급경사접근과 완만한 경사접근은 다음 장에서 취급하기로 하겠다.

접근은 주어진 상황에 가장 적합한 접근방식을 택해야 한다. 상황 조건으로는 장애물, 착륙지역의 크기와 표면, 밀도고도, 바람의 방향과 속도, 헬리콥터의 무게 등이 관계된다. 어떠한 종류의 접근방식을 사용하더라도 지정한 착륙지점에 접근하여야 한다.

18.1 제자리비행으로 정상접근(Normal Approach to a Hover)

정상접근은 7~12°의 하강각을 사용하는 비행조작이다.

가. 기술

권고하는 접근속도로 약 300ft 고도에서 최종접근을 할 때 헬리콥터는 착륙할 지점과 지상궤적을 일직선으로 맞추어야 한다. 그러나 헬리콥터의 축은 접근조종을 할 수 있도록 50~100ft의 고도로 내려올 때까지 일직선이어야 할 필요는 없다.그림 9-20 적절한 접근각에 도달하기 직전에 콜렉티브를 충분하게 내려주어 헬리콥터의 속도가 줄면서 하강하여 접근각이 될 때 접근을 시작한다. 콜렉티브를 내리면 헬리콥터의 기수가 아래로 기울어지니까 권고하는 접근속도 자세를 유지하기 위하여 사이클릭 조종을 뒤로 당겨주어야 한다. 필요하면 반토크페달을 조작하여 세로축 자세를 유지한다.

조종사는 착륙지점과 착륙장치(스키드)의 중간이 이루는 각을 머릿속에 그려놓고 헬리콥터가 착륙지점 중앙에서 제자리비행을 하거나 착지할 때까지 그 경사각으로 헬리콥터가 내려가도록 조작한다. 정상접근에 가장 중요한 기준은 종착점까지 일정한 접근각을 유지하는 것이다. 콜렉티브로 접근각을 조정해준다. 접근율, 즉 얼마나 빨리 착

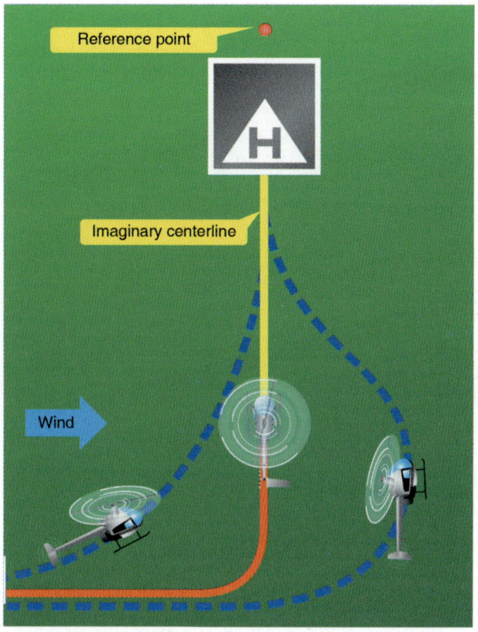

그림 9-20 정상 접근

륙지점으로 내려가느냐는 사이클릭 조종으로 조정한다. 진입속도를 유지하다가 지상속도와 접근율이 확실히 증가하면 사이클릭 조종을 약간 뒤로 하여 천천히 감속해주고 콜렉티브를 서서히 내려주어 접근각을 유지한다. 그리고 사이클릭 조종을 조작하여 접근율을 걷는 속도 정도로 유지한다.

바람에 따라 영향을 받으나 25노트(knots) 정도에서 헬리콥터는 유효전이양력을 잃기 시작한다. 유효전이양력의 상실을 보상해주기 위하여 적절한 회전익 회전속도를 유지하면서 콜렉티브를 올려 접근각이 변하지 않도록 한다. 그러나 콜렉티브의 피치를 증가시키면 기수가 올라가기 때문에 사이클릭을 앞으로 밀어 적절한 접근율을 유지하도록 하여야 한다.

헬리콥터가 권고된 제자리비행 고도에 도달하면 제자리비행을 유지하기 위하여 콜렉티브를 충분히 올려주어야 한다. 하강하면서 발생하는 헬리콥터의 관성을 회전익의 양력으로 극복하려면 착륙할 때 거의 최대 동력을 필요로 한다. 동시에 사이클릭 조종을 뒤로 하여 헬리콥터의 전진 움직임을 멈추게 하고 반토크페달로 헬리콥터 기수를 조종하여야 한다.

나. 일반적인 실수

1) 전 접근과정에서 적절한 회전속도(rpm)를 유지하지 못함.
2) 하강각 조절에 콜렉티브를 제대로 사용하지 못함.
3) 접근하는 동안 콜렉티브의 변화에 대응하도록 반토크페달을 조작하지 못함.
4) 최종접근 때 일정한 속도, 즉 걷는 정도의 속도를 유지하지 못함.
5) 제자리비행 고도와 자세를 지상속도 제로로 동시에 갖추지 못함.
6) 접근종료 시 제자리비행으로 전환하는데 회전속도가 낮음.
7) 지면에 접근할 때 사이클릭 조종을 너무 많이 뒤로 당김.(꼬리회전익이 땅에 부딪칠 수도 있음)
8) 지상 100ft 이상에서 게걸음 실패 및 100ft 이하로 슬립 발생

18.2 지상으로 정상접근(Normal Approach to the Surface)

지상으로 정상접근 즉 제자리비행을 하지 않고 착륙하는 것은 지상에 눈이나 흙먼지가 쌓여 있을 때 수행한다. 왜냐하면 이러한 조건에서 제자리비행을 하면 지상의 파편들로 인하여 시야가 극도로 나빠지거나 엔진에 파편들이 빨려 들어갈 염려가 있기 때문이다. 접근절차는 제자리비행으로 정상접근 할 때와 같으나 제자리비행으로 종료하는 것이 아니고 착지할 때까지 접근하여야 한다. 착지는 스키드 밑면에서 이루어지고 지상속도와 하강 접근율이 제로인 상태로 접지가 이루어져야 한다.

가. 기술

헬리콥터가 지면에 가까이 내려오면 지상에 착륙시 완충이 되도록 약간 콜렉티브를 올려주고 앞으로 쏠리는 움직임이 없이 스키드 높이의 자세로 멈춘다.

나. 일반적인 실수

1) 제자리비행 상태로 조작을 종결하고 수직착륙을 함.
2) 착지하면서 전방으로 움직임.
3) 너무 천천히 접근하여 최종종결시점에 과도한 동력사용을 초래함.
4) 너무 빨리 접근하여 착지 시 충격을 초래함.
5) 착지할 때 스키드가 헬리콥터 움직임 방향과 일치하지 않음.(스키드나 바퀴의 방향이 어긋나면 전복(dynamic rollover)될 수 있음)

18.3 측풍에서 접근(Crosswind during Approaches)

측풍에서 접근할 때는 바람방향으로 게걸음 조작을 하여야 한다. 약 50~100ft 정도의 고도에서 동체와 지상궤적이 일치하도록 슬립(slip)조종을 한다. 사이클릭 조종으로 회전익을 바람방향으로 기울게 해줌으로써 헬리콥터가 옆으로 움직여 바람에 의한 편류를 보상한다. 기수와 지상궤적은 반토크페달로 맞춰 유지시킨다. 측풍에서 접근할 때는 지상궤적을 사이클릭 조종으로 조정해야 한다. 제자리비행 기동 시 헬리콥터의 기수는 페달로 조정하여야 한다. 콜렉티브로 동력을 조정하여 제자리비행 고도로 한다. 이 기술은 완만하게 접근하거나 정상적으로 접근하거나 급격하게 접근하거나 간에 측풍에서 접근할 때 사용하는 방법이다.

19 복행(Go-Around)

복행은 착륙하는 조작을 중지하고 공중에 머무는 절차이다. 복행절차는 다음과 같은 경우에 필요하게 된다.

- 관제탑의 지시를 받았을 때
- 교통이 혼잡할 때

헬리콥터가 접근을 계속하는 것이 안전하지 않는 상황이 있다. 접근이 불안하거나 잘못되거나 위험 가능성이 있다고 느낄 때에는 언제든지 접근을 포기하여야 한다. 복행 결심은 긍정적인 사고로 심각한 상황에 봉착하기 전에 시행하라. 한번 결심하면 망설이지 말고 곧바로 실시하여야 한다.

대부분의 경우에 복행조작을 시작할 때 동력은 낮게 세팅되어 있다. 그래서 처음 동작은 콜렉티브를 이륙동력으로 증가시켜야 한다. 콜렉티브를 올릴 때 회전속도를 유지하고 기수를 조종하기 위하여 스로틀과 반토크페달을 상호 유기적으로 조작(동조)해야 한다. 일단 상승자세를 갖추고 상승속도를 유지하여 주위를 돌면서 제2의 접근을 준비한다.

CHAPTER 10

고등비행 조작 (Advanced Flight Maneuvers)

이 장에서 제시하는 기동을 하기 위해서는 해당 헬리콥터에 대하여 숙련된 조종기술을 갖추고 있어야 하며 주변 환경에 대해서도 잘 알고 있어야 한다. 조작하는 동안에 헬리콥터가 정상적인 작동범위를 벗어나 위험상황에 빠질 수도 있다. 따라서 조작결과가 의심스러우면 임무를 포기하고 보다 좋은 조건이 될 때까지 기다려야 한다.

01 관찰절차(Reconnaissance Procedures)

낯선 장소에서 착륙이나 이륙을 하고자 할 때에는 언제나 그 지역에 대하여 최대한 많은 정보를 수집하여야 한다. 관찰기술은 이러한 정보를 얻는 방법이다.

가. 고공관찰(High Reconnaissance)

고공관찰의 수행목적은 바람의 방향과 속도, 착지점, 착륙지역의 적합성, 접근 및 출발 기준선, 접근과 출발하는데 장애물 등을 판단하기 위한 것이다. 상공관찰을 수행할 때는 비상시에 강제 착륙할 지역에 대해서도 특별히 살펴보아야 한다.

공중관찰을 하기 위한 고도와 속도, 그리고 비행형태는 바람과 지형특성에 따라 달라진다. 그러나 너무 높은 곳에서 관찰하는 것도 문제지만 너무 고도를 낮추어 관찰을 해도 문제가 있다. 주변을 관찰하는 것과 비행에 장애물을 피하기 위하여 주의배분을 해야만 할 정도로 너무 낮게 비행해서는 안 된다. 상공에서 관찰할 때 비행고도는 지표면에서 300~500ft 정도가 적당하다. 반드시 지켜야 할 규칙은 충분한 고도를 유지하여 엔진에 고장이 발생했을 경우 바람을 받고 착륙을 할 수 있어야 한다. 또한 45° 각도로 관찰해야 장벽의 높이, 장애물의 존재, 지역의 크기, 지형의 경사 등을 최대로 정확하게 예측할 수 있다. 항상 안전한 고도와 속도를 유지하고 가능한 한 강제 착륙지역에 도달할 수 있는 범위를 벗어나지 않도록 한다.

나. 저공관찰(Low Reconnaissance)

저공관찰은 착륙지역에 접근할 때 이루어진다. 접근비행을 할 때 고공에서 관찰했던 것들을 재확인하고 전선이나 지지구조물(기둥, 탑 등), 경사, 작은 균열 등 높은 고도에서 보지 못할 수도 있는 새로운 것들이 있는지 확인한다. 그리고 그 지역이 착륙해도 안전하다고 판단하면 접근을 계속해도 된다. 그러나 착륙할 것인가 또는 복행(착륙을 포기)할 것인가는 유효전이양력을 상실할 정도로 속도를 줄이기 전에 또는 주변의 장벽보다 내려가기 전에 결심하여야 한다.

착륙하기로 결정했으면 최종 접근을 제자리비행 상태로 하여 헬리콥터를 지면에 내리기 전에 착륙지점을 세밀하게 체크하여야 한다. 그러나 상황에 따라서는 지면까지 계속하여 접근하는 것이 좋을 수도 있다. 일단 헬리콥터가 지면에 닿으면 헬리콥터가 완전히 안전하게 자리를 잡을 때까지 즉 헬리콥터의 안정성이 확인될 때까지 회전익의 회전속도를 유지한다.

다. 지상관찰(Ground Reconnaissance)

낯선 지역에서는 출발하기 전에 해당지역을 분석하여 고려할 요소가 몇 가지 있다. 그 지역의 모든 위험요소를 파악하고 가장 좋은 출발경로를 결정하는 것과 더불어 헬리콥터를 현재 위치에서 이륙지점으로 옮기는 경로도 선택하여야 한다.

이륙계획을 세울 때 고려할 사항은 헬리콥터의 하중, 장애물의 높이, 지역의 형태, 바람의 방향, 지면의 표면상태 등이 있다. 지면에 먼지, 모래, 눈, 진흙 혹은 바위가 덮여 있는지 알아야 한다. 먼지나 눈밭에 착륙하면 수평기준선을 잃을 정도로 시야가 나빠져 순간적으로 착오를 일으켜서 지상과 충돌하고 치명적인 결과를 초래할 수도 있다. 평지가 아닌 지형이나 진흙 또는 바위 위에서 이륙이나 착륙을 하다보면 꼬리회전익이 지면에 충돌할 수도 있고 착륙장치(skid)가 고착되어 항공기가 전복(dynamic rollover) 될 수도 있다. 헬리콥터에 많은 화물을 탑재하였으면 장애물을 벗어날 만큼 충분한 동력이 있는지 판단하여야 한다. 때에 따라 정풍방향으로 이륙하는 것보다 낮은 장애물 위로 경로를 택하는 것이 좋다. 또한 지형형태를 잘 판단하여 헬리콥터를 기동할 공간이 넓고 필요시 이륙포기를 할 수 있는 경로를 택하여야 한다. 협소한 지역에서 헬리콥터를 뒷바람을 받는 상태로 위치시키면 장애물을 벗어나는데 긴 거리가 요구된다.

이륙하는 경로를 결정하는데 바람의 분석도 요망된다. 바람의 방향도 출발경로에 있는 장애물로 인하여 변할 수 있고 헬리콥터의 성능에 지대한 영향을 끼칠 수도 있다. 이륙하기 전에 바람의 방향을 체크하는데 여러 방법이 있다. 하나는 나무의 끝을 보는 것이고 또 하나의 방법은 주변의 연기를 살펴보는 것이다. 주변에 물웅덩이가 있으면 물결치는 모습을 참고한다. 여전히 바람의 방향이 의심스러우면 자동공항정보서비스(ATIS)나 공항 관제소에서 제공하였던 최근 마지막 정보를 참조한다.

02 최대성능 이륙(Maximum Performance Takeoff)

최대성능 이륙은 비행경로에 있는 장애벽으로부터 안전한 간격을 가지고 벗어나기 위하여 급격한 각으로 상승하기 위하여 사용한다. 주변에 높은 장애물이 있는 좁은 지역에서 이륙할 때 사용할 수 있다. 바람직하지는 않으나 장애물을 벗어나는 것이 염려스러우면 수직이륙을 한다. 최대성능 이륙을 시도하기 전에 헬리콥터의 능력과 제약사항을 모두 잘 알아야 한다. 또한 바람속도, 온도, 밀도고도, 총중량, 무게중심위치, 그리고 조종기술과 헬리콥터의 성능에 영향을 미칠 기타 요소 등에 대하여 고려하여야 한다.

이러한 이륙을 안전하게 수행하기 위해서는 헬리콥터가 공중으로 부양한 후 다시 지면에 내려앉지 않도록 지면효과권외(OGE) 제자리비행을 할 수 있는 충분한 동력이 있어야 한다. 물론 헬리콥터가 충분한 유효동력을 가지고 있는지 판단하기 위하여 제자리비행 동력점검을 하는 것도 좋다.

최대성능 이륙을 위한 상승각은 조건에 따라 달라진다. 조건이 나빠질수록 즉 고밀도고도이거나 바람이 거의 없거나 헬리콥터가 무거우면 무거워질수록 상승각을 줄여주어야 한다. 바람이 약하거나 없으면 초기기동을 할 때 고도/속도 도표의 빗줄 친 부분(혹은 음영 부분)에서 작동해야 할지도 모른다. 따라서 이 영역에서 작동할 때 위험성을 예상해야 한다. 즉 저고도와 저속에서 엔진에 고장이 발생하면 헬리콥터가 위험한 상황에 빠질 가능성이 높아 안전하게 자동활공 착륙을 수행하기 위해서는 고도의 기술이 필요하다.

가. 기술

최대성능 이륙을 시도하기 전에 보다 긴 이륙상승을 할 수 있도록 헬리콥터를 뒷바람이 부는 쪽으로 위치시킨다. 그런 다음 제자리비행을 하고 이용마력과 제자리비행의 필요마력과의 차이를 파악하여 여유마력이 있는지를 판단한다. 또한 헬리콥터의 균형을 잡고 비행조종장치를 점검하여 사이클릭의 위치를 파악한다. 이륙이 가능하면 헬리콥터를 맞바람 방향으로 정대시키고 지면에 착지시킨다. 보통 최대성능 이륙 조작은 지면에서 시작한다. 장애물과 다른 헬리콥터에 대하여 주위를 확인한 다음 지상궤적을 유지하기 위하여 이륙경로를 따라 목표점들을 선택한다. 또한 이륙을 제대로 하지 못할 경우를 대비하여 다른 비상경로도 고려하여야 한다.그림 10-1

우선 스키드에 하중이 가볍게 걸리도록 헬리콥터를 부양시키고 헬리콥터가 평형을 잡도록 잠깐 멈춘다.(위치 1) 콜렉티브를 서서히 올리고 사이클릭을 조정하여 헬리콥터를 40노트 자세로 지면에서 떨어지게 한다. 이 자세는 헬리콥터가 스키드에 가볍게 얹

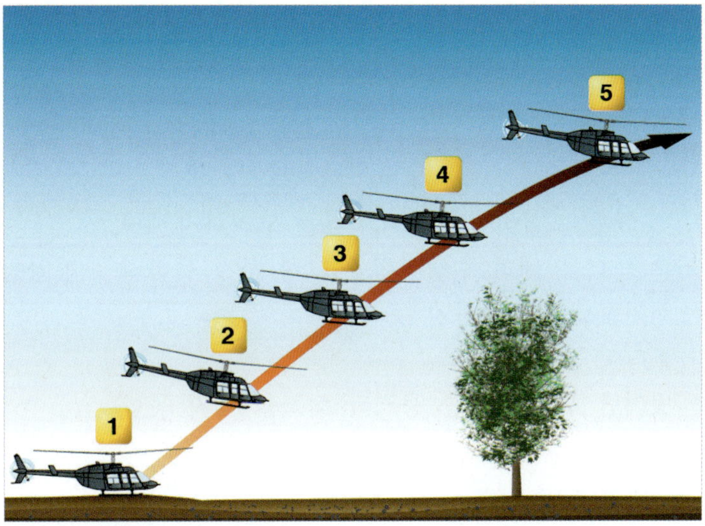

그림 10-1 최대성능 이륙

혀 있을 때의 자세와 거의 같다. 최대 이용마력에 도달할 때까지 콜렉티브를 서서히 올려준다.(이륙동력은 제자리비행에 필요한 마력보다 10% 정도 큼) 콜렉티브의 변화가 많아져 기수를 유지하려면 해당하는 페달의 압력을 증가시킨다.(위치 2) 원하는 비행경로와 상승각으로 움직이도록 사이클릭을 필요한 만큼 움직여준다.(위치 3) 회전익의 회전속도를 최대값으로 유지하고 회전속도가 감소하지 않도록 해야 한다. 왜냐하면 회전속도가 떨어지면 회전속도를 다시 올리기 위해서 콜렉티브를 내려주어야 할지도 모르기 때문이다. 그리고 헬리콥터가 장애물로부터 완전히 벗어날 때까지(혹은 시범비행시 50ft 고도까지) 이러한 동력을 유지한다.(위치 4) 그런 다음 정상상승 자세로 전환하고 동력을 줄여준다.(위치 5) 최대성능을 발휘하는 기동에서는 사용하는 기술에 따라 결과가 달라진다. 정교한 조종과 원활하고 조화로운 조종입력이 이루어질 때 헬리콥터는 최대의 성능을 발휘하게 된다.

전진속도를 가지고 이륙을 할 수 없는 지역에서 출발할 때는 별로 바람직하지는 않으나 수직이륙을 허용한다. 이 기술은 만약에 헬리콥터가 주변 장애물을 벗어날 성능이 없을 때 다시 수직으로 하강하면 된다. 이 기동을 할 때에는 헬리콥터는 반드시 수직으로 상승하여야 하며 주위의 장애물을 벗어날 때까지 전진방향으로 가속하는 것은 허용되지 않는다. 만약 잘못되면 헬리콥터가 장애물을 피할 충분한 상승성능도 없고 이륙지점으로 돌아올 동력도 없을 상황이 전개될 수 있다. 수직이륙은 앞의 상승방법보다 효율적이지 않지만 이륙을 포기할 때 쉽게 이륙지점으로 내릴 수 있다. 그러나 수직이륙은 고도/속도 도표에서와 같이 보다 긴 시간동안 헬리콥터를 위험지대에 놓이게 하기 때문에 이 기동을 할 때는 지면효과권외(OGE) 제자리비행 동력을 필요로 한다.

나. 일반적인 실수

1) 고도/속도 도표를 포함하여 성능데이터를 고려하지 못함.
2) 초기에 기수를 너무 내려 수직비행을 크게 하지 못하고 수평비행만 함.
3) 최대허용 회전속도를 유지하지 못함.
4) 조종장치 조작이 거침.
5) 장애물을 벗어난 후 정상상승 동력과 속도를 내지 못함.

03 활주이륙(Running/Rolling Takeoff)

스키드나 스키와 같이 고정된 착륙장치를 가진 헬리콥터가 달리면서 이륙하거나, 바퀴가 장착된 헬리콥터가 활주하면서 이륙하는 방법은 하중과 밀도고도 조건이 정상 제자리비행 고도에서 제자리비행 상태를 계속해서 유지할 수 없을 때 사용한다. 바퀴가 있는 헬리콥터에서는 활주이륙 방법을 흔히 사용하는데 이는 제자리비행에서 이륙할 때 발생하는 내리흐름을 최소화하기 위해서이다. 그러나 적어도 순간적이나마 제자리비행을 할 수 있는 충분한 동력을 낼 수가 없으면 활주이륙을 피하여야 한다. 만약 헬리콥터가 제자리비행을 할 수 없다면 성능을 예측할 수가 없기 때문이다. 헬리콥터가 지면에서 전혀 뜰 수 없다면 안전하게 이륙할 동력이 모자랄 수도 있다. 따라서 순간적으로도 제자리비행을 할 수 없을 경우에는 지상조건이 좋아질 때까지 기다리거나 일부 화물을 내려 헬리콥터의 무게를 줄여주어야 한다.

활주이륙 조작을 안전하게 수행하기 위해서는 지표면이 충분하게 길고 평평하여야 하며 완만하게 상승하는데 장애가 될 장벽이 비행경로에 없어야 한다.

가. 기술

그림 10-2를 보자. 조작을 시작할 때 먼저 헬리콥터를 이륙경로에 정면으로 세운다. 그런 다음 스로틀을 올려 이륙 회전속도로 증가시키고 헬리콥터가 스키드나 랜딩기어에 가볍게 얹히도록 콜렉티브를 올린다.(위치 1) 물 위에서 이륙한다면 부주(float)가 거의 물 밖으로 나와 있어야 한다. 다음 단계로 사이클릭을 중립 제자리비행 위치보다

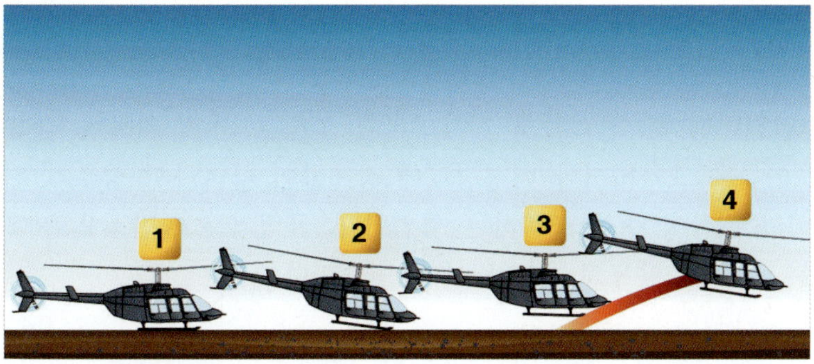

그림 10-2 활주이륙

약간 앞으로 밀어주고 콜렉티브를 증가시켜 앞으로 움직이도록 한다.(위치 2) 연습하는 동안 동력을 줄인 조건으로 기동하기 위하여 제자리비행에서 요구되는 것보다 1~2인치 정도 적은 매니폴드 압력을 사용하거나 3~5% 정도 적은 토크를 사용한다.

전복(동적롤오버)을 방지하기 위하여 헬리콥터가 지표면에서 떨어질 때까지 착륙장치는 반드시 이륙방향과 일치시켜야 한다. 상승 움직임이 일어날 때까지 가로방향 사이클릭으로 일직선 지상궤적을 유지하고 반토크페달로 기수를 유지시킨다. 유효전이양력이 발생하면 헬리콥터는 거의 기수가 움직이지 않고 수평자세로 공중으로 뜨게 된다.(위치 3) 지면효과를 받도록 고도를 유지하고 대기속도(헬리콥터 속도)가 증가하여 정상상승속도에 도달하도록 한다. 그런 다음 상승비행을 고도/속도 도표의 안전영역에 들어가도록 맞춰준다.(위치 4) 실제 훈련기동에서는 50ft까지 상승한 후 정상상승 동력과 자세로 전환한다.*

나. 일반적인 실수

1) 기수와 지상궤적을 똑바로 맞추지 않아 표면마찰을 최소로 유지하지 못함.
2) 유효전이양력을 받기 전에 공중으로 부양하려 함.
3) 지면을 달릴 때 사이클릭을 너무 많이 앞으로 밀어 사용함.
4) 공중으로 부양한 후 기수를 너무 낮춰 헬리콥터가 다시 지면에 닿게 함.
5) 헬리콥터 속도가 정상상승 속도에 도달할 때까지 권고된 고도보다 낮게 유지하지 못함.

* 대부분의 신형 헬리콥터에서 활주이륙이 필요하다면 이것은 온도나 고도조건을 고려할 때 헬리콥터가 최대작동중량에 근접하거나 초과한다는 것을 기억해야 한다. 언제나 고도/속도 변수를 존중하고 헬리콥터는 고도/속도 도표에 따라 안전한 가속이 허용되는 적절한 고도로 비행하여야 한다.

04 급감속 또는 급정지(Rapid Deceleration; Quick Stop)

정상적인 전진비행 중 신속하게 제자리비행 상태로 하기 위하여 감속시키고자 할 때 사용한다. 이륙을 포기하거나 비행경로에 장애물이 나타나서 멈추기 위해서나 공중 활주를 종료하기 위하여 주로 조작하는 행위이다. 급정거는 일반적으로 다른 교통이나 장애물이 없는 활주로, 유도로, 잔디밭에서 연습한다.

가. 기술

이 조작은 모든 조종장치를 고도로 상호 동조시켜야 한다. 헬리콥터의 고도도 충분히 고려하여 최대의 피치자세가 되는 지점에서 지면과 꼬리날개가 안전한 유격을 가질 정도의 고도에 올라가서 연습하여야 한다. 그러나 급정지 조작 완료시 헬리콥터제작사에서 권고한 최대 안전 제자리비행 고도보다 높아서는 안 된다. 급감속 조작을 개시할 고도를 선택할 때 헬리콥터의 전체 길이와 고도/속도 도표를 고려하여야 한다. 비록 이 조작을 급감속 또는 급정지라고 부르지만 조종장치들의 상호동조가 제일 중요하기 때문에 천천히 그리고 부드럽게 수행하여야 한다.

이 조작을 훈련할 때 항상 바람이 불어오는 방향, 즉 정풍으로 조작하여야 한다(위치 1).그림 10-3

제작사의 권고에 따라 25~40ft 고도에서 수평으로 하고 원하는 진입속도(대부분의 훈련 헬리콥터에서는 약 45노트)로 가속한다.(위치 2) 고도는 헬리콥터가 기수를 들 때(flare) 꼬리날개가 위험하지 않을 정도로 높아야 하나 고도/속도 도표의 음영부분에 들어가지 않을 만큼 낮아야 한다. 또한 이 고도는 헬리콥터를 원상회복시킬 때 제자리비행을 할 수 있을 만큼 낮아야 한다.

위치 3에서 전진속도를 줄이도록 사이클릭을 뒤로 당겨 감속을 시작한다. 동시에 콜렉티브를 내려주어 상승하려는 경향을 막아준다. 타이밍이 아주 중요하다. 만약 사이클릭을 뒤로 당기는 것에 비해 콜렉티브를 너무 적게 내려주면 헬리콥터가 상승하게 된다. 콜렉티브를 너무 내려주면 헬리콥터가 내려간다. 사이클릭을 급히 뒤로 조작하면 콜렉티브를 같이 빨리 내려주어야 한다. 콜렉티브를 내려줄 때 반토크페달도 적절하게 밟아주어 기수를 유지하고 스로틀을 조절하여 회전속도도 유지시킨다. 회전익에 걸리는 G-하중은 기수자세(피치)에 따라 달라지며 자세가 너무 높아지면(즉 기수가 너무 들리면) 회전익이 실속에 걸려 헬리콥터가 땅에 추락하게 된다.

원하는 속도가 되면(위치 4) 기수를 내려 원상회복에 들어간다. 헬리콥터가 내려가면 정상 제자리비행 고도에서 수평으로 하고 지상속도는 제로가 되도록 한다.(위치 5)

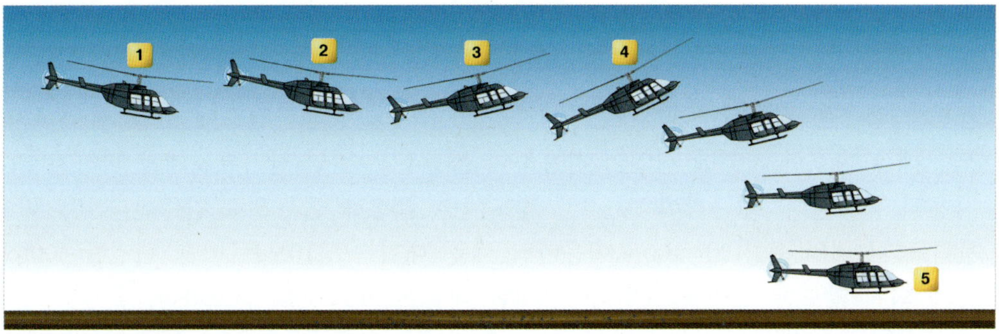

그림 10-3 급감속(급정지) 비행

원상태로 회복시킬 때 필요한 만큼 콜렉티브를 올려 헬리콥터가 정상 제자리비행 고도에서 멈추게 하고 스로틀을 조절하여 회전속도를 유지해주고 기수가 움직이지 않도록 적절하게 페달에 압력을 가해주어야 한다. 이 조작을 하는 동안에 정상 제자리비행 고도가 될 때까지 꼬리회전익이 수평축 둘레로 회전하는 것을 눈으로 확인하라.

나. 일반적인 실수

1) 초도 조작을 콜렉티브만 내리고 사이클릭을 뒤로 당기지 않음.(고도를 유지 못함)
2) 초기에 사이클릭을 너무 급하게 뒤로 당겨 헬리콥터가 붕 뜨게 함.
3) 원하는 결과를 얻기 위하여 감속률을 효과적으로 조정하지 못함.
4) 꼬리가 내려간 자세에서 헬리콥터의 전진 움직임을 멈추게 함.
5) 적절한 회전익 회전속도를 유지하지 못함.
6) 원상회복 조작 시 콜렉티브를 너무 늦게 올려 급격하게 조작하느라고 과도한 토크를 발생시킴.
7) 지표면과 안전한 간격을 유지하지 못함.
8) 반토크페달을 적절하게 사용하지 않아 기수조정에 실수가 많음.
9) 기수가 지나치게 높아진 자세가 됨.

05 급경사 접근(Steep Approach)

급경사 접근은 정상접근하기에는 너무 높은 장애물이 접근경로에 있을 때 주로 사용한다. 매우 협소한 지역에 진입이 가능하며 돌출부 주위의 난기류지대를 피하기 위하여 사용되기도 한다. 접근각이 13~15° 정도이면 급경사 접근으로 간주한다.그림 10-4

동력포화상태의 수치(20~100% 이용마력 사용, 대기속도 10노트 미만, 하강률 300fpm 이상)가 되지 않도록 주의를 요한다. 상세한 내용은 제11장을 참조하라.

가. 기술

최종접근을 할 때, 헬리콥터를 바람방향에 정대하고 권고된 접근속도로 착륙예정지점과 일직선으로 맞춘다.(위치 1) 헬리콥터가 접근각이 13~15°인 위치에 들어서면 콜렉티브를 충분히 내려주어 헬리콥터가 접근경로로 하강을 하고 감속이 되도록 한다.(위치 2) 자세를 바로 잡도록 반토크페달을 사용한다. 접근각이 정상 접근각보다 크니 콜렉티브를 정상접근시보다 많이 줄여주어야 한다. 사이클릭을 조금 뒤로 당겨 감속하면서 접근각을 유지하도록 콜렉티브를 서서히 내려준다.

접근하는 동안 착륙하려는 착지점이 항상 보이는 것은 아니다. 특히 제자리비행으로 착륙할 때는 더욱 그렇다. 그래서 조종사는 지상궤적을 유지하고 위치를 파악하는데 도움이 될 착륙할 지점과 나란한 다른 참조목표물을 찾는 것을 배워야 한다.

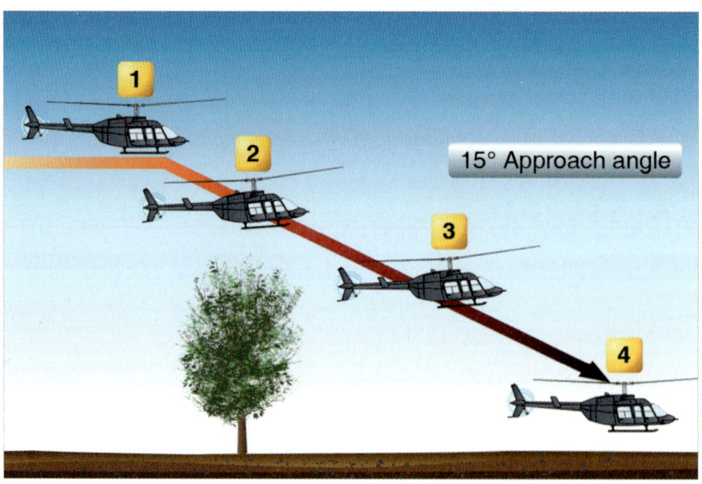

그림 10-4 급경사 접근

접근각과 대기속도를 일정하게 하는 것이 접근할 때 필수적이다. 정상접근을 할 때보다 속도를 빨리 줄이기 위하여 사이클릭을 뒤로 당겨야 하고 접근율도 크게 된다. 접근각과 하강률은 콜렉티브로 접근율은 사이클릭으로 트림은 반토크페달로 맞춰 주어야 한다.

약 25노트 정도에서 유효전이양력을 잃기 직전에 헬리콥터의 트림을 잡아주어야 한다. 지상 100ft 아래가 되면 반토크페달로 헬리콥터의 기수를 착륙할 지점과 일치시켜야 한다. 뒤쪽의 꼬리회전익 위치를 눈으로 확인하면서 헬리콥터의 착륙장치를 착지 예정 위치 바로 위 3ft 높이로 접근하라. 협소한 지역에서는 헬리콥터를 정확하게 착지점 위에 위치시켜 접근을 끝내야 한다.

급경사접근을 하면 유효전이양력이 보다 높은 고도에서 상실되기 때문에(위치 3) 떨어지는 것을 방지하기 위하여 콜렉티브를 올려주어야 하고 적절한 접근율을 얻기 위하여 사이클릭도 앞으로 더 밀어주어야 한다. 착륙 예정 지점에 도착하면 지상속도를 제로로 하고 제자리비행으로 접근을 종료한다.(위치 4) 접근을 적절하게 수행했다면 헬리콥터는 착륙지점 바로 위 3ft 되는 제자리비행 고도에서 멈추고 제자리비행을 위하여 추가동력은 거의 필요하지 않게 된다.

헬리콥터가 주변을 둘러싼 방풍벽 아래로 내려가면 바람의 영향이 사라져 보다 빨리 헬리콥터가 떨어진다는 것을 알아야 한다. 그래서 바람이 강하게 부는 상태에서 헬리콥터가 방풍벽 아래로 내려올 때는 보다 많은 동력이 필요하게 된다.

나. 일반적인 실수

1) 접근하는 전 구간에서 적절한 회전속도(rpm)를 유지하지 못함.
2) 선택한 하강각을 유지하는데 있어 콜렉티브를 제대로 사용하지 못함.
3) 접근하는 동안 콜렉티브의 피치변화에 대한 반토크페달 조절이 제대로 안 됨.
4) 적절한 하강각을 유지하기 위하여 헬리콥터 속도를 너무 느리게 함.
5) 유효전이양력이 언제 상실되었는지 판단을 못함.
6) 제자리비행 고도와 자세에 도달할 때 거의 동시에 지상속도 제로가 안 됨.
7) 접근 최종단계에서 제자리비행으로 바뀔 때 회전속도를 낮게 사용.
8) 지면에 접근할 때 사이클릭을 너무 많이 뒤로 당김.(꼬리날개가 지면과 부딪칠 수도 있음)
9) 전이양력이 줄어들기 전에 비행방향과 착륙장치를 일치시키지 못함.

06 완만한 접근과 활주착륙(Shallow Approach and Running/Roll-on Landing)

고밀도고도이거나 헬리콥터 총중량이 크거나 혹은 두 가지가 다 겹쳐 제자리비행을 하기에는 동력의 부족으로 정상접근이나 급경사접근을 할 수 없을 때에는 완만하게 접근하여 활주착륙을 하게 된다.그림 10-5 동력의 부족을 보충하는 방법으로 지면에 접촉할 때까지 유효전이양력을 사용하기 위하여 완만하게 접근하여 활주착륙을 하는 것이다. 바퀴가 장착되어 있는 헬리콥터인 경우는 내리흐름의 영향을 최소화하기 위하여 바퀴를 굴려 착륙할 수도 있다. 완만한 접근시 활공각은 약 3~5° 정도이다. 이 각은 계기착륙장치(ILS) 접근에서 사용되는 각과 같다. 이 조작에서는 헬리콥터가 미끄러지면서 멈추거나 굴러가다가 멈추어야 하기 때문에 착륙장치가 헬리콥터 이동방향과 일치되어야 하고(전복 방지) 착륙지대가 평평하고 충분한 거리를 가지고 있어야 한다. 착륙하면 회전익의 피치가 너무 뒤로 젖혀져 주회전익이 꼬리동체에 접촉하지 않도록 하여야 한다.

가. 기술

완만한 접근은 하강각만 제외하고는 정상접근과 같은 방식으로 접근을 시작한다. 다만 하강각이 정상 하강각보다 작기 때문에 진입하기 위하여 동력을 줄일 때 상대적으로 적게 줄여야 한다.(위치 1)

콜렉티브를 낮출 때 반토크페달을 밟아 기수를 유지하고 스로틀로 회전속도를 맞추어야 한다. 지면으로 내려가는 것이 확실해질 때까지 접근속도를 유지하다가 사이클릭을 뒤로 당겨 헬리콥터 속도를 줄여준다.(위치 2)

정상접근이나 급경사접근에서와 마찬가지로 하강각과 하강률의 조정은 콜렉티브로 하고 지상속도는 사이클릭으로 조정하지만 정상적으로 기동하기 위해서는 모든 조종장

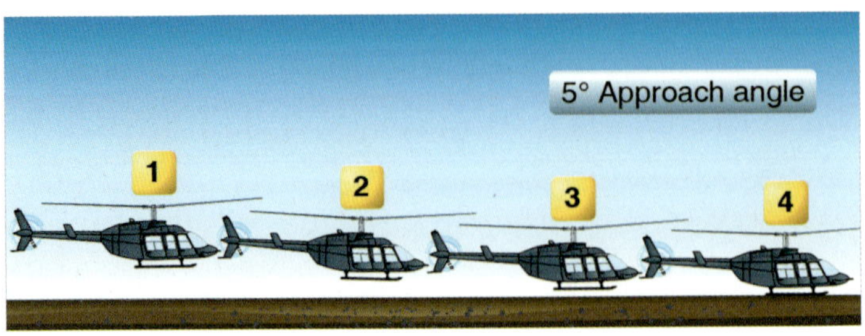

그림 10-5 활주착륙

치들의 조작을 상호 유기적으로 병행시켜야 한다. 헬리콥터는 유효전이양력을 갖는 속도나 약간 그 이상의 속도에서 착륙지점에 도달하여야 한다. 전이양력은 헬리콥터 속도가 줄어들면 순식간에 사라지기 때문에 감속을 유기적으로 잘 조종하여야 하며 또한 헬리콥터가 갑자기 떨어지지 않도록 충분한 양력을 유지하여야 한다.

착지하기 직전에 사이클릭으로 헬리콥터를 수평자세로 하고 반토크페달로 기수를 유지한다. 사이클릭으로 기수와 지상궤적이 같도록 맞춰준다.(위치 3) 콜렉티브를 사용하여 착륙 때 쿠션을 주어 헬리콥터가 직선수평자세로 지면에 부드럽게 내려앉도록 한다. 지면에 닿으면 사이클릭을 약간 앞으로 밀어 꼬리부분과 회전익의 회전면 간에 간격이 있도록 한다. 물론 사이클릭으로 지상궤적도 유지시켜야 한다.(위치 4) 보통 헬리콥터가 멈출 때까지 콜렉티브를 고정하고 있어야하나 보다 많은 제동력을 원하면 콜렉티브를 약간 더 내려도 된다.

그러나 콜렉티브를 내려주면 지면마찰력이 커져 지면이 고르지 않은 곳에 착륙을 하면 헬리콥터가 갑자기 멈추어 기수가 앞으로 쏠릴 수 있다는 것을 명심하여야 한다. 이럴 때 사이클릭을 뒤로 당겨 기수 움직임을 수정하지 않도록 주의해서 연습하여야 한다. 왜냐하면 이러한 조작으로 회전익이 꼬리부분과 접촉할 가능성이 있기 때문이다. 급격한 제동으로 동력전달장치가 지나치게 움직여 마운트를 칠 수도 있다. 착륙하는 동안 스로틀로 정상 회전속도를 유지하고 반토크페달로 방향조정을 한다.

바퀴가 달린 헬리콥터도 같은 기술을 사용하나 차이점은 착륙 후 콜렉티브를 내리고 조종장치들을 중립에 놓고 브레이크를 사용하여 속도를 떨어뜨린다. 헬리콥터를 멈추게 하기 위하여 사이클릭을 뒤로 당겨서는 안 된다.

나. 일반적인 실수

1) 헬리콥터를 지면 가까이에서 속도를 늦추기 위하여 너무 기수를 높인 자세를 취함.
2) 헬리콥터가 땅에 닿을 때 콜렉티브와 스로틀을 충분하게 조작하지 않아 쿠션이 없이 충격을 줌.
3) 기수를 유지하지 못해 헬리콥터가 틀어지거나 회전함.
4) 착륙 시 쿠션을 주기 위하여 콜렉티브를 올릴 때 반토크페달을 제대로 사용하지 못해 헬리콥터가 옆으로 움직이면서 착지가 됨.
5) 유효전이양력을 이용할 속도를 유지하지 못함.
6) 너무 빠른 속도로 착지함.(일부 헬리콥터는 최대 착지 지상속도가 설정되어 있음)
7) 안전한 착륙에 필요한 자세로 착지하지 못함. 합당한 자세는 헬리콥터 형식과 장착된 착륙장치에 따라 다르다.

8) 착지시나 착지 후 적절한 회전속도를 유지하지 못함.
9) 착지할 때 이동방향으로 자세 조정이 미숙함.

07 경사 지역 조작(Slope Operations)

경사진 지역에서 조작을 수행하기 전에 다음 11장에서 설명하는 전복(동적 롤오버: dynamic rollover)와 마스트 범핑(mast bumping)의 특성을 잘 숙지하고 있어야 한다. 경사면에 접근하는 것도 다른 착륙지역에 접근하는 것과 비슷하다. 바람, 장애물, 그리고 엔진고장 시 강제 착륙지대 등에 대비한 여지를 고려하여야 한다. 또한 경사가 바람의 흐름에 장애를 일으킬 수도 있기 때문에 난기류나 하강기류를 예상하여야 한다.

7.1 경사면 착륙(Slope Landing)

헬리콥터를 착륙시킬 때 경사진 방향으로 하지 말고 경사면에 가로질러 하는 것이 좋다. 헬리콥터를 아래로 기울어진 방향(내리막 언덕)으로 착륙하는 것은 꼬리날개가 지면에 부딪칠 가능성이 있어 바람직하지 않다.

가. 기술

그림 10-6을 보자. 접근 마지막 단계에 헬리콥터 꼬리부분이 오르막 언덕방향으로 틀어지지 않도록 주의하며 헬리콥터를 천천히 경사면에 접근시킨다. 착륙지점 바로 위에서 바람방향으로 기수를 맞추고 안정된 제자리비행 자세로 경사면을 가로질러 헬리콥터를 위치시킨다.(위치 1) 콜렉티브를 눌러 헬리콥터가 하강을 시작하여 오르막 쪽

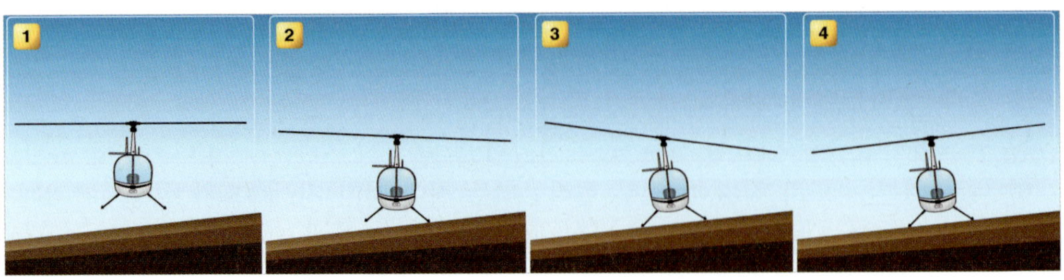

그림 10-6 경사면 착륙

스키드가 먼저 지상에 닿으면 그 상태에서 잠간 수평자세로 있다가 사이클릭을 옆 방향인 오르막 경사방향으로 밀어준다.(위치 2) 이렇게 해주어야 콜렉티브를 사용하여 내리막 쪽의 스키드가 내려올 때 먼저 지상에 닿은 스키드가 그대로 경사면에 붙어 있게 된다. 콜렉티브를 내려줄수록 사이클릭을 위쪽 방향그림에서 오른쪽으로 틀어주어야 고정위치를 유지하게 된다.(위치 3) 물론 착륙하는 동안 사이클릭으로 충분히 헬리콥터를 지탱할 수 있을 정도로 경사는 완만하여야 한다. 대부분의 헬리콥터에서는 훈련할 때 추천하는 경사각은 5°이다.(허용하는 각에 대해서는 해당 헬리콥터의 RFM이나 POH를 참조하라.)

사이클릭을 최대로 조작하였을 때 나타나는 징후인 비정상 진동이나 마스트 범핑을 잘 알고 있어야 한다. 또한 헬리콥터가 지면에 단단히 고정되기 전에 이러한 현상이 일어나면 항공기를 제자리비행 상태로 전환해야 한다. 그리고 경사가 덜 심한 곳으로 자리를 변경한다. 반시계방향 회전익장치를 장착한 대부분의 헬리콥터인 경우 사이클릭은 오른쪽으로 조작하는 경사지에서는 보다 큰 경사진 곳에서도 착륙이 가능하다. 사이클릭을 왼쪽으로 조작하는 경사지에 착륙할 때에는 헬리콥터가 옆으로 움직이는 현상(편류)을 막아주어야 한다. 바람이 상관없다면 헬리콥터의 착륙방향을 결정할 때 편류현상을 고려하여야 한다.

내리막 쪽 스키드가 지면에 닿으면 콜렉티브를 완전히 내려주고 사이클릭과 페달을 중립으로 한다.(위치 4) 헬리콥터의 전 중량이 착륙장치에 전달될 때까지 정상작동 회전속도를 유지하고 있어야 한다. 왜냐하면 헬리콥터가 경사를 따라 아래로 미끄러질 때 즉시 이륙하기에 적당한 회전속도를 보장하기 위해서다. 착륙하는 동안 기수조종은 반토크페달로 한다. 회전속도를 줄이기 전에 헬리콥터가 확고하게 지면에 섰는지 체크하기 위하여 사이클릭을 움직여본다.

나. 일반적인 실수

1) 접근과 착륙하는 동안 바람영향을 고려하지 못함.
2) 전 조종과정에서 적절한 회전속도를 유지하지 못함.
3) 기수를 유지하지 못해 헬리콥터가 틀어지거나 회전함.
4) 헬리콥터의 꼬리부분을 경사면 위로 틀어지게 함.
5) 내리막 쪽 스키드나 바퀴를 너무 빨리 내림.
6) 경사진 쪽으로 사이클릭을 과도하게 사용하여 마스트 충돌을 초래함.

7.2 경사면 이륙(Slope Takeoff)

경사면 이륙은 경사면착륙 조작을 역으로 수행하는 것이라 하겠다.그림 10-7 경사와 연관된 난기류와 장애물 같은 조건들을 이륙할 때 고려하여야 한다. 비행계획에 적당한 강제 착륙지역도 고려하여야 한다.

가. 기술

콜렉티브를 완전히 내려놓고 회전속도를 정상범위로 증가시켜 이륙을 개시한 후 사이클릭 조종을 오르막 경사면 쪽으로 밀어준다.(위치 1) 이렇게 사이클릭을 경사면 쪽으로 기울게 한 상태에서 콜렉티브를 서서히 위로 당겨 내리막 쪽 스키드가 먼저 뜨게 한다.(위치 2) 스키드가 떠오르면 수평자세가 유지되도록 사이클릭을 조종한다. 제대로 조정하면 사이클릭 조종의 위치가 중립으로 올 때 헬리콥터는 수평자세가 된다. 동시에 반토크페달을 사용하여 기수를 유지하고 스로틀로 회전속도를 유지한다. 헬리콥터가 수평이 되고 사이클릭이 중립이 되면, 모든 것이 제대로 된 것인지 순간적으로 확인한 후에 콜렉티브를 서서히 올려 이륙을 끝낸다.(위치 3)

제자리비행에 도달하면 헬리콥터의 꼬리회전익이 위쪽 경사지역으로 선회되지 않도록 하여야 한다. 꼬리부분이 지면에 부딪치지 않도록 충분한 여유의 고도로 올려준다. 만약 오르막 경사 바람이 불면 측풍이륙을 수행하고 꼬리회전익이 지면에서 안전한 여유 공간을 가질 때 헬리콥터를 바람방향으로 선회시킨다.

나. 일반적인 실수

1) 헬리콥터가 내리막으로 미끄러지지 않도록 사이클릭을 조절하지 못함.
2) 적절한 회전속도를 유지하지 못함.
3) 내리막 쪽 스키드가 떠오를 때 사이클릭을 너무 많이 오르막 경사방향으로 조작함.
4) 기수를 유지하지 못해 헬리콥터가 틀어지거나 회전함.
5) 이륙하는 동안 헬리콥터의 꼬리부분이 오르막 경사 쪽으로 선회함.

08 협소한 지역 조작(Confined Area Operations)

협소한 지역이란 헬리콥터의 비행이 지형이나 자연 혹은 인공장애물(예를 들면 숲이나 길, 건물 지붕 등)로 인하여 일부 방향으로 제한을 받는 지역을 말한다. 비행기의 조종사와 달리 헬리콥터의 조종사는 협소한 지역에서 운항할 때 몇 가지 책임이 더 있다. 기동을 할 지역을 선정할 때 사전 탐사자, 기술자, 관리자와 같은 역할을 해야 한다. 일반 조종사는 이미 알려진 사전에 조사되어 안전한 착륙지역을 비행하지만 헬리콥터의 조종사는 전에 사용한 적이 없는 지역으로 비행하는 것이다. 일반적으로 이륙이나 착륙은 최소의 지상속도와 최대의 비행속도를 갖기 위해서 바람이 불어오는 쪽으로 하여야 한다. 고도를 판단하기 위하여 가능한 정확한 고도계 세팅에서부터 시작해야 한다.

협소한 지역에서 조작할 때에는 몇 가지 고려할 사항이 있다. 가장 중요한 것 중의 하나는 회전익과 제한된 지역을 형성한 장애물 간에 안전거리를 유지하는 것이다. 일부 헬리콥터에서는 꼬리날개가 내부에서 보이지 않을 수도 있기 때문에 꼬리날개에 대해서는 더욱 주의를 기울여야 한다. 접근할 때나 제자리비행을 할 때도 마찬가지이다. 또 하나 고려할 사항은 전선은 식별하기가 매우 곤란하여 오직 전선을 지탱하고 있는 기둥이나 철탑 같은 설비가 전선의 존재와 대략적인 높이를 알려주는 역할을 하고 있다. 바람이 불면 약간의 난기류가 있다고 보아야 한다.그림 10-8

기타 고려사항으로 접근비행을 하는 동안 강제 착륙지역이 있느냐이다. 접근을 하는 과정에서 조건이 좋지 않아 교체 착륙지점으로 향할 때 또 다른 지점으로의 비행 가능성에 대해서도 생각하여야 한다. 착륙을 할 수 없거나 복행(착륙포기)이 필요할 경우를 대비하여 항상 대처방안을 고려하여야 한다.

고공정찰을 할 때 이륙계획을 잘 세워야 한다. 장애물의 높이도 판단해 두어야 한다. 착륙하고 나서 출발에 동력이 충분하지 않다고 판단하는 것은 좋지 않은 방식이다. 보통 착륙할 때보다 이륙할 때 동력이 많이 필요하기 때문에 이륙특성이 훨씬 중요하다. 나침반의 출발 방위나 기수에 의존하는 것은 사용하기에 좋은 기술이다. 이것은 협소한 지역에서 시계가 좋지 않은 때 미리 선택한 출발경로로 이륙할 수 있도록 보장하기 때문이다.

가. 접근(Approach)

협소한 지역에 접근을 개시하기 전에 고공관찰을 모두 끝내야 한다. 그리고 바람과 속도를 이용하여 최상의 조건으로 접근단계를 시작한다. 또한 강제착륙에 적합한 지역

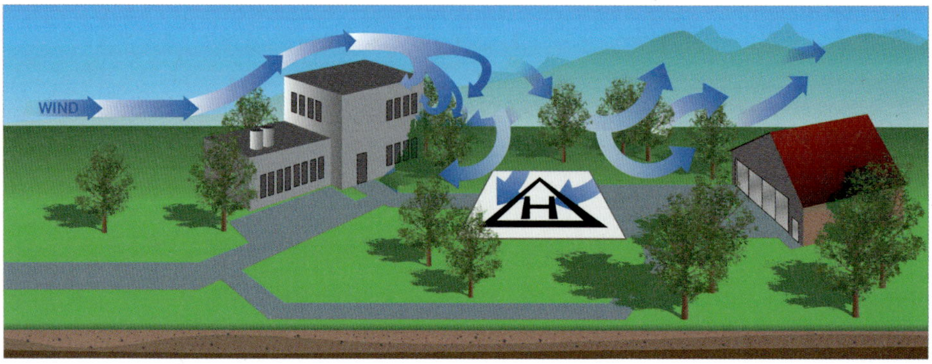

그림 10-8 협소한 지역 기류변화

도 반드시 고려하고 있어야 한다. 빈 공간 위로 측풍을 받고 접근할 것이냐 정풍을 받고 울창한 숲 위나 안전하게 강제착륙을 할 수 없을 정도로 울퉁불퉁한 지형 위로 비행할 것인가를 선택해야 할 경우도 있다. 이러한 경우에는 빈 공간 위로 측풍을 받고 초도접근을 하고 최종접근단계에서 정풍을 받도록 선회하는 가능성을 고려해 보아야 한다.

항상 현재 상황을 고려하고 헬리콥터가 가능한 한 정상적인 성능을 발휘할 수 있는 조건으로 작동을 시켜야 한다. 봉우리 지역을 제외하고 모든 제한된 지역의 작동에서는 하강각을 접근경로에 있는 장애물을 피할 정도 이상으로 크게 하지 않고 선택한 지점에 착륙하도록 한다. 이륙 시에도 상승각을 정상적인 각도로 하거나 장애물을 피할 정도로 하고 급격한 상승은 하지 않도록 한다. 장애물을 몇 ft만 피해가면서 동력의 여유를 가지고 정상 작동 회전속도를 유지하는 것이 장애물과 간격을 크게 하고 동력의 여유가 없이 위험스럽게 낮은 회전속도로 비행하는 것보다 안전하다.

항상 착륙을 특정한 지점으로 정해야 하며 적당한 지역으로 하면 안 된다. 이 지점은 접근지역의 끝에서 상당히 앞쪽에 떨어져 있어야 한다. 장소가 협소할수록 헬리콥터를 정확하게 지정한 지점에 착륙시켜야 한다. 최종접근을 하는 동안 착륙할 지점을 계속 보고 있어야 한다.

헬리콥터를 장애물 근처로 비행할 때에는 항상 꼬리날개를 고려하여야 한다. 장애물 위로 강하할 때에는 꼬리날개와 모든 장애물과 충분한 간격을 확보할 수 있도록 안전한 하강각을 설정하여야 한다. 제자리비행 상태에 도달하면 꼬리부분이 장애물 쪽으로 선회하지 않도록 주의하여야 한다.

나. 이륙(Takeoff)

제한된 지역에서의 이륙은 속도보다 고도 위주의 조작을 한다. 이륙하기 전에 지상 관찰을 하여 수행할 이륙방법을 결정하고 최대로 여유공간을 확보하기 위하여 어느 지점에서 이륙을 개시할 것인가를 결정한다. 그리고 마지막으로 헬리콥터를 착륙지점에서 이륙할 지점까지 어떻게 기동하여야 최선의 방법인가를 결정하여야 한다.

바람조건과 공간이 허용하면 헬리콥터를 제자리비행 상태로 하고 기수를 돌려 전진 제자리비행으로 착륙지점에서 이륙지점으로 비행한다. 경우에 따라서 이륙지점으로 측면비행을 해야 할 필요도 있다. 이륙지점으로 가기 위하여 후진비행을 해야 한다면 꼬리회전익과 장애물과의 위치를 체크하기 위하여 가끔 멈춘다.

이륙을 계획할 때 바람의 방향과 장애물 그리고 강제 착륙지역을 고려하여야 한다. 헬리콥터가 이륙하여 장애물 위로 비행할 때에는 헬리콥터의 앞전의 한 지점과 피해가야 할 가장 높은 장애물 사이에 가상선을 그려놓고 충분한 동력으로 이 선을 따라 상승하여 장애물과 안전한 거리를 두도록 한다. 장애물을 벗어나면 동력을 고정하고 정상 상승속도로 가속한다. 그런 다음 정상적인 상승동력으로 동력을 줄여준다.

다. 일반적인 실수

1) 고공관찰이나 저공관찰을 하지 않거나 제대로 하지 못함.
2) 현재 여건에 비해 너무 심하거나 또는 너무 완만한 접근각으로 비행함.
3) 적절한 회전속도를 유지하지 못함.
4) 비상착륙지역을 고려하지 않음.
5) 특정한 착륙지점을 선택하지 않음.
6) 바람과 난기류가 접근에 미치는 영향을 고려하지 않음.
7) 현재 여건에서 부적절한 이륙과 상승 기술을 사용함.
8) 장애물과 안전거리를 유지하지 못함.

09 봉우리/능선지역 조작(Pinnacle and Ridgeline Operations)

봉우리는 사방으로 경사가 심한 지역을 말한다. 능선은 절벽이나 벼랑같이 한쪽이나 양방향으로 경사가 심한 긴 지역을 말한다. 장애물이 없다고 봉우리나 능선에서 조작하는 것이 쉽지는 않다. 강제착륙을 하기에 부적합한 지형일 뿐만 아니라 상승기류나 하강기류 그리고 난기류로 인하여 매우 위험한 상황에 빠질 수 있다.

가. 접근과 착륙(Approach and Landing)

봉우리나 능선에 올라갈 필요가 있으면 가능하면 상승기류 이점을 이용하기 위하여 상승바람 방향에서 한다. 접근 비행경로는 능선에 평행으로 하고 가능한 최대로 바람이 불어오는 쪽으로 한다.그림 10-9

하중, 고도, 바람조건, 지형형태 등에 따라 최종 접근단계에서 사용할 접근각이 달라진다. 일반적인 법칙으로는 바람이 심하게 불수록 난기류와 하강기류를 피하기 위하여 접근각을 크게 하여야 한다. 숲 위나 평지 위로 접근할 때보다 시각 참조물이 멀리 있기 때문에 접근하는 동안 지상속도를 판단하기가 매우 어렵다. 착륙지대의 사물의 크기가 변하는 것을 관찰하면서 계속하여 확실한 접근율을 예상하여야 한다. 착륙지대에 대한 접근율의 증가를 착각하지 않도록 한다. 확실한 접근율은 걷는 정도의 속도이어야 한다. 만약 측풍이 있으면 능선의 내리바람 쪽이나 바람이 불어가는 방향에 하강기류가 없는 지역에 머물러야 한다. 만약 바람의 속도가 측풍착륙에 위험하면 접근을 끝내기 직전에 바람방향으로 낮게 유기적인 선회를 해야 한다. 봉우리에 접근을 할 때에는 불어오는 난기류를 피하고 가능한 한 강제 착륙지역에 도달할 범위 안에 헬리콥터가 있도록 한다.

착륙할 때 바람의 조건이 허락하면 길게 뻗은 축의 지역의 이점을 이용한다. 착지는 지역의 앞부분에서 이루어져야 한다. 봉우리에 착륙하려고 접근할 때, 특히 지붕꼭대기 착륙장 같이 인공으로 만든 곳에 접근할 때 사람이 접근할 통로를 판단하고 꼬리회전

그림 10-9 봉우리 접근

익이 통로나 구역을 침범하지 않도록 한다. 꼬리회전익이 승강대를 벗어나는 승강장에 주기 또는 착륙할 때는 사람의 안전을 고려하여야 한다. 그리고 착륙장치가 헬리콥터의 무게를 안전하게 지지할 단단한 지형에 안착한 것인지 확인하기 위하여 회전속도를 줄이기 전에 항상 안정성 점검을 수행하여야 한다.

나. 이륙(Takeoff)

봉우리에서의 이륙은 지상이나 제자리비행에서 수행하는 고도 조작보다 속도 위주의 기동을 한다. 봉우리나 능선은 일반적으로 주변 지형보다 높기 때문에 이륙 시에 속도를 얻는 것이 고도를 얻는 것보다 중요하다. 헬리콥터 속도가 빠를수록 봉우리에서 빨리 벗어나게 되고 고도/속도 도표의 회피지역에서의 시간도 줄어든다. 조건이 나쁜 지형에서 빨리 벗어나게 할 뿐만 아니라, 보다 빠른 속도는 보다 유리한 활공각을 갖게 하여 강제착륙을 해야 할 경우에 안전한 지대에 도달할 기회를 준다. 또한 적절한 강제착륙지역이 없을 때에는 자동활공 착륙을 하기 전에 기수를 들 때(flare) 효과가 크다.

이륙할 때 헬리콥터가 바로 지면효과를 잃기 때문에 고도를 유지시키고 정상 상승속도로 가속하여야 한다. 정상 상승속도에 도달하면 정상 상승자세를 취한다. 봉우리를 벗어난 후 헬리콥터를 경사진 아래방향으로 돌진시키면 안 된다.

다. 일반적인 실수

1) 고공관찰이나 저공관찰을 하지 않거나 제대로 하지 못함.
2) 현재 조건에 비해 너무 가파르거나 또는 너무 완만한 접근각으로 비행함.
3) 적절한 회전속도를 유지하지 못함.
4) 비상착륙지역을 고려하지 않음.
5) 바람과 난기류가 접근이나 이륙에 미치는 영향을 고려하지 않음.
6) 이륙 후 봉우리 고도를 유지하지 못함.
7) 적절한 접근율을 유지하지 못함.
8) 적시에 상승속도를 갖지 못함.

CHAPTER 11

헬리콥터 비상절차
(Helicopter Emergencies and Hazards)

오늘날 헬리콥터는 상당히 신뢰성이 좋다. 그러나 기계적인 고장이나 조종사의 실수로 긴급사태가 발생할 수도 있다. 이유가 무엇이든 회복조작은 신속하고 정확하여야 한다. 헬리콥터와 관련 시스템에 대하여 충분한 지식을 가지고 있으면 상황에 쉽게 대처할 수가 있다. 헬리콥터의 비상상황과 적절한 회복조치에 대하여 알아보기로 하자. 아울러서 긴급사태를 초래할 상황에 대한 지식을 습득함으로써 많은 잠재사고를 예방할 수가 있다.

01 자동활공(Autorotation)

자동활공 하강이란 주회전익장치가 엔진에서 분리되어 헬리콥터가 낙하할 때 위로 흐르는 공기에 의하여 주회전익이 구동하는 비동력 기동을 말한다.그림 11-1 다른 말로 표현하면 엔진이 주회전익에 아무런 동력을 제공하지 않는다.

자동활공을 하는 가장 일반적인 이유는 엔진이나 구동장치에 고장이 발생할 때 수행하나 꼬리회전익이 고장 났을 때에도 수행한다. 이러한 고장은 헬리콥터 정비의 문제로 인한 경우가 많다. 또한 연료가 오염되거나 연료가 고갈되어 엔진에 문제가 발생하면 어쩔 수 없이 자동활공을 해야 한다.

만약 엔진이 고장 나면 자유회전장치(freewheeling unit)가 자동으로 엔진과 회전익

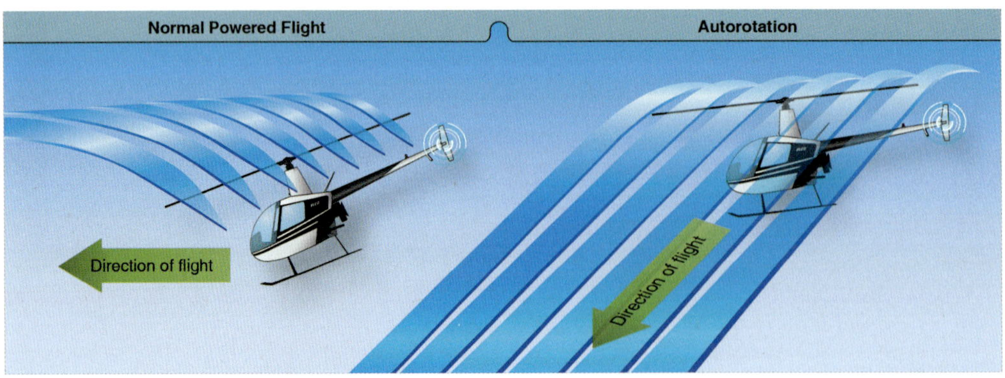

그림 11-1 동력비행과 자동활공 시 공기흐름

을 분리시켜주어 주회전익이 자유롭게 회전하도록 해준다. 기본적으로 자유회전장치는 엔진의 회전속도(rpm)가 회전익의 회전속도보다 적어지면 언제나 엔진과 회전익을 분리시켜 준다.

엔진이 고장 난 순간에는 받음각과 속도로 인하여 주회전익이 양력과 추력을 발생시킨다. 그러나 엔진이 고장 나면 곧바로 콜렉티브를 내려주어야 한다. 그로 인해 양력과 항력이 감소하고 헬리콥터는 즉시 하강하기 시작한다. 헬리콥터가 하강하면 주회전익에 위로 부는 기류가 발생하게 된다. 이러한 상승기류가 주회전익에 추력을 발생시켜 헬리콥터가 하강할 때 회전익의 회전속도를 유지할 수 있도록 해준다. 자동활공 시 꼬리회전익은 회전익의 동력전달장치에 의해 구동되기 때문에 기수조종은 정상비행을 할 때와 마찬가지로 반토크페달로 조정할 수 있다.

항공기의 자세(각), 밀도고도, 총중량, 회전익의 회전속도, 헬리콥터 속도 등 여러 가지 요소가 자동활공 시 하강률에 영향을 준다. 그러나 하강률을 조종하는 주요소는 헬리콥터 속도(대기속도)와 회전익의 회전속도(rpm)이다. 항공기 속도를 빠르게 혹은 느리게 하는 것은 정상비행에서와 마찬가지로 사이클릭 피치조종이다. 이론적으로는 수직강하로부터 최소 강하각으로 조종하여 비행거리를 최대로 크게 할 수도 있다. 하강률은 비행속도 제로에서 최대이고 헬리콥터의 종류와 위에서 언급한 요소에 따라 달라지지만 대략 비행속도 50~60노트에서 최소가 된다. 그러나 헬리콥터의 속도가 최소 하강률을 주는 속도보다 빨라지면 하강률도 커진다.

자동활공으로 착륙할 때에는 하강률을 줄이고 부드럽게 착륙시키는 유일한 힘은 회전익에 저장된 운동에너지뿐이다. 하강률이 클수록 헬리콥터를 멈추게 하기 위하여 보다 큰 회전익 에너지가 필요하다. 따라서 헬리콥터가 매우 느린 속도나 매우 빠른 속도로 하강하면 최소 하강률을 갖는 헬리콥터 속도에서 하강하는 것보다 위험성이 많다. 7장의 고도/속도 도표 설명을 참조하라.

헬리콥터 종류별로 무동력 활공이 가장 효과적인 헬리콥터 속도(대기속도)와 회전익 회전속도(rpm)가 지정되어 있다.

헬리콥터 속도는 헬리콥터 종류에 따라 약간 차이가 있으나 특정 요소는 모든 종류의 헬리콥터에 같은 영향을 미친다. 일반적으로 회전익 회전속도(rpm)를 초록색(green) 아래 영역그림 5-3으로 유지하면 자동활공으로 보다 먼 거리를 갈 수 있다. 총중량이 크면 회전익 회전속도를 조절하는데 콜렉티브 피치를 키워주어야 한다. 일부 헬리콥터는 여름철에 비해 겨울철에 그리고 해면고도에 비해 고고도에서 최소 회전익 회전속도(rotor rpm) 세팅을 약간 조절할 필요가 있다.

자동활공을 할 때 헬리콥터 종류별로 지정된 헬리콥터 속도와 회전익 회전속도는 회전익항공기 비행교범(RFM)을 참조하라.

자동활공 시에 지정된 헬리콥터 속도와 회전익 회전속도는 평균기상과 무풍조건 그리고 정상적인 화물탑재를 기준하여 마련된 것이다. 만약 고밀도고도나 돌풍이 부는 조건에서 화물을 많이 탑재하여 헬리콥터가 무거운 상태로 운항할 때에는 지정속도보다 약간 빠른 속도에서 최상의 성능을 얻게 된다. 반면에 저밀도고도와 화물이 적은 상태에서는 정상 지정속도보다 약간 느린 속도에서 최상의 성능을 갖게 된다. 이러한 일반적인 절차에 따라 상황에 맞는 헬리콥터 속도와 회전익 회전속도를 유지하면 어느 조건에서나 거의 같은 활공각을 얻을 수 있어 착륙지점을 상당히 정확하게 예측할 수 있다.

여러 다른 속도에서 자동활공을 경험하는 것이 매우 중요하다. 이것은 원하는 항공기속도, 회전익 rpm, 최대활공이나 최소하강속도와 같은 자동활공 성능을 갖기 위하여 필요한 비행조종장치들의 조작을 이해하는데 도움이 된다. 합당한 착륙지역에 도달하려면 주어진 조건에 맞게 항공기속도와 회전익 rpm의 결정을 거의 반사적으로 해야 한다.

헬리콥터의 활공비는 고정익항공기에 비해 훨씬 작지만 또한 조치에 따라 달라진다. 예로 착륙하기 위해 55노트의 지시속도(KIAS)에서 고개를 들어올리는 것(flare)보다 80노트의 지시속도에서 고개를 들면 상당히 활공비가 커진다. 이 지점에서 연착륙을 위한 충분한 회전익 에너지를 확보하려면 회전익 회전속도의 조절이 매우 중요하다.

회전익 회전속도(rpm)를 조정하려면 콜렉티브 피치조종을 해야 한다. 만약 자동활공 중에 회전익의 회전속도가 너무 커지면 콜렉티브를 충분히 올려주어 정상 작동범위로 rpm을 내려준 후, 적절한 rpm으로 유지되도록 콜렉티브를 줄여준다. 만약 콜렉티브를 너무 오랫동안 올려주면 회전익의 rpm이 급격하게 줄어들어 회전속도를 다시 회복하려면 콜렉티브를 내려주지 않으면 안 된다. 회전속도가 감소하기 시작하면 콜렉티브를 다시 내려주어 항상 회전속도를 권고된 범위로 유지하도록 해야 한다.

1.1 회전속도 조정(RPM Control)

저관성 회전익장치에서 주회전익의 rpm은 모의비행 평가에서 연구되었는데, 순항속도를 포함한 다양한 항공기속도에서 자동활공에 진입할 때 동시에 사이클릭을 뒤로하면서 콜렉티브를 내리고 상대바람과 자세를 맞추는 것이 매우 중요하였다. 안전하게 자동활공에 들어가기 위한 합당한 절차를 결정하려면 회전익항공기 비행교범(RFM)을 참조하라. 안전하게 자동활공에 들어가기 위한 절차는 헬리콥터의 종류에 따라 다르기 때문이다.

단수 회전익장치를 가진 헬리콥터의 기본적인 항공역학과 조종입력에 대한 것만 여기에서 취급하기로 하자.

먼저 무동력 자동활공에서 주회전익 회전속도 조종은 콜렉티브를 사용한다는 것을 이해하여야 한다. 콜렉티브를 올리면 rpm이 감소하고 내리면 rpm이 증가한다.

사이클릭 조작은 동력비행에서 기본적으로 자세와 항공기속도를 조종하는데 사용한다. 훈련이나 비상시 무동력 자동활공을 할 때 회전익 rpm을 조종하는데 사이클릭의 역할에 기대하지는 않지만, 사이클릭이 움직이는 동선이 헬리콥터의 비행경로와 같은 방향일 때 사이클릭을 뒤로 당기면 회전익의 회전판 밑에서 상향으로 보다 많은 공기흐름을 일으켜 회전익의 rpm 증가에 기여한다. 만약 비행경로가 헬리콥터의 세로축(종축)에서 10° 오른쪽 방향이면 이론적으로 사이클릭은 회전익장치에 최대의 공기가 위로 흐르도록 하려면 세로축에서 10° 뒤쪽으로 그리고 왼쪽으로 당겨주어야 한다.

순항비행 중에 동력상실에 대한 대응으로 콜렉티브를 내려주면 헬리콥터의 기수가 내려가는 경향이 있다. 그래서 조종사가 약간 앞으로 기울게 되어 피치변화와 회전익 rpm의 감쇄를 방지하기 위하여 곧바로 사이클릭을 뒤로 조작하는 것이 지연된다.

연습비행이나 실제 급정지 상황에서 무동력으로 자동활공으로 진입하는 동안에 순항속도에서 약간 고도가 상승하는 것은 고려할 필요가 없다.

순항속도에서 실제 동력고장에 직면하였을 때 조종사가 동시에 콜렉티브를 내리고 사이클릭을 뒤로 하고 반토크페달을 작동시키는 일련의 조작을 적절한 시간 내에 수행하지 못한 것으로 결론을 낸 사고조사가 많다. 저관성회전익장치는 자동활공을 할 때 운동에너지가 적게 축적되어 항공기가 감속하고 착지하는 동안에 회전익의 rpm이 급격히 떨어진다. 반대로 자동활공 진입과 하강을 하는 동안에 안전한 회전익의 rpm을 회복할 때 보다 적은 에너지가 요구된다. 순항속도에서 자동활공으로 진입할 때 즉각적으로 콜렉티브(down), 사이클릭(aft), 항공기자세(trim)를 동시에 조작하여야 한다.

회전익 rpm이 감소하도록 내버려 두거나 불가피하게 허용치보다 내려가면 사이클릭을 뒤로 당겨 회전익 rpm이 증가되도록 해주어야 한다. 이때 적당한 속도로 당겨주고, 회전익장치에 공기흐름이 많아지도록 왼쪽 혹은 오른쪽으로 선회조작을 한다. 이렇게 하면 회전익 rpm이 증가하게 되나, 이때 회전익장치가 과속되지 않도록 주의하여야 한다. 훈련환경에서 특히 180° 자동활공을 할 때 기동하는데 위기가 있다.

1.2 위기관리(Risk Management during Autorotation Training)

헬리콥터의 비행훈련을 할 때 기술회보(AC 61-140)에 기술된 보완 지침을 알아보자. 훈련을 할 때 특히 180° 자동활공을 할 때 잠재적인 위기가 있다. 여기에서는 각종 헬리콥터의 한정 자격을 갖기 위하여 항공종사자 자격증명서를 취득하기 위한 교육생을 포함하여 전체적으로 인정되는 방식을 설명하기로 한다. 또 한편으로는 헬리콥터 비행교범(HFM, RFM)과 FAA 실기시험표준서(PTS)에서 요구하는 사항에 충족할 수 있는 방법이라면 대체 훈련방안으로 사용해도 된다.

1.3 직진 자동활공(Straight-in Autorotation)

직진 자동활공이란 선회하지 않고 공중에서 자동활공을 하는 것을 말한다. 바람이 자동활공에 절대적인 영향을 준다. 강한 정풍(headwind)은 지상속도가 느려져 활공각이 커진다. 예를 들어 헬리콥터가 대기속도 60노트를 유지하고 바람속도가 15노트이면 지상속도는 45노트가 된다. 비록 하강률이 같아도 강하각은 커진다. 결국 지상속도와 감속력에 따라 착지 속도와 지상 활주거리가 달라진다. 감가속 각도를 키우고(flare) 그 자세로 오래 버티면 착지속도가 작아져서 지상활주거리도 짧아진다. 이때 가장 주의할 점은 헬리콥터에서 꼬리회전익이 지면과 가장 가깝게 된다는 것이다. 제때에 착륙자세를 잡아주지 않으면 꼬리회전익이 지면을 쳐 기수에 피칭모멘트를 주어 헬리콥터가 손상될 가능성이 많다.

정풍은 자동활공 하강 때 착지속도를 줄여주어 감속을 적게 해주어도 된다. 착지할 때 속도가 적으면 적을수록 고개를 드는 속도와 타이밍이 정확해야 한다. 특히 저관성 회전익장치를 가진 헬리콥터에서는 더욱 중요하다. 너무 일찍 콜렉티브 피치를 키우면 운동에너지가 없어져 착지할 때 거의 쿠션 역할을 하지 못하고 하드랜딩(hard landing)을 일으켜 헬리콥터가 손상될 수가 있다. 그래서 일반적으로 최소의 지상속도로 하드랜딩을 하는 것보다 활주거리가 길어지는 것을 허용하는 훈련방식이 낫다. 기량이 좋아지면 지상 활주거리가 줄어들 것이다.

가. 기술(연습방법)

그림 11-2(위치 1)와 같이 지상 500~700ft인 고도에서 제작회사가 권고하는 헬리콥터 속도로 기수를 바람이 불어오는 쪽으로 향하고 수평비행 자세에서 서서히 콜렉티브를 확실하게 내려준다. 회전익 회전속도는 초록색 원호 안에 있도록 콜렉티브를 조종면서 사이클릭을 뒤로 하여 기수가 내려가지 않도록 한다. 콜렉티브가 끝까지 내려가 있으면 회전익 회전속도는 피치스톱(pitch stop)으로 조절하라.* 이것은 아주 극단적으로 수직하중을 줄일 수 있는 조건(매우 낮은 저밀도고도나 헬리콥터 하중이 매우 적을 때)

* 헬리콥터 정비를 할 때 회전익 피치스톱은 헬리콥터 하중이 적을 때 최소 자동활공 rpm으로 세트되어 있어야 한다.

에서 콜렉티브 피치를 더 내릴 수 있다는 것을 의미한다. 일단 자동활공에 들어가면 콜렉티브 피치를 조절하여 권고한 회전익 회전속도를 유지하여야 한다.

콜렉티브를 조작할 때 반토크페달을 사용하여 자세를 바르게 유지하고 사이클릭을 조종하여 헬리콥터 속도를 적절하게 유지한다. 콜렉티브를 완전히 내리면 스로틀을 줄여 확실하게 2개의 바늘이 서로 떨어지게 한다. 이것은 회전익 회전속도가 엔진 회전속도보다 빠르고 자유회전장치가 엔진을 분리시켰다는 확실한 증표이다.

2개의 바늘이 서로 분리되면 스로틀을 다시 올려주어 엔진 회전속도가 정상 공회전 속도보다 높게 한다. 그러나 2개의 바늘이 다시 합쳐질 정도로 높여주지 않도록 해야 한다. 자동활공 시의 하강률에 대한 제작사의 권고사항은 헬리콥터 비행교범(RFM)에 나와 있다.

그림 11-2(위치 2)에서 제작회사가 권고하는 자동활공(또는 최상의 활공)속도를 갖도록 사이클릭 조종으로 헬리콥터 자세를 조정한다. 회전익의 회전속도가 초록색 원호의 아래쪽에 들도록 필요하면 콜렉티브를 조정한다. 사이클릭 조종을 뒤로 당기면 회전익의 회전속도가 증가하기 때문에 콜렉티브를 약간만 증가하도록 조종한다. 콜렉티브를 많이 증가시키면 회전익의 회전속도가 급격하게 떨어져 회전속도가 없어지는 체이싱(chasing) 현상이 일어난다. 헬리콥터 전방 아래만 내려다보지 말고 계속해서 헬리콥터의 자세 및 트림, 회전익 회전속도, 대기속도 등을 상호 비교 점검한다.

제작회사가 권고하는 고도에서(위치 3) 헬리콥터 전진속도를 줄이고 하강률이 감소

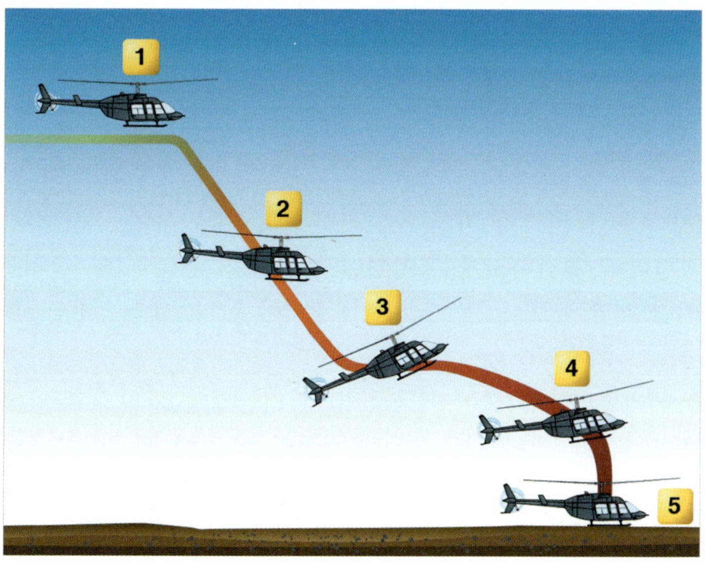

그림 11-2 직진 자동활공

하도록 사이클릭 조종을 뒤로 당겨 헬리콥터를 플레어(flare)시킨다. 헬리콥터 기수는 페달을 사용하여 유지해준다. 플레어 동안에 회전익 회전속도는 초록색 범위로 유지하라.

플레어 자세로 할 때 사이클릭 조종을 너무 성급하게 뒤로 당겨 헬리콥터가 상승하게 하거나 너무 천천히 뒤로 당겨 헬리콥터의 강하를 막지 못해 헬리콥터가 급속히 땅에 닿아 꼬리회전익이 지면에 부딪치는 일이 발생하지 않도록 주의하여야 한다. 적절한 플레어 자세가 항공기의 지상속도를 줄여준다. 전진 움직임이 원하는 지상속도(최대한 느린 속도)로 감소하면(위치 4) 사이클릭 조종을 앞으로 밀어 헬리콥터가 착륙하는데 적당한 자세가 되도록 한다. 지상에 접촉할 때 동체의 자세보다 헬리콥터의 기수가 더 내려가야 한다. 플레어 자세를 제한함으로써 지상접촉속도가 약간 빨라지겠지만 평평한 지면에 꼬리회전익이 충돌하는 가능성을 방지해준다.

이때 착륙장치의 고도는 제작사의 권고에 따르지만 대략 3~15ft 정도가 되어야 한다. 분명하게 지상속도와 고도가 내려가면 사이클릭을 앞으로 밀어 착지하기 좋게 헬리콥터를 수평자세로 해주어야 한다. 일부 헬리콥터는 전진 속도를 줄이는데 도움이 되도록 기수를 조금 올린 상태로 뒤끝이 먼저 닿게 착륙한다. 반면에 다른 헬리콥터들은 스키드나 착륙장치가 수평으로 하중이 고루 걸리게 수직으로 착륙한다. 지상 10ft 이하의 고도에서는 헬리콥터 기수가 너무 들려 꼬리가 내려간 자세가 되지 않도록 매우 각별히 주의하여야 한다. 헬리콥터는 꼬리회전익이 지면과 닿지 않게 거의 수평자세가 되어야 한다.

이 지점에서 곧바로 착륙하고자 할 때에는 헬리콥터를 수직으로 내려가게 한다.(위치 5) 착륙 시에 쿠션을 갖도록 강하를 억제하기 위하여 필요에 따라 콜렉티브를 올려준다. 콜렉티브 사용으로 회전익의 운동에너지가 헬리콥터의 강하 속도를 줄이는 역할을 한다. 콜렉티브를 올리면 회전익의 회전속도가 떨어져 꼬리회전익의 속도도 줄어들기 때문에 기수를 유지하려면 동력비행 때 사용하는 반대쪽의 반토크페달을 사용하여야 한다.

콜렉티브 조종으로 회전익의 피치각을 키울 때 조종반응이 정상비행을 할 때와 조금 달라진다. 회전익의 회전속도가 떨어지면 반토크를 주는 힘도 줄어들어 착지할 때 기수를 유지하려면 페달에 보다 큰 조작을 해주어야 한다. 헬리콥터를 수평비행 자세로 착지한다.

슈바이처300 헬리콥터는 기울어진(canted) 꼬리안정판을 가지고 있다. 이런 항공기에서는 자동활공을 할 때 계속해서 페달을 사용하는 것이 필수이다. 페달로 조정하지 않으면 꼬리부분이 오른쪽으로 젖혀지면서 꼬리안정판이 꼬리를 올라가게 한다. 이러한 움직임으로 항공기의 기수턱(nose tuck) 현상이 심하게 발생하여 시급하게 오른쪽 페달로 수정하지 않으면 안 된다.

착지하고 헬리콥터가 완전히 멈추면 콜렉티브 피치를 최대로 내린다. 헬리콥터가 앞으로 움직일 때 사이클릭 조종을 뒤로 당겨 멈추게 하면 안 된다. 왜냐하면 회전익이 꼬리부분을 칠 수가 있기 때문이다. 오히려 지상에서 앞으로 나아가면 콜렉티브를 내려 헬리콥터의 무게가 보다 많이 착륙장치에 실리도록 해줌으로써 헬리콥터의 속도가 떨어지도록 한다. 물론 착륙지대의 조건에 따라야 한다.

훈련할 때는 완전하게 착륙하는 대신에 다시 동력을 회복시킬 수도 있다. 동력회복에 대한 아래 기술부분(5절)을 참조하라.

공통적으로 일으키는 실수는 자동활공에서 헬리콥터를 지면에 가볍게 부딪치게 하지 않고 약간 띄워 세우려 한다. 회전익의 운동에너지를 모두 사용하여 헬리콥터를 공중에 머무르게 하면 헬리콥터가 하드랜딩을 하게 되어 회전익이 휘어지면서 꼬리동체를 때릴 수 있다. 헬리콥터가 마지막 몇 인치에서 저절로 떨어지게 하지 말고, 부드럽게 착륙시키기 위하여 회전익의 회전속도가 헬리콥터를 지면에 쿠션을 주도록 조종으로 착지시켜야 한다.

나. 일반적인 실수

1) 엔진이나 구동장치에 고장이 났을 때 즉시 자동활공에 들어가야 하는 중요성을 이해하지 못함.
2) 동력을 줄일 때 반토크페달을 충분히 사용하지 않음.
3) 동력을 줄일 때 헬리콥터 기수를 심하게 내려 헬리콥터가 다이빙하게 함.
4) 하강할 때 적절한 회전익 회전속도를 유지하지 못함.
5) 너무 높은 고도에서 콜렉티브를 올려주어 하드랜딩을 일으키고 기수조정도 못하고 꼬리회전익의 손상이나 회전익의 스톱에 손상을 줄 염려가 발생함.
6) 헬리콥터를 수평 혹은 착륙자세로 하지 못함.
7) 공중에서 지상궤적을 유지하지 못하고 착지할 때 헬리콥터의 진행방향과 착륙장치의 방향을 일치시키지 못함.
8) 착지할 때 옆으로의 움직임을 없애지 못함.
9) 연습비행할 때 안전한 자동활공 상황이 아닌데도 복행(go around)을 하지 않음.

1.4 선회 자동활공(Autorotation with Turns)

자동활공을 하는 동안에 바람이 부는 쪽으로 또는 장애물을 피하기 위하여 일련의 선회를 할 수 있다. 선회를 먼저 수행하고 나머지 활공을 직선 자동활공으로 한다. 가장 일반적인 선회 자동회전으로 90°와 180° 선회 활공이다. 여기에 언급한 기술은 180° 선회를 하는 자동활공에 대한 것이다.

가. 기술

우선 항공기를 권고하는 속도로 하행방향(downwind)으로 기수를 틀고 착륙하고자 하는 착지점에 평행하게 한다.

바람이 없거나 정풍조건에서는 착륙지점에서 약 200ft 떨어지게 지상궤적을 갖도록 한다. 만약 강한 측풍이 불면 바람의 방향에 따라 하행구간(downwind leg)으로부터 가까이 또는 멀리하여야 한다. 물론 조종사는 항공기교범(RFM)에서 권고한 자동활공 진입속도를 사용해야 한다. 목표로 하는 착륙지점과 옆으로 직각이 될 때 콜렉티브를 부드럽게 내려주고 동력을 줄여 회전속도계에서 회전익 rpm과 엔진 rpm이 서로 분리되어 2개의 지침이 서로 떨어지도록 한다. 동시에 반토크페달과 사이클릭 조종을 조정하여 적절한 자세와 속도를 유지한다. 자동활공을 하는 동안 헬리콥터의 자세, 회전익의 회전속도, 대기속도(헬리콥터 속도)를 끊임없이 교차점검하고 헬리콥터의 트림상태(트림 볼이 중앙에 위치)를 확인한다.

하강하여 헬리콥터 속도가 자동회전 속도가 되면 180° 선회로 들어간다. 훈련할 때에는 적어도 30°에서(최대 60°를 초과하지 말 것) 헬리콥터를 경사시켜 롤을 시작한다. 선회하는 동안 대기속도(헬리콥터 속도)와 회전익의 회전속도 그리고 헬리콥터의 트림(트림 볼 중앙위치)을 유지하는 것이 매우 중요하다. 헬리콥터의 자세와 경사각의 변화를 주면 회전익의 회전속도가 변하기 때문에 필요한 만큼 콜렉티브를 조절하여 회전익의 회전속도를 정상한계 안에 들도록 한다. 이 조작을 할 때 회전익의 회전속도가 제어불능 상태가 될 정도로 항공기 기수를 심하게 들거나 내리지 않도록 하여야 한다.

자동회전 선회를 할 때 동정압 대기속도계 지시는 시차가 있어 부정확하다.(lag) 조종사는 자동회전 선회에서 너무 과도한 피치자세를 사용하지 않아야 하며 또한 대기속도계의 지시를 그대로 따르려고 하지 않도록 주의를 해야 한다.

90° 지점에 접근하면 착륙지점의 위치를 체크한다. 나머지 90° 선회는 착륙지점에서 재이륙하는 코스 라인에 맞춰 끝내야 한다. 헬리콥터가 착륙지점과 너무 가깝게 있으면 경사각(bank angle)을 줄여 선회반경을 키우고, 반대로 너무 멀리 있으면 경사각을 키워 선회반경을 작게 한다. 어느 경우라도 경사각은 60°를 초과해서는 안 된다. 트림 볼의 상태를 계속 확인하고 사이클릭과 반토크페달을 사용하여 적절한 비행상태를 유지한다. 실제 착륙을 하거나 혹은 지평선 동력 회복을 수행하든지 간에 지상에서 200ft 고도인 지점을 통과하기 전에 선회는 끝내고 헬리콥터는 착지하고자 하는 지점과 일직

선으로 되어야 한다. 코스에 들어서면 합당한 측풍 수정을 해준다. 만약 회전속도(rpm)를 조정하기 위하여 콜렉티브 피치를 증가시켰다면 재이륙할 때 회전익의 rpm이 급격하게 떨어지는 것을 방지하기 위하여 콜렉티브 피치를 줄여주어야 한다.

만약 헬리콥터가 착륙과정에서 안정된 접근(즉, 180° 선회를 끝내고 착지지점과 정대하여 일직선으로 접근) 상태가 아니거나, 회전익의 회전속도가 허용치 안에 들지 않거나, 헬리콥터의 자세/대기속도가 적절한 범위를 벗어나거나, 혹은 지상 200ft 고도에서 적절한 조종이 안 되면 즉시 착륙과정을 포기하여야 한다. 조종을 하고 있는 조종사 혹은(다른 사람이 끼어들 때) 인가된 비행교관(CFI)은 즉시 착륙을 중지하고 부드럽게 동력회복을 수행하여 복행을 한다. 이 상황에서 조종에 끼어든 비행교관(CFI)은 상실된 회전익 rpm을 회복시켜서 자동회전 비행이나 선호하는 호버활주로 전환하려 하지 말고 복행이 훨씬 안전한 선택이라는 것을 기억해야 한다.

모든 진입위치, 특히 180° 진입 시에 우선적으로 고려할 사항은 가능한 한 얼마나 높은 고도로 최종 코스에 진입하는 것이다. 콜렉티브를 내리고 엔진을 공회전(idle)으로 세트하면 헬리콥터는 고도를 상실하게 된다. 선회가 지연되면 착륙경로에 도착할 때 고도가 너무 낮아지게 된다. 나아가 비정상비행조건(트림 볼이 중앙에 있지 않는 상태)에서는 수정조치를 하지 않으면 회복할 수 없을 정도로 침하율이 커지게 된다.

착륙경로(course line)로 선회할 때 조종석 내부뿐만 아니라 외부도 살펴보는 탐색방식(scan pattern)을 사용하여야 한다. 외부적으로 살펴야 할 가장 중요한 항목은 합당한 하강자세와 적절한 선회율을 유지하는 것이다. 내부에서 살펴보아야 할 필수적인 항목은 회전익 rpm과 중앙에 있는 트림 볼이다. 중력 힘(G force)이 회전익장치에 걸리기만 하면 회전익 rpm은 커지는데 보통 착륙경로로 선회할 때와 감속 플레어할 때 일어난다.

전 조작과정에서 회전익 rpm은 비행교범(RFM)에서 권고하는 범위에 있어야 한다. 만약 허용범위에서 벗어나면 하강률도 커지고 활공비가 적어진다. 선회 시에 'G'하중으로 회전익의 rpm이 원하는 회전속도를 초과하면 즉시 콜렉티브를 올려 회전익의 피치를 키워서 회전익의 rpm이 원하는 속도로 줄어들게 하여야 한다. 자동활공에서 회전익의 회전속도가 가장 중요한 요소이다. 왜냐하면 허용하는 하강률로 안정시키는데 필요한 양력을 제공하고 착륙 때 완충작용을 할 에너지를 제공하기 때문이다. 동력 상실이 되면 즉시 콜렉티브를 완전히 내려주어 회전익의 rpm이 유지되도록 한다. 그러나, 너무 급하게 혹은 거칠게 콜렉티브를 조작하면 시소형 회전익장치를 가진 헬리콥터에서는 마스트 범핑을 초래할 수도 있다.

에너지는 회전하는 구성품의 가장 중요한 성질로서, 회전익장치에 축적된 운동에너지가 착륙 때 완충역할을 한다. 콜렉티브를 올려, 즉 회전익의 받음각을 키워 자동활공의 끝자락에서 보다 많은 양력을 발생하게 한다. 이때 회전익의 회전속도가 급격히 떨어져 착륙할 때 침하를 막고 착지 때 쿠션을 받으려면, 항공기를 플레어시키고 콜렉티브를 완전히 당겨주는 시점이 매우 중요하다. 플레어하기 전에 코스 라인에 들어서자마자 외부 상황에 대하여 온 신경을 써서 살펴보아야 한다. 살펴야 할 사항은 다음과 같다.

- 항공기의 수평자세, 지상궤적과 항공기 기수와 일치상태
- 플레어 자세를 할 때의 고도와 접근상태(지상속도)
- 하강할 때 대기속도, 회전익 rpm, 엔진 rpm 계기의 교차점검

자동활공에서 플레어 시킬 때 현재의 바람상태, 대기속도, 밀도고도(DA), 항공기 총중량 등에 따라 달라진다. 고밀도고도에서 작동시킨다면 자동활공을 중지(포기)하고 원상회복을 하고자 할 때 헬리콥터의 조종에 미치는 영향을 고려하여야 한다. 고려할 사항은 다음과 같다.

- 강하율이 커짐
- 자동활공에서 회전익 rpm의 회복이 감소됨
- 자동활공에서 초도 회전익 rpm반응이 적음
- 플레어고도가 더 높아야 함
- 엔진동력성능의 저하

나. 일반적인 실수

1) 부적합한 고도나 속도에서 기동을 시작
2) 수평자세(혹은 정상비행상태가 아님)가 아닌 상태에서 기동을 시작
3) 초도 감속을 할 때 안정상태의 자세로 수정하지 않고 기동을 시작(하강할 때 항공기속도가 너무 떨어짐)
4) 진입 시 강하할 때 부적합하게 전환
5) 진입 시 반토크페달의 부적합한 사용
6) 적절하게 측풍에 대한 수정(항공기의 편류 허용)을 하지 못함
7) 선회하는 동안 정상비행상태 유지 실패
8) 비행교범에서 권고한 회전익 rpm을 유지하지 못함
9) 동력복구 자동활공에서 강하율을 늦추기 위하여 콜렉티브를 올릴 때 과도한 요현상 초래
10) 동력복구 자동회전에서 동력 적용의 지연
11) 초도 콜렉티브 조작에서 너무 많이 또는 너무 적게 함

12) 플레어 미숙(너무 많이 또는 너무 적게)
13) 너무 낮은 위치 또는 너무 높은 고도에서 플레어 조작
14) 동력을 살릴 때 기수 유지 실패
15) 수평자세로 착륙하지 못함
16) 착륙 시 항공기의 자세와 움직이는 방향이 일치하지 않음
17) 완전자동활공 시 콜렉티브를 충분히 사용하지 않아 완충작용을 못함
18) 완전자동활공 시 착지할 때 조종입력이 거침

1.5 동력회복(Practice Autorotation with Power Recovery)

동력회복조작은 실제로 착지하지 않고 연습 자동활공을 종료할 때 사용하며 동력을 회복한 후에 착륙을 하거나 복행을 수행한다.

가. 기술(연습방법)

헬리콥터에 따라 다르나 착륙장치가 지상으로부터 약 3~15ft 위에서 사이클릭 조종을 앞으로 조정하여 헬리콥터를 수평이 되도록 한다. 10ft 이하에서는 기수를 너무 높이 들어 꼬리부분이 내려가지 않도록 한다. 기수가 약간 들린 상태에서 수평자세를 갖기 직전에 콜렉티브를 스로틀과 함께 올려주어 작동 회전속도에서 2개의 지침이 합쳐지게 한다. 이때 스로틀과 콜렉티브를 적절하게 동조시켜야 한다.

스로틀을 너무 빨리 또는 너무 많이 올리면 엔진속도가 초과될 수 있다. 반대로 콜렉티브를 올리면서 스로틀을 너무 천천히 또는 너무 적게 올리면 회전익의 회전속도가 떨어지게 된다. 헬리콥터의 하강을 멈추도록 콜렉티브를 충분히 올리되 엔진의 반응을 보면서 점진적으로 하고 한편으로는 반토크페달을 사용하여 기수를 유지해준다. 동력을 회복시키고 착륙할 때에는 헬리콥터를 제자리비행 상태로 한 다음 하강하여 착륙한다.

동력회복으로 자동활공을 연습할 때에는 스로틀(파워) 레버가 플레어를 시작할 때 비행세팅에 있어야 한다. 회전익의 에너지가 소멸하여 정상비행 회전속도로 감소될 때 엔진의 속도가 올라가서 두 지침이 포개져야 한다.

스로틀 조종이 콜렉티브에 달려 있지 않은 헬리콥터는 다른 추가 조치가 필요하다. 동력레버를 '비행(flight)', 즉 정상위치로 놓고 자동활공을 시작하여야 한다. 완전한 착륙을 연습할 때 착륙지점에 안전하게 도달할 수 있을 때 동력레버를 '공회전(idle)' 위치로 놓는 것이 일반적인 기술조작이다. 대부분의 헬리콥터에서 조종사는 그 지점에서 비동력(power-off)착륙을 수행하게 된다. 그러나 만약 엔진이 그 시간에 회복될 수가

있고 교관이 능숙하면 지상 100ft 이하로 내려가기 전에 동력회복 조작을 수행하는 것이 가능하다. 조종사는 기본적으로 회전익비행교범(RFM)의 지침에 따라야 한다.

동력회복으로 자동활공을 연습할 때 왕복엔진과 터빈엔진은 큰 차이가 있다. 왕복엔진은 동력변화가 매우 빠르게 반응하는데 특히 동력증가가 잘 된다. 일부 터빈엔진은 연료조절 장치에 따라 시간이 지연된다. 정격마력을 내기 위하여 과급기를 필요로 하는 왕복엔진도 동력회복을 할 때 동력증가에 시간이 걸린다. 이렇게 엔진반응이 더딘 헬리콥터는 동력회복을 할 때 지상 100ft에서 바늘이 겹치도록 미리 충분한 동력을 발생시켜야 한다.

복행(go-around)을 할 때에는 사이클릭 조종을 앞으로 밀어 전진비행을 재개한다. 연습 자동활공 비행에서 복행으로 전환할 때 헬리콥터가 고도-속고 도표의 불안전한 영역에 들어가지 않도록 주의하여 실시하여야 한다.

이것은 동력비행에서 자동활공으로 전환할 때 그리고 다시 동력비행으로 전환할 때 집중해야 하기 때문에 수행하기가 가장 어려운 조작 중의 하나이다. 콜렉티브에 동력조절장치가 설치된 헬리콥터에서는 엔진동력이 비행동력에서 공회전동력으로 다시 비행동력으로 세팅되어야 한다. 이러한 전환조작이 지연되면 회전익의 회전속도에 심각한 영향을 끼쳐 헬리콥터가 회복할 수 없는 상황에 빠질 수도 있다.

사이클릭은 동력이 없어도 필요한 대기속도를 유지하도록 조종해야 한다. 그리고 감속 플레어 때 사용하고 수평 제자리비행으로 전환할 때 사용하여야 한다. 나아가서 사이클릭은 편류현상(translating tendency)을 보상하는 것을 없애도록 해주어야 한다. 제자리비행을 하기 위하여 회전익에 거의 최대의 동력이 걸리기 전까지는 꼬리회전익은 반토크 추력을 발생시킬 필요가 없기 때문이다.*

페달은 동력비행의 반토크 트림 세팅에서 자동활공인 비동력비행에서 반대의 트림 세팅으로 조절되었다가 다시 동력비행인 제자리비행으로 인하여 반토크 트림 세팅으로 돌아가야 한다. 위의 모든 조작이 23초 동안의 자동활공에서 이루어져야 한다. 그리고 마지막 5초에서 신속하게 정밀한 조종입력이 수행되어야 한다.

나. 일반적인 실수

1) 회복조작을 너무 늦게 시작함으로써 조종장치들을 급격히 조작하여 과도한 조종을 초래함.
2) 지면근처에서 수평자세를 유지하지 못함.

* 제자리비행을 할 때 회전익의 토크를 상쇄시키기 위하여 꼬리회전익에 추력을 발생시키는데 이 힘으로 인한 항공기의 편류현상을 보상하기 위한 구조적 장치를 고려하여야 한다.

3) 스로틀과 콜렉티브를 동조시키지 못하여 엔진속도가 초과되거나 회전익의 회전 속도를 잃게 됨(loss).
4) 동력을 올릴 때 반토크페달을 동조하지 못함.
5) 엔진동력을 늦게 연결하여 과열, 과도한 토크, rpm이 떨어짐.
6) 안전한 자동활공 상황이 아닌데도 복행(go around)을 하지 않음.

1.6 제자리비행 동력상실 연습(Practicing Power Failure in a Hover)

'제자리비행 자동활공(hovering autorotation)' 즉 제자리비행 상태에서 엔진이 정지하거나 기타 비상사태에 직면하였을 때 올바른 조치를 취하기 위하여 제자리비행에서 동력이 상실한 경우를 연습한다. 아래 기술은 회전익이 반시계방향으로 회전하고 꼬리회전익이 있는 헬리콥터의 경우이다.

가. 기술(연습방법)

제자리비행에서 자동활공을 연습하려면 헬리콥터의 하중과 대기조건을 고려하여 해당 헬리콥터에 요구되는 정상적인 제자리비행 고도(보통 2~3ft)에 위치시키고, 헬리콥터 기수를 정풍방향으로 하고 회전익의 속도를 최대허용 회전속도가 되도록 유지한다.

헬리콥터를 동력고장이 발생한 것과 같은 상태로 하기 위하여 스로틀을 엔진 공회전(idle)위치까지 힘껏 돌린다. 스로틀이 이 위치가 되면 회전익으로부터 엔진의 구동력이 분리되어 동체에 토크 효과가 없어진다. 스로틀이 닫힐 때 반토크페달을 조작하여 기수를 유지한다. 일반적으로 꼬리회전익의 추력 상실을 보상해주기 위하여 사이클릭 조종을 약간 오른쪽으로 조정하여 헬리콥터가 왼쪽으로 움직이지 않도록 한다. 또한 수직강하와 수평자세를 갖도록 필요에 따라 사이클릭 조종을 사용한다. 콜렉티브는 처음 진입 시에는 조정하지 않는다.

관성이 적은 회전익장치를 가진 헬리콥터인 경우에는 곧바로 떨어지기 시작한다. 페달로 기수를 유지하면서 사이클릭 조종을 조정하여 수평자세를 유지하고 수직강하를 한다. 동적 롤오버를 방지하기 위하여 항공기가 롤(roll) 움직임이 일어나지 않도록 하여야 한다. 회전익의 회전속도가 떨어지면 사이클릭의 반응도 감소하여 바람을 보상하려면 보다 사이클릭을 많이 조작하여야 한다.

지면에서 약 1ft 정도 위에서 하강속도를 가지고 지면에 충격을 주지 않도록 콜렉티브를 올려주어 서서히 하강시켜 착지 시 쿠션을 갖도록 한다. 보통 착륙장치가 지면에 닿을 때 콜렉티브를 최대로 올려주어야 한다. 콜렉티브를 올려줄 때 엔진이 회전익과 연결되지 않도록 스로틀은 공회전 위치(idle detent)로 계속 유지시켜야 한다. 공회전 위치는 공회전(idle)과 차단(off) 사이의 튀어나온 스톱위치로 공회전으로 밀 때 잘못되어 스로틀이 차단(off)되지 않도록 한다.

관성이 큰 회전익장치를 가진 헬리콥터의 경우에는 스로틀이 닫혀도 서서히 떨어진다. 헬리콥터가 지상 약 1ft 위에 올 때 스로틀은 공회전 위치로 유지하고 콜렉티브를 위로 올려 하강이 천천히 이루어지고 착지 때 쿠션을 갖도록 한다. 콜렉티브를 올려주는 적용시점과 올려주는 비율은 헬리콥터 타입과 총중량 그리고 그 당시의 대기조건에 따라 달라진다. 사이클릭 조종으로 수평자세를 유지하여 수직강하가 되도록 한다. 반토크페달을 사용하여 기수를 유지한다.

헬리콥터의 무게가 착륙장치에 다 걸리면 콜렉티브를 위로 올리는 것을 중지하고 헬리콥터가 완전히 정지하면 콜렉티브를 아래로 끝까지 밀어준다.

콜렉티브의 조작 시점이 아주 중요한 요소이다. 너무 빨리 조작하면 부드럽게 착륙할 만한 잔여 회전속도가 모자라고, 반대로 너무 늦게 조작하면 착륙 때 쿠션을 받을만한 피치각을 얻기도 전에 착지가 될 수 있다. 헬리콥터가 땅에 닿지 않도록 해주기 위하여 콜렉티브를 사용하면 회전익의 실속을 일으키게 된다. 회전익이 저속(low rpm)으로 회전하면 실속이 발생하여 양력을 모두 상실하게 된다. 양력을 잃으면 헬리콥터가 지면으로 떨어지면서 회전익이 꼬리동체를 칠 수도 있고 착륙장치의 손상이나 동력전달장치 장착부의 변형과 동체의 균열을 가져올 수도 있다.

나. 일반적인 실수

1) 동력이 감소할 때 반토크페달을 충분하게 적절히 사용하지 못함.
2) 착지하기 전에 헬리콥터가 좌우나 후방으로 움직이는 것을 막지 못함.
3) 콜렉티브를 적절하게 올려주지 않아 착지 시 충격이 큼.
4) 수평자세로 착지하지 못함.
5) 스로틀을 완전히 공회전상태로 돌리지 않음.
6) 안전고도에서 제자리비행을 안 함.
7) 안전한 자동활공 조건이 아닌데도 복행(go around)을 하지 않음.

02 와류고리상태(Vortex Ring State: Settling with Power)

와류고리상태(동력침하라고 함)란 엔진의 동력(20~100%)으로 수직하강을 할 때 헬리콥터가 거의 또는 전혀 상승성능을 갖지 못하는 공기역학적인 상황을 말한다. 그래서 '동력침하 또는 동력포화상태(settling with power)'란 용어도 같이 쓰이는데 이는 엔진의 총동력을 사용해도 헬리콥터가 침하한다는 것에서 나온 말이다.

정상적인 지면효과권외(OGE) 제자리비행에서는 헬리콥터가 회전익을 통하여 많은 양의 공기를 아래로 분출시키면서 정지 상태로 머물 수가 있다. 이때 일부 공기가 회전익 끝단에서 회전하여 회전익 아래에서 위로 돌아가 위쪽에서 들어오는 공기와 섞이게 된다. 이러한 현상은 모든 에어포일에서 발생하는 공통현상이며 끝단와류(tip vortex)라고 한다. 끝단와류는 항력을 발생시키고 에어포일의 효율성을 떨어뜨린다.

끝단와류가 적을 때는 회전익의 효율성만 약간 떨어뜨릴 뿐이다. 그러나 헬리콥터가 수직으로 하강하게 되면 내리흐름으로 침하하면서 끝단와류가 대단히 커지게 된다.

이러한 와류고리상태에서는 엔진의 대부분의 동력이 회전익 주변에 도넛(doughnut) 형태로 공기를 순환하는데 소모된다.

또한 정상적으로 하강하면서 유도되는 흐름보다 헬리콥터가 빨리 내려가게 되어 회전익 안쪽부분의 공기흐름은 회전면을 기준으로 윗방향으로 흐르게 된다. 이러한 현상이 발생하면 끝단와류에 추가하여 제2의 와류고리가 형성된다. 이 와류고리는 공기흐름이 위에서 아래로 변하는 회전익의 위치에서 발생한다. 결국 회전판의 많은 영역에서

그림 11-3 와류고리상태(vortex ring state)

불안정한 난기류가 형성되어 엔진에서 동력을 제공해도 회전익은 효율성을 상실하게 된다.그림 11-3

와류고리상태로 완전히 빠지게 되면 헬리콥터는 제멋대로 전후좌우로 진동이 발생하는 불안정한 상태가 되며, 콜렉티브 조종의 기능도 유명무실하게 되고 그대로 방치하면 하강률이 6,000ft/min(fpm)에 이르게 된다.

와류고리상태는 난류 속에서 회전익이 하강상태에 들어가고 항공기의 전진속도가 낮으면 언제나 발생할 수 있다. 대기속도가 전이양력을 내는 속도 이하에서는 와류고리상태가 될 가능성이 있다. 급속 정지조작을 할 때나 자동활공에서 회복조작을 할 때 때때로 이러한 상태가 일어난다.

다음과 같은 조건들이 복합되면 와류고리상태로 빠져 침하를 일으킬 가능성이 많다.

1) 최소 300ft/min의 속도로 수직하강 할 때(실제 위험한 속도는 총중량, 회전속도, 밀도고도 등등에 따라 달라진다.)
2) 회전익장치가 엔진동력을 사용하고 있을 때(20%에서 100%)
3) 항공기의 수평속도가 유효전이양력을 갖는 속도보다 느릴 때

와류고리상태에 빠질 가능성이 높은 경우는 정밀한 고도 조종을 유지하지 못하고 지면효과권외 제자리비행(OGE hover)을 시도할 때, 뒷바람을 받으면서 접근할 때, 특히 급경사로 접근할 때 등이다.

일반적으로 조종사는 와류고리상태에서 벗어나기 위하여 우선 먼저 콜렉티브를 올려 헬리콥터의 하강을 멈추려고 시도한다. 그러나 이러한 조작은 회전익의 실속영역만 넓혀주어 하강속도만 증가시킨다. 또한 회전익의 안쪽부분이 실속상태가 되어 사이클릭 조종도 성능이 떨어진다. 이 상태에서 벗어나기 위해서는 헬리콥터의 전진속도를 증가시키고 콜렉티브 피치를 조금 내려주어야 한다. 대부분의 헬리콥터는 동력을 올리면서 횡적 사이클릭 추력과 반토크 추력을 병행시키면 위험상황에서 빠르게 벗어날 수 있다. 이러한 기술(Vuichard Recovery)은 와류에서 벗어나도록 하강률을 없애주어 회복하는 방식이다. 극심한 와류고리상태에 빠지면, 자동활공으로 전환하는 조작방법만이 유일한 방법이다.

복수(tandem) 회전익 헬리콥터는 옆으로 움직여 2개의 회전익이 동시에 좋은 공기흐름을 갖도록 해야 한다.

와류고리상태의 시범이나 와류고리상태를 체험하고 회복훈련을 할 때에는 회복조작에 충분한 고도(적어도 지상 1,000ft 이상 또는 제작사의 권고 고도 중 더 높은 고도)에서 수행하여야 한다.

이 조작에 들어가기 위하여 다음과 같은 단계를 수행한다.

1) 헬리콥터가 거의 정지한 상태로 지면효과권외(OGE) 제자리비행을 한다.
2) 콜렉티브를 줄여 수직하강을 시작하고 기체가 요동치면 콜렉티브를 올려준다.
3) 헬리콥터의 속도가 10노트 이하가 되도록 자세를 조절하고 헬리콥터의 침하속도가 적어도 300ft/min 될 때까지 기다린다.
4) 헬리콥터가 떨기 시작할 때 콜렉티브를 조금 더 위로 당겨주어 진동과 침하속도가 커지게 한다.
5) 동력을 증가시키면 공기통속에서 항공기의 침하속도가 커진다.

헬리콥터 고도가 충분하다면 조종사가 체험지식을 터득하도록 와류 속에 어느 정도 있어도 되지만, 일반적으로 와류고리상태 징후가 보이면 곧바로 회복조치에 들어가야 한다.

회복조작은 와류고리상태의 징후가 보일 때 바로 시작하여야 하며 사이클릭을 앞으로 밀어 헬리콥터 속도를 증가시키고 동시에 콜렉티브를 내려주어야 한다. 헬리콥터가 유효전이양력을 받고 정상적인 상승이 이루어지면 완전히 와류고리상태에서 회복된 것이다.

나. 일반적인 실수

a) 전통적인 회복조작

1) 와류고리상태 진입 시 과다한 횡방향의 속도를 가짐.
2) 콜렉티브 피치를 과도하게 내려줌.

b) Vuichard 회복조작

1) 과도한 횡방향 사이클릭 조작
2) 기수 유지 실패

03 후진회전익 실속(Retreating Blade Stall)

전진비행을 할 때 회전익의 위치에 따라 회전익 판을 통과하는 상대공기의 흐름이 달라진다. 앞으로 나아가는 방향일 때에는 헬리콥터의 전진속도로 인하여 상대공기 흐름이 빨라지고 반대로 뒤로 나아가는 방향일 때에는 상대공기 흐름이 느려진다. 헬리콥터의 속도가 증가할수록 상대적인 양력의 불균형이 커진다.

회전익판에서 같은 양력을 발생시키기 위해 전진하는 회전익은 위로 올리고 후진하는 회전익은 아래로 내려준다.(flapping) 전진하는 회전익의 받음각이 작아져 양력이 감소하고 후진하는 회전익의 받음각은 커져 양력이 증가한다.

헬리콥터의 전진속도가 빨라져 어느 정도에 이르면 후진하는 회전익은 상대속도가 떨어지면서 받음각이 너무 커져 양력을 상실하게 된다. 그래서 후진하는 회전익의 실속이 헬리콥터의 최대속도(V_{NE})를 제한하는 중요 요소가 된다. 실속이 발생하면 저주파진동이 발생하고 기수가 들리며 후진하는 회전익방향으로 헬리콥터가 옆으로(roll)기울어진다. 헬리콥터의 전진속도가 빨라지면 헬리콥터의 무게, 회전익의 저회전속도, 고밀도 고도, 심한 흔들림이나 과격한 선회 등이 후진하는 회전익의 실속을 일으키는 요소가 된다. 고도가 높아질수록 동일한 속도로 같은 양력을 유지하려면 회전익의 받음각이 커져야 한다. 그래서 후진하는 회전익의 실속은 고공에서는 저속의 전진속도에서도 발생하게 된다. 대부분의 헬리콥터 제작회사는 고도에 따른 절대초과금지속도(V_{NE})의 감소를 보여주는 차트와 그래프를 제공한다.

항공기가 고속에서 후진회전익이 실속에 들어갔을 때 이 상태에서 벗어나려고 사이클릭을 뒤로 당기는 것은 상태를 더욱 악화시킨다. 사이클릭을 뒤로 젖히게 되면 플레어효과가 발생하여 받음각이 더욱 커지기 때문이다.

또한 사이클릭 조종을 앞으로 밀면 후진회전익의 받음각이 증가하여 마찬가지로 실속이 깊어진다. 정확한 회복조치 조작으로는 우선 콜렉티브를 내려주어 회전익(깃)의 각(pitch angle)을 줄여서 받음각(angle of attack)을 작게 하고 그런 다음 사이클릭 조종을 뒤로 당겨 헬리콥터의 속도를 떨어뜨려 주어야 한다.

나. 일반적인 실수

1) 후진 회전익의 실속을 일으키는 복합적인 요소에 대한 인식을 하지 못함.
2) 고도에 따른 절대초과금지속도(V_{NE}) 계산을 하지 못함.

04 지면공진(Ground Resonance)

지면공진은 보통 3개 이상의 회전익을 가진 완전관절형 회전익장치에서만 발생하는데, 헬리콥터가 지면과 접촉했을 때 특정 회전익속도에서 헬리콥터의 구조물을 파괴 시킬 수 있는 진동현상이다. 지상공진은 항공기 기체가 지닌 고유주파수가 회전익의 불균형으로 증폭되어 발생하는 기계적인 설계 문제이다. 불균형된 회전익 판이 항공기 기체의 진동과 같은 주파수로 진동하면 엔진이 동력을 가해주어 동조된 진동의 진폭이 커져 구조물의 손상을 초래한다. 이러한 상황에서는 순식간에 헬리콥터가 파괴될 수 있다.

만약 헬리콥터의 한쪽이 먼저 심하게 땅에 닿으면(바퀴타입 착륙장치인 경우에 그럴 가능성이 많음) 그 충격이 회전익장치에 전달되어 회전익들이 서로 정상적인 관계에서 벗어나 드래그힌지를 따라 각각 멋대로 움직이게 된다. 3개의 회전익이 서로 120°의 간격을 가지고 정상적으로 움직이다가 충격이 회전익 헤드에 전달되면 회전익간의 간격이 122°, 122°, 116°로 서로 달라진 것을 보여주고 있다.그림 11-4 만약 또 하나의 착륙바퀴가 지상과 닿으면서 제2의 충격을 주면 이와 같은 불균형현상은 더욱 악화된다.

회전속도가 낮을 때에는 즉시 스로틀을 닫고 콜렉티브를 완전히 내려 회전익의 피치를 낮춰주어야 한다. 회전속도가 정상 작동범위에 있을 때에는 헬리콥터를 우선 지면에서 떨어지도록 비행시킨 후 회전익들이 자동적으로 평형상태로 돌아오면 다시 정상적인 착륙을 시도한다. 그러나 떴다가 회전익들이 제 위상으로 돌아오기 전에 헬리콥터를 지면에 착지시키면 제2의 충격이 회전익에 전달되어 불균형상태가 더욱 심해져서 속수무책일 정도의 격렬한 진동을 가져올 수 있다.

이러한 지면공진 현상은 드래그힌지가 없는 고정형이나 반관절형 회전익장치에서는 발생하지 않는다. 또한 착륙장치가 스키드타입이면 바퀴타입에 비해 지면공진 현상이 잘 일어나지 않는다.

그림 11-4 지면공진

05 동적 롤오버(Dynamic Rollover)

이륙 또는 착륙할 때 헬리콥터가 지면에 접촉된 상황에서 동적 롤오버라고 부르는 옆으로 기울어지는 경향이 발생할 우려가 있다. 이러한 동적 롤오버의 초기단계에서는 헬리콥터가 일단 스키드나 착륙바퀴를 축(피봇 점)으로 옆으로 기울어지면서 임계 경사각까지 이르게 된다. 전복을 일으키는 임계각은 헬리콥터 종류에 따라 다르다. 만약 임계경사각보다 커지면 회전익의 추력이 롤 현상을 촉진시켜 회복이 불가능하게 된다. 이 상태에서는 사이클릭 조종을 어떻게 조작하든지 간에 헬리콥터는 한쪽으로 전복된다.

헬리콥터가 스키드나 바퀴를 축으로 하여 옆으로 기울어지기 시작하면 동적 롤오버 현상이 발생한다. 동적 롤오버를 일으키는 세 가지 요소는 다음과 같다.

1) 롤 모멘트
2) 항공기의 무게중심(c.g)이 아닌 피봇 점
3) 항공기 무게보다 추력이 큼

이러한 현상은 스키드 고정장치(tie down)를 제거하지 않거나, 측면으로 제자리비행 시 스키드나 바퀴가 고정물체에 걸리거나, 혹은 착륙장치가 얼음이나 아스팔트 또는 진흙에 빠지거나 하는 경우에 발생할 수 있다. 또한 경사지에서 조작할 때 이륙이나 착륙 기술을 제대로 사용하지 못하면 발생하게 된다. 여하튼 원인에 관계없이 적절한 수정 조치를 하지 않으면 동적 롤오버가 일어난다.

한번 동적 롤오버가 시작되면 사이클릭 조종만 가지고 넘어지는 방향과 반대방향으로 조작하여 이것을 멈추게 할 수가 없다. 예를 들면 오른쪽 스키드가 물체에 걸려 피봇 점이 되면서 헬리콥터가 오른쪽으로 기울기 시작하면 사이클릭 조종을 최대로 왼쪽으로 조작해도 회전익의 추력성분과 모멘트가 헬리콥터를 계속 오른쪽으로 기울어지게 한다. 동적 롤오버가 커지는 것을 멈추기 위해서는 최대한으로 빨리 콜렉티브를 내려주는 것이 최상의 방법이다. 동적 롤오버는 착륙장치 타입에 관계없이 모든 종류의 회전익장치에서 일어날 수 있다.

회전익은 움직이는 범위가 제한되어 있다는 것을 항상 기억하고 있어야 한다. 헬리콥터가 옆으로 5~8° 이상 기울어지면 사이클릭 조종이 수직 양력을 발생시키는 것이 아니라 헬리콥터가 옆으로 기울어지도록 횡적 힘(양력)을 발생하게 된다. 회전익의 움직임을 제한한 사유는 헬리콥터의 중량이 기체 위쪽에 있고 불안정한 무게중심도 고려한 것이다. 따라서 콜렉티브를 내려주는 것만이 유일한 회복조치로 추력을 없애주어야 한다는 것을 명심하여야 한다.

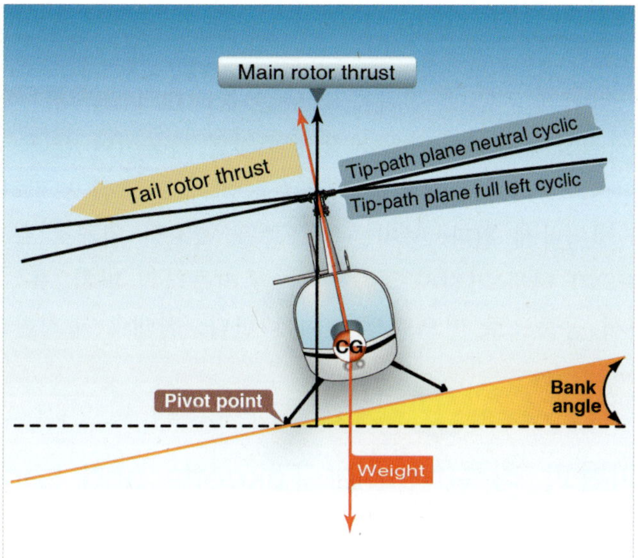

그림 11-5 피봇 기준 작동하는 힘

5.1 위기 상황(Critical Conditions)

임계 롤오버 각(rollover angle)을 작게 해주어 동적 롤오버(rollover)를 일으키기 쉽고 회복기회도 줄이는 요소들을 살펴보자. 횡 움직임(rolling)의 속도가 한 요소로, 이 속도가 빨라지면 회복조작이 가능한 임계경사각의 크기가 줄어들기 때문이다. 다른 하나의 요소는 헬리콥터의 추력(즉 양력)이 헬리콥터의 중량과 거의 같은 상태로 작동할 때이다.

그림 11-5를 보자. 반시계방향으로 회전하는 회전익을 가진 헬리콥터의 오른쪽 스키드가 지면에 접촉하고 있을 때 헬리콥터에 작용하는 힘을 표시한 것이다. 다음과 같은 조건에서 위험한 상황을 초래하게 된다.(시계방향으로 회전하는 헬리콥터의 경우는 반대방향이다.)

1) 오른쪽 스키드/바퀴가 밑에 있을 때(편류가 롤오버 힘을 키워줌)
2) 가로방향 무게중심이 중앙에서 오른쪽에 있을 때
3) 왼쪽에서 측풍이 불어올 때
4) 기수를 왼쪽으로 조작할 때(꼬리회전익의 추력을 크게 함)

5.2 사이클릭 트림(Cyclic Trim)

한쪽 스키드나 바퀴가 지면에 접촉하고 있는 상태에서 조작할 때에는 헬리콥터의 사이클릭 조종을 적절하게 트림하도록 세심한 주의를 기울여야 한다. 만약 이륙을 천천히 하면서 편류경향을 고려하여 사이클릭 조종을 제대로 맞춰 트림하지 않으면 2초도 안 되어 임계각을 벗어나게 된다. 사이클릭 조종을 적절한 위치로 트림을 하여 헬리콥터의 롤과 피치 속도가 너무 커지지 않게 한다. 헬리콥터의 피치, 롤, 그리고 요 움직임을 작게 유지하면서 공중으로 떠오르게 하여야 한다. 절대로 과격한 사이클릭 조종을 해서는 안 된다.

5.3 정상 이륙과 착륙(Normal Takeoffs and Landings)

평지에서 정상적인 이륙과 착륙 시에도 동적 롤오버가 일어날 수 있다. 만약 한쪽 바퀴나 스키드가 지면에 있고 추력(양력)이 헬리콥터의 무게와 거의 같을 때 이륙이나 착륙이 제대로 수행되지 않으면 지면과 접촉하고 있는 스키드나 바퀴를 축으로 롤 현상이 발생할 수 있다. 이륙이나 착륙하는 동안 피치 혹은 롤 움직임이 커지지 않도록, 특히 롤 움직임이 커지지 않도록 사이클릭 조종을 트림하고 원만하게 조작을 하여야 한다.

만약 경사각이 5~8°로 커지고 사이클릭 조종을 최대로 사용해도 경사각이 줄어지지 않으면 콜렉티브를 내려서 불안정한 롤 현상을 제거시켜야 한다.

헬리콥터의 한 쪽 착륙장치가 고박장치로 매어 있어 경사각이 커질 수도 있고, 또한 좌우 탑재 불균형(공인한계초과)이 한 요소가 될 수 있다.

5.4 경사지 이륙과 착륙(Slope Takeoffs and Landings)

경사지에서 작동할 때 과도한 콜렉티브를 사용하면서 경사에 대해 지나치게 사이클릭 조종을 사용하면 아래쪽 스키드가 너무 올라가서 사이클릭 조종이 가로한계를 초과하게 되어 반대쪽으로 뒤집히는 롤 현상이 발생할 수 있다.그림 11-6

경사지 이륙이나 착륙 조작을 할 때에는 제시된 절차를 따르고 롤 속도를 적게 해주어야 한다. 헬리콥터를 수평으로 하기 위하여 아래쪽 스키드나 바퀴를 서서히 올린 후에 이륙하여야 한다. 착륙할 때에는 우선 위쪽 스키드나 바퀴를 땅에 닿게 한 후 사이클릭과 콜렉티브를 병행 조정하여 아래쪽 스키드나 바퀴를 서서히 내려주어야 한다. 만

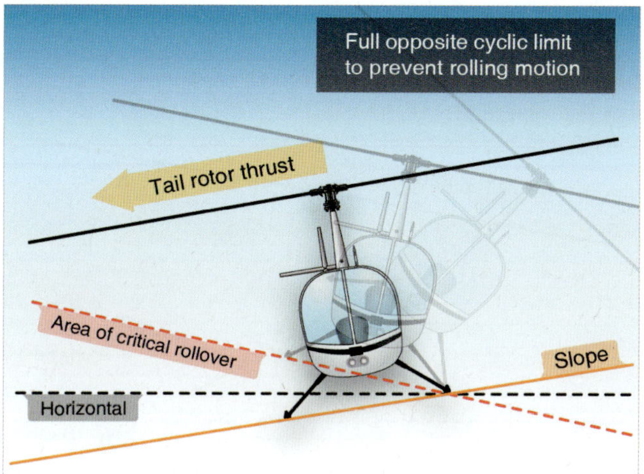

그림 11-6 오르막경사(upslope) 롤링

약 헬리콥터가 위쪽 경사진 방향으로 5~8° 정도 기울어지면 콜렉티브를 줄여서 경사각을 수정하고 수평자세로 한 후 다시 착륙절차를 시작하여야 한다.

5.5 콜렉티브 사용(Use of Collective)

헬리콥터의 롤 움직임을 제어하기 위해서는 사이클릭을 좌우로 움직이는 조작보다 콜렉티브를 사용하는 것이 효과적이다. 왜냐하면 회전익의 추력, 즉 양력을 줄여주기 때문이다. 부드럽게 적당한 속도(최고에서 최저로 내리는데 2초 정도)로 콜렉티브를 내려주는 것이 롤링 현상을 멈추게 하는 적절한 방법이다. 콜렉티브를 너무 빨리 내리면 회전익이 동체를 칠 수도 있으니 콜렉티브를 너무 빨리 내리지 않도록 주의하여야 한다.

또 다른 경우로는 헬리콥터가 경사지대에서 위쪽으로 기울기 시작할 때 콜렉티브를 너무 빨리 내리면 반대방향으로 롤 현상이 급격하게 발생하게 된다. 위쪽 스키드나 바퀴가 땅을 칠 때 반동으로 헬리콥터가 튀어 오르면서 발생하는 관성으로 아래쪽 지면 접촉점이 피봇 점이 되어 반대방향인 아래쪽으로 기울어져 옆으로 넘어갈 수도 있다.그림 11-7

경사가 있는 정상적인 조건에서 헬리콥터를 공중에 띄우려고 콜렉티브를 갑자기 당겨서는 안 된다. 왜냐하면 반대방향으로 갑자기 매우 큰 롤링모멘트가 발생할 수 있기 때문이다. 콜렉티브를 과도하게 조작하면 가로방향의 사이클릭 조종한계를 벗어날 정도로 위쪽 스키드나 바퀴가 너무 많이 올라가 조종불능 상태가 될 수 있다. 만약 헬리

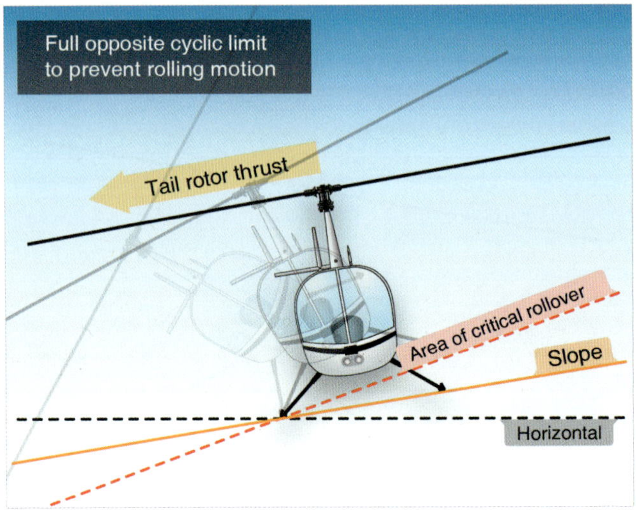

그림 11-7 내리막경사(downslope) 롤링

콥터가 한쪽 스키드나 바퀴가 지면에 접촉한 상태로 롤 현상이 커지면 헬리콥터는 그 쪽으로 넘어지게 된다.

5.6 주의사항(Precautions)

아래 사항은 동적 롤오버를 피하기 위한 방안이다.

1) 항상 제자리비행 자동활공은 바람이 불어오는 쪽으로 수행한다. 돌풍이 불거나 10노트 이상의 바람이 불면 이러한 비행을 하지 마라.
2) 울타리, 스프링클러, 덤불, 활주로 등, 고정 줄, 망(net), 또는 스키드나 바퀴가 걸릴 수 있는 기타 장애물 가까이에서 제자리비행을 할 때에는 신중을 기하여야 한다. 뜨거운 아스팔트에 정박한 경우 밤에 주기장이 식어 착륙장치가 내려앉은 상태에서 고착될 수도 있다.
3) 항상 2단계 이륙조작을 하라. 일단 헬리콥터의 스키드나 착륙장치에서 가볍게 들 정도로 콜렉티브를 당겨주어 헬리콥터의 평형상태를 체크한 후 다음 단계로 서서히 헬리콥터를 공중에 떠오르도록 하라.
4) 지상 가까이에서 제자리비행 조작을 수행할 때 스키드나 착륙장치가 어떠한 장애물과도 충분한 간격이 있을 정도의 충분한 높이에서 하라. 특히 측면비행이나 후진비행을 연습할 때 주의하여야 한다.

5) 바람이 위쪽 경사방향에서 불어올 때 가로방향 사이클릭 조종력이 줄어든다는 것을 기억하라.
6) 경사면 조작을 할 때 배풍조건은 피해라.
7) 왼쪽 스키드나 바퀴가 경사면 위쪽방향에 있을 때에는 꼬리회전익의 편류현상으로 가로방향 사이클릭 조종 능력이 떨어진다.(반시계방향으로 회전하는 회전익의 경우)
8) 사람이나 화물의 탑재 또는 하기 상태에 따라 가로방향 사이클릭 조종의 요건이 달라짐을 명심하라.
9) 만약 연료탱크가 양쪽에 설치되어 있어 연료가 연결라인을 통하여 자동적으로 이동하게 되어 있는 헬리콥터인 경우에는 헬리콥터가 기울어질 때 아래쪽 탱크로 연료가 이동하여 무게중심이 변화하게 되어 같은 가로방향 성능을 내기 위해서는 사이클릭 조종을 좌우 서로 다르게 조작하여야 한다.
10) 사이클릭을 한계치까지 조작하지 마라. 이러한 경우에는 다시 제자리비행 상태로 하고 경사가 적은 곳으로 착륙장소를 바꾸어야 한다. 왜냐하면 이러한 상태에서 콜렉티브를 내리게 되면 마스트가 휠 수도 있기 때문이다.
11) 경사지에서 이륙할 때 회전익 판을 수평으로 하거나 약간만 경사를 주어 수직양력을 내게 하고 경사에 미끄러지는 것을 방지할 정도의 횡 추력만 주도록 한다. 만약 위쪽 스키드나 바퀴가 아래쪽 것보다 먼저 뜨기 시작하면 부드럽게 서서히 콜렉티브를 내리고 아래쪽 스키드나 바퀴에 무엇이 걸려 있는가를 확인하여야 한다. 이러한 조건에서는 수직상승이 유일한 이륙방법이다.
12) 부표면(floating platform)에서 비행조작을 할 때 이륙이나 착륙하는 동안 부표면이 피칭/롤링하면 동적 롤오버현상이 발생할 수 있다. 부표헬기장(바지선, 배 등)에서 운항할 때 파도가 커지고 최소로 줄어드는 7번의 주기를 관찰하고, 최소의 파도가 움직이는 시간에 착륙이나 이륙을 하도록 한다. 또한 크레인, 마스트, 근처의 보트와 네트 등에 대하여 크게 주의를 해야 한다.

06 저중력 조건과 마스트 충격(Low G Conditions and Mast Bumping)

'G'는 지구 중력으로 인한 가속도의 약어이다. 지상에 서있거나 수평비행 중인 항공기에 앉아 있는 사람은 1G를 받는다. 조종사가 의자에서 압박을 받을 정도로 급격한 선회를 하는 항공기는 1G 이상의 고중력 상태를 경험하게 된다. 승강기를 타고 내려오는 순간이나 롤러코스터를 타고 급경사로 내려올 때 1G 이하의 저중력 상태를 겪게 된다. 조종사가 저중력을 인지하는 최상의 방법은 내려가는 승강기를 타고 출발할 때와 비슷한 무중력 느낌이다.

헬리콥터는 조종사의 조종 입력에 반응을 할 때 +G에 따른다. 조종사가 사이클릭을 사용하여 회전익 판을 경사지게 하고, 1G 상태에서 회전익은 항공기 무게와 같은 추력을 낸다. 추력벡터의 경사가 무게중심을 기준으로 모멘트를 주어 항공기가 피치 또는 롤을 한다. 저중력(1G 이하) 상태에서는 추력과 더불어 조종명령도 크게 줄어들게 된다.

조종력이 감소하지만 다발 회전익(3개 혹은 그 이상의 회전익 깃)을 가진 헬리콥터는 추력에 관계없이 약간의 모멘트를 동체에 줄 수 있는데, 이는 회전익 깃을 부착하는 회전익 허브의 디자인이 회전 중심에서 약간 벗어나 있기 때문이다. 그러나, 2개의 회전익 깃을 가진 시소형 회전익장치 헬리콥터는 전적으로 조종은 추력벡터의 경사에만 의존하여야 한다. 그래서 2개의 회전익을 가진 헬리콥터에서는 저중력(1G 이하) 상태가 되면 재앙이 될 수 있다.

제자리비행에서 이륙 개시 또는 와류고리상태에서 전형적인 회복조치 때와 같이 저속에서는 전진 사이클릭 조작이 저중력을 일으키지 않아 수행해도 좋다. 그러나 2개의 회전익을 가진 헬리콥터에서 격심한 전진 사이클릭 입력은 위험하니 피하여야 한다. 특히 고속에서는 절대 안 된다. 중간 또는 고속에서 사이클릭을 밀면 헬리콥터의 기수가 내려가 항공기가 저중력 상황으로 들어간다. 추력은 감소하고 조종사는 동체의 자세조종력을 상실하게 되는데 그것을 즉각적으로 느끼지 못한다. 꼬리회전익의 추력이나 기타 항공역학적인 요소로 롤을 일으키기도 한다. 조종사가 회전익 판을 조종할 수 있어 본능적으로 롤 현상을 수정하려고 하지만 추력이 부족하여 항공기가 반응하지 않는다. 만약 항공기가 오른쪽으로 롤(roll)하여 조종사가 수정하겠다고 사이클릭을 왼쪽으로 틀면 동체는 오른쪽으로 돌고 회전익 판은 왼쪽으로 기울어져 회전익 허브의 유격을 초과하여 허브가 회전익 마스트와 충돌하게 된다. 이것을 마스트 범핑(mast bumping)이라고 한다.그림 11-8 저중력 마스트 범핑이 수많은 군과 민간 항공기의 치명적인 사고의 원인이 되고 있다.

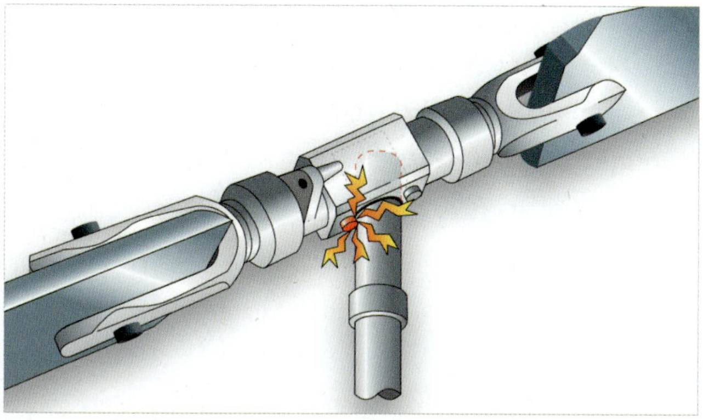

그림 11-8 저중력상태에서 허브와 마스트 충돌

이러한 마스트 범핑 현상을 'nap-of-the-earth' 비행*을 할 때 맨 처음으로 밝혀졌다. 사고 진행이 순식간에 일어나 회전익장치의 에너지와 관성으로 마스트가 절단되거나(sever) 회전익이 헬리콥터의 꼬리나 다른 부위를 때린다(strike).

난기류, 특히 심한 내리흐름이 저중력 상황을 초래하여 항공기가 고속으로 갈 때 마스트 범핑을 일으키게 된다. 일반적으로 헬리콥터가 경비행기에 비해 날개 면적(회전익 면적)이 적어 상대적으로 난기류에 대응하기가 쉽다. 난기류 속에서 비행을 할 때 대기 속도, 고도, 자세가 순간적으로 변할 수 있다. 조종사는 부드럽게 조종입력으로 대응하고 과도한 조종을 피하여야 한다. 가장 중요한 것으로 저속에서는 마스트 범핑이 적게 일어나니 항공기의 속도를 떨어뜨려야 한다.

다음과 같은 방법으로 마스트 범핑을 피할 수 있다.

1) 2개의 회전익(깃)을 가진 헬리콥터에서는 거칠게 사이클릭을 앞쪽으로 밀지 않도록 한다. 비행기 조종하는 사림은 충돌을 피하는 방법으로 기수를 내리는 것이 당연하여 이러한 습관을 깨기가 쉽지 않다. 헬리콥터 조종사는 콜렉티브를 내려 신속하게 하강을 하면 된다. 그렇지만 비행기를 조종하던 사람은 이러한 조작을 본능적으로 하기 위하여 훈련을 받아야 한다.
2) 저중력 상태가 되는 무중력 감각을 인지하고 심각한 상황에 빠지지 전에 곧바로 수정 조치를 해야 한다.
3) 반시계방향으로 회전하는 회전익의 헬리콥터인 경우 저절로 오른쪽 방향으로 롤을 하면 조종상실의 징후이니 그 즉시 수정조치를 해야 한다.
4) 저중력상태에서 먼저 롤(roll) 현상을 수정하려 하지 말고 정상 중력상태로 회복

* 지형의 곡면을 따라 비행하는 군에서 사용하는 저고도 전술비행기술

하도록 사이클릭을 뒤로 부드럽게 작동시켜라.

5) 난기류가 예상되거나 있으면 동력을 줄여 정상 순항속도보다 천천히 가라. 난기류(회전익의 플래핑 각이 커짐)와 빠른 대기속도(조종력이 훨씬 예민함) 둘 다 저중력에 빠질 가능성을 높여준다.
6) 모의비행장치를 통하여 마스트 범핑과 수정 회복기술, 그리고 잘못된 회복조작으로 인한 결과가 어떻게 되는지 저중력 상태를 인지하고 경험하는 것을 배우도록 한다.

저중력(무중력)상태가 되면 비극적인 결과가 발생할 수 있기 때문에 이러한 사태가 일어날 조건을 피하는 것이 최상의 방법이다. 다시 말하면 가능한 한 격렬한 동요가 일어나지 않도록 하여야 한다.

여러 개의 회전익을 가진 헬리콥터에서도 마스트 범핑과 유사한 현상이 발생하는데 이것을 '드룹스톱 파운딩(droop stop pounding)'이라 하는데 플래핑 유격을 벗어나면 발생한다. 그러나 저중력에서도 약간의 조종기능이 있기 때문에 시소형 회전익(2개의 깃)보다 적게 일어난다.

07 저속회전과 실속(Low Rotor RPM and Rotor Stall)

회전익 rpm은 헬리콥터가 작동할 때 아주 중요한 지수이다. 비행기가 특정 속도 이하에서 비행을 할 수 없듯이 헬리콥터도 회전익의 속도가 특정 rpm 이하에서는 비행을 못한다. 안전한 회전익 rpm 범위는 회전계에 표시가 되어 있고 비행교범에도 명시되어 있다. 만약 회전익의 rpm을 안전 운항범위 아래로 떨어뜨리면 헬리콥터는 저 rpm 상황에 들어가고 계속해서 rpm이 떨어지면 회전익은 결국 실속에 빠지게 된다.

회전익 실속을 후진하는 회전익(깃)의 실속과 혼동해서는 안 된다. 후진하는 회전익(깃)의 실속은 전진 속도가 빠를 때 후진하는 회전익의 끝단의 일부에서만 발생한다. 후진 회전익(깃)의 실속은 진동과 조종문제를 일으키지만 전체의 회전익은 항공기의 무게를 지탱할 만큼 충분한 양력을 제공할 수 있다. 그러나 전 회전익의 실속은 모든 속도에서 발생할 수 있고 갑자기 회전을 멈추게 되어 항공기를 지탱할 양력이 상실되면서 급격하게 하강하게 된다.

회전익 실속은 저속에서 비행기의 날개에 걸리는 실속과 매우 유사하다. 비행기의 날개는 날개 위에 필요한 공기흐름을 얻기 위하여 대기속도(항공기속도)에 의존하지만 헬리콥터는 회전익의 rpm에 따라 달라진다. 비행기의 대기속도가 감소하거나 회전익의 회전속도(rpm)가 느려지면 항공기의 무게를 지탱하기 위해서는 날개/회전익의 받음각이 커져야 한다. 날개나 회전익(깃) 위에 흐르는 공기흐름이 임계각(약 15°)에서 분리되어 실속이 일어나서 갑자기 양력을 상실하고 항력이 증가한다. 비행기에서는 실속이 일어나면 기수를 내려 받음각을 줄이고 동력을 키워 날개 위에 정상적인 공기흐름을 갖게 한다. 그러나 아래로 떨어지는 헬리콥터는 회전익 판에 상방향의 공기흐름이 발생하여 받음각이 매우 커져서 콜렉티브를 완전히 내려주어도 정상적인 공기흐름을 얻을 수 없다. 헬리콥터에서 회전익 실속이 발생하면 항공기의 전진속도가 후진 회전익보다 전진 회전익에 보다 많은 공기흐름을 주어 양력이 고르지 못하고 비대칭을 초래한다. 먼저 후진 회전익에 실속이 일어나고 자체 무게 때문에 뒤쪽으로 가면서 내려가는 반면 전진 회전익은 앞쪽으로 가면서 올라가게 된다. 이렇게 회전익 판이 뒤쪽으로 젖혀지는데 이것을 '블로우백(blow back)' 또는 '플랩백(flap back)'이라 한다. 헬리콥터가 하강하기 시작할 때 꼬리동체와 수평안정판의 아랫면에 공기흐름이 위로 발생하여 항공기의 기수가 내려가는 피치현상이 발생한다. 이러한 영향으로 조종사가 항공기의 수평을 유지하려고 사이클릭을 뒤로 당기면 회전익(깃) 꼬리동체에 접촉하거나 때에 따라서는 꼬리동체를 동강내기도 한다. 또한 꼬리회전익이 주회전익과 치차로 연결되어 있어 회전익의 rpm이 떨어지면 꼬리회전익의 추력에 심각한 상실을 초래하여 방향조종력도 잃게 된다.

회전익의 실속은 회복할 수가 없다. 저고도에서는 회전익 실속은 헬리콥터에 심각한 손상을 가져오는 사고를 초래한다. 대략 50ft 이상의 고도에서도 유사하게 치명적이다. 결론적으로 말하면 회전익의 저 rpm 상태를 빨리 인지하고 적절한 회복기술이 필연적이다.

비동력이나 동력 비행 중에 회전익 저 rpm은 발생할 수 있다. 비동력비행 때 저 rpm 상황은 엔진 고장 시에 콜렉티브를 빨리 내리지 않거나 자동활공 막바지에 상당히 높은 고도에서 콜렉티브를 올려주면 발생한다.

그러나 동력비행 때 회전익 실속 사고가 보통이다. 엔진이 정상적으로 작동하는데 조종사가 콜렉티브를 너무 많이 당겨, 즉 이용마력보다 큰 동력을 요구하면 발생한다. '과피칭(overpitching)'이라 하는데, 고밀도고도에서 엔진은 이미 최대마력을 내고 있는데 조종사가 콜렉티브를 올리는 것이다. 회전익(깃)의 받음각을 키우면 회전익의 속도를 유지하려면 추가로 엔진 동력이 요구되는데 엔진이 더이상 동력을 낼 수가 없어 결국 회전익의 rpm이 떨어지게 된다. 협소한 지역에서 헬리콥터가 과도한 하중으로 이륙할 때 유사한 상황이 발생한다. 동력이 있는 상태에서 일어날 수 있는 또 하나의 저 rpm 상황은 거버너가 없거나 거버너가 고장 난 상태에서 스로틀을 반대로 돌려줄 때이다.

엔진의 rpm이 감소하면 엔진의 동력도 감소한다. 엔진의 동력은 회전수에 비례하는데, 만약 과피치(overpitch)나 앞의 다른 예의 경우로 엔진의 rpm이 10% 떨어지면 동력을 내는 엔진의 능력도 10% 상실되어 생각했던 것 보다 회복이 늦어지거나 어려워진다. 엔진의 동력 저하와 회전익 rpm의 급감으로 인한 양력 저하로 헬리콥터는 침하하기 시작한다. 침하를 막기 위하여 콜렉티브를 올리면 더욱 급격하게 회전익 실속을 가져오게 한다.

조종사가 회전익의 저속 상황을 인지할 수 있는 여러 방법이 있다. 시각적으로 회전익 rpm계기 지시치가 떨어지고 토크의 변화로 요(yaw)가 일어난다. 또한 엔진 소음이 현저하게 감소하고 고속비행이나 선회 시에 진동이 커진다. 많은 헬리콥터가 저회전속도 경고장치가 있어 조종사에게 회전익의 저속회전을 경고해준다.

회전익의 저속회전 상태에서 회복하기 위해서는 동시에 콜렉티브를 내리고 스로틀을 올리고 사이클릭을 뒤로 당겨 수평자세를 유지하여야 한다. 고속비행 때는 상실된 회전익 rpm을 회복시키기 위해 사이클릭을 더 뒤로 당겨주어도 좋다. 회복조작은 문제를 파악하기 전에 즉시 수행하여야 하고 조건반사적으로 할 수 있도록 연습을 해야 된다.

08 계통고장(System Malfunctions)

운항 한계와 절차 그리고 주기적인 정비와 검사에 대한 제작회사의 권고를 준수하면 대부분의 계통과 장비의 결함을 제거할 수 있다. 또한 일부 오작동 또는 고장은 조종사 부분의 잘못에 기인된 것이 상당히 많다. 그래서 합당한 비행 기술과 위기/오류관리를 이용하면 비상상황을 방지하는데 도움이 된다.

8.1 반토크 계통 결함(Antitorque System Failure)

반토크 계통의 결함은 보통 두 분류로 구분된다. 그 중 하나는 꼬리회전익계통의 동력구동부분의 결함으로 반토크 기능을 완전히 상실하는 경우이고 또 하나는 기계적인 조종계통의 결함으로 꼬리회전익에서는 반토크 추력을 제공하고 있지만 조종사가 꼬리회전익의 추력을 변화시키거나 조정을 할 수가 없는 경우이다.

꼬리회전익 구동계통의 고장은 구동샤프트의 고장, 꼬리회전익 기어박스의 고장, 또는 꼬리회전익이 떨어져나간 경우이다. 이러한 고장이 발생하면 반토크가 없어 헬리콥터의 앞부분이 바로 돌게 된다(spinning) 반시계방향으로 회전하는 회전익장치인 경우에는 헬리콥터가 오른쪽으로 돌고 시계방향으로 회전하는 회전익장치인 경우에는 왼쪽으로 돈다. 지금부터 설명하는 내용은 반시계방향으로 회전하는 회전익장치의 헬리콥터의 경우이다. 항공기가 도는 정도는 사용하는 동력의 크기와 대기속도(항공기속도)에 따라 비례한다. 헬리콥터 속도가 저속이면서 높은 동력을 세팅하고 있을 때 반토크 결함이 발생하면 심하게 오른쪽 방향으로 도는 현상이 일어난다. 반대로 고속에서 낮은 동력으로 세팅된 경우에는 도는 현상이 심하지 않다. 빠른 대기속도로 인하여 헬리콥터가 유선형으로 유지되어 돌지(spinning) 않도록 한다.

만약 꼬리회전익에 고장이 나면 회전익의 토크를 줄이기 위하여 동력을 감소시켜야 한다. 헬리콥터가 비행중일 때와 제자리비행을 할 때에 조작하는 기술이 달라지지만 궁극적으로 자동활공을 해야 한다. 제자리비행을 할 때 꼬리회전익이 고장 나면 스로틀을 닫고 제자리비행 자동활공으로 들어간다. 만약 전진비행을 할 때 고장이 나면 콜렉티브를 낮추고 스로틀을 닫은 후 정상적인 자동활공에 들어간다. 고장이 날 때 전진속도가 순항속도에 근접할 정도로 충분하면 기종에 따라 수직안정판이 방향조절을 해주어 보다 바람직한 착륙지역까지 헬리콥터를 조작할 수도 있다. 어느 정도의 사이클릭 조종으로 요(yaw) 방향의 반대방향으로 조작하면 요잉 현상을 일부 줄여줄 수도 있다. 이렇게 하면 방향조절에 도움이 되나 항력은 증가하게 된다. 그러나 헬리콥터의 속도가 감소하면 기류흐름으로 인한 유선형의 효과가 사라지기 때문에 너무 전진속도가 떨어지지 않도록 주의하여야 한다. 또한 헬리콥터 속도가 낮은 상태에서 자동활공에 들어가면 적절한 대기속도로 가속하기 위하여 보다 높은 고도가 요구된다.

일부 헬리콥터는 스로틀 혹은 동력레버가 콜렉티브에 붙어 있지 않아 곧바로 사용하지 못한다. 이러한 항공기에서 반토크 기능의 상실될 때 조종사는 전진비행을 하여 수직 핀이 요 회전을 막도록 한다. 속도와 고도가 있으면 자동활공 접근을 준비하고 상황에 따라 동력 조종을 공회전(idle) 또는 닫을(off) 시간이 있다. 낮은 고도에서는 지상에 충돌하기 전에 동력세팅을 줄이고 자동활공에 들어갈 수가 없다.

보통 조종 로드나 케이블이 끊어지거나 움직이지 않는 경우와 같이 기계적인 조절장치에 고장이 나면 꼬리회전익의 추력을 조정할 수 없거나 제한을 받게 된다. 왜냐하면 꼬리회전익은 여전히 반토크 추력을 내고 있지만 조종사가 조절할 수가 없기 때문이다. 고장 날 때의 상태에 따라 꼬리회전익의 추력이 다르기 때문에 기술조작은 달라지지만 일반적으로 자동활공이 요구되지는 않는다.

규정된 절차는 헬리콥터제작회사의 지침을 따라야 한다. 아래 사항은 특별한 절차가 따로 없을 때 수행하는 일반적인 절차이다.

8.2 착륙(왼쪽페달이 움직이지 않을 때)

이륙 혹은 상승할 때(고출력세팅 시) 경험하는 왼쪽 페달 고착은 동력을 줄이면 헬리콥터의 기수가 왼쪽으로 요(yaw)를 일으킨다. 이때 스로틀을 닫고 자동활공에 들어가면 상태가 더욱 악화될 뿐이다. 왼쪽 페달이 고착된 경우의 착륙방식은 전이양력을 잃었을 때와 같이 착륙하고자 하는 지상으로부터 약 2~3ft 위에 도착하기 위하여 정상-급경사 접근각으로 하는 것이 최상이다. 지상에 접근할 때 보다 큰 급경사각은 낮은 동력 세팅을 허용하여 기수가 오른쪽으로 그대로 있도록 해준다.

의도한 착륙지역에 도착하면 합당한 착륙장치 높이에서 콜렉티브를 부드럽게 올려서 기수를 착륙방향과 일치시키고 착륙 때 쿠션을 갖게 한다. 사이클릭을 약간 앞으로 밀어주면 기수가 오른쪽으로 도는 것을 막아주고 항공기가 전진하여 지면에 닿도록 하는데 도움이 된다. 바람상태에 따라 의도한 착지점 위에서 거의 제로 지상속도로 헬리콥터의 기수가 왼쪽으로 된다. 만약 헬리콥터가 틀어지지 않으면 그대로 지면에 내린다. 만약 헬리콥터 기수가 오른쪽으로 돌아 착륙방향을 지나치면 착륙하는 동안 헬리콥터가 도는 것을 멈출 만큼만 스로틀을 비행공회전(flight idle) 위치로 돌려준다. 비행공회전이란 스로틀을 최소 혹은 공회전 위치로 세트했을 때 주어진 고도에서 비행할 때의 엔진 rpm이다. 일반적으로 비행공회전 rpm은 고도 증가에 따라 증가한다. 만약 헬리콥터가 왼쪽으로 돌기 시작하면 선회속도가 커지기전에 착륙하여야 한다. 그러나 착륙하기 전에 선회속도가 너무 커지면 동력을 올려 복행하고 재차 착륙을 시도하면 된다.

8.3 착륙(오른쪽페달이 움직이지 않거나 중립에서 움직이지 않을 때)

중립위치에서나 오른쪽 페달이 움직이지 않을 때의 착륙방식은 저동력으로 접근하여 활주착륙으로 종결하는 것이다. 접근방식은 방향조종을 할 정도의 최소 대기속도로 착륙하고자 하는 지상으로부터 약 2~3ft 위에 도착하도록 최소-정상 접근각으로 하는 것이 최상이다. 최소 대기속도는 항공기 기수가 오른쪽으로 요(yaw) 현상이 계속되지 않도록 할 정도의 속도이다.

의도한 착륙지역에 도착하면 합당한 착륙장치 높이에서 헬리콥터의 기수가 착륙방향의 오른쪽을 향하고 있으면 요 현상을 상쇄할 정도만 스로틀을 줄여준다. 스로틀 감소량은 적용된 동력과 바람에 따라 달라져야 한다. 착륙에 쿠션을 주기 위하여 사용되는 동력세팅이 크면 클수록 스로틀 감소도 커져야 한다. 상호 동조한 스로틀의 감소와 콜렉티브의 증가 조작으로 항공기는 약간의 전진 지상속도를 가지고 부드럽게 착지하게 된다. 헬리콥터의 기수가 착륙방향에서 왼쪽으로 틀어져 있으면 약간 콜렉티브를 올리고 사이클릭을 뒤로 해주어 착지 때 항공기 기수가 착륙방향과 일치하게 한다. 착륙을 할 것이냐 아니면 복행을 할 것이냐의 결정은 스로틀을 줄이기 전에 해야 한다. 전이양력을 받는 속도보다 약간 빠른 대기속도를 사용하면 항공기 기수가 오른쪽으로 돌지 않도록 하는데 도움이 된다. 만약 복행이 요구될 때 전이양력을 받는 속도보다 낮은 대기속도에서 콜렉티브를 너무 많이 또는 급격하게 올리면 항공기가 빠르게 오른쪽으로 돌아버린다(spin).

헬리콥터가 착륙하여 정지하기까지 굴러가거나/밀려갈 때 항공기 기수는 콜렉티브와 사이클릭, 그리고 스로틀 모두를 같이 사용하여 조정할 수 있다. 항공기 기수를 오른쪽으로 틀어주려면 콜렉티브를 올리거나 사이클릭을 뒤로 당겨준다. 또한 스로틀도 만약 완전히 열린 위치가 아니면 올려준다. 반대로 기수를 왼쪽으로 틀고자 하면 콜렉티브를 내려주거나 사이클릭을 앞으로 밀어준다. 마찬가지로 스로틀도 공회전 위치가 아니면 줄여준다.

8.4 꼬리회전익의 효력상실(LTE: Loss of Tail Rotor Effectiveness)

꼬리회전익의 효력상실(LTE) 또는 예상치 않은 요(unanticipated yaw)는 아무런 조작을 하지 않았는데도 불구하고 전진익 방향으로 갑작스럽게 요가 발생한 것을 말한다. 체크하지 않고 내버려두면 항공기의 추락을 초래한다. 꼬리회전익 효력상실(LTE)은 기계적인 고장이 아니라 회전익과 꼬리회전익간에 공기역학적인 상호작용으로 발생한다는 것을 조종사가 반드시 이해하여야 한다. 일부 항공기는 꼬리회전익으로 정상인증추력*을 가지고도 꼬리회전익 효력상실(LTE)을 겪기 쉽다.†

헬리콥터는 상호 보완의 집합체이다. 비행기의 프로펠러와 헬리콥터의 꼬리회전익의 크기를 비교해 보고 프로펠러를 구동하는 필요마력을 생각해보자. 예를 들면 세스나 172P는 160마력 엔진이 달려 있다. 상대적으로 큰 꼬리회전익을 가진 로빈슨 R-44은 최대 245마력이 정격이다. 꼬리회전익이 50마력을 소모한다면 나머지 195마력으로 회

* 정상비행조건으로 인증된 추력으로 조종사가 그 이상의 추가 추력을 필요로 할 때 항상 보장되지는 않음.

† 모든 헬리콥터를 설계할 때 지상에서 떴을 때 항공기가 돌지(spin) 않도록 주회전익의 토크를 상쇄시키기 위한 반토크장치가 필요하다. 헬리콥터가 무거워지면 엔진도 연료소모가 많다. 항공기 무게가 성능에 저하를 가져오는 요소이지만 헬리콥터는 반토크장치를 가져야 하니 항공기 중량이 커질 수밖에 없다. 그래서 무게증가를 줄이기 위하여 꼬리회전익의 성능은 정상비행조건 상태로 승인을 받는다. 그러나 외부환경의 힘이 항공기를 압도하면 원천적으로 불안정한 헬리콥터가 취약할 수밖에 없다.

전익을 구동하여야 한다. 만약 조종사가 엔진으로부터 215마력이 필요한 콜렉티브를 사용하고 꼬리회전익에 왼쪽 페달을 써서 50마력을 사용한다면 결과적으로 엔진에 과부하가 걸릴 수밖에 없다. 과부하의 결과는 속도감소(회전익 rpm 감소) 또는 조기 고장을 가져온다. 어느 경우든 반토크가 불충분해지고 양력도 공중에 떠 있는데 부족하게 된다.

어떠한 항공역학적인 조건에 있더라도 조종사는 LTE의 정의를 이해할 뿐만 아니라 더욱 중요한 것은 어떻게 그리고 왜 이것이 발생하는지, 어떻게 하면 피할 수 있는지, 그리고 이러한 상황에 빠지면 어떻게 수정조치를 해야 하는지 등을 이해하는 것이다.

우선 항공기의 능력을 이해하여야 하나 더 좋은 것은 항공기가 할 수 없는 것을 이해하여야 한다. 예를 들면 최대총중량이 5,200lbs인 헬리콥터를 비행할 때 일부러 5,500lbs가 되는 연료, 소하물, 승객을 싣고자 시도한다면?

현명한 프로 조종사는 어느 경우든 인가된 최대총중량 혹은 성능비행중량을 초과하지 않는다. 교범은 안전성과 신뢰성을 위하여 작성된 것이다. 비상절차를 지연시키거나 한계를 초과하면 항공기의 손상이나 생명을 잃게 할 수도 있어 한계(limitations)와 비상 절차(emergency procedures)는 매우 강조된다. 한계를 아주 조금만 벗어나도 정비와 소유자의 비용은 증가하게 된다.

과부하가 걸린 부품은 설계수명보다 조기에 고장이 난다. 헬리콥터에는 여분의 부품이 없다. 훈련이 잘된 훌륭한 조종사는 비행교범에 따라 실습을 할 때 공기역학적인 조건을 이해하고 적용하여야 한다.

꼬리회전익 효력상실(LTE)은 공기역학적인 조건으로 꼬리회전익에서 조종 여유가 없어서 발생한다. 꼬리회전익을 이용하는 모든 단수 회전익헬리콥터가 해당된다. 주회전익과 꼬리회전익 그리고 꼬리동체의 설계에 따라 LTE의 특성과 잠재가능성이 영향을 받으나, 이 현상을 완전히 없애주지는 못한다. 전이양력은 회전익(판)에 통과하는 순수한 공기의 양에 따라 결정된다. 제2장에서 전이양력과 회전익과의 관계를 설명한 바와 같이, 회전익(판)에 순수한 공기가 많이 지나가면 지나갈수록 회전익의 효율성이 커진다. 마찬가지로 꼬리회전익에서도 적용된다. 꼬리회전익이 난류를 적게 받고 작동하면 전이추력을 받는다. 이런 상황에서는 꼬리회전익이 공기역학적으로 효율성이 커져 보다 많은 반토크추력을 생산한다. 조종사는 꼬리회전익이 전이추력을 언제 받는지를 판단할 수 있다. 반토크추력이 많이 발생하면 발생할수록 헬리콥터의 기수가 왼쪽(꼬리회전익 추력방향과 반대)으로 틀어져(yaw) 조종사는 오른쪽 페달을 밟아(실제는 왼쪽 페달의 힘을 줄여) 수정을 하지 않으면 안 된다. 바꾸어 표현하면 꼬리회전익의 받음각을 줄여주는 것이다. 조종사는 조종하는 헬리콥터의 특성을 알아야 한다. 특히 여러 다른 비행조건에 따라 꼬리회전익을 조정하는 페달의 양(크기)을 알고 있어야 한다.

꼬리회전익 효력상실(LTE)은 회전하는 꼬리회전익 깃을 통과하는 공기의 각(angle)과 속도가 변하여 꼬리회전익에 흐르는 공기흐름이 바뀔 때 발생하는 상황이다. 효율적인 꼬리회전익이라면 일정한 반토크 반응을 제공하기 위하여 안정적이고 상대적으로 교란되지 않은 공기흐름을 가져야 한다. 각각의 깃의 피치와 받음각이 추력을 결정하기 때문에 둘 중 하나라도 변하면 발생하는 추력이 달라진다. 조종사의 요 페달 입력에 따라 꼬리회전익으로부터 추력반응이 달라진다. 같은 요 입력을 주어도 추력의 크기가 달라지면 불균형상태가 초래된다. 이러한 불균형이 매우 심하게 발생하면 항공기의 요잉을 조종하는 효력을 상실하게 되어, 즉 꼬리회전익 효력상실(LTE) 상황이 발생한다.

꼬리회전익의 추력이 변하는 것은 여러 가지 외적 요인이 의해 일어난다. LTE를 초래하는 주요 요소는 다음과 같다.

1) 회전익 깃에서 발생하는 공기흐름과 내리흐름이 꼬리회전익에 들어오는 공기흐름과 간섭이 발생
2) 회전익 깃 끝단에서 발생하는 와류가 꼬리회전익 판에 들어감
3) 꼬리회전익의 주변 공기흐름에 영향을 주는 난류와 다른 자연현상들
4) 고동력세팅, 즉 주회전익에 큰 피치각으로 상당한 내리흐름을 유도하여 헬리콥터가 저동력조건에 있을 때 보다 공기 교란(난류)을 초래
5) 저속 전진속도, 특히 전이양력과 전이추력이 변하는 과정의 속도에서 꼬리회전익 주변의 공기흐름이 방향도 변하고 속도도 변함
6) 헬리콥터와 상대적인 공기흐름
   a) 가장 나쁜 경우: 10시 방향에서 ±15° 내의 상대바람, 발생하는 와류가 꼬리회전익에 직접 들어감. 꼬리동체의 위치로 헬리콥터의 공기역학적 특성, 주회전익에 상대적인 꼬리회전익의 크기와 위치, 수직안정판의 크기, 모양 등에 의해서 달라진다.그림 11-9
   b) 풍향계 안정성: 조종사가 힘들게 하는 왼쪽 측풍 등, 120°~240°의 뒷바람 그림 11-10
   c) 꼬리회전인 와류고리상태(210°~330°). 이 영역의 바람은 꼬리회전익에 와류고리상태를 초래그림 11-11
7) 특별한 상황에서 위 세 가지 요소(a, b, c)가 뒤섞여 헬리콥터가 발생시키는 반토크보다 많은 토크를 필요로 하게 되고, 이럴 때 특정 환경에서 LTE가 초래된다.

특정 비행활동에서 LTE 위기에 빠질 가능성이 높다. 예로 동력선과 파이프라인 정찰 임무, 경찰이 하는 것과 같은 저속 공중촬영/사진촬영, 비상의료서비스 환경은 지형지물에 따라 저고도-저속 상황에 들어가게 되어 정확한 바람속도와 방향을 판단하기가

어렵다. 불행하게도 헬리콥터가 영향을 받기 쉬운 상태의 공기역학적인 조건을 흑백논리로 간단하게 설명할 수가 없다. 다만 LTE에는 예외가 없으며 이것을 일으키는 요인이 많다. LTE를 방지하는데 가장 중요한 것은 그러한 요인들을 명심하고 피해야 할 상황과 연결하여 대비하여야 한다. 가능하면 다음과 같은 경우들이 겹치지 않도록 피하는 것을 배워야 한다.

1) 지면효과권외에서 저고도와 저속 비행
2) 10시 방향에서 ±15°의 바람과 5시 방향까지의 범위그림 11-9
3) 얻어진 전이양력과 전이추력을 변하게 하는 뒷바람, 그래서 높은 동력을 필요로 하고 꼬리회전익이 발생할 수 있는 것보다 큰 반토크 추력이 필요함
4) 저속 하행(downwind) 선회
5) 저속에서 동력의 큰 변화
6) 주회전익과 꼬리회전익에 정상적인 공기흐름을 방해하는 물리적인 장애물에 근접하여 저속비행

위와 같은 상황이 겹치는 상황에 항공기가 들어가면 LTE가 일어날 가능성이 농후하다는 것을 알아야 한다. 일단 가장 중요한 요점은 그러한 상황에 들어가지 않도록 하는 것이지만 한편으로 LTE가 시작된 것을 인지할 수 있도록 충분하게 교육도 받아 헬리콥터가 조종불능 상태가 되기 전에 신속하게 대응할 조치를 준비해야 한다.

LTE를 조기에 감지하고, 즉시 비행조종장치로 수정작업을 하면서 대기속도를 증가시키도록 사이클릭을 앞으로 밀고 회전익 rpm을 유지할 만큼 오른쪽 페달을 밟아주고 꼬리회전익에 동력이 적게 필요하도록 콜렉티브를 줄여주는 것이 안전한 회복조작의 키이다. 만약 LTE와 같은 공기역학적인 상황에 빠지면 그러한 상황에서 벗어나기 위하여 충분한 고도와 공간을 갖는 조작을 수행할 때 조종사는 항상 자신을 가져야 한다.

LTE의 공기역학적인 현상을 이해하는 것이 LTE 연관 사고를 방지하는데 가장 중요한 요소이다. 능력을 유지하고 만약 접근을 하고 있을 때 복행을 하거나 또는 안전하게 조작을 중지하고 비행계획을 다시 짜는 것이 항상 가장 안전한 선택이다. 문제의 상황에 빠지지 않도록 비행하고 가능한 선택을 생각해보는 능력을 갖는 것이 모든 비행단계에서 조종사의 계획과정의 한 부분이어야 한다. 불행하게도 헬리콥터의 한계와 항공역학적인 상황을 잘못 이해 혹은 인식하여 엔진도 좋고 꼬리회전익도 제대로 작동하고 자동활공이 되는 완벽한 감항성을 가진 헬리콥터를 추락하게 하는 조종사가 많이 있다.

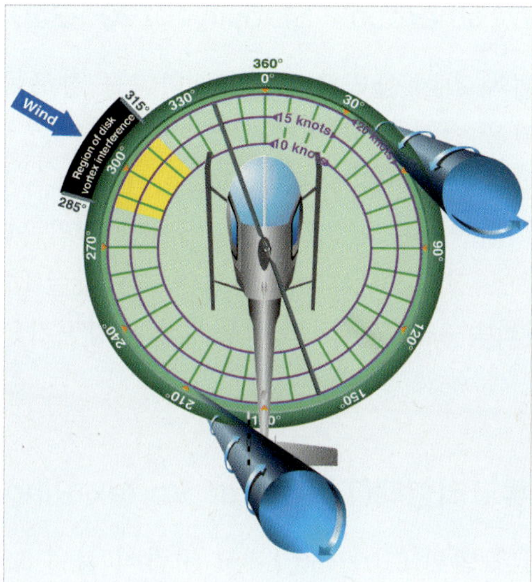

그림 11-9 주회전익 와류 간섭

가. 회전익 판 간섭(Main Rotor Disc Interference: 285~315°)

위의 그림 11-9에서와 같이 왼쪽 전면에서 10~30노트 속도로 바람이 불어오면 상대바람으로 인하여 회전익의 와류가 꼬리회전익 쪽으로 흐르게 된다. 회전익의 와류로 인하여 꼬리회전익은 대단히 심한 난기류 속에서 작동하게 된다. 헬리콥터를 오른쪽으로 선회시킬 때 꼬리회전익은 회전익판의 와류영역에 들어가게 되어 꼬리회전익의 추력이 감소한다. 다시 말하면 회전익판의 와류가 꼬리회전익판을 지나가기 때문에 꼬리회전익에 흐르는 공기흐름에 변화가 발생하여 추력이 감소한다.

회전익 판의 와류의 영향을 받으면 초기에는 꼬리회전익의 받음각이 커져 꼬리회전익의 추력이 증가하기 때문에 같은 선회속도를 유지하기 위해서는 오른쪽 페달을 밟아 꼬리회전익의 추력을 감소시켜야 한다. 그러나 회전익의 와류가 꼬리회전익을 통과하면 꼬리회전익의 받음각이 줄어들어 추력이 감소되기 때문에 오른쪽 방향으로의 요가 가속되기 시작한다. 헬리콥터의 선회속도를 유지하기 위하여 오른쪽 페달을 밟고 있던 조종사는 갑작스러운 가속현상에 매우 당황할 수도 있다. 또한 꼬리회전익의 추력감소가 갑자기 일어나기 때문에 만약 곧바로 수정조치를 하지 않으면 마스트를 중심으로 조종이 불가할 정도로 급속한 선회를 유발한다. 이러한 영역에서 작동할 때에는 꼬리회전익의 추력이 갑자기 감소한다는 것을 인지하고 즉각 왼쪽 페달을 밟아 추력의 감소에 대응할 조치를 준비하고 있어야 한다.

나. 풍향계안정성(Weathercock Stability: 120~240°)

이 영역에서는 풍향계와 같이 헬리콥터가 상대바람을 향하여 기수가 움직이려고 한다.그림 11-10 만약에 페달을 밟지 않고 내버려두면 헬리콥터는 바람방향에 따라 왼쪽이나 오른쪽으로 서서히 멋대로 회전하기 시작한다. 이러한 경우에 오른쪽 방향으로 발생한 요를 내버려두어 꼬리회전익이 이 영역에 들어가면 헬리콥터의 선회속도가 갑자기 가속된다. 뒷바람이 흐르는 상태에서 꼬리회전익의 효력상실(LTE)이 일어나는 것을 방지하려면 헬리콥터의 선회속도를 적극적으로 통제하고 항공기의 비행에 최대로 주의집중을 해야 한다.

다. 꼬리회전익 와류고리상태(Tail Rotor Vortex Ring State: 210~330°)

그림 11-11에서 표시된 범위(210~330°)에서 바람이 불면 꼬리회전익에 와류고리상태(vortex ring state)가 발생하여 공기흐름이 일정하지 않고 불안정한 흐름을 가져온다. 와류고리상태가 되면 꼬리회전익의 추력에 변화를 일으켜 요 편차를 가져온다. 불안정한 공기흐름의 총체적인 효과는 꼬리회전익의 추력에 진동을 일으킨다. 왼쪽에서 측풍이 부는 상태에서 제자리비행을 할 때에는 꼬리회전익 추력의 급격한 변화를 보상하기 위하여 신속하고 계속적으로 페달을 움직여야 한다. 이 영역에서는 정밀하게 헬리콥터 기수를 유지하기 어렵지만 수정조치가 지연되지 않는 한 심각한 문제를 일으킬

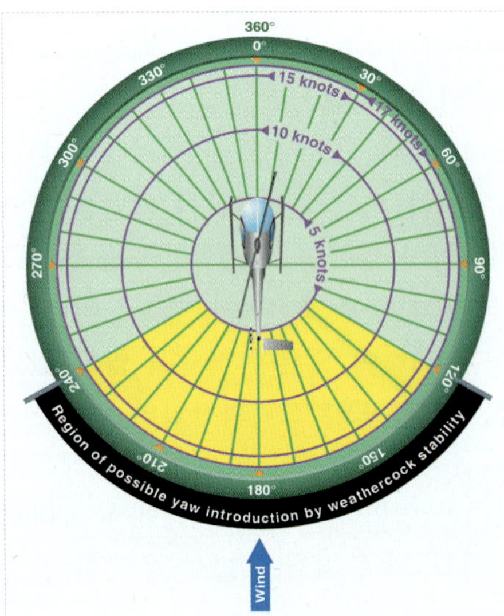

그림 11-10 풍향계 안정성

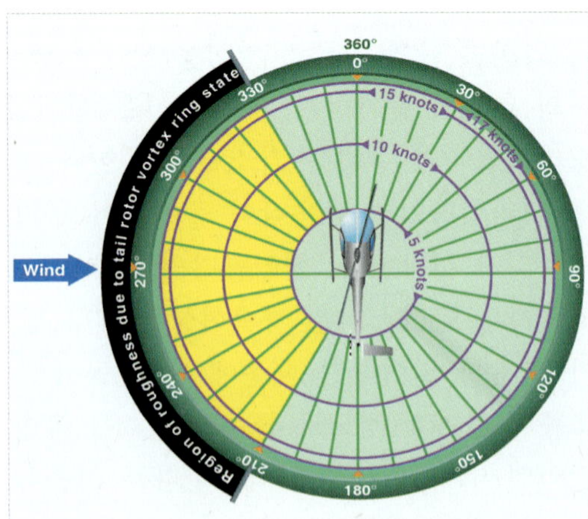

그림 11-11 꼬리회전익 와류고리상태

성질의 것은 아니다. 그러나 페달을 너무 많이 밟거나 주의집중을 소홀히 하거나 너무 과도하게 조종하면 꼬리회전익의 효력상실(LTE)을 초래하게 된다.

꼬리회전익의 추력이 부족하면 헬리콥터는 오른쪽으로 요 현상이 일어난다. 제자리비행을 할 때 왼쪽에서 측풍이 불면 정신을 집중하여 페달을 원만하게 잘 조절하여 헬리콥터가 제멋대로 오른쪽 요 현상이 발생하지 않도록 하여야 한다. 만약 오른쪽 요가 커지도록 내버려두면 헬리콥터는 풍향계 안정성 영역그림 11-10으로 들어가면서 오른쪽 선회속도가 가속된다. 꼬리회전익이 와류고리상태에 빠지면 헬리콥터 조종이 어려워진다. 따라서 헬리콥터가 오른쪽 방향으로 요 현상이 커지는 것을 방치하면 안 된다.

라. 고고도에서의 꼬리회전익 효력상실(LTE at Altitude)

고고도에서는 공기밀도가 적어지기 때문에 꼬리회전익의 추력과 효력이 줄어든다. 고밀도고도이어 엔진의 동력변화 반응도 매우 더디게 된다. 헬리콥터의 총중량이 큰 상태로 고고도에서 작동할 때, 특히 제자리비행을 하는 동안에는, 꼬리회전익의 추력이 방향조정을 할 수 없을 정도로 적어져 꼬리회전익의 효력상실(LTE)현상이 발생할 수 있다. 이런 경우에는 제자리비행 최고고도가 꼬리회전익의 추력에 의해 제한되는 것이지 이용마력에 따라 제한되는 것이 아니다. 따라서 헬리콥터의 총중량을 줄여주거나 또는 헬리콥터의 운용을 보다 저밀도고도로 제한할 필요가 있다. 성능차트에 이런 특성이 명시되지는 않는다.

마. 꼬리회전익 효력상실 감소방안(Reducing the Onset of LTE)

꼬리회전익의 효력이 상실되는 상황이 초래되는 것을 줄이기 위한 방안으로 다음과 같은 절차를 따라야 한다.

1) 동력구동 회전익의 회전속도를 최대로 유지하라. 만약 주회전익의 회전속도가 감소하면 반토크 추력도 같이 감소하게 된다.
2) 30노트 이하에서 배풍을 받지 않도록 하라. 만약 전이양력의 상실되면 동력소요가 커지고 반토크 압력이 추가로 필요하게 된다.
3) 저고도에서 대기속도 30노트 이하에서는 지면효과영역을 벗어나서 작동하여 높은 동력이 요구되는 상황이 되지 않도록 하라.
4) 8~12노트의 바람 속에서 제자리비행을 할 때에는 바람의 방향과 속도를 특별히 주의하라. 전이양력의 상실로 예상하지 못할 정도의 높은 동력이 요구되면 결국 반토크 필요량도 그만큼 커진다.

5) 만약 왼쪽 페달을 상당히 많이 사용하고 있으면 예상치 못한 오른쪽 요가 발생할 때에 그것을 상쇄할 정도로 왼쪽 페달을 사용할 여유가 없게 된다는 것을 인지하라.
6) 능선을 따라서 비행할 때나 빌딩주변을 비행할 때 잘 나타나는 현상으로 변화하는 바람의 상황에 경계를 하여야 한다.
7) 오른쪽 선회를 서서히 하라. 이것은 회전관성력을 제한해주어 요잉을 조종할 꼬리회전익의 부하를 줄여준다.

바. 회복기술(Recovery Technique: Uncontrolled Right Yaw)

갑자기 예상하지 못한 오른쪽 요가 발생하면 다음과 같은 회복기술을 사용하여야 한다. 왼쪽 페달을 최대로 사용한다. 동시에 사이클릭 조종을 앞쪽으로 밀어 헬리콥터 속도를 증가시킨다. 고도가 허락하면 동력을 줄여준다. 상태가 회복되면 정상 전진비행으로 조종장치를 조종한다. 만약 의도하지 않은 요가 발생하면, 특히 지면효과권외(OGE) 제자리비행을 종료할 때, 즉시 수행할 수 있도록 미리 회복경로를 항상 계획하고 있어야 한다.

콜렉티브로 피치를 줄이면 요 속도를 잡아주는데 도움이 되나 지나친 강하율을 초래한다. 지상이나 장애물 접촉을 피하기 위하여 콜렉티브를 갑자기 크게 증가시키면 요 속도가 더욱 커지고 회전익의 회전속도가 떨어지게 된다. 따라서 회복조작을 하는데 있어 콜렉티브를 줄이는 조작은 헬리콥터가 충분한 고도에 있을 때만 해야 한다.

헬리콥터가 회전을 멈출 수가 없어 지상충돌이 예상되면 자동활공이 최상의 조치이다. 회전이 멈출 때까지 왼쪽페달을 최대로 밟아주고 기수를 유지하도록 한다. 꼬리회전익 효과상실(LTE)에 대한 자세한 정보는 AC90-95, Unanticipated Right Yaw in Helicopters를 참조하라.

8.5 주 구동축 또는 클러치 고장(Main Drive Shaft or Clutch Failure)

엔진과 회전익 트랜스미션 사이에 있는 주 구동축은 엔진의 동력을 회전익 트랜스미션에 전달하는 역할을 한다. 일부 헬리콥터에서는 특히 피스톤엔진을 장치한 헬리콥터는 구동축 대신에 구동벨트를 사용한다. 구동축 클러치나 구동벨트가 고장 나면 엔진이 고장 난 것과 같이 동력이 회전익에 제공되지 않아 자동활공을 수행하여야 한다. 다만 추가로 고려할 사항이 있다. 구동축이나 벨트가 끊어지면 엔진에 부하가 적어져 과속(overspeed)을 초래하게 되기 때문에 추가적인 손상을 방지하기 위하여 스로틀을 닫아 주어야 한다. 또한 주 구동축이 끊어져도 엔진 동력이 꼬리회전익 구동장치에 전달되는 헬리콥터인 경우에는 엔진에 부하가 줄어 꼬리회전익이 과속상태가 될 수 있다. 이러한 현상이 발생하면 즉시 스로틀을 닫고 자동활공에 들어가야 한다. 조종사는 해당 헬리콥터의 시스템과 고장 모드에 대한 지식을 가지고 있어야 한다.

조종사는 기계적인 결함이 있다고 느껴질 때 일단은 회전익 rpm을 유지시키는 시도를 해보아야 한다. 만약에 RPM이 정상이면 계기의 고장일 수도 있으니 헬리콥터를 안전한 착륙장소로 비행하는 것이 최상이다. 만약에 회전익의 rpm이 실제로 감소하거나 낮아지면 구동축의 고장이다.

8.6 유압계통 고장(Hydraulic Failure)

많은 헬리콥터에가 조종력을 줄이기 위하여 유압 작동기를 사용한다. 유압장치는 각각의 조종장치를 작동시키는 작동기(서보라고도 함)와 보통 회전익 트랜스미션에서 구동시키는 펌프와 작동유를 저장하고 있는 탱크(reservoir)로 구성되어 있다. 조종실에는 시스템을 켜고 끌 수 있는 스위치와 시스템을 모니터하기 위한 유압계기가 설치되어 있다.

펌프나 작동기에서 닳는 소리나 하울링 음이 나거나 조종하는데 힘이 많이 들거나 조종이 제한되면 유압계통의 고장이다. 필요한 조치방법은 해당 헬리콥터의 비행교범(RFM)에 자세하게 언급되어 있다. 일반적으로 조종력을 감소시키기 위하여 헬리콥터의 속도를 줄여주어야 한다. 그리고 유압스위치와 회로차단기(circuit breaker)를 점검하고 껐다가 다시 켠다. 그래도 유압이 복원되지 않으면 낮게 접근하여 활주착륙을 수행한다. 이러한 조작은 조종력을 적게 하여 조종사가 힘이 덜 들도록 하기 위해서이다. 또한 회로차단기를 뽑거나 유압계통 스위치를 꺼서 유압계통이 작동하지 않도록 하여야 한다. 이렇게 하는 이유는 불시에 유압이 재생되어 지면 가까이에서 과도하게 조종이 될 가능성을 예방하기 위함이다.

조종력이 매우 커서 유압이 아니면 작동하지 않는 헬리콥터인 경우에는 2개 또는 그 이상의 유압장치가 장착되어 있다. 일부 헬리콥터에서는 유압펌프가 고장 시 비상으로 짧은 시간이나마 사용할 수 있는 압력을 저장하는 축압기(accumulator)를 설치하고 항공기를 정상적으로 조종하여 착륙할 수 있도록 하고 있다.

8.7 거버너 혹은 연료조정 고장(Governor or Fuel Control Failure)

거버너와 연료조정장치는 콜렉티브 피치가 변화할 때마다 주회전익의 회전속도를 유지하기 위하여 자동으로 엔진의 동력을 조절한다. 만약 거버너나 연료조정장치에 고장이 발생하면 콜렉티브 피치를 변화시킬 때 수동으로 스로틀을 조절하여 회전속도를 적절하게 유지해주어야 한다. 그러나 거버너가 높은 쪽으로 고정되어 고장이 나면 엔진에 너무 많은 동력을 제공하여 엔진과 회전익 회전속도가 정상범위보다 올라가게 된다. 이때 회전속도(rpm)를 줄일 수도 없고 스로틀로 조절도 되지 않으면 스로틀을 닫고 자동활공에 들어가야 한다. 만약 거버너가 반대로 낮은 쪽에서 고장이 나면 스로틀을 수동으로 조절하여도 엔진의 출력이 회전익의 콜렉티브를 내릴 수는 있지만 정상적인 회전속도(rpm)를 얻을 수는 없게 된다. 이때에는 회전속도를 유지시키도록 콜렉티브를 내려주어야 한다. 만약 엔진이 회전익의 회전속도를 충분하게 유지할 수 있으면 활주착륙을 수행한다. 그러나 동력이 약하여 회전속도를 유지하지 못하면 자동활공 조작을 수행한다. 앞에서 언급했듯이 어떠한 기계적인 고장이든 대처하기 전에 먼저 회전익의 회전속도가 비행조종 입력에 반응하지 않는지를 확인하여야 한다. 만약 회전익의 회전속도가 초록색 작동범위에 유지될 수 있으면 이것은 기계적인 고장이 아니라 계기부분의 고장이다.

8.8 비정상적인 진동(Abnormal Vibration)

헬리콥터는 많은 회전부품이 설치되어 있기 때문에 일부 진동은 필수적으로 발생한다. 그러나 비정상적인 진동은 구성품을 조기에 마모시키고 또한 구조물의 고장을 초래할 수도 있기 때문에 헬리콥터의 진동에 관한 원인과 영향에 대하여 잘 알고 있어야 한다. 조종사는 경험을 통하여 어떤 진동이 정상적인 것이고 비정상적인 것인지, 계속해서 비행을 해도 안전한지 또는 비행을 해서는 안 되는지를 배우게 된다. 헬리콥터의 진동은 세 종류로 구분되며 저주파, 중주파, 고주파 진동이 있다.

가. 저주파 진동(Low Frequency Vibrations)

저주파진동(분당 100~500사이클)은 보통 회전익장치에서 발생한다. 헬리콥터에 따라 보통 320~500rpm이 회전익의 작동 범위이다. 궤적이나 균형이 벗어난 회전익(깃)이 한 바퀴 돌 때마다 진동(사이클)을 일으킨다. 진동은 조종장치나 기체 또는 양쪽을 통하여 느낄 수 있다. 더욱이 이 진동은 미는 방향이나 추력방향으로 명확한 방향성이 있다. 진동이 수직이나 좌우나 앞뒤로 또는 복합적으로 일어난다. 보통 진동의 방향은 진동의 느낌에 집중하면 알 수 있다. 조종사를 위나 아래로, 앞이나 뒤로, 또는 회전익(깃)이 파동이 맞지 않으면 옆에서 옆으로 미는 느낌을 준다. 정비사가 진동의 원인을 규명하는데 있어 진동의 방향이 어느 방향인지 그리고 진동이 조종장치에서 느껴지는지 아니면 동체에서 느껴지는지가 매우 중요한 요소가 된다. 일반적으로 회전익(깃)이 궤적을 벗어나거나 불균형상태, 깃 손상, 베어링 마모, 댐퍼 조절불량, 마모된 부품 등이 저주파진동을 일으킨다.

나. 중/고주파 진동(Medium and High Frequency Vibrations)

중주파 진동(1,000~2,000cycle/min)은 회전익의 저주파 진동(100~500cycle/min)과 엔진과 꼬리회전익의 고주파 진동(2,100cycle/min 이상) 사이의 범위이다. 헬리콥터에 따라 달라지지만 중주파 진동의 원천은 엔진과 트랜스미션의 냉각 팬, 에어컨 압축기나 구동선의 구성품과 같은 액세서리이다. 중주파수 진동은 동체 전체에서 느껴지고 이러한 진동에 오래 노출되면 조종사의 피로도가 커진다.

대부분의 꼬리회전익 진동은 고주파 범위(2,100cycle/min 이상)이다. (진동을 감쇄시켜주는 유압작동기가 있는 경우를 제외하고는) 꼬리회전익을 작동시키는 페달을 통하여 느낄 수 있다. 즉 조종사가 발로 느끼는데 이것을 진동에 의한 ‘put to sleep’이라 한다. 꼬리회전익은 회전익과 6:1 비율로 작동, 즉 주회전익이 한 회전할 때마다 6회전을 한다. 회전익이 350rpm이면 꼬리회전익은 2,100rpm으로 돈다. 꼬리회전익장치의 불균형은 매우 나쁜 영향을 초래하여 균열이 발생하고 리벳을 헐거워지게 한다. 피스톤엔진은 기본적으로 고주파진동을 어느 정도 일으키지만 점화플러그 불량, 마그네토 타이밍 불량, 기화기의 결빙이나 연료/공기 혼합비 불량 등의 엔진결함으로 진동이 커질 수 있다. 터빈엔진의 진동은 너무 고속으로 회전하기 때문에 감지하기가 쉽지 않다. 터빈엔진의 진동은 내부적으로 30,000rpm이나 보통 트랜스미션의 속도는 출력샤프트에서 1,000~3,000rpm 범위이다. 터빈엔진의 진동은 엔진의 수명을 짧게 해주고 고회전속도로 힘이 커 손상되면 급격하게 엔진을 파손시킨다.

다. 궤적과 평형(Tracking and Balance)

회전익과 꼬리회전익의 궤적이나 평형을 체크하는데 사용하는 최신의 장비는 다른 진동을 감지하는데도 사용할 수 있다. 이러한 장치들은 헬리콥터 주위에 가속도계를 장착하여 진동의 방향, 주파수, 진동의 강도 등을 감지하고 내재되어 있는 소프트웨어를 통하여 정보를 분석하여 진동의 원인부위를 찾아주고 수정조치작업을 제시한다.

건강용도진단시스템(HUMS: health and usage monitoring system)과 같은 장치는 엔진과 트랜스미션의 성능을 기록하고 회전익의 궤적과 밸런스도 제공한다. 이 시스템은 30년 이상 되어 보다 신뢰성도 있고 성능도 좋아 헬리콥터업계에서 많이 사용되고 있다.

09 엔진비상작동(Multiengine Emergency Operations)

9.1 엔진 하나 고장(Single-Engine Failure)

엔진이 하나 고장 났을 때는 적당한 착륙지를 결정하기까지 보통 고도와 대기속도를 유지할 수 있다. 그러나, 이것이 가능하려면 여러 요소들, 즉 헬리콥터 무게, 밀도고도, 지상으로부터의 고도, 대기속도, 비행국면, 단수엔진 능력 등이 영향을 미친다. 외부환경적인 반응시간과 조종기술도 요소가 된다. 일반 다발엔진 비행기는 요잉 현상이 발생하여 결함엔진이 쉽게 판단되지만 헬리콥터에서는 요잉 현상이 없어 어느 엔진의 고장인지 확실하게 식별하는 방법을 잘 습득해두어야 한다. 다른 엔진을 끄는 불상사가 발생할 수도 있다!

다발엔진 동력으로 비행할 때라도 무조건 회전익의 회전속도는 유지시켜야 한다. 왜냐하면 연료오염으로 양쪽 엔진이 모두 비행 중에 고장 난 사례가 있었으니 말이다.

9.2 엔진 모두 고장(Dual-Engine Failure)

2개의 엔진이 모두 고장이 날 때 비행특성이나 조종사의 대응조치는 정상적인 동력을 가지고 하강 때와 비슷하다. 자동활공으로 하강하는 동안에 헬리콥터의 모든 조종은 유지되어야 한다. 자동활공에서 대기속도(IAS)가 70~80 KIAS 이상이면 강하율과 활공거리는 현저하게 증가하고, 대기속도가 60 KIAS 이하로 되면 강하율은 증가하고 활공거리는 감소한다.

10 위치상실 절차(Lost Procedures)

비행을 하다보면 여러 가지 이유로 헬리콥터의 위치를 모를 수 있다. 방향감각을 잃거나, 낯선 지형을 비행하거나, 시야가 나빠 주변을 확인할 수 없어서 자기위치를 잃어버리게 된다. 이럴 때 기본은 항공기를 비행하게 하는 것이고 그 다음에 위치상실 절차를 수행하여야 한다. 조종사의 업무부담은 커지겠지만 더욱더 정신을 집중하여야 한다. 위치를 상실하면 우선 잘 보이지 않은 위험물인 전선 같은 것을 찾을 때 보통 길 옆에 있는 전선기둥이나 탑 같은 지지구조물을 찾아보도록 명심하고 기억하라.

만약에 길을 잃었을 때 아래의 감각적인 절차를 따라라.

1) 먼저 대형 지상표지(landmark)인 호수나 강이나 탑, 기찻길 또는 고속도로를 찾아보도록 한다. 일단 지상표지가 확인되면 지도에서 헬리콥터의 위치를 찾는데 이것을 이용한다. 마을이나 도시 근처를 비행하고 있다면 물 저장탑에서 마을 이름을 읽을 수도 있고 여차하면 착륙하여 방향을 물을 수도 있다.
2) 마을이나 도시 근처가 아니어서 아무것도 보이지 않으면 우선 먼저 할 일은 상승이다. 고도를 올리면 올릴수록 무선이나 항법장비 수신범위가 커지고 레이더 감지범위가 넓어진다.
3) 항법보조물(navigation aids), 추측항법(dead reckoning), 지도항법(pilotage) 등의 기술을 사용한다.
4) 항공교통관제소(ATC)를 잊지 마라. 관제사는 길을 잃은 항공기를 포함하여 여러 가지 방법으로 조종사를 도와준다. 관제사와 통신이 열리면 그들의 지침을 따라라.

이와 같은 일반감각절차는 4-C(Climb, Communicate, Confess, Comply)로 연상하면 쉽게 기억할 수 있다.

- 상승하라(Climb): 시야도 좋아지고 통신과 항법 수신도 좋아지고, 지형 구릉도 피할 수 있다.
- 통신하라(Communicate): 인근의 비행정보구역(FSS/AFSS)와 122MHz로 접촉한다. 응답이 없으면 가장 가까운 관제탑, 중앙 또는 접근관제소를 불러라. 주파수를 찾을 때는 바로 전에 보았던 지점의 차트를 이용한다. 그것도 안 되면 비상주파수(121.5MHz)와 자동응답코드(7700)으로 스위치를 세트하라.
- 고백하라(Confess): 항공교통관제소(ATC)에 위치상실을 보고하고 도움을 요청한다.
- 따라서 한다(Comply): 관제사의 지침에 따른다.

조종사는 항공교통관제소(ATC)와 주변 자원으로부터 제공되는 서비스를 알고 있어야 한다. 이러한 서비스가 조종사에게 보다 헬리콥터 조종에 집중하도록 해주고 스트레스를 받고 있는 상황에서 보다 나은 결심을 하도록 도와주는 것이다.

항공교통관제소와 접촉할 때 조종사는 가능한 많은 정보를 제공함으로써 관제사가 무슨 도움을 주어야 할지를 결정하는데 도움이 된다. 주어진 상황에 따라 필요한 정보가 달라지겠지만 기본적으로 조종사는 다음 정보만은 제공하여야 한다.

- 헬리콥터 등록부호 및 형식
- 긴급 상황 성격
- 조종사의 요망사항

처음 길에서 자기 위치를 잃어버리지 않으려면 무선이나 자동비행추적시스템(이용 가능 시)을 사용하여 다른 항공기와 적극적으로 접촉하면서 따라가는 비행을 한다. 25마일 내의 간격으로 체크지점을 확인한다. VOR과 같은 항법보조물을 켜놓는다. 좋은 상황인식을 유지한다. 비행을 따라가는 것은 실시간 감시정보를 제공하여 다른 항공기와 충돌을 피하는데 조종사에게 도움이 된다.

헬리콥터가 자기 위치를 잃게 되면 매우 위험한 상황에 빠질 수 있다. 특히 연료가 별로 없을 때는 더욱 그렇다. 그러나 헬리콥터는 아무 곳에나 착륙할 수 있는 능력이 있어 비행기에 비하면 융통성이 있다 하겠다. 위치상실과 관련하여 고질적인 위험은 안전한 곳에 착륙하기 위하여 너무 오래 기다린다는 것이다. 연료가 적은 상태로 기동하다보면 연료가 출렁거리면서 연료를 공급하는 탱크의 주입구가 멀어져 엔진이 꺼질 수가 있어 연료가 바닥나기 전에 착륙을 하여야 한다.

길을 잃고 연료가 적어지면, 위험을 방지하기 위하여 착륙하는 것이 바람직하다. 가능하다면 다른 헬리콥터가 안전하게 내려서 도와줄 수 있을만한 길가나 공간에 착륙하라. 연료를 지원받는 것은 추락과 비교하면 극히 사소한 문제에 지나지 않는다. 착륙하고 나서 지원을 받아라.

11 시계가 계기기상조건으로 변할 때(VFR Flight into Instrument Meteorological Conditions)

비행기와 달리 헬리콥터는 일반적으로 시계비행방식으로 운항하기 때문에 시각적인 참조물(단서)을 보고 항공기를 조종한다. 그러나 예상치 못한 기후로 시계범위가 악화되어 우발적인 계기기상조건(IMC)으로 비행하는 위험에 빠질 수 있다. 이러한 상황에 빠졌을 때 조종사가 시각적인 참조물이 보이지 않는 것을 대비하지 못해 안전한 비행을 계속할 능력을 잃게 된다. 우발적인 계기기상조건에서 비행하는 것은 생명을 위협하는 비상사태이다. 이러한 우발적인 계기기상조건의 비행(IIMC) 사고를 수집하기 위하여 CAST(commercial aviation safety team)과 국제민간항공기구(ICAO)의 CICTT (common taxonony team)은 이런 사태를 'UIMC(unintended flight in instrument meteological conditions)'라고 분류하고 있다. 이 용어는 국가교통안전위원회(NTSB)와 연방항공청에서도 인정하고 있다. 공통 안전문제로 관심을 갖고 안전조치를 지원하는데 완벽한 데이터의 분석을 하여 역량을 개선하기 위하여 고위험군의 문제(사고와 사건)로 등급이 되어 있다.

우발적인 계기기상조건에서 비행하는 상황은 서서히 또는 갑자기 발생할 수 있어 단순하게 절차로 된 탈출구(방법)는 없다. 시계기상조건에서 참조하는 비행훈련과는 다르다. 대부분의 훈련용 헬리콥터는 계기비행조건에서 비행할 수 있는 설비도 없고 인증도 받지 않아 소형헬리콥터의 조종사는 비행훈련을 받을 때 실제의 계기기상조건에서 비행하는 경우가 없다. 우발적인 계기기상조건의 비행에 봉착한 헬리콥터의 조종사는 공간방향감각의 상실로 항공기의 조종을 할 수 없는 심리적인 공황을 경험하게 된다. 일부 계기비행훈련을 받았다 해도 많은 헬리콥터가 적절한 보강 안전장치나 자동조종장치가 설치되어 있지 않아, 우발적인 계기기상조건에서 비행하는 비상사태 때 항공기를 조종하는데 도움을 받을 수단이 없다. 대부분의 비행훈련이 시각적인 요소에 기준한 것이지 비행계기에 의존하지 않았기 때문에 외부의 시각적인 참조물을 이용하는 것은 당연하다. 이러한 우선순위(즉 시계비행)는 상당한 계기비행훈련을 통해서만 극복될 수 있다. 그렇지만 일부 사람은 계기비행을 두려워하고 일부 사람은 계기비행훈련 비용으로 많은 헬리콥터 조종사는 계기비행증명을 취득하려고 하지 않는다.

상업용 헬리콥터 운영회사는 조종사가 계기비행증명을 소지하기를 선호하지만 치명적인 사고가 우발적인 계기기상조건의 비행에서 여전히 발생하고 있다. 항공기에 적절한 설비가 설치되어 있음에도 불구하고 우발적인 계기기상조건의 비행에 들어갔을 때 항공기를 회복시키는 조종사의 능력이 부족하여 많은 사고가 발생하는 것으로 밝혀졌다. 그래서 계기비행증명이 있거나 또는 없거나 간에 모든 조종사는 우발적인 계기기상조건에서 비행하는 것을 무조건 피하도록 해야 한다.

좋은 비행연습은 시계비행방식 비행에 대한 규정에서 요구하는 것보다 보수적인 개인적 최소치를 기준으로 사용하여야 한다. 추가하여 철저하게 비행전 상황과 계획한 비행경로 상에 계기기상조건의 상황이 전개될 수 있는 기상조건의 이해가 안전에 필수적이다.

조종사는 나빠지는 기상조건을 인지하여야 한다. 그래서 비행경로가 변할 수 있고 또는 우발적인 계기기상조건에서 비행하는 상황이 발생하기 이전에 비행을 중지하고 적합한 지역에 안전하게 착륙하도록 결정을 할 수도 있어야 한다. 기상조건이 비행 중에 조종사 자신의 최소치 아래로 악화되면 우발적인 계기기상조건에서 비행의 위험을 이해하는 조종사라면 경로상의 결심지점(출발점으로 돌아갈 것인지 또는 어딘가에 착륙하고 기상이 좋아질 때까지 안전하게 기다려야 할지를 결정해야 하는 지점)에 자신이 와 있다는 것을 안다. 조종사가 구름을 피하기 위하여 지상 사전결정 최소고도(예; 500ft AGL)보다 아래로 내려가거나 혹은 나빠지는 기상조건으로 접근하는 속도를 지연시키려고 항공기의 속도를 사전결정 최소속도(예; 50KIAS)로 줄이는 것이 바로 조종사가 결심지점에 와 있다는 것을 의미함을 인식하여야 한다. 보고된 것보다 낮은 고도한계(ceiling)나 또는 비행경로를 따라 시계가 점차 나빠지면 비행을 계속하지 말고 현재의 경로를 수정하여 우발적인 계기기상조건에서 비행하는 것을 피하도록 한다.

조종사가 계기비행증명을 소지하였다면 우발적인 계기기상조건의 비행에서 안전하게 회복하는데 도움이 될 수 있도록 유효성과 수행능력을 유지하는 것이 좋다. 시계비행조건의 비행을 계획하더라도 계기비행증명을 가진 조종사에게는 안전운항 고도에 대한 발행된 계기비행 차트를 검토하게 한다. 예로 최소안전고도(MSA: minimum safe altitude), 최소장애물 회피고도(MOCA: minimum obstruction altitude), 시계기상조건의 경로외 최소고도(MORA) 등을 포함한다. 우발적인 계기기상조건으로 비행을 하게 되면 조종사는 안전한 고도로 상승을 고려한다. 헬리콥터가 안정되면 항공교통관제소(ATC)에게 응급상황이라고 말해야 한다. 조종사는 항공기 조종이 절대적인 임무이다. 하늘에 떠 있고 항행을 하고 그런 다음 교신을 해야 한다는 것을 기억하라. 스트레스를 받는 상황에서는 도움을 요청하는 게 자연스러운 것이지만 가끔 교신을 먼저 시도하다보면 조종사가 헬리콥터의 조종을 소홀히 하게 된다.

조종사가 계기비행증명이 없거나 유효하지만 숙련되지 않거나 또는 계기비행조건의 설비가 없는 헬리콥터로 비행한다면 시계기상조건에 머무는 것이 최상이다. 계기를 참조하고 단독으로 비행하는 훈련이나 숙련되지 않은 조종사는 보이는 지상표적물을 따라 비행을 유지하려는 경향이 있어, 나무 위나 길을 따라서 낮은 고도로 비행을 하게 될 가능성이 높다. '내가 내 밑에 무엇인가를 볼 수 있는 한 가고자 하는 목적지에 갈 수 있다'라는 의식이 크다. 경험사례와 통계적인 데이터를 보면 조종사가 아래 보이는 것에 집착하다가 바로 눈앞의 위험물(고압선, 탑, 오르막지형 등)을 보지 못하여 시계비행조건의 비행을 계기기상상태에서 계속하려다가 비극적인 결과를 초래한 경우가 많다. 조종사가 위험물을 볼 때는 충돌을 피하기에 너무 늦거나 다행히 장애물을 피하는 조작을 했어도 방향감각을 잃을 수 있다.

야간비행을 할 때에는 주간비행을 할 때보다 안전성과 우발적인 계기기상조건으로 비행하는 것을 피하기 위하여 보수적으로 개인 최소치를 적용하여야 한다. 야간에는 나빠지는 기상상태를 감지하기 어렵다. 그래서 조종사는 철저한 기상브리핑을 받아야 할 뿐만 아니라 비행 중에 예보되지 않은 기상에 대한 경각심을 잃지 말아야 한다. 계획된 경로는 대체 착륙장소를 지정해 놓아 조종사가 위험한 기상상태를 피하기 위하여 사전 예방책으로 착륙이 필요한 경우에 선택할 수 있도록 한다. 조종사가 야간비행 경험을 쌓을수록 비행 중에 기상을 예측 판단하는 능력이 좋아질 것이다.

아래 사항은 헬리콥터를 비행할 때 조종사가 시계기상조건에서 벗어나지 않도록 수행하여야 할 기본적인 지침이다.

1) 시계 참조물의 시야가 나빠져 위협이 되면 서서히 회항을 해서 시계기상조건의 영역으로 돌아가거나 또는 전방의 기상이 의심스러우면 처음의 안전한 착륙지로 돌아간다. 방지가 최우선이라는 것을 기억하라.
2) 앞의 지형을 확실하게 모르면 더이상 코스를 전진하지 마라.
3) 예보에 따르면 기상조건이 상당히 나빠질 것으로 의심되거나 또는 비행이 안전하게 수행될지 불확실하면 비행을 지연하거나 취소하는 것을 고려하라. 때로는 심적 느낌이 근거는 없지만 위험이 있을 것 같은 경고를 해준다.
4) 항상 비행경로 상에 안전한 착륙장소(예; 확 트인 공간, 공항)를 생각해 두어라.

조종사가 숙지해둘 5개의 기본단계가 있는데 우발적인 계기기상조건의 비행에 들어서면 가능한 조치를 즉시 수행토록 한다. 다시 한 번 강조하지만 계기를 참조하여 단독 기동훈련을 받지 않았거나 항공기에 마땅한 계기가 설치되어 있지 않으면 이 지침은 거의 쓸모가 없으며 항공기 조종을 할 수 없게 된다.

1) 항공기 수평유지: 자세계를 이용하여 수평자세로 한다.
2) 자세: 해당 헬리콥터에 맞게 안전한 상승속도를 갖도록 상승자세를 취한다.
3) 대기속도: 선택한 자세가 원하는 항공기속도를 내는지 확인하라. 대기속도가 떨어져, 유효전이양력에 접근할수록 조종입력을 많이 필요로 해 안정성을 감소시키고 예상치 못한 계기기상조건의 비행에서 회복이 불가하게 된다는 것을 인식하여야 한다.
4) 동력: 원하는 대기속도에 맞춰 상승 동력 세팅을 조절하라. 이것은 위 2)와 3)의 조작과 같이 해야 한다.
5) 기수 및 트림: 장애물이 없는 곳으로 방향을 선택하고 그 방향을 유지하라. 이 방향은 처음 비행계획에서 브리핑 받고 온 방향일 것이다. 항공기가 심하게 기울어지는 것(bank)을 막기 위하여 만약 기수표기(bug)가 있다면 세트한다. 항공기가 비정상자세가 되지 않도록 상호 동조된 조종을 유지하라.

조급하게 180° 선회를 하지 않도록 한다. 되돌아오는 것이 항상 안전한 길은 아니며 너무 급히 선회하면 예상치 못한 계기기상조건의 비행에서 공간방향감각의 상실을 가져올 수 있다. 180°의 선회가 가장 안전한 선택이라면 일단 기본 기수방향을 염두에 두고 상대적인 기수방향으로 선회를 시작한다. 그러나 안정된 비행을 취한 후(위 1~5항) 선택한 대기속도로 일정한 선회율을 유지한다.

예상치 못한 계기기상조건의 비행을 겪을 때마다 상황이 같지 않아 안전한 결과를 담보할 단순한 절차는 없다. 예상치 못한 계기기상조건의 비행에 들어가면 가장 좋은 코스를 결정할 때 고려할 사항으로 최소한 지형, 장애물, 동결 상태, 항공기 성능과 한계, 그리고 항공교통서비스(ATC)의 이용 가능성 등이 있다.

항공기설계가 보강되면서 적게 비용이 드는 기술, 항공기 형식승인에 관계하여 새로운 기술들이 개발되고 있다. 이렇게 장래가 기대되어 앞에서 언급한 많은 지침이 언젠가는 필요가 없을 수도 있다. 헬리콥터가 국가 공역시스템에 많이 예속되면 될수록 계기비행규칙(IFR) 연결망과 계기비행훈련이 더욱 보편화될 것이다. 장래에는 예상치 못한 계기기상조건의 비행이 더이상 비극적 사고로 귀결되는 비상상황이 아니고 적절한 방비책, 생명을 보호하는 새로운 항공전자기술의 진입(도입)에 맞춰 숙련된 회복기술이 마련될 것이다. 헬리콥터 계기비행증명이 조종사의 자격 수준을 높여줄 뿐만 아니라 더불어 생명보호책이라 하겠다.

여하튼 기상이 나빠지는 상황에 직면할 때 예상치 못한 계기기상조건의 비행(UIMC)과 연관된 사고와 인명사고가 발생하지 않도록 하기 위해서는 회복조작이 아니라 계획과 예방이 최상의 전략이다.

계기비행규칙(IFR) 운항에 대한 상세한 내용과 계기비행증명을 취득하는 방법에 대해서는 계기비행지침서(FAA-H-8083-15), 고급항공전자지침서(FAA-H-8083-6), 조종사의 항공지식지침서(FAA-H-8083-25) 등을 참조하라.

12 비상장구와 생존도구(Emergency Equipment and Survival Gear)

캐나다와 알래스카 같은 극지방에서는 생존도구를 헬리콥터에 탑재하고 비행을 하여야 한다. 깊은 산중이나 외딴 곳으로 비행할 때에 항상 생존도구를 탑재하라.그림 11-12 제시한 항목은 기후와 지형에 따라 선택할 수 있다. 조종사는 항공기가 보관할 수 있는 탑재공간과 항공기 총중량과 평형도 고려할 필요가 있다.

- 온도변화 등으로 인하여 부패 또는 변질되지 않는 음식. 탑승객당 적어도 10,000 칼로리 이상 되는 것으로 방수 상자에 저장할 것. 매 6개월마다 검사하고 수량 및

상태 확인
- 물
- 요리도구
- 성냥(방수용구에 보관)
- 휴대용 나침반
- 길이가 28inch 이상인 핸들을 가진 무게 2.5lbs 이상짜리 도끼
- 줄 톱날
- 덫 줄(30ft 길이로 사용설명서 부착)
- 낚시도구(수중용 미끼 및 네트 포함)
- 모기장 및 살충제(곤충이나 벌레가 위험한 지역인 경우)
- 신호용 거울
- 곤충방지용 시그널(적어도 3가지)
- 잭나이프 또는 사냥용 칼
- 적절한 생존 지침서
- 손전등(예비 벌브와 건전지)
- 휴대용 비상위치발신기(ELT)와 예비 건전지

- 나무가 없는 지역인 경우(추가)
  - 스토브와 기름(취사용)
  - 탑승객 전원 수용가능 텐트

- 겨울철과 같이 추운 지역인 경우(추가)
  - 모든 탑승객용 슬리핑 백(7°C 이하 예상 시)
  - 눈신발 두 켤레
  - 에비 도끼 핸들
  - 얼음 깨는 정(chisel)
  - 얼음 칼 또는 톱 칼

EMERGENCY EQUIPMENT AND SURVIVAL GEAR
Food cannot be subject to deterioration due to heat or cold. There should be at least 10,000 calories for each person on board, and it should be stored in a sealed waterproof container. It should have been inspected within the previous 6 months, verifying the amount and satisfactory condition of the contents.
A supply of water
Cooking utensils
Matches in a waterproof container
A portable compass
An ax weighing at least 2.5 pounds with a handle not less than 28 inches in length
A flexible saw blade or equivalent cutting tool
30 feet of snare wire and instructions for use
Fishing equipment, including still-fishing bait and gill net with not more than a two-inch mesh
Mosquito nets or netting and insect repellent sufficient to meet the needs of all persons aboard, when operating in areas where insects are likely to be hazardous
A signaling mirror
At least three pyrotechnic distress signals
A sharp, quality jackknife or hunting knife
A suitable survival instruction manual
Flashlight with spare bulbs and batteries
Portable emergency locator transmitter (ELT) with spare batteries
Stove with fuel or a self-contained means of providing heat for cooking
Tent(s) to accommodate everyone on board
Additional items for winter operations: • Winter sleeping bags for all persons when the temperature is expected to be below 7 °C • Two pairs of snow shoes • Spare ax handle • Ice chisel • Snow knife or saw knife

그림 11-12 비상장구 목록

CHAPTER 12

자세계기비행 (Attitude Instrument Flying)

자세계기비행은 항공기를 조종할 때 외부의 참조물을 육안으로 파악하여 조종하는 것이 아니고 계기의 지시를 기준으로 조종하는 것이다. 물론 계기를 기준으로 원하는 자세를 갖기 위하여 요구되는 조종 조작도 시계비행방식에서 비행할 때 사용하는 조종방식과 거의 차이가 없다. 이 장에서는 조종사가 불가피하게 계기기상조건에 들어갔을 때 그 상황에서 벗어나기 위한 180° 선회조종을 할 수 있도록 기본적인 계기비행만을 소개한다. 그러나 계기기상조건에 사용할 수 있는 장비가 장착되어 있지 않은 헬리콥터는 구름이나 안개를 뚫고 비행해서는 안 된다. 불가피할 경우 곧바로 착륙을 하고 반드시 시계기상조건을 준수하여야 한다.*†

01 비행계기(Flight Instruments)

비행계기를 이용하면 조종사가 계속해서 지상의 참조물을 보면서 비행할 필요가 없다. 그러나 자세계기를 기준하여 비행을 하려면 계기의 지시내용과 제한치를 포함하여 특정 계기나 관련시스템의 기능을 얼마나 이해하고 있느냐가 매우 중요하다. 또한 비행 전에 해당 계기들이 제대로 작동하고 있는가를 확인하는 것도 중요하다.

조종사는 항행 전 제자리비행을 할 때 비행계기들의 작동을 쉽게 점검할 수 있다. 예를 들면 콜렉티브를 올리면 고도계가 약 20ft 정도 낮게 지시한다. 고도를 낮게 지시하는 이유는 지면효과로 회전익과 지면 사이의 공기압이 증가하기 때문이다. 헬리콥터가 올라가, 즉 지면효과를 벗어나는 고도에서는 고도계가 정상적으로 작동하여 실제 고도를 지시하게 된다.

제자리비행을 할 때 방향계와 선회계가 자유롭게 움직여 바르게 지시를 하는지 점

* 개정된 원본에는 본 12장이 전체적으로 삭제되었으나 중요 참고 정보라 판단하여 역자가 임의로 기존 내용을 삭제하지 않고 소개하고자 한다. 계기비행에 대한 상세한 내용은 계기비행지침서(FAA-H-8083-15: Instrument Flying Handbook)와 고등항공전자지침서(FAA-H-8083-6: Advanced Avionics Handbook)를 참조하기 바란다.

† 우발적으로 계기기상조건으로 비행하는 것을 공식적으로 IIMC(Inadvertent flight into Instrument Meteorogical Conditions)이라 한다.(제11장 11절 참조)

검하고, 자세계의 작동은 제자리비행 시에 기수를 가볍게 올렸다가 내리고 옆으로 움직여 체크한다.

1.1 동정압계기(Pitot-Static Instruments)

동정압계기인 대기속도계, 고도계, 승강속도계 등은 공기압의 차이로 작동한다. 동압(dynamic pressure)이라고 부르는 피토압력(pitot pressure)은 대기속도계에만 전달되지만 정압(static pressure)은 위에 언급한 세 가지 계기 모두에 전달된다. 정압구가 막히면 다른 곳에서 정압을 받을 수 있는 대체 정압구가 있다.그림 12-1

가. 대기속도계(Airspeed Indicator)

대기속도계는 동압관을 통하여 들어오는 전압(total pressure)과 정압관을 통하여 들어오는 정압을 비교하여 헬리콥터의 속도를 지시한다. 물론 압력차가 클수록 속도가 커지게 된다. 대기속도계는 전압과 정압의 차이를 지시하는 계기로 지시대기속도계(IAS)라고도 한다. 헬리콥터의 성능을 결정하는 기준으로 이 속도가 사용되며 속도 단위는 노트(knots)나 시간당 마일(miles/hr)이다.그림 12-2 특정 상황에서는 대기속도를 고도나 온도에 대한 수정작업을 하지 않고도 사용할 수 있다. 수정이 필요하지 않은 이유는 대기속도계와 헬리콥터의 성능은 공기밀도 변화에 따라 같이 영향을 받기 때문이다. 엄밀히 말하면 대기속도계가 주변 환경의 변화를 반영하고 있다고 보면 된다.

1) 계기점검(instrument check)

비행전 점검시에 피토관과 배출구(drain hole) 그리고 정압포트(static port)가 막혀 있는지 확인한다. 또한 이륙하기 전에 대기속도계가 제로를 지시하고 있는지 확인하여

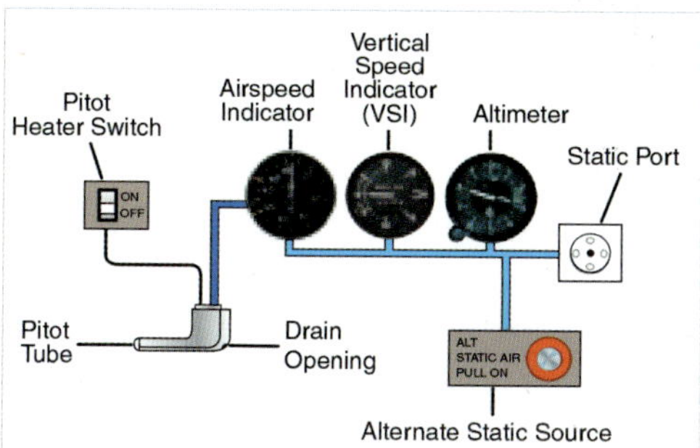

그림 12-1 공기압계기

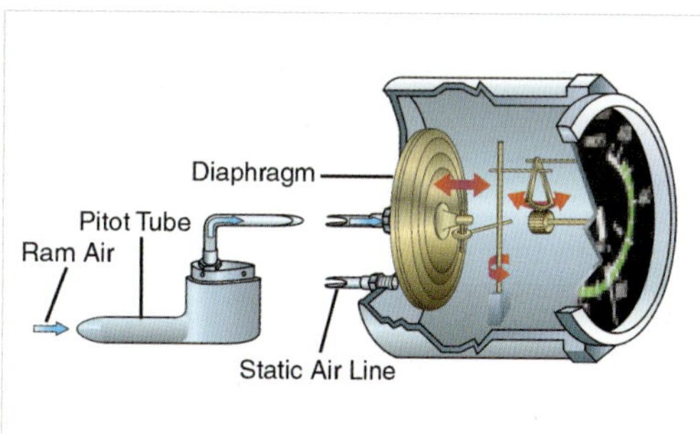

그림 12-2 대기속도계

야 한다. 만약 헬리콥터에 직접적으로 강한 바람이 불고 있으면 바람속도와 방향에 따라 대기속도계가 제로보다 높게 지시할 수도 있다. 이륙을 시작하면 대기속도계가 합당한 비율로 증가하는지 확인하라. 그러나 회전익의 내리흐름으로 인하여 일정 속도 이하에서는 대기속도계의 지시가 부정확할 수도 있다는 것을 고려하여야 한다.

나. 고도계(Altimeter)

고도계는 대기의 압력변화를 감지하여 고도를 피트단위(ft)로 지시하며 대기압의 변화를 보정하기 위하여 기압계 눈금을 조정하는 장치가 있다.그림 12-3

고도계를 맞추는 기준은 압력과 온도와 변화율이 표준 값을 가진 국제표준대기(ISA)이다. 그러나 실제 대기조건은 표준 값과 같을 경우가 거의 없다. 더욱이 해당지역의 대기압력 수치도 시간에 따라 변하고 비행하는 지역에 따라 변화한다. 결과적으로 고도계의 지시는 압력과 온도 그리고 변화율이 표준과 얼마나 편차가 있느냐에 따라 그리고 고도계를 언제 세트했느냐에 따라 어느 정도 오차가 있다. 그래서 고도계의 오차를 최소화하는 가장 좋은 방법은 고도계 세팅을 자주 해주는 것뿐이다. 대부분의 경우에는 법적 요건에 맞춰 비행경로를 따라 가장 가까운 통보지국의 현재의 고도세팅을 사용한다.

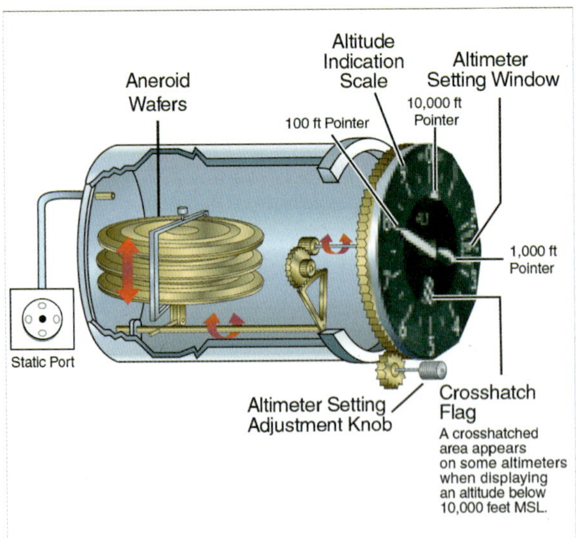

그림 12-3 고도계(altimeter)

1) 계기점검(instrument check)

비행전 점검시에 정압 포트가 막혀 있는지 확인한다. 이륙 전에 고도계를 현재 고도로 세팅한다. 고도계가 실제고도에서 75ft 이내를 지시하면 일반적으로 사용하는데 지장이 없다.

다. 승강속도계(Vertical Speed Indicator)

승강(속도)계는 헬리콥터의 고도가 변화할 때 외부 대기압이 얼마나 빠르게 증가하거나 감소하느냐를 측정하여 상승률과 강하율을 'ft/min' 단위로 지시한다. 승강계는 공기압의 변화율만을 측정하므로 공기의 온도는 계기에 영향을 미치지 않는다.그림 12-4

승강계가 눈금을 지시할 때 시간차가 발생한다. 왜냐하면 변화율이 안정되어야 상승률이나 강하율을 지시하기 때문에 몇 초가 소요된다. 그림과 같이 밀폐된 케이스와 다이어프램이 모두 정압관과 연결되어 있지만 케이스 내부의 공기는 보정 리크(calibrated leak)를 통하여 흐름에 저항을 받기 때문에 압력차가 안정되어야 바늘이 고도변화율을 지시한다. 조종조작이 거칠거나 항공기가 격심하게 흔들릴 때에는 경과시간이 더 걸리며 부정확한 수치나 불안정한 변화율을 지시하기도 한다. 그래서 일부 헬리콥터에서는 일반적인 승강계의 경과지시를 보정하기 위하여 가속도계를 설치한 순간승강계(instantaneous vertical speed indicator: IVSI)를 장치하고 있다.

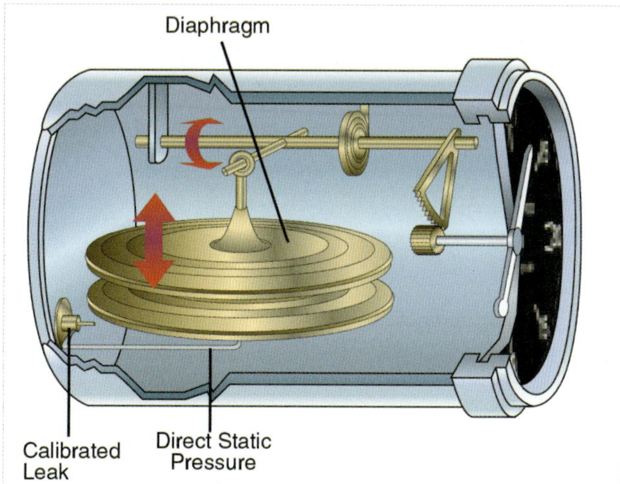

그림 12-4 승강속도계(vertical speed indicator)

1) 계기점검(instrument check)

비행전 점검시에 정압포트가 막혀 있는지 확인한다. 이륙 전에 승강계가 제로를 지시하는지 확인한다. 이륙하는 동안에 승강률이 상승하는 쪽으로 지시하는지 확인한다.

라. 계통 에러(System Errors)

동정압장치와 관련된 계기들은 고장이 많지 않으나, 얼음이 형성되거나 먼지나 곤충 등으로 동압이나 정압을 받는 입구가 막히면 에러가 발생한다. 비행전 점검시에 동압과 정압 포트가 막혀 있지 않은지 확인하여야 한다. 헬리콥터가 지상에 주기하고 있을 때 동압 및 정압 포트를 커버로 씌워 놓는 것이 좋다.

동압관이 막힐 때 영향을 받는 계기는 대기속도계이다. 이 계통이 막히는 것은 두 가지 경우이다. 그 하나는 외부공기 주입구가 막히고 드레인 홀이 열려 있을 경우로 헬리콥터 속도에 관계없이 대기속도계는 제로를 지시한다. 만약 외부공기 주입구와 드레인 홀이 모두 막혀 있으면 도관속의 공기압력이 일정하게 되어 대기속도계는 고도계와 같아져 고도가 올라가면 대기속도가 증가하고 고도가 내려가면 속도가 떨어진다. 이 경우는 정압관이 막혀 있지 않을 때이다.

만약 정압포트만 막혀 있으면 대기속도계는 비록 부정확한 수치를 가리키지만 작동한다. 정압포트가 막혔을 때의 고도를 기준으로 그 고도보다 높이 비행하면 대기속도계는 실제 속도보다 낮게 지시하고 반대로 낮게 비행하면 실제 속도보다 빠른 속도를 지시한다. 그래서 속도오차는 정압관이 막힌 고도로부터 실제 고도가 얼마나 차이가 있느냐에 따라 비례한다. 고도차이가 크면 클수록 속도오차는 커지게 된다. 정압관이 막히면 고도계는 그 상태의 고도로 고정되고 승강계는 제로가 되어 두 계기 모두 사용할 수가 없다.

일부 헬리콥터에서는 주 정압포트가 막힐 경우를 대비하여 대체 정압포트를 설치하고 있다. 대체 소스가 항공기 객실로 통해 있으면 외부압력과 약간의 차이가 발생하여 계기에 지시되는 대기속도와 고도가 실제보다 조금 높아진다. 이러한 경우에 속도차이를 수정할 수 있는 교정차트가 비행교범에 나와 있다.

1.2 자이로계기(Gyroscopic Instruments)

계기비행에 필요한 자이로계기는 자세계와 방향계 그리고 선회계가 있다. 일반적으로 헬리콥터에서는 이 계기들을 전기로 작동한다.

자이로(gyro)는 두 가지의 성질을 가지고 있다. 하나는 경직성(rigidity in space)이고 또 하나는 세차성(precession)이다. 경직성이란 자이로가 회전하면 고정위치로 머물려하고 외력에 저항하는 것을 말한다. 이 원리를 이용하여 자세와 방향의 변화를 측정하는데 자이로가 사용된다. 세차성(섭동성이라고도 함)이란 외부로부터 힘을 받아 자이로가 반응을 할 때 힘을 받은 지점에서 반응하지 않고 힘을 받은 지점에서 회전하는 방향으로 90°가 지난 지점에서 힘을 받은 것 같이 반응을 한다. 이 원리를 이용하여 방향의 변화로 발생하는 양을 감지하여 회전율을 재는 것이다. 일부 계기에서는 미세한 세차오차를 일으키기도 한다.

가. 자세계(Attitude Indicator)

자세계는 실제의 수평선을 나타내는 계기이다. 헬리콥터의 피치자세와 선회자세를 수평선을 기준하여 직접적으로 지시하는 계기이다. 헬리콥터에서는 대부분의 자세계가 전기적인 힘으로 작동하기 때문에 별도로 동력공급 스위치가 있고 동력이 끊어지면 동력을 잃었다는 표시의 경고 깃발이 계기 안에 설치되어 있다. 또한 케이징(조기 정립) 노브가 있어 자이로가 뒤집혀 있을 때 회전축을 빨리 안정시킬 수 있다.그림 12-5

나. 방향계(Heading Indicator)

방향자이로(DG)라고도 하는 방향계는 수직축을 중심으로 좌우로의 움직임을 감지하는 계기로 많은 선회오차를 일으키는 자기컴파스(나침반)에 비해 정확한 방향기준을 제공한다.그림 12-6

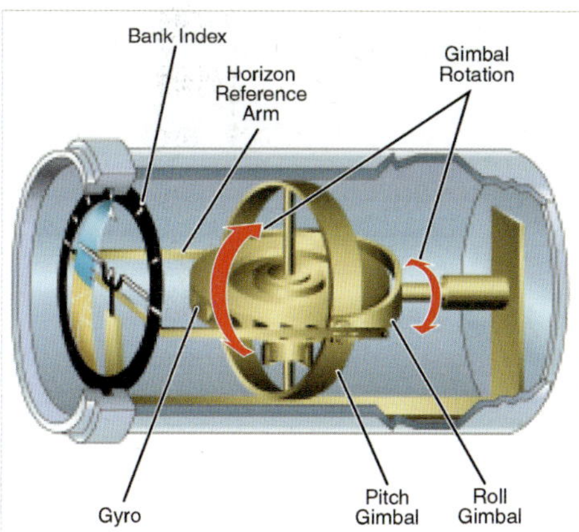

그림 12-5 자세계(attitude indicator)

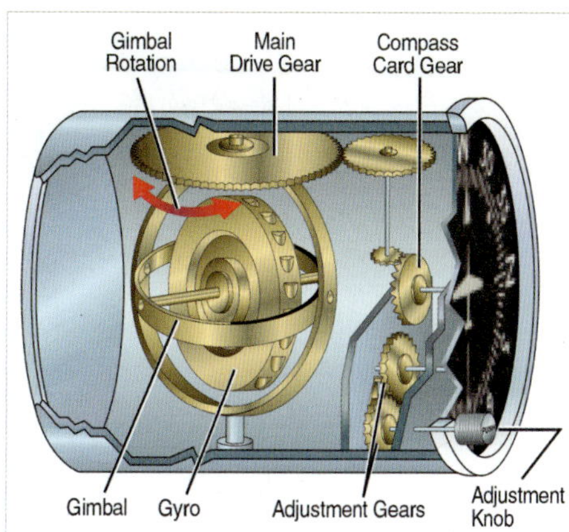

그림 12-6 방향계(heading indicator)

방향계는 자이로스코프 구조상 내부의 마찰력 때문에 발생하는 세차현상으로 선택한 방향이 세트한 수치와 약간 편차가 있다. 일부 방향계는 원격소스를 통하여 자기북극점을 받고 있어 조절작업이 필요 없지만 자동적으로 북극을 맞추어주는 기능이 없는 일명 자유 자이로(free gyro)라고도 하는 방향계에서는 주기적으로 방향을 조절해주어야 한다. 비행 직전에 방향계를 나침반과 같게 맞추어주고 비행하는 동안에는 매 15분마다 방향을 확인하여야 한다. 비행 중에 조정을 할 때에는 수평직선 등속비행을 하면서 나침반의 지시를 안정시키고 수행하여야 한다.

다. 선회계(Turn Indicator)

선회계는 방향과 선회율을 지시한다. 표준선회율은 초당 3°(3°/sec)로 2분에 360° 선회를 하게 된다. $\frac{1}{2}$표준선회율은 1.5°/초이다. 이러한 정보를 지시하기 위하여 두 종류의 계기가 있다. 선회경사계는 방향과 선회율을 지시하는데 바늘(침)을 사용한다. 선회색인표(turn index)라고 하는 흰색 마킹과 바늘이 일치되어 있으면 표준선회율 상태이고 바늘이 두 색인표 사이의 가운데에 있으면 $\frac{1}{2}$표준선회율을 지시한다. 선회경사계는 롤 율(roll ratio)을 지시하지 않는다. 선회조정계(turn coordinator)는 선회경사계와 유사하나 자이로가 경사져 있어 선회율과 롤 율을 모두 감지한다. 선회조정계는 방향과 선회 및 롤 속도를 지시하는데 지침(바늘)이 아니고 작은 비행기 모양을 사용한다.그림 12-7

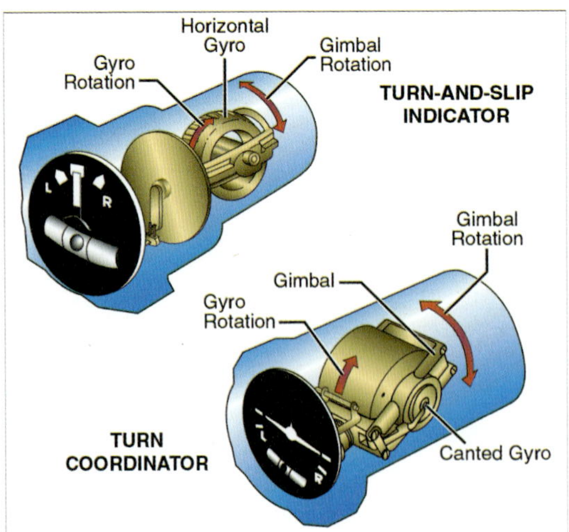

그림 12-7 두 종류의 선회계(turn indicator)

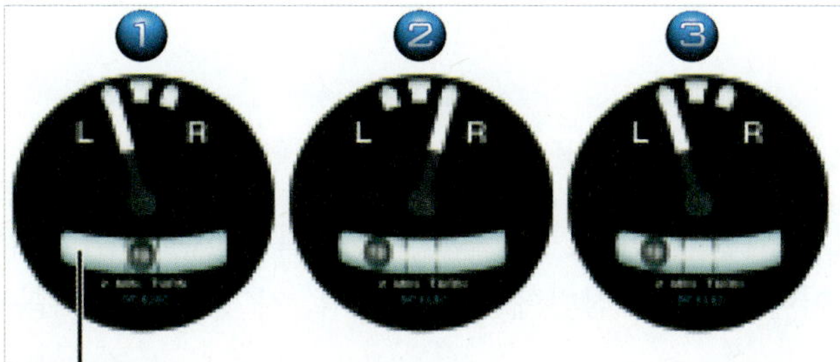

그림 12-8 경사계(inclinometer)

두 종류의 선회계 모두 경사계가 있다. 경사계의 볼의 위치에 따라 선회가 정상적으로 이루어지고 있는지를 판단할 수 있다. 볼이 중앙에 있지 않으면 정상적으로 선회가 이루어지지 않고 헬리콥터가 옆으로 미끄러지고 있는 상태(slip 혹은 skid)를 의미하기 때문에 반토크페달을 조정하거나 헬리콥터의 경사각을 조정하여 수정해주어야 한다.그림 12-8

1) 계기점검(instrument check)

비행전 점검시에 경사계에 공기기포가 없고 액체가 꽉 차 있는지 확인한다. 볼도 가장 아래쪽에서 정지하고 있어야 한다. 헬리콥터에 장착되어 있는 모든 자이로계기는 전기적으로 작동하기 때문에 전원이 연결되지 않았다는 경고계기가 지시하는지도 점검하여야 한다. 마스터 스위치를 켜고 자이로가 돌아가는 소리를 확인한다. 이때 긁히는 소리와 같이 이상한 소리가 나지 않아야 하며 전원이 끊겼다는 경고 깃발(flag)도 보이지 않아야 한다.

엔진을 시동하고 이륙 직전에 방향계를 나침반에 맞추어준다. 제자리비행 선회를 하면서 방향지시계의 작동을 점검하고 세차현상이 심하지 않은지 확인한다. 선회계도 같은 방향으로 선회를 지시하는지 확인한다. 이륙하는 동안 자세계가 제대로 작동하는지 확인하고 첫 선회를 할 때 자세계를 다시 확인한다.

1.3 나침반(Magnetic Compass)

나침반은 법적으로 시계비행방식(VFR)이나 계기비행방식(IFR)에서 모두 필요로 하는 기본계기이다. 일부 헬리콥터는 방향을 지시하는 계기로 나침반만 장착되어 있다. 나침반이 움직이는 것 같이 보이지만 실제로는 나침반은 자기북극에 고정되어 있고 헬리콥터가 컴퍼스 카드를 중심으로 회전하는 것이다.

가. 컴퍼스 오차(Compass Errors)

나침반으로부터 신뢰할 만한 방향정보를 얻기 위해서는 나침반의 한계와 고유오차를 잘 이해하고 있어야 한다. 나침반에는 자기편각, 자기자차, 자기복각 등이 발생한다.

나. 자기편차(Magnetic Variation)

시계비행조건으로 비행할 때 보통 진북(true north)을 기준으로 하는 차트를 참조하여 항법을 한다. 그러나 헬리콥터의 나침반은 자기북극(magnetic north)을 가리키고 있어 항행할 때 진북과 자북간의 차이를 참작하여 실제방향을 자기방향으로 전환하는 변화, 즉 수정조치를 하여야 한다. 한 지점에서의 자기편차는 진북과 자북간의 각도차이다. 편차는 헬리콥터가 위치한 지점에 따라 달라진다. 등편각선은 편차가 같은 점을 연결한 선이고 무편각선은 편차가 제로인 점을 연결한 선이다.그림 12-9

다. 자기자차(Compass Deviation)

지구에 의해 발생하는 자장 이외에도 헬리콥터 내의 금속이나 전기제품들에 의해 발생하는 자장도 있다. 이러한 자장으로 지구의 자력선이 틀어져 나침반이 올바른 방향

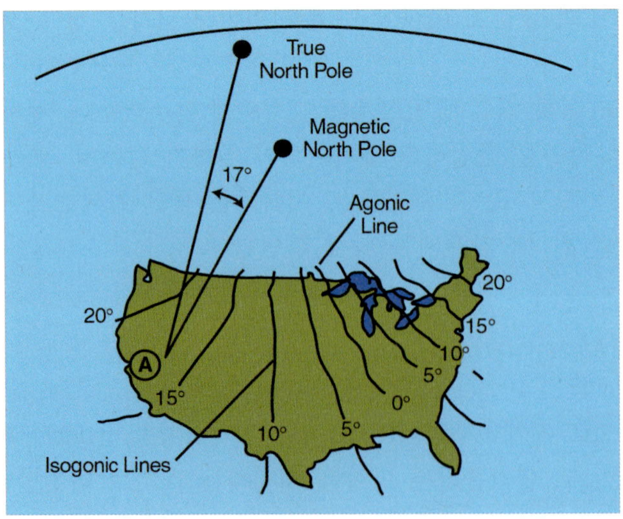

그림 12-9 등편각선과 무편각선

을 지시하지 못하게 된다. 이러한 편차를 줄이기 위하여 일부 제작회사에서는 나침반 내부에 보정자석을 설치하고 엔진과 모든 전기장치들이 가동하고 있을 때 이 보정자석으로 편차를 조절해준다. 그러나 자기자차를 완전히 제거할 수는 없다. 그래서 컴퍼스 수정카드를 나침반 근처에 장착해 놓고 자력선이 다른 각도에서 서로 걸릴 때 한 방향에서 다음 방향으로 발생하는 편차를 수정한다.

라. 자기복각(Magnetic Dip)

자기복각은 지구 자장의 수직성분이다. 이 복각은 자력선과 지표면이 평행이어서 수직성분이 거의 없는 자기적도에서는 당연히 존재하지 않는다. 나침반을 극(pole)쪽으로 이동하면 수직성분이 증가하여 고위도에서는 자기복각이 더욱 분명해진다. 이러한 자기복각으로 인하여 헬리콥터가 가속 또는 감속할 때나 선회할 때 방위오차가 발생한다.

헬리콥터의 속도가 변화할 때 나침반이 흔들려 가속오차나 감속오차가 발생한다. 북반구에서는 가속할 때 나침반이 북쪽으로 기울어지고 감속할 때 남쪽으로 기울어지나 속도가 일정해지면 나침반은 정확한 방향을 지시한다. 동쪽이나 서쪽방향으로 비행할 때는 이 오차가 매우 크다. 그러나 북쪽이나 남쪽방향에 가깝게 비행하면 할수록 점차 줄어들어 정북 또는 정남으로 비행할 때에는 오차가 발생하지 않는다. ANDS(accelerate north, decelerate south)로 기억하면 오차관계를 쉽게 연상할 수 있다. 남반구에서는 반대방향으로 오차가 발생한다.

정북이나 정남에서 또는 정북이나 정남으로 방향을 선회할 때 선회오차가 많이 발생한다. 이 오차는 북극이나 남극에 가까이 갈수록 커지는데 이것은 양극에 가까울수록 자기복각이 커지기 때문이다. 자기적도 근처에서 비행할 때에는 선회오차가 발생하지 않는다. 북반구에서 기수가 북쪽을 향한 방향에서 선회를 하게 되면 나침반은 처음에는 선회방향과 반대로 지시하다가 어느 정도 시간이 경과해야 실제 정상방향으로 돌아온다. 계속 선회를 하면 경과시간이 줄어들어 헬리콥터의 기수가 동쪽이나 서쪽방향이 되면 시간차가 없어진다. 반대로 남쪽을 향한 방향에서 선회를 시작하면 나침반은 제대로 선회방향을 지시하지만 실제 방향보다 앞서간다. 물론 헬리콥터가 동쪽이나 서쪽방향이 되면 이 오차도 없어진다.

마. 계기점검(Instrument Check)

비행하기 전에 나침반에 액이 꽉 차 있는지 확인한다. 제자리비행에서 선회를 할 때 나침반이 자유롭게 회전하고 제 방향을 지시하는지 확인한다. 나침반은 전 비행에 걸쳐 필요하기 때문에 이상이 있으면 비행하기 전에 수정하여야 한다.

02 계기비행(Instrument Flight)

계기비행 시 헬리콥터를 원만하게 제대로 조종하려면 세 가지의 기본기술을 익혀야 한다. 이 기본기술은 계기교차점검, 계기해석, 그리고 헬리콥터조종이다.

대부분의 조종사는 교육과 실습을 통하여 계기를 참조한 비행에 익숙해 질 수 있으며 또한 계기를 이용함으로써 헬리콥터를 보다 용이하게 그리고 정밀하게 조종할 수 있다.

가. 계기 교차점검(Instrument Cross-Check)

스캐닝(scanning)이라고도 하는 교차점검은 헬리콥터의 자세와 상태를 파악하기 위하여 관련 계기들을 지속적이고 합리적으로 관찰하는 것을 말한다. 자세계기비행에서는 헬리콥터자세를 계기의 기준선으로 유지함으로써 원하는 결과를 얻을 수 있다. 그러나 인적오류나 계기오류 또는 대기와 하중 조건의 변화에 따른 헬리콥터의 성능차이 때문에 헬리콥터의 자세를 똑바로 하고 장시간 동안 유지한다는 것은 어렵다. 그래서 계속해서 계기를 체크하면서 헬리콥터의 자세에 적절한 변화를 주어야 한다. 실제 조작기술은 조종경력과 숙련도에 따라 차이가 있지만 또한 무슨 계기가 장착되어 있는지 그리고 어디에 장착되어 있는지에 따라 달라진다. 여기에서는 기본적인 비행계기를 중심으로 알아보기로 하자.

그림 12-10 계기 교차점검

비행 초보자는 일반적으로 자신이 원하는 정보가 무엇인지도 모르면서 두서없이 계기들을 교차점검(cross check)하는 경향이 있다. 그러나 비행에 익숙해지면 계기 교차점검은 특이한 비행 상태일 때 분명한 상황추세를 보여준다. 이러한 상황변화 추세를 파악하여 현재의 비행조건에서 다른 비행조건으로 전환하거나 헬리콥터의 조종에 참조한다.

나. 계기해석(Instrument Interpretation)

여러 비행계기들이 다 같이 헬리콥터가 움직이고 있는 상황을 그림으로 보여주고 있다. 중요하지 않은 계기는 하나도 없다. 그러나 어떤 조작이나 조건에 따라 가장 적절하고 유용한 정보를 제공하는 계기들을 기본계기라 부르고 기본계기들을 보완하는 계기들은 보조계기라고 정의하고 있다. 예를 들면 자세계는 헬리콥터의 자세에 대한 정보를 곧바로 제공해주는 유일한 계기이므로 피치나 경사 자세를 변화시킬 때에는 기본계기가 된다. 그러나 자세가 바뀐 후 고정되면 다른 계기들이 기본계기이고 자세계는 보조계기가 된다.

다. 헬리콥터 조종(Helicopter Control)

헬리콥터를 조종한다는 것은 비행계기들을 정확하게 해석하고 가리키는 지시치를 적절한 조종반응으로 바꾸어주는 결과이다. 헬리콥터의 조종은 원하는 비행경로를 얻기 위하여 피치, 뱅크, 동력, 트림 등을 조절하는 것을 말한다.

피치자세 조종은 헬리콥터의 가로축(lateral axis)을 중심으로 헬리콥터의 움직임을 조종하는 것을 말한다. 피치계기들(자세계, 고도계, 대기속도계 그리고 승강계)을 참고하여 헬리콥터의 피치자세를 파악한 후 사이클릭을 조종하여 원하는 피치자세로 한다. 자세계는 회전익장치 아래의 동체에 장착되어 있고 회전익의 자세가 비행경로에 미치는 자세를 자세계가 지시하지 않는다는 것을 이해하여야 한다. 그래서 헬리콥터는 기수를 수평보다 내리고 이륙이나 상승을 할 수도 있고 반대로 수평보다 위로하고 속도를 줄이거나 착륙할 수도 있다.

참고로 비행기는 날개가 고정 부착된 기체에 자세계가 설치되어 기수가 비행방향으로 같이 올라가거나 내려간다. 헬리콥터는 전진비행에서 최소의 항력을 갖도록 설계된 수평안정판의 영향으로 비행 중 상당히 안정된 자세로 비행하려 한다. 헬리콥터가 이륙을 시작하여 가속이 되면 수평안정판에 흐르는 공기흐름이 아래 방향으로 힘을 발생시켜 기수를 수평방향으로 내려주어서 기체가 상대바람과 유선형을 이루게 한다. 그래서 헬리콥터의 자세계는 대기속도와 고도가 안정되면 거의 수평을 지시한다. 기수가 내려간 자세는 헬리콥터가 하강하는 것이 아니라 가속을 하는 자세를 의미하고 기수가 올라간 자세는 상승하기 위한 것이 아니라 감속하는 자세를 가리킨다.

따라서 헬리콥터의 비행경로에 대하여 정확한 상황인식을 하려면 여러 계기의 움직임을 살펴보고 해석하여야 한다.

뱅크(bank) 자세조종은 회전익을 옆으로 기울게 하여 수평선과 이루는 각을 조종하여 헬리콥터의 세로축(longitudinal axis)을 중심으로 헬리콥터가 옆으로 기울게 하는 것을 말한다. 헬리콥터의 뱅크계기들(자세계, 방향계, 선회계)을 비교하여 보면서 사이클릭을 조종하여 원하는 뱅크자세로 한다.

동력조종은 필요에 따라 스로틀을 같이 조종하면서 콜렉티브 피치를 조절하는 것이다. 직선수평비행에서는 고도가 100ft 이상 차이가 나거나 대기속도가 10노트 이상 벗어나면 고도의 편차를 수정하기 위하여 콜렉티브 피치에 변화를 준다. 그러나 그 이하일 때에는 사이클릭 피치의 조정으로 약간 상승이나 하강을 시켜준다. 계기를 참조하여 헬리콥터를 비행하고자 할 때에는 다양한 하중분포와 비행조건에 따라 해당 헬리콥터에 요구되는 대략의 동력세팅을 알고 있어야 한다.

사이클릭 트림(trim)이란 사이클릭 조종을 하지 않고 사이클릭 조종 센터링버튼(설치되어 있다면)을 사용하는 것을 말한다. 선회계의 볼을 중앙으로 오도록 페달을 조절하는 것도 트림이다. 동력을 변화시킬 때에는 언제나 페달 트림이 필요하다.

콜렉티브 조종과 사이클릭 조종의 저항력을 적절하게 조절하면 계기비행을 할 때 조종하기가 매우 편하다. 적당한 저항력이 있으면 지나치게 과도한 조종도 방지해주고 헬리콥터가 미끄러지는 것도 방지해준다. 그러나 조종장치의 움직임을 제한할 정도까지 저항력을 크게 해주면 안 된다. 계기비행장비를 갖춘 헬리콥터들은 조종사의 업무량을 줄여주기 위하여 안정성증대장치나 자동조종장치도 장착되어 있다.

라. 일반적인 실수

1) 고착(fixation)

한 계기에만 집중하는 것을 고착이라고 하는데 일반적으로 처음 계기사용법을 배울 때 경험하는 오류이다. 처음 계기에만 집중하고 그 계기의 지시만을 참조하여 조종을 한다.

만약 한 계기에 정신을 집중하면 문제가 발생하는데 이것을 고착이라고 한다. 이 같은 고착현상은 다른 계기들은 쳐다보지 않고 특정 계기에만 주의를 집중하여 자세하게 관찰하려는 인간의 자연적인 성향 때문에 일어난다. 한 계기에만 집착하면 조종이 잘못

될 경우가 많다. 예를 들어 선회조작을 할 때 다른 계기들을 교차점검하지 않고 오직 선회계만 쳐다보는 경향이 있는데 이렇게 선회계에만 시선을 고정하고 있으면 피치와 뱅크조종이 잘못되어 고도를 놓치기 쉽다. 계기를 쳐다볼 때 해당계기가 지시하는 정보가 파악되면 바로 그 다음 계기로 시선을 옮기고 이렇게 계속해서 다른 계기들을 점검해야 한다.

비슷한 경우로 헬리콥터의 작동상태를 파악하기 위하여 필요한 관련 계기들을 복합적으로 살피지 않고 특정 계기를 지나치게 중요시하면 고착과는 다르나 특정 계기 하나에 너무 주의를 집중하게 되어 상황판단이 잘못될 수도 있다.

2) 태만(omission)

교차점검을 생략하는 것을 말한다. 일반적으로 교차점검을 할 때 나침반과 같은 예비계기들을 체크하지 않는 것이다. 계기의 위치가 태만의 이유가 되기도 한다. 주로 쳐다보지 않는 계기는 경사계의 슬립/스키드 계기이다.

조작을 수행할 때 자세변화를 일으키면 다른 계기들의 지시도 변화한다는 것을 예상하지 못할 경우가 있다. 예를 들면 상승이나 하강 중에 수평조작을 할 때 방향이나 롤 관계는 생각지 않고 피치조종에만 정신을 집중하면 방향과 뱅크조종이 틀어지게 된다. 이러한 오류를 태만이라고 한다.

3) 강조(emphasis)

초도훈련 때 한 계기에 대한 강조를 하기가 쉬운데 이것이 고쳐지지 않고 습관이 될 수 있다. 하나의 계기에 대한 중요성이 다른 계기에 비해 강조되면 그 계기의 지시에만 의존하게 된다. 180° 선회로 돌아 나올 때 자세계, 방향계, 선회계, 고도계 모두를 참조하여야 한다. 만약 선회계를 생략하면 조종의 동조(coordination)가 이루어지지 않게 된다.

03 글라스 조종석(Glass Cockpit or Advanced Avionics)

글라스 조종석이란 전자비행화면(EFD: electronic flight display)으로 된 조종석을 말한다.그림 12-11 일반적인 기존 조종석은 여러 정보를 보여주기 위하여 기계적인 계기들을 장착하였지만, 글라스 조종석은 여러 개의 컴퓨터 화면을 사용하여 필요할 때 해당 비행정보를 보여주는 장치이다. 이것은 헬리콥터의 작동과 항법을 단순화시켜 조종사에게 가장 중요한 정보에만 집중할 수 있게 해준다.

보다 상세한 내용은 FAA-H-8083-6: Advanced Avionics Handbook을 참조하라.

그림 12-11 글라스 조종석(glass cockpit)

CHAPTER 13

야간 운항

(Night Operations)

조종을 할 때 자신의 위치를 파악하는 수단으로 다른 감각보다 자신의 시각에 의존하기 쉽다. 시각적인 요소로 안전한 착륙을 위한 높낮이 인지도, 지형지물과 장애물을 식별하는 좋은 시력, 색깔 구분 시력 등이 비행 수행능력에 지대한 영향을 미친다. 물론 시력이 가장 정확하고 신뢰할 만한 감각이지만, 시각적인 식별이 잘못되어 사고로 이어질 수도 있다. 조종사는 다음과 같은 사항을 인지하고 그에 대한 효과적인 보완방법에 대해서도 알고 있어야 한다.

- 흡연과 같이 야간시력을 떨어뜨리는 물리적인 결점 혹은 자가 스트레스
- 시각 식별력 결함
- 시력의 한계, 어둠적응도, 색깔과 높낮이 감각

예를 들면, 야간에 보조도구가 없으면 시력이 떨어진다. 야간운항에 대한 자세한 정보는 FAA-H-8083-25(조종사 항공지식지침서)의 17장(항공의학요소)을 참조하라.

01 시각결점(Visual Deficiencies)

가. 야간 근시(Night Myopia)

야간에는 빛의 푸른색 파장이 널리 퍼져 보이게 된다. 그래서 약간 근시인 사람들이 야간에 청록색 불빛을 보면 선명하지 않고 희미하게 보인다. 시력이 좋은 사람도 동공이 커지면 커질수록 물체의 상이 점점 흐려진다. 약간 시력에 굴절 결점이 있는 사람은 보정안경을 착용하지 않으면 시력이 크게 떨어질 가능성이 높다. 또 하나 고려할 사항으로 '어둠초점(dark focus)'이다. 불빛이 약해지면 약해질수록 눈의 초점을 맞추는 메커니즘이 편한 쪽으로 움직여 눈을 더욱 근시로 만들어준다. 보조가 없는 야간비행을 하는 동안 멀리 지형의 형체를 의존해야 할 때 이 현상은 매우 중요한 요소가 된다. 따라서 불빛에 대한 훈련을 잘 하여야 야간적응을 하는데 큰 도움이 된다. 조종석의 불빛을 흐리게 유지하는 것(dim)도 200ft 이하의 위험표시가 없는 철탑이나 위험경고등이 없는 구식착륙지대 등 외부물체의 상황을 잘 인식하는데 도움이 된다.

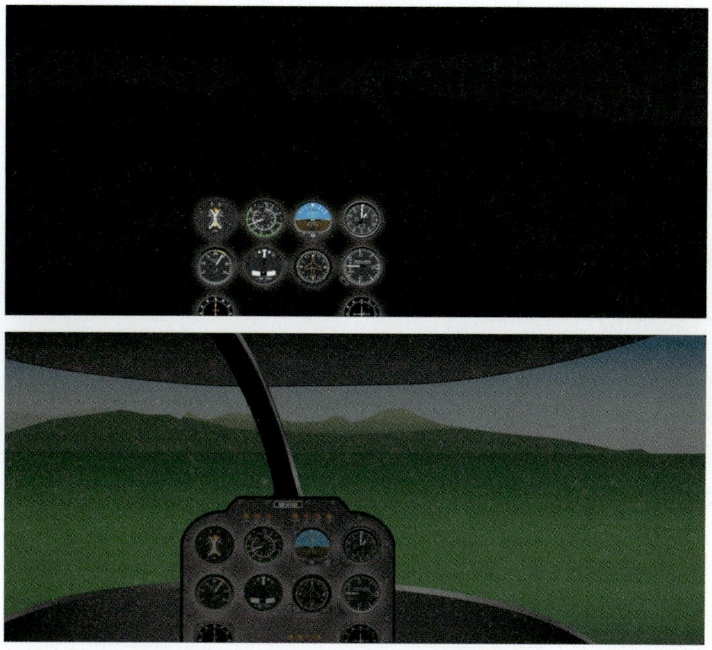

그림 13-1 조명을 밝게/어둡게 할 때 외부전경 시야

밝은 빛과 어두운 빛 대비 효과를 보여주는 간단한 연습을 해보자. 매우 어두운 길에 차를 타고 나가 자동차 계기판의 조명을 약하게 혹은 끄고 우리 눈을 외부 불빛 수준에 맞춰준다. 그런 다음에 계기판의 조명을 밝게 하면 외부 물체(형체)가 사라지는 것을 알게 된다. 이와 같은 개념을 조종실 조명에 적용하여 주위의 지형과 장애물을 볼 수 있게 된다.그림 13-1 야간 근시를 경험하는 조종사라면 특수 수정렌즈를 처방 받으면 된다.

눈은 자동으로 빛의 감도에 맞춰 조절된다. 야간비행을 할 때에는 조종실과 계기 불빛을 가능한 한 어둡게 해야 한다. 그래야 눈이 외부를 볼 수 있도록 외부 불빛 조건에 맞춰지게 된다. 실내를 어둡게 하면 할수록 외부가 잘 보이게 된다.

나. 원시(Hyperopia)

눈의 굴절률이 잘못되어 원시가 발생하게 된다. 가까운 사물을 쳐다볼 때 눈의 실제 초점이 망막 뒤에 가게 되어 사물의 실체가 흐릿하게 보인다. 그래서 가까운 물체가 뚜렷하게 보이지 않고 보다 멀리 떨어진 물체가 잘 보인다. 이러한 시야 문제를 원시(farsightedness)라고 부른다.

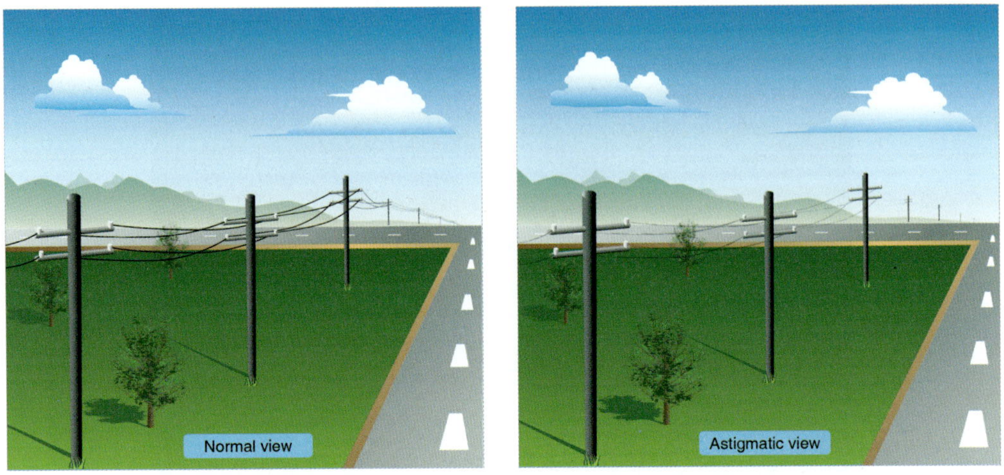

그림 13-2 정상시각과 난시의 차이

다. 난시(Astigmatism)

각막(cornea)이나 수정체(lens)의 곡면이 불균형상태가 되면 난시가 발생하여 광선이 한 선 주위로 넓게 퍼져 보인다. 정상시력이라면 광선이 망막(retina)에 뚜렷하게 초점이 오나 난시가 되면 여러 개의 선을 따로 따로 초점을 맞출 수가 없다. 예를 들면 난시를 가진 사람이 전선 철탑에 초점을 맞추면 옆으로 지나가는 전선들은 초점이 맞지 않아 거의 보이지 않게 된다.그림 13-2

라. 노안(Presbyopia)

이것은 나이가 먹으면서 발생하는 정상적인 현상으로 수정체가 굳어지는 것이다. 청소년 시기부터 시작되는 현상으로 인간의 눈은 가까운 사물에 대하여 초점을 맞추는 능력이 점차 떨어지게 된다. 40세 정도가 되면 일반적인 독서거리에서 안경을 착용하지 않으면 초점을 맞추기가 힘들어진다. 불빛의 밝기가 떨어지면 초점심도와 수용능력도 영향을 받는다. 수정체가 굳어질수록 수정체가 흐려지는 현상(백내장)이 일어난다. 백내장기가 있는 사람의 경우 정상적인 낮에는 시력차트를 선명하게 볼 수 있으나 밝은 조명 아래에서는 잘 보이지 않게 된다. 이러한 현상은 빛이 눈에 들어갈 때 빛이 흩어지게 되어 발생하는 것이다. 이러한 빛 감각(눈부심)은 어떤 상황에서는 작동이 안 된다. 대조 감각력(contrast sensitivity)에 연관된 섬광장애(glare disability)는 눈부심으로 사물 뒤쪽의 명암이 바뀔 때 사물을 제대로 보지 못하게 된다.

다음과 같은 시력기능도 나이에 따라 감퇴하며 조종사의 수행능력에 영향을 미친다.

- 움직임 식별
- 눈부심에서 회복력
- 어두운 조명에서의 기능
- 정보처리능력

02 비행시력(Vision in Flight)

시력은 항공기의 충돌방지와 깊이 감지에 특히 중요하다. 우리의 가장 중요한 감각 중의 하나인 시력이 없으면 비행은 불가능하게 된다. 인간의 눈은 구조상 환영이 보이거나 아무것도 보이지 않는 맹점이 있다. 따라서 눈과 눈의 기능을 알아야 이러한 환영과 맹점을 보정할 수 있다. 그림 13-3은 우리 눈의 기본 구조를 보여준다.

눈은 카메라와 유사하게 작동한다. 카메라는 가깝거나 먼 물체에 초점을 맞추기 위하여 렌즈와 필름 사이의 거리를 변화시켜준다. 그러나 인간의 눈은 거리에 따라 가느다란 힘살이 수정체(lens)의 모양을 자동으로 변화시켜, 즉 초점을 맞추어 물체를 선명하게 보이게 한다.그림 13-3

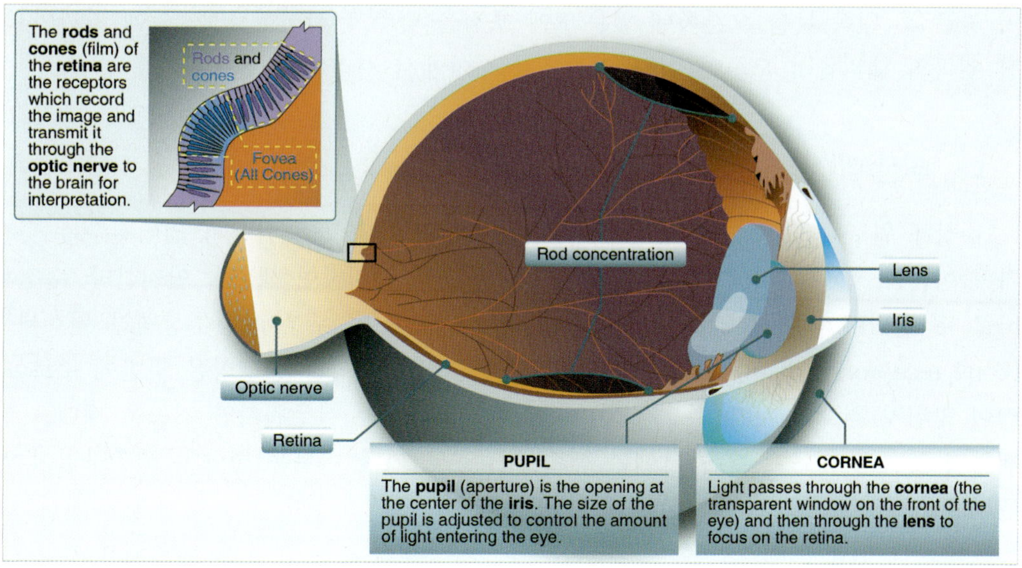

그림 13-3 눈의 구조

가. 시력(Visual Acuity)

정상적인 시력은 20/20이다. 시력이 20/80이라면 정상시력(20/20)을 가진 사람이 80ft 떨어진 곳에서 읽을 수 있는 문자를 20ft에서 읽는다는 것을 의미한다. 눈도 카메라와 같이 기능을 가지고 있는데 순간적인 영상을 본다. 보통 좌우로 150°에서 위아래로 120°의 범위로 약간 타원형의 영상이다. 두 눈으로 보면 위아래는 120°이나 좌우로 약 200°까지 시야범위가 넓혀진다.

나. 눈(the Eye)

시력은 기본적으로 빛이 눈 뒤쪽에 있는 광감각층, 즉 망막(retina)을 자극하는 결과이다. 망막은 빛을 감지하는 추상체(cones)와 간상체(rods)로 구성되어 있다. 망막에 있는 추상체는 밝은 빛에서 영상을 최대로 감지하나 간상체는 어두운 빛에서 최대로 작동한다. 추상체와 간상체를 자극하는 빛의 패턴이 시신경을 통하여 전기적 충격전파로 뇌에 전달되면 이 신호가 영상으로 바뀌게 된다.

시신경이 망막과 만나는 지점에는 추상체나 간상체가 없어 시각을 받지 못하여 맹점이 된다. 일반적으로 좌우 눈이 상대 눈의 맹점을 보정해준다. 그림 13-4는 눈의 맹점을 보여주는 실험용 그림이다. 먼저 오른쪽 눈을 가리고 팔 거리만큼 그림을 멀리 떼어 놓은 후 왼쪽 눈을 오른쪽에 있는 X에 초점을 맞추고 서서히 책을 눈에 가까이 하면 왼쪽의 헬리콥터 모습이 어느 지점에서 시야에서 사라지게 된다.

다. 추상체(Cones)

추상체(원추세포)는 망막 중심부 주위에 집중되어 있고 중심에서 멀어질수록 숫자가 줄어든다. 추상체는 적색, 청색 그리고 녹색 빛을 감지하여 색깔을 인지한다. 수정체 바로 뒤 망막에 꺾어진 부분을 황반(fovea)이라 하며 이 부분에는 추상체인 원추세포(cone receptor)만 꽉 차여 있다. 주간에 사물을 직접 바라보면 영상은 황반에 주로 초점이 맞춰져 최고의 시각을 갖게 된다. 그러나 추상체는 어두워지면 기능을 제대로 발휘하지 못하기 때문에 밝은 낮에는 색깔이 잘 구별되나 어두운 밤에는 색깔구별이 안 된다.그림 13-5

그림 13-4 맹점실험

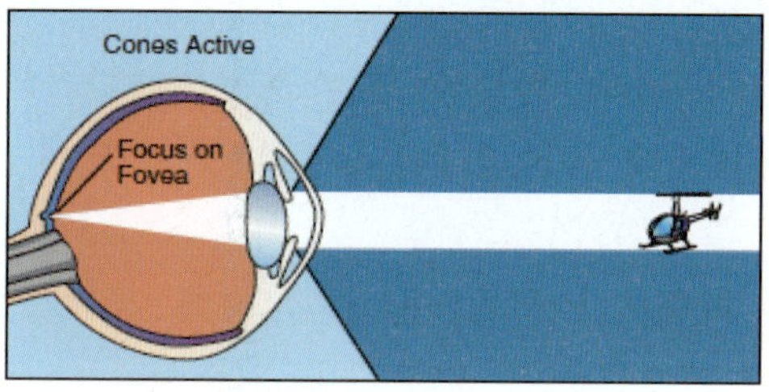

그림 13-5 주간시각

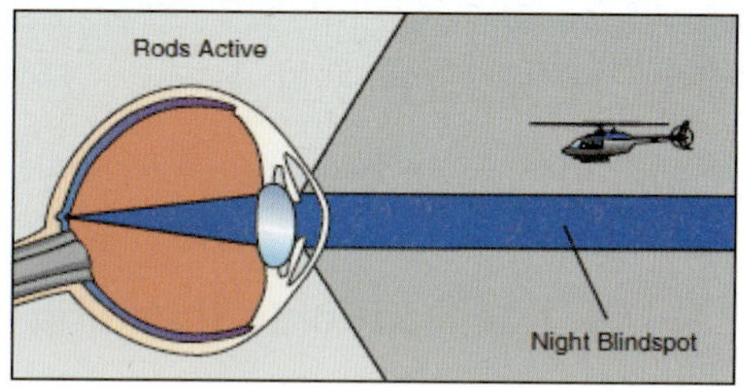

그림 13-6 야간맹점

라. 간상체(Rods)

간상체(간상세포)는 희미한 빛과 야간 수용체로 황반 바깥쪽에 집중되어 있어 황반으로부터 멀어질수록 간상체의 숫자가 증가한다. 간상체는 영상을 흑과 백으로만 감지하며 눈동자(동공) 바로 뒤쪽에 있지 않고 주변에 있기 때문에 주로 주변 시각을 담당한다. 그래서 움직이는 영상은 황반의 추상체보다 간상체에 의해 쉽게 감지된다. 눈 옆으로 무엇인가 움직이는 것을 보았다면 그것은 대부분 간상체가 감지한 것이다.

어두운 곳에서는 간상체(rod)의 감성이 좋아지나 추상체(cone)의 기능이 많이 감소된다. 즉 눈이 감성을 갖는 대신에 예민성을 잃게 된다. 물체를 정면으로 볼 수 있는 능력이 떨어져, 물체의 크기에 대한 판단력과 거리 감각력이 상당히 없어진다. 눈의 황반(fovea)에 추상체가 몰려 있어 시야 중앙에는 야간 맹점이 생기게 된다.

야간에 얼마나 잘 볼 수 있느냐는 눈에 들어오는 빛의 양과 더불어 눈의 간상체에 의해 달라진다. 야간에 눈동자를 많이 열면 열수록 야간 시각도 그만큼 좋아진다. 그러나, 야간에 물체를 선명하게 보려면 눈에 들어오는 빛의 양도 필요하지만 영상을 간상체에 노출시켜야 한다.

따라서 물체를 볼 때 물체 중앙에서 5~10° 정도 옆을 바라보아야 한다. 캄캄한 방에서 희미한 불빛을 가지고 시도해보면 이러한 현상을 느낄 수 있다. 정면으로 불빛을 보면 불빛이 희미하게 보이거나 완전히 안 보이지만 중앙에서 약간 비껴보면 불빛이 보다 선명해지고 밝게 보인다.그림 13-6

03 야간시력(Night Vision)

음식이나 신체적인 건강상태가 밤에 얼마나 잘 볼 수 있는지에 큰 영향을 준다. 비타민 A와 C의 결핍이 야간 시력을 감퇴시키는 것으로 알려지고 있다. 또한 일산화탄소 중독, 흡연, 음주, 그리고 일부 약품이 야간 시력을 크게 떨어뜨린다. 산소부족도 야간 시력을 감퇴시키는데 우리 몸에서 단위무게당 산소를 제일 많이 필요로 하는 기관이 눈(eye)이다.

가. 야간스캐닝(Night Scanning)

야간에도 좋은 시력을 갖추는 것이 충돌 예방을 위해서 필요하다. 주간스캐닝과 마찬가지로 야간스캐닝도 10°범위씩 일정한 간격으로 눈을 짧게 일련의 움직임을 갖도록 하여야 한다. 그러나 주간스캐닝과 달리 황반의 맹점이 아니라 간상체에 물체를 맞추도록 중앙에서 약간 비껴보아야 한다.그림 13-7 물체를 바라볼 때 너무 오래 응시하지 않도록 한다. 눈을 움직이지 않고 한 물체를 응시하면 망막이 빛 감도에 익숙해져 영상이 희미해진다. 물체가 계속해서 선명하게 보이도록 하려면 망막의 새로운 부분에 영상이 노출되도록 하여야 한다. 조금씩 눈을 회전시켜주면 영상이 희미해지지 않는다. 또한 영상이 흐릿해지는 것을 방지하기 위하여 주간 때보다 섹터에서 섹터로 보다 천천히

그림 13-7 비껴보기

눈을 움직여주어야 한다.

구체적으로 말하면 목표물에서 10° 정도 위나 아래, 또는 옆을 보고(간상체에 노출) 각 위치에서 2~3초 이상 쳐다보지 않아야 한다.

주간에는 보다 먼 거리에서 상세하게 잘 감지가 되나 야간에는 범위도 제한되고 상태도 나쁘다. 그러나 만약 조종사가 지형을 살피기 위하여 적절한 기술을 사용한다면 야간에도 비행경로를 따라 사물들을 쉽게 식별할 수가 있다. 효과적으로 주위를 살피려면 조종사는 오른쪽에서 왼쪽으로 혹은 왼쪽에서 오른쪽으로 눈을 돌려서 보아야 한다. 먼저 수평선 위쪽에서 감지되는 가장 먼 거리부터 헬리콥터 쪽(아래)을 향하여 안쪽으로 살펴보면서 이동한다. 그림 13-8은 이러한 스캐닝 패턴을 보여준다. 망막의 빛 감지 세포들이 움직이는 영상을 인지할 수 없으니 정지－선회－정지－선회 움직임 기법을 사용하여야 한다. 멈출 때마다 30° 정도의 폭을 스캔하여야 한다. 이 정도의 시야각은 약 250m 폭에서 500m 거리 정도를 커버한다. 매 정지시간은 상세하게 보려는 정도에 따라 달라지지만 2~3초 이상 경과되면 안 된다. 한 지점에서 그 다음 지점으로 시야를 옮길 때 10° 정도 지역을 겹쳐지게 하여야 한다. 이러한 스캐닝 기법은 주변을 관찰하는데 있어 보다 명확하게 해준다. 그림 13-9는 또 하나의 스캐닝 기법으로 상황에 맞춰 적용할 수도 있다.

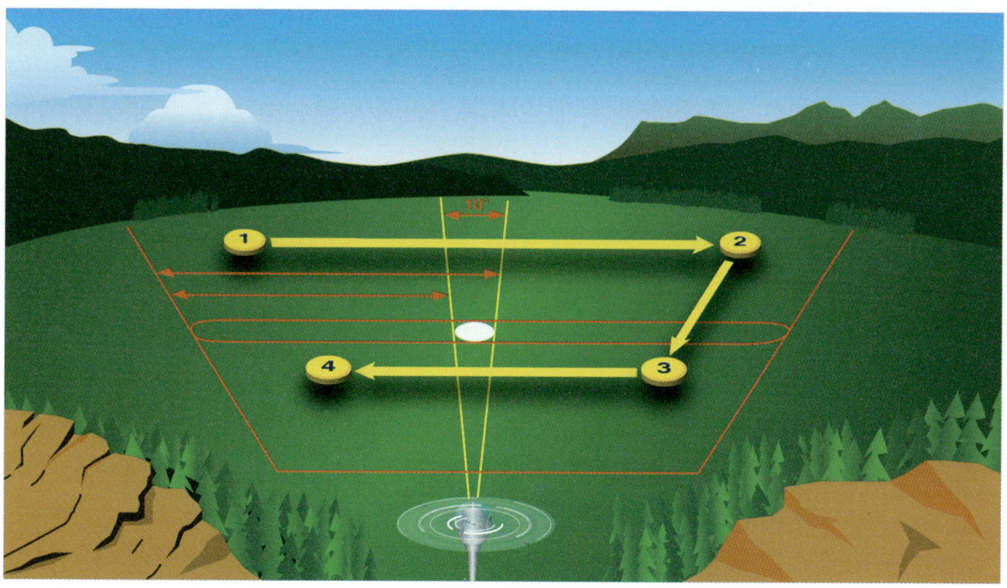

그림 13-8 스캐닝 패턴

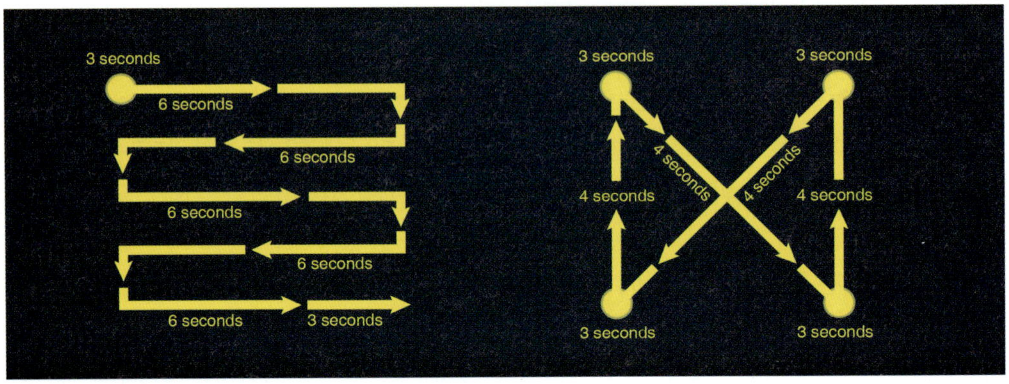

그림 13-9 야간스캐닝 패턴

나. 장애물 감지(Obstruction Detection)

전선이나 작은 나뭇가지 같이 반사면이 거의 없는 장애물은 감지하기가 어렵다. 전선의 위치를 아는 가장 좋은 방법은 지지구조물을 찾아보는 것이다. 그러나 야간비행 전에 전선의 위치가 표시된 가장 최신의 위험물 지도를 보고 위치를 파악하는 것이 중요하다.

다. 항공기 등(Aircraft Lighting)

다른 항공기를 보다 명확하게 볼 수 있도록 야간시간에 운항하는 항공기는 특별한 등과 설비를 갖추도록 법으로 규정화되어 있다. 야간운항 요건은 항공법에 명시되어 있으며 항공기 등(aircraft lights)뿐만 아니라 야간시간의 정의, 유효 필요설비, 예비연료, 필요한 전기장치에 대해서도 규정하고 있다.

위치표시등(position lights)은 다른 항공기의 위치를 알게 해줄 뿐만 아니라 상대 항공기의 비행방향을 판단하는데도 도움이 된다. 야간운항에 승인된 항공기의 등은 오른쪽 동체 또는 날개끝단에 녹색등(green), 왼쪽 동체 또는 날개끝단에 적색등(red), 그리고 꼬리부분에 백색등(white)으로 구분되어 있다. 또한 점멸하는 항공용 적색 또는 백색 충돌방지등이 있다. 이 점멸등은 여러 위치에 설치할 수 있는데 일반적으로 대부분 동체의 맨 위쪽과 아래쪽에 장착하고 있다.그림 13-10

그림 13-10에서 항공기 등을 보자. 상대 항공기의 위치표시등을 해석해서 3번 항공기의 조종사는 상대 항공기가 반대방향으로 가고 있는지 혹은 충돌할 방향으로 오고 있는지 알 수가 있다. 만약 적색등이 녹색등의 오른쪽에 보이면(1번 항공기) 그 항공기

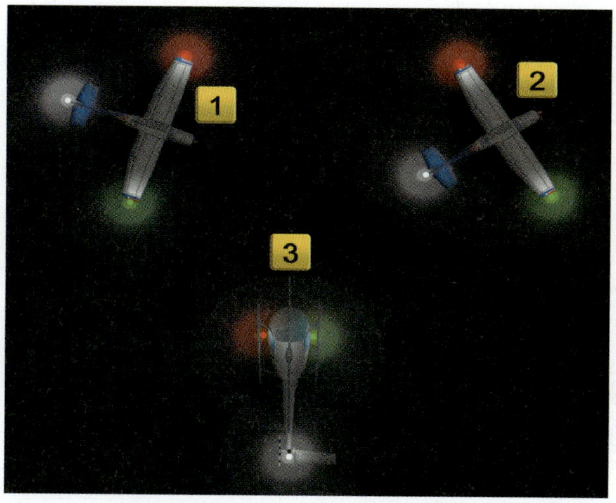

그림 13-10 위치표시등(position lights)

는 내 쪽(3번 항공기)으로 다가오는 항공기이니 주의를 기울여 관찰하고 여차하면 경로를 바꿀 준비를 하여야 한다. 그러나 2번 항공기와 같이 백색등이 보이면 멀어져가는 항공기이다.

라. 착시현상(Visual Illusions)

착시는 실제 상황을 잘못 인식하거나 오해하도록 한다. 그래서 착시현상의 종류와 그로 인하여 초래되는 방향감각 상실을 잘 알고 있어야 한다. 눈이 가장 신뢰할 감각이지만 보이는 것을 잘못 해석함으로써, 즉 인식한 것이 항상 정확한 것이 아니기 때문에, 착시가 일어나게 된다는 것을 알아야 한다. 조종사는 조종석 밖의 참조물과 조종석 내의 계기지시를 참조하여 올바르게 정보를 해석하도록 한다.

1) 상대움직임 착시(relative-motion illusion)

상대적인 움직임은 다른 물체의 움직임을 내 움직임으로 착각하는 것이다. 가장 일반적인 예로 신호등에 따라 차가 정지하고 있는데 다른 차가 옆으로 다가왔을 때이다. 이미 서있는 차의 운전자가 옆으로 다가오는 두 번째 차의 움직임을 내 차가 뒤로 움직이는 것 같이 착각을 하여 자기도 모르게 괜히 브레이크를 꽉 밟게 된다. 이러한 착시현상은 편대비행이나 호버활주(hover taxi), 또는 수면이나 키가 큰 풀밭 위에서 제자리비행을 할 때 경험할 수 있다.

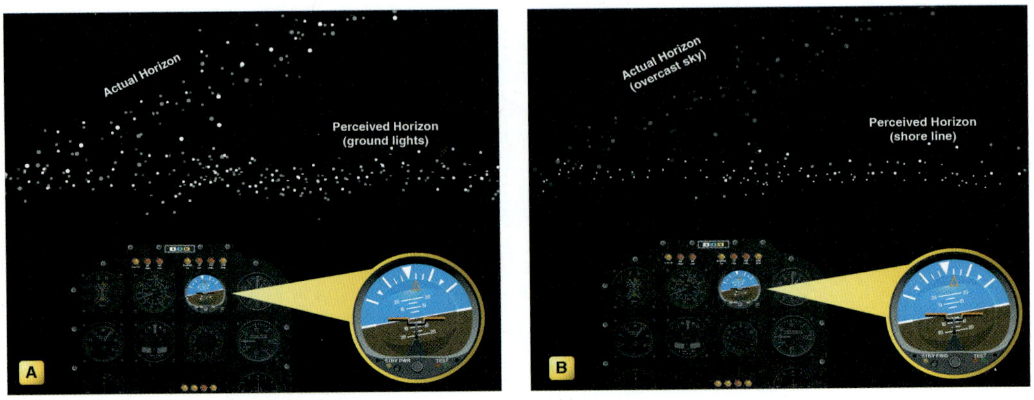

그림 13-12 야간 수평면 착시현상

2) 지상불빛 착각(confusion with ground lights)

지상불빛을 혼동하여 별로 착각하는 실수를 저지를 수가 있다. 만약 잘못된 불빛에 헬리콥터를 맞추게 되면 헬리콥터가 아주 위험한 비행자세로 될 수가 있다. 그림 13-12A에서 헬리콥터는 실제 수평면이 아닌 길과 수평으로 자세가 맞춰져 있다. 멀리 떨어져 있는 지상등불이 별같이 보여 헬리콥터가 기수가 들린 자세로 착각할 수 있다.

구름이 많이 끼어 별들이 보이지 않을 때 불빛이 없는 지형을 하늘의 일부로 착각할 수도 있다.그림 13-12B 이러한 착시로 인하여 해안선을 수평선으로 잘못 오해하게 된다. 그러면 조종사는 헬리콥터의 기수가 올라간 자세로 인식하여 자세를 수정하기 위하여 콜렉티브를 내리고 해안선 아래로 비행하려고 할 수도 있다. 조종사는 헬리콥터의 비행 계기를 참조하여 진짜 수평면과 자세를 맞춤으로써 이러한 착시현상을 피하여야 한다.

3) 역 원근 착시(reversible perspective illusion)

야간에 비행기나 헬리콥터가 실제로 접근하고 있는데 멀어져가는 것같이 보일 수도 있다. 두 대의 항공기 조종사가 똑같이 착각하고 있으면 막상 잘못된 것을 깨달은 시점에는 접근율이 너무 빨라 치명적인 사고를 피할 수 없게 된다. 이러한 착시현상을 역 원근(reversible perspective)이라 하는데 나란한 코스로 접근하는 다른 항공기나 헬리콥터를 쳐다볼 때 종종 경험하게 된다. 다른 항공기의 비행방향을 판단할 때 조종사는 그 항공기의 위치표시등을 관찰하여야 한다. 다음과 사항을 기억하라. '오른쪽에 적색등은 오고 있다(red on right returning)', 즉 오른쪽에 적색등이 보이고 왼쪽에 녹색등이 보이면 상대 항공기는 나와 반대방향으로 비행하고 있는 것이다.

4) 깜박 불빛현기증(flicker vertigo)

불빛현기증은 실제로 착시는 아니다. 많은 사람이 개인적인 경험으로 인식하고 있는데 깜박이는 불빛을 보면 정신이 산란해지고 불쾌해진다. 회전익이나 프로펠러로 인하여 햇빛의 직사광선이 방해를 받아 4~20 사이클/초 간격으로 불빛이 깜박여서 현기증(flicker vertigo)을 일으킬 수가 있다. 항공기가 구름 속을 비행할 때 점멸하는 충돌방지등이 이와 같은 현상을 초래하기도 한다. 특정 주파수의 빛의 자극으로 드물지만 사람이 발작을 일으킬 수도 있다.

4 야간비행(Night Flight)

야간에 비행할 때 비행환경과 사용하는 기술은 외부 조건에 따라 다르다. 시계가 좋고 바람도 조용한 밝고 청명한 달빛 속에서 비행하는 것은 낮에 비행하는 것과 크게 다를 게 없다. 그러나 지상에 불빛이라고는 거의 없는 한적한 지역 상공을 구름이 덮여 있는 상태에서 야간에 비행한다면 그 상황은 아주 달라진다. 시계가 제한되어 장애물과 저구름층을 피하고 가는데 더 많은 주의를 하여야 한다. 또한 비상시에 선택의 폭도 제한된다. 왜냐하면 착륙할 장소를 찾는 것도 어렵고 바람 방향과 속도를 판단하기도 어렵기 때문이다. 야간에는 등불, 비행계기, 항법설비 등과 같은 헬리콥터 시스템에 보다 비중을 주어 의존하여야 한다. 적절한 계기비행에 대한 훈련을 받았고 또한 헬리콥터가 적절한 계기와 장비를 갖추고 있는 경우를 제외하고는, 시계가 제한되거나 외부 표적물이 부적당하면 사전 예방책으로 조건이 좋아질 때까지 비행을 지연시키는 것을 강력히 고려하여야 한다.

가. 비행준비(Preflight)

헬리콥터의 비행전 점검은 비행안전을 위한 가장 핵심적인 요소이다. 이 점검은 해당 헬리콥터 비행교범에 따라 수행하여야 한다. 비행계획 단계에서 가능한 빨리 비행준비를 하여 주간시간에 하면 더욱 좋겠지만 정비지원과 수정조치를 위한 시간을 주도록 해야 한다. 야간 비행준비가 필요하면 백색 불빛의 손전등을 보조 조명으로 사용하여야 한다. 청록색 혹은 적색 불빛 렌즈는 오일과 작동유의 레벨(level)과 누설(leak)을 체크할 때 감지하기가 어렵다. 유리창이 깨끗한지 그리고 흠집이 없는지도 점검한다. 주간비행을 할 때에는 약간의 스크래치가 허용되나 야간비행에는 안 된다. 탐조등(search light) 혹은 착륙등(landing light)도 비상 하강을 할 때 가장 잘 비춰주는 위치에 있는

지도 확인하여야 한다.

항공기 전기계통은 특히 주의하여 점검하여야 한다. 퓨즈(fuse)를 사용한 헬리콥터에서는 스페어세트가 확실히 탑재되어 있는지 확인하여야 한다. 회로차폐기(circuit breaker)가 장착되어 있으면 차폐기가 차단되었는지 점검한다. 회로차폐기가 차단되어 있으면 해당 장비가 고장일 수도 있으니 비행 전에 정비사가 고장탐구를 하도록 그대로 놔두어야 한다.

야간, 즉 일몰시에서 일출시까지 운항하는 모든 항공기는 위치표시등(항법등)이 작동하여야 한다. 비행하기 전에 위치표시등을 켜고 육안으로 제대로 작동하는지 점검한다. 일몰시에서 일출시까지 헬리콥터가 운항할 때는 항상 켜놓아야 한다.

야간비행을 인가받은 최근에 제작된 모든 헬리콥터는 다른 항공기에서 식별이 잘 되도록 충돌방지등(anti-collision light)을 장착하고 있다. 이 등은 적색 또는 백색 섬광등으로 회전하는 비콘(beacon)이나 스트로보(strobe) 형태로 되어 있다. 충돌방지등은 야간 시계비행방식(VFR) 비행에서 법적으로 요구되지만 조종사가 주의산만을 느끼면 언제라도 꺼도 된다.

야간비행을 하기 위한 첫 단계의 하나는 헬리콥터의 조종석과 계기판 그리고 조종간 배치도를 완벽하게 숙지하고 있어야 한다. 실내등을 켠(on)상태와 끈(off) 상태에서 각각의 계기와 조종장치 및 스위치의 위치를 확인하는 반복 훈련을 권고한다. 일부 스위치와 회로차폐기 패널의 표시가 야간에 읽기가 어려울 수도 있어 불빛이 좋지 않은 상태에서도 위치를 찾아 사용하고 표시도 읽을 수 있어야 한다. 엔진을 시동하기 전에 비행에 필요한 용품인 차트, 노트패드, 손전등 같은 것들을 언제라도 손쉽게 사용할 준비가 되어있는지 확인한다.

나. 조종석 조명등(Cockpit Lights)

계기와 패널의 조명등에 특별히 주의를 기울이고 모든 실내등의 상태를 점검한다. 패널 조명등은 가변저항기 또는 디머스위치로 밝기를 조절할 수 있다. 특정 조명이 너무 밝거나 반사를 일으켜 유리창을 통해 눈부심을 주면 조절하거나 꺼야 한다. 땅거미가 질 때부터 어두워질 때까지 외부가 점점 어두워지면 조종석 조명등의 강도도 사용할 정도로 내려주어 유리창을 통해 반사나 눈이 부시지 않도록 하여야 한다. 실내조명은 가능한 외부 밝기와 비슷하도록 조절한다. 적색 혹은 청록색 렌즈 필터를 낀 손전등이나 지도등(map light)을 보조 조명으로 사용한다. 실내 조명등의 고장을 대비하여 대체조명등으로 사용할 손전등을 항상 휴대한다. 이때 건전지는 새것을 사용해야 한다. 만약 실내에 있는 지도등이나 다용도등을 사용해야 한다면 손으로 들고 있거나 편리한 장소에 걸 수 있어야 한다. 야간시각 적응력을 유지하기 위하여 점검목록을 볼 때에도 최소의 불빛을 사용해야 한다. 조종사가 어둠에 대한 적응력을 잃고 순간적으로 실명되지 않도록 야간비행을 할 때 승객들에게 불빛 규제의 중요성을 설명하여야 한다.

다. 엔진시동 및 회전익결속(Engine Starting and Rotor Engagement)

외부에 불빛이 거의 없는 캄캄한 곳에서 엔진을 시동하고 회전익을 작동할 때에는 각별한 주의를 요한다. 시동해도 좋다는 'clear'라고 복창할 때 위치표시등(항법등)과 충돌방지등도 켜준다. 조건이 허락하면 착륙등을 한 번 켰다가 꺼주어 엔진을 시동하고 회전익을 결속시키려고 한다는 것을 다른 사람에게 경고할 수도 있다.

라. 활주기술(Taxi Technique)

착륙등은 헬리콥터 앞쪽으로 좁고 집중된 빔을 보내기 때문에 측면으로 비춰주는 빛은 아주 적다. 그래서 야간에는 천천히 활주하여야 한다. 특히 복잡한 계류장이나 주기장에서는 더욱 그렇다. 호버등(hover light)이 설치되어 있으면 호버등을 켜주어 헬리콥터 밑쪽의 지역을 훤하게 밝혀준다.

야간에 낯선 공항에서 운항을 할 때에는 현지 상황에 대한 지침이나 안내를 요청하여 공사를 하고 있는 지역이나 등불도 없고 표시도 없는 장애물지역으로 활주하는 것을 피하여야 한다. 지상관제사(혹은 UNICOM 운영자)는 이러한 정보를 자세히 제공해준다.

마. 야간 교통장주(Night Traffic Patterns)

교통장주에 대해서는 제9장에서 설명한 바 있다. 그러나 헬리콥터를 야간에 비행할 때는 다음과 같은 추가사항을 고려하여야 한다.

1) 허용되면 야간에 최소 권고 교통장주를 1,000ft로 하라.
2) 가능하면 헬리콥터는 오른쪽 야간장주를 사용하고 반면에 고정익항공기는 왼쪽 장주로 하여 여유를 가지고 분리하되, 필요하면 같은 교통장주 고도를 사용하는 고정익 항공기와 확인 및 협조를 받아라.
3) 야간 소음감소절차를 따르도록 보다 조심하라.
4) 항상 야간에는 보조(야간시야설비) 없이 접근과 출발을 할 수 있게 조명시설이 된 활주로 사용계획을 세워라.
5) 허용되면 뒷바람과 측풍 접근을 피하라.

바. 이륙(Takeoff)

이륙하기 전에 이륙경로가 안전하고 장애가 없는지 확인한다. 공항인 경우에는 활주로나 유도로에서 이륙하면서 확인할 수도 있지만 공항이 아닌 곳에서 이륙할 때에는 주변의 상황에 보다 주의하여야 한다. 불빛이 없는 곳에서 이륙할 때에는 장애물을 식별할 수가 없다. 일단 적당한 이륙경로를 선택하면 이륙경로 아래 한 점을 선택하여 방향 표적물로 사용한다. 또한 착륙등을 이륙경로에 있는 가장 큰 장애물을 비추도록 맞춰준다. 야간이륙 시에는 지상에서 이륙하자마자 믿을 만한 외부 참조물이 없을 수 있다. 실제로 작은 공항이나 한적한 지역에 위치한 착륙지대에서는 특히 그렇다. 외부 참조물이 없는 경우에는 비행계기를 보조로 사용한다. 적절한 상승자세인지 고도계와 대기속도계를 체크하여 확인한다. 자세계가 있다면 자세계도 점검하여 헬리콥터의 자세를 확인한다.

비교적 훤하게 빛을 밝힌 공항이나 헬기장에서 이륙하여 아주 어두운 지역으로 들어가는 구간인 이륙으로부터 500ft까지의 고도가 가장 심각한 상황이라 하겠다. 야간에 이륙할 때에는 '속도보다 고도' 위주의 조작, 즉 거의 최대 성능 이륙을 수행한다. 이렇게 함으로써 장애물과 간격을 넓히고 안전을 도모할 수 있다.

사. 항로절차(En Route Procedures)

안전율을 높이기 위하여 순항고도를 정상보다 어느 정도 높게 잡는 것이 좋다. 여기에는 여러 가지 이유가 있다. 첫째, 보다 높은 고도는 장애물 특히 야간에 식별하기 힘든 고압선이나 불빛이 없는 탑 같은 장애물과의 간격을 크게 해준다. 둘째, 엔진고장이 발생할 때 착륙을 준비할 시간도 많고 활공할 수 있는 거리도 커져 안전한 착륙을 하는데 있어 보다 많은 선택의 기회를 제공한다. 셋째, 무선 수신이 좋아진다. 특히 항법에 무선시설을 사용하고 있다면 더욱 도움이 된다.

비행전 계획을 세울 때 가능한 공항이나 안전한 착륙지점이 가까이 있도록 비행경로를 선택하는 것이 좋다. 또한 고속도로나 도시와 같이 번잡하고 불빛이 훤한 지역에 가능한 가깝게 비행하는 것이 좋다. 이것은 비상시에 보다 많은 대처방안을 제공할 뿐만 아니라 항법도 훨씬 용이하다. 적당한 착륙지점과 불빛이 훤한 지역에 가깝도록 약간 지그재그로 코스를 구성해도 직선코스에 비해 조금 많은 시간과 거리만 더해지는 것이다.

야간에 강제착륙을 할 수밖에 없을 때는 주간에 비상착륙할 때와 같은 방식을 사용한다. 가능하면 최종 하강을 할 때 착륙등을 켜서 접근하는 경로를 따라 장애물을 피하는데 도움이 되도록 한다.

아. 야간 충돌방지(Collision Avoidance at Night)

야간에 특히 불빛이 거의 없는 한적한 지역 상공을 비행할 때는 외부 시각표적물이 거의 없다. 그래서 한 지점이나 계기에 초점이 집중되는 경향이 있어 주위의 다른 교통을 인식하지 못하게 된다. 따라서 주위 교통을 두루두루 살펴보는데 충분한 시간을 할애하도록 각별한 노력을 기울여야 한다. 앞 절에서 설명한 바와 같이 일정하게 일련의 짧은 눈 돌림으로 효과적인 스캐닝을 하면 중앙시야에 하늘영역을 연속해서 볼 수 있다. 다른 항공기를 살펴보려고 지상을 보기 위해 사용하는 30° 스캔과는 반대로 이 경우의 눈 움직임은 10°를 초과해서는 안 되고 각 영역을 탐색할 때도 적어도 1초는 관찰하여야 한다. 조종사가 어떤 방향에서 희미한 불빛 사물을 감지했다면 직접 그 사물을 보지 말고 그 주변을 살펴보아야 한다. 이것을 '비껴보기(off-center viewing)'라고 한다. 이렇게 하는 이유는 한 불빛에 고착될 가능성을 방지하고 다른 사물(탑, 항공기, 지상조명 등)들에 초점을 주도록 하기 위함이다. 각각의 스캔동작에서 몇 초 정도 잠깐 정지하는 것은 빛을 감지하고 그 빛의 움직임을 감지하는데 도움이 된다.

조종사는 다른 항공기의 비행방향을 그 항공기의 위치표시등과 충돌방지등을 보고 판단할 수 있다. 주위를 스캐닝 할 때 눈만 돌리지 말고 머리도 움직여야 한다. 지상장애물이 상당히 일부 하늘을 가릴 수 있지만 약간의 머리 움직임으로 쉽게 볼 수가 있기 때문이다.

자. 접근 및 착륙(Approach and Landing)

야간 접근 및 착륙이 주간 접근에 비해 몇 가지 장점이 있다. 왜냐하면 일반적으로 공기흐름이 원만하고 난기류의 소용돌이나 심한 측풍이 없을 때가 많기 때문이다. 그러나 야간에 접근할 때 몇 가지 특별하게 고려할 사항과 기술조작이 있다. 예를 들면 야간에 착륙할 때 특히 낯선 공항에 착륙할 때는 불이 켜있는 활주로에 접근을 하고 그런 다음 불이 켜있지 않은 장애물이나 시설을 피하기 위하여 유도로를 사용한다.

신뢰할 만한 연구에서 밝혀진 바에 따르면 조종사는 주간에 접근할 때에 비해 야간에 낮게 접근을 하는 경향이 있다. 이렇게 낮게 접근을 하다보면 눈에 잘 보이지 않는 머리 위 전선줄이나 울타리 같은 장애물에 부딪힐 기회가 많아져 잠재적으로 위험성이 커진다. 그래서 야간에는 장애물과의 간격을 크게 하기 위하여 급경사로 접근을 하는 것이 좋은 방법이다. 고도계를 보고 고도와 강하율을 모니터한다.

또 하나의 경향은 착륙지역에 너무 초점을 주어 헬리콥터 속도에 제대로 주의를 기울이지 않는 것이다. 헬리콥터 속도가 너무 떨어지면 와류고리상태 즉 침하현상을 초래한다. 접근하는 동안 적절한 자세를 유지하고 지면에 접근할 때까지 약간의 전진속도를 유지하도록 한다. 헬리콥터의 속도와 접근율에 대한 외부의 시각적인 참조물이 없거나, 특히 컴컴한 지역에 착륙할 때는 대기속도계에 각별한 주의를 기울이어야 한다.

야간에 접근할 때 착륙등이 도움이 된다지만 근본적으로 불리한 점이 있다. 착륙등이 비추어 주는 착륙지대가 컴컴한 사방 주변지대보다 높게 보인다. 이러한 착시현상으로 너무 높은 고도에서 접근을 종료하여 와류고리상태를 초래하고 하드랜딩(hard landing)을 일으킬 수 있다.

차. 착륙실수 착시(Illusions Leading to Landing Errors)

야간에 착륙할 때 당면하는 다양한 지형형태와 대기조건으로 인하여 활주로 끝단의 고도와 거리를 잘못 착각할 수 있다. 이와 같은 착시현상으로 발생하는 착륙을 예방하려면 접근하는 동안 이런 경우를 예상하고 착륙 전에 낯선 공항을 공중에서 육안 점검하고, 전자활공경사빔 혹은 VASI 장치가 설치되어 있다면 사용하고, 착륙과정에서 최상의 수행능력을 발휘하여야 한다.

1) 무지형태 착시(featureless terrain illusion)

수면이나 어두운 지대 그리고 눈이 덮여 있어 지형형태를 알 수 없는 그러한 지면에서는 항공기가 실제보다 높은 고도에 있는 것으로 착각을 일으킨다. 이러한 착시현상을 인식하지 못하는 조종사는 보다 낮은 접근비행을 하게 된다.

2) 대기 착시(atmospheric illusions)

앞 유리창의 비가 높이 착각을 일으키고 대기 안개가 활주로가 멀리 떨어져 있는 것 같은 착각을 준다. 이런 현상을 인식하지 못하면 보다 높은 고도로 접근을 하게 된다. 안개 속을 뚫고 가면 기수가 들린(pitch up) 환상이 일어나 급경사로 접근하는 경우가 상당히 많다.

3) 지상조명 착시(ground lighting illusions)

직선 길을 따라 배치된 불빛을 활주로와 접근 조명등으로 착각할 수 있다. 또한 도로변에 설치된 가로등이나 달리고 있는 기차의 실내등까지도 착각을 일으킬 수도 있다. 매우 밝은 활주로와 접근 등불도 착시를 주는데 상대적으로 밝은 불빛이 실제 보다 가깝게 있는 것으로 인식된다. 불빛이 훨씬 가깝게 느껴져 조종사가 활공경사보다 낮게 접근할 수가 있다. 반대로 거의 불빛이 없는 지형 위를 비행할 때도 정상 접근보다 낮게 비행하게 한다.

05 야간 시계비행조건 운항(Night VFR Operations)

야간에 시계비행조건으로 운항할 때 상승한도와 시계가 안전에 지대한 영향을 미치지만 또한 불빛조건도 안전에 기여하는 효과가 크다. 시계기상조건(IMC)으로 주어진 시계와 상승한도라 하더라도 야간에는 불빛이 없거나 흐릿한 물체나 지형을 분별하는 능력은 생각보다 복잡하다. 이러한 물체와 지형을 분별하는 능력을 '보이는 조건(seeing condition)'이라고 하는데 자연적이거나 인공적인 불빛의 양과 지형과 장애물체의 상대적인 대조형태에 관련이 있다. 안전하게 운항하려면 야간 시계비행조건의 운항을 계획하고 수행하는데 있어 '보이는 조건'을 고려하여야 한다.

야간 시계비행조건(VFR)에서 '보이는 조건'은 광도(lighting)가 큰 조건과 광도가 낮은 조건으로 구별하여 설명할 수 있다.

다음의 조건 중 하나일 때 고광도 조건이라 할 수 있고 해당되지 않으면 저광도 조건이다.

1) 하늘의 5/8 미만이 구름으로 덮여 있고 달이 떠서 질 때까지의 시간, 달이 반달(50%) 이상으로 비추어 줄 때
   혹은
2) 헬리콥터가 돌출한 장애물의 불빛이 있는 표면, 지형형태(해안선, 골짜기, 언덕, 산, 경사지 등)가 식별이 되는 표면, 조종사가 조종에 참조할 만한 수평기준면 위로 운항할 때, 즉 다음과 같은 상황에서 발생하는 지상 불빛을 받아 운항할 때
   a. 충분한 인공조명(도시의 밀접지역)
   b. 현저한 반사 인공조명(대도시 중심가의 빛이 구름층을 뚫고 밝혀주는 조명)
   혹은
3) 제한된 인공조명과 눈이 덮인 표면이나 사막 표면에서 내뿜는 자연적인 반사력이 어울려진 상황

일부 지역은 특정 상황에서 고광도 환경이라 할 수 있다. 예로 제한된 인공조명이 있는 숲과 같이 거의 반사빛이 없으나 상당한 달빛이 고광도 조건을 줄 때이다. 그러나 같은 숲이 눈으로 덮여 있으면 별빛에 따라 반사빛이 고광도 조건을 줄 수도 있다. 이와 유사하게 인공조명이 거의 없는 사막 같은 오지도 자연적으로 반사력이 있어 계절에 관계없이 고광도 조건으로 고려할 수 있다. 다만 덮인 구름이 별빛을 지표면에서 반사하는 것을 방해하지 않을 때이다. 확 트인 수면 같은 표면은 충분한 반사광이나 인공조명이 없어 결코 고광도 지역으로 구분되지 않는다.

특정지역에서 야간비행 경험을 쌓아서 출발하기 전에 어느 지역이 고광도 혹은 저광도 조건으로 지원을 받을 수 있는지 판단할 수 있는 능력을 키워야 한다. 조종사가 경험이 없으면 비행전 계획과 운항을 할 때 고광도 조건이 전반적으로 관측 또는 예측되지 않는 한, 경험이 없는 조종사라면 저광도 조건을 고려하여 비행계획을 수립하고 운항을 하여야 한다. 항공기가 주간 및 야간 시계비행방식 조건으로 승인을 받았다 해도 야간비행은 전 비행과정에서 충분한 천체의 불빛이 보장될 때만 수행하여야 한다.

CHAPTER 14

항행결심 (Aeronautical Decision Making)

헬리콥터가 고정익항공기보다 훨씬 다양한 상황에서 비행을 하고 착륙할 수 있는 특성이 있으나 헬리콥터의 사고율이 전통적으로 고정익항공기의 사고율보다 높다. 또한 조종사가 자신의 능력이나 항공기의 역량을 벗어난 상황에서 비행을 하려는 것도 주요 원인 중의 하나이다. 지난 20여 년 동안 헬리콥터의 사고는 여전히 개선되지 않아 미연방항공청에서 헬리콥터 관련 산업체들과 헬리콥터의 운항의 안전성을 개선하기 위하여 공동으로 노력을 하고 있다.

교통안전위원회(NTSB)의 통계에 따르면 전체 항공사고의 약 80%가 조종사의 과실 즉 인적 요소가 원인이었다. 많은 사고가 항행 결심 과정(ADM: aeronautical decision making)교육과정에서 1인 조종사 자원 관리(SRM: single pilot resource management)와 위기 관리(risk management) 교육을 제대로 하지 않은 것이 원인이었다.

1인 조종사 자원관리(SRM)는 성공적인 비행을 보장하기 위하여 비행전과 비행 중에 조종사에게 유용한 모든 자원(항공기내와 외부소스)을 관리하는 기술이라고 정의하고 있다. 1인 조종사 자원관리는 항행 결심 과정의 핵심 요소이다.

더불어 위기 관리(risk management), 업무량 혹은 임무관리(workload/task management), 상황인식(situational awareness), 지면으로 조종비행(CFIT)인지, 자동화관리(automation management) 등에 대하여 알아보기로 하자.

항행결심 과정은 어떻게 정보를 모아서 분석하고 결정을 하는 모든 과정에 대하여 배우는 것이다. 이 과정은 조종사가 정확하게 위기를 평가 관리하고 적시에 정확한 결심을 하도록 도와준다. 비록 비행은 단독으로 수행하지만 가용자원의 사용은 승무원 자원 관리(CRM: crew resources management)의 원리와 같다.

1인 조종사 자원관리와 항행결심 과정에 대한 참고자료로 다음과 같은 것들이 있다.

- FAA-H-8083-2, Risk Management Handbook
- AIM, Aeronautical Information Manual
- AC60-22, Aeronautical Decision Making: 소형항공기 환경에서 항행결심과정의 훈련에 대한 기본적인 정보
- FAA-H-8083-25, Pilot's Handbook of Aeronautical Knowledge

01 항행결심 훈련의 기원(Origins of ADM Training)

항행결심 판단을 향상시키는 것에 초점을 둔 훈련계획은 민간항공사에서 개발되었다. 항공사에서 조종사들을 위한 승무원 자원관리(CRM:crew resources management) 훈련을 하게 된 것은 인적요소가 관련된 사고들이 동기가 되었다. 승무원 자원관리 프로그램의 초점은 모든 가능한 자원 즉, 인적자원과 하드웨어, 정보 등의 효과적인 활용이다. 인적자원은 비행을 안전하게 수행하는데 필요한 결정을 하는 조종사와 일상적으로 같이 일하는 모든 사람들로 지상요원, 운항관리사, 객실승무원, 정비요원, 화물탑재요원, 항공관제사 등을 포함하여 여러 분야가 해당된다. 승무원 자원관리 개념은 원래 조종실에서 보다 합리적인 결심을 할 수 있도록 조종사 간의 협동을 촉진시키는 방안으로 민간항공사에서 개발된 것이지만 임무분배 관리, 상황인식, 의사소통, 기장의 리더십 역할, 승무원간의 협동 등 승무원 자원관리 원리는 일반 헬리콥터에도 마찬가지로 적용된다. 대형헬리콥터의 조종사와 마찬가지로 소형헬리콥터의 조종사도 인적자원, 하드웨어, 정보 등 모든 가능한 자원을 효과적으로 활용하여야 하기 때문에 단독으로 운항하는 조종사도 적용된다 하겠다.

항공분야의 항행결심 훈련에 대한 기본 참고자료, 정의, 그리고 다른 적절한 정보 등에 대하여 설명한 AC 60-22, 항행결심 과정(aeronautical decision making)을 참조하기 바란다.

02 항행결심 과정(Aeronautical Decision Making: ADM)

좋은 선택을 한다는 것은 말하기는 매우 쉽다. 그러나 항공세계에서 이러한 선택과 후속 결정을 할 때 여러 가지 다양한 요소가 제대로 처리되어야 한다. 조종사가 스스로 인식하고 판단하는데 사용할 수 있는 여러 도구가 있고 결심의 여파에 따라 선택할 수 있는 도구도 있다. 그러나 이렇게 이용할 자원이 많아도 사고율은 감소하지 않고 있다. 잘못된 결정이 계속적으로 이루어져 인명 사고와 항공기의 손상과 손실을 초래하고 있다. 위에 소개한 위기관리 지침서(FAA-H-8083-2)에서 ADM과 SRM에 대하여 자세하게 설명하였으니 숙독하고 이해하기를 권한다.

조종사의 훈련방식과 헬리콥터의 장비 및 시스템, 그리고 조종사를 위한 지원조치 등의 진보가 계속적으로 이루어지고 있으나 여전히 사고는 발생하고 있다. 역사적으로 '조종사 오류(pilot error)'라는 용어가 사고의 원인을 설명할 때 사용되어 왔다. 조종사

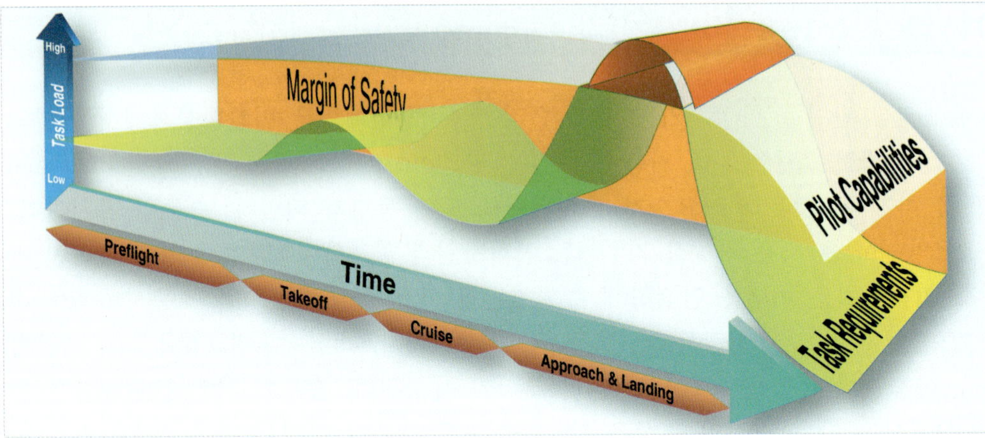

그림 14-1 조종사의 역량과 임무

오류는 조종사에 의한 조치나 결심이 사고의 원인이거나 사고를 초래하는데 결정적인 요인이었다는 것을 의미한다. 이 정의는 조종사가 결심하지 않았거나 조치를 취하지 않은 것도 포함하고 있다. 그러나 보통 사고를 일으키는 요소가 단순히 한 가지 결심 때문이 아니라 많은 요소에 의하여 유발되는 사건의 연속(chain of events)이기 때문에 보다 넓은 관점에서 보면 '인적요소 관련(human factor related)'이라는 표현이 적절한 말이다.그림 14-1

인적요소가 관련된 사고에서 사고를 초래한 즉 사고에 기여한 요소들을 기술할 때 잘못된 판단 고리(poor judgement chain)라는 용어가 사용되며 이것을 '오류체인(error chain)'이라고도 한다. 따라서 사고가 발생하지 않도록 하기 위해서는 여러 고리에서 하나의 연결 고리만 끊어주면 된다.(breaking one link in the chain) 다음의 예가 잘못된 판단 고리들을 보여주는 사례이다.

가. 상황 예(Scenario)

응급의료서비스(EMS) 헬리콥터 조종사가 거의 근무시간이 끝나갈 즈음에 자동차 사고로 발생한 환자를 도로변에서 수송해 달라는 요청을 받았다. 그런데 이 조종사는 감기 기운이 있어 집에 가서 푹 잠을 자고 쉬었으면 했다. 요청을 받자 조종사는 본인의 근무시간 안에 사고현장에 가서 병원까지 가는 비행업무를 끝낼 수 있는지 사고지점과 비행경로를 체크하였다. 기상도 체크하고 뇌우가 예보되어 있지만 비행은 그 전에 끝낼 수 있을 것으로 판단하였다.

조종사와 의료승무원이 모기지를 떠나 사고 현장의 상공에 도착하였다. 착륙할 지역이 협소하고 큰 나무들이 빽 둘러싸고 있어 마음에 들지 않아 제2의 착륙지를 찾아보았으나 가까운 지역에는 없었다. 그래서 조종사는 다시 처음 자리로 돌아와 착륙 할 수 있을 것으로 결정하였다.

무사히 착륙하고 조종사는 환자를 차 잔해에서 꺼내는데 시간이 필요해 운송이 지연된다는 말을 들었다. 거의 근무시간이 끝나가고 있어 연장 근무를 해야 될지도 몰라 서둘고자 하는 압박을 받았다.

30분이 지나 환자를 태우고 탑승자 모두 안전벨트를 했는지 확인하였다. 폭풍이 가까이 다가오고 있어 바람이 상당히 강하게 부는 것도 인지하였다. 조종사는 마음속으로 '되돌아올 수는 없고, 환자는 안에 있고, 시간은 거의 다 가고'라고 생각하였다. 조종사는 장애물을 벗어나려면 거의 수직으로 이륙해야 한다는 것을 알고 조금 전 착륙할 때 관찰되었던 바람을 기준으로 출발경로를 선택하였다. 장애물을 벗어나기도 전에 헬리콥터는 조종할 수 없을 정도로 스핀이 걸리면서 지상으로 처박혔다. 타고 있던 사람 모두 심하게 다쳤고 헬리콥터도 대파되었다.

조종사는 이러한 오류 고리를 끊기 위해서 무엇을 했어야 하나? 더욱 중요한-무엇을 다르게 했어야 하나? 이 사고를 유발한 문제들을 토론하면서 우리는 일련의 판단 오류가 어떻게 마지막 이 비행의 참사에 영향을 미쳤는지를 알아야 한다.

예를 들면 맨 처음의 요소는 자신이 병세가 있는 것을 알고도 조종사가 비행을 결심한 것이다. 조종사는 자신이 아프다는 것은 알았다. 그러나 미열로 인한 불편한 느낌 즉 피로 증세의 영향에 대해서 알고 있었을까?

다음으로 자기 근무시간이 거의 끝나가고 있어 조종사는 비행을 완료하는데 필요한 시간을 이상적인 조건으로 기준하였다. 그래서 지연의 가능성을 전혀 고려하지 않았다. 이것이 시간에 쫓기는 느낌을 조종사에게 주었다.

착륙지대가 적합하지 않다는 판단을 하고도 조종사는 시간 압박으로 착륙을 강행하였다. 여기까지의 과정에서 언제라도 조종사는 승무원의 생명을 걸기보다는 비행을 포기할 수가 있었다. 그런데 그 대신 계속하기로 결심을 하여 눈이 멀어버린 것이다.

착륙하고 계획보다 30분이나 오래 기다릴 때 조종사는 뇌우의 상황을 관찰하였지만 여전히 출발하기로 하였다. 조종사는 계속 간다는 하나의 선택만 생각함으로써 다른 선택은 고려해보지도 않았다. 비행을 중지하는 것이 훨씬 안전했을 터인데 말이다.

바람의 조건이 달라졌으나 같은 출발경로를 선택하여 사용함으로써 이륙했을 때 항공기의 조종이 불가한 바람을 접하게 된 것이다. 다시 한 번 스스로 부과한 시간제약으로 조종사는 협소한 지역을 출발하기로 결심한 것은 잘못된 선택하였다. 결국에는 조종사가 비행을 포기했더라면 한 사람만 지상에서 수송할 것을 4명의 환자를 수송해야 했다.

비행하는 동안에 여러 번 조종사는 사고를 방지할 수 있는 효과적인 결심을 할 수 있었다. 그러나 사건의 고리가 연결되어 개개의 잘못된 결심이 조종사로 하여금 점점 더 선택의 여지가 없게 하였다. 올바른 결정을 하는 것이 사고를 방지하는 가장 중요한 열쇠이다. 과거의 전통적인 조종사 훈련은 비행기술과 항공기에 대한 지식과 법규를 숙지하는 것만을 강조하였으나, 1인 조종사 자원관리(SRM)와 항행결심 과정(ADM) 훈련은 결심을 하는 과정과 효과적인 선택을 하기 위해서 조종사의 능력에 영향을 주는 요소에 초점을 맞추고 있다.

나. 트레스코트 요령(Trescott Tips)

전문비행교관인 맥스 트레스코트(Max Trescott)가 모든 조종사가 지켜야 할 많은 안전요령을 책으로 발간하였다.

그는 '아마도(probably)'라는 단어를 비행어휘에서 빼버려야 한다고 주장한다. '아마도'라는 말은 사건이 일어날 것 같다는 비공식적인 평가를 한 것이고 사건의 가능성을 인정한 것이다. 이 용어는 일이 잘 될 것으로 믿지만 한편으로는 마음속에 확실한 의심이 있다는 것을 의미한다고 말했다. 만약 일을 하다가 '아마도 될 거야'라는 상황이 나오면 당신이 아는 '될 수 있는' 다른 옵션을 선택할 필요가 있다고 설명하였다.

또 하나의 안전요령으로 특정 헬리콥터 타입에 비행시간을 축적시키는 것이 중요하다고 주장하였다. "통계가 보여주기를 사고는 해당 항공기 타입에 경험한 시간과 연관성이 크며 조종사의 총 비행시간과는 관계가 없다. 조종사가 해당 항공기에서 적어도 100시간의 경험을 쌓은 다음에는 사고가 줄어드는 경향이 있다. 그래서 비행을 배울 때나 신 모델로 비행전환을 할 때 해당 모델에 비행시간을 집중해야 한다."고 말하였다. 한 모델에서 100시간의 경험을 갖기까지는 다른 모델의 형식자격을 시도하지 말고 기다리라고 충고하였다. 더불어 만약에 1년에 몇 시간의 비행만을 한다면 한 모델의 항공기에 집중하여 안전을 최대로 키워야 한다고 강조하였다.

세 번째 제시한 안전요령은 Mr. Trescott가 말한 소위 '의자에서 경험을 키운다(building experience from the armchair)'이다. 의자비행(armchair flying)은 단순하게 눈을 감고 항공기에서 하는 것을 머릿속으로 똑같이 연습하는 것이다. 무선통화나 출발이나 접근하는 것을 연습하는데 있어 아주 좋은 방법이며 항공기의 부품과 물품들을 눈앞에 그려보는 것도 좋은 훈련방법이다. 이런 비행은 비용이 들지 않으면서 보다 준비되고 숙련된 조종사로 만들어 줄 것이다.

위의 세 가지 맥스 트레스코트의 안전 요령은 항행결심 과정을 구체화한 것이다. 아울러서 안전이 얼마나 중요한지를 강조하면서 좋은 결심결정 과정이 항행에서 필수적이라는 것을 강조하였다.

03 결심결정 과정(Decision-Making Process)

항행결심 기술을 발전시키는 기본으로 결심결정 과정에 대하여 잘 알고 있어야 한다. 엔진고장과 같은 상황에서는 세밀하게 분석할 시간이 없어 즉각 사용하도록 제정된 절차에 따라야 한다. 소위 자동화된 결심결정(automatic decision making)은 훈련, 경험, 그리고 인지에 따라 이루어진다.

전통적으로 조종사는 비상사태에 대응하는데 잘 훈련되어 있지만, 보다 많은 분석이 필요하여 다각적인 반응이 요구되는 결정을 하는 훈련은 부족하다. 비행준비, 비행계획, 성능계획, 기상브리핑, 중량/무게중심 관계 등 지상에서 처리할 결심과정을 때때로 등한시한다. 이러한 임무의 완벽한 처리가 상황인식에 도움이 되고 출발 전이나 공중에 올라갔을 때 조종사에게 보다 유용한 지식 기반을 제공한다. 일반적으로 비행 중에 결심을 하기 전에 발생한 변화를 파악하고 정보를 취합하고 위험을 판단할 충분한 시간이 있다. 조종사가 최종 결론을 내리기까지의 단계가 결심결정 과정의 구성 요소이다.

가. 문제 정의(Defining the Problem)

문제가 무엇인가가 결심결정 과정의 첫 단계이다. 문제라고 하는 것은 변화가 일어났느냐 아니면 기대한 변화가 일어나지 않았느냐를 인지하는 것에서 출발한다. 문제는 먼저 감각으로 느껴지고 다음으로 자기인식(통찰력)과 경험을 통하여 알게 된다. 통찰력과 경험 그리고 주어진 모든 정보의 객관적인 분석이 문제의 정확한 성격과 심각성을 판단하는데 사용된다. 결심결정 과정에서 발생하는 심각한 오류 중의 하나가 문제를 제대로 파악하지 못한 것이다.

다음 예를 보면서 무슨 오류가 사건을 일으킨 것인지 생각해보자. 이러한 상황을 초래하지 않으려면 출발하기 전에 무슨 계획이 수행되었어야 하나? 이와 같은 경우에 조종사 훈련을 할 때 어떠한 교육이 되었더라면 조종사가 보다 나은 준비를 했을까? 조종사가 제자리비행을 할 때 느낌을 기준하여 잠재적인 문제를 파악할 수 있었을까? 이러한 모든 요소는 변화를 인지할 때 적시에 반응하게 된다.

“계곡 아래에서 소화기를 탑재하고 제자리비행 체크를 하는 동안에 헬리콥터의 무게가 최대중량에서 오직 20lbs만큼 적다는 것을 알았다. 인지하지 못한 것은 화물칸에 소화기의 가장 무거운 장비가 탑재되어 그것이 헬리콥터의 무게중심을 후방한계점 뒤로 약간 벗어나게 했다는 것이다. 중량과 평형관계로 과거에 한 번도 문제가 발생한 적이 없었기 때문에 무게중심과 필요마력을 계산하는 것이 귀찮았다. 그래서 이른 아침에 본 모기지에서의 상황을 연상하고 그것을 어림으로 계산하였다. 5,000ft 밀도고도와 최대총중량에서 성능차트는 충분한 여유마력이 있었다. 그러나 불행하게도 현재 온도는 93°F이었고, 이 지점에서의 압력고도는 6,200ft(DA=9,600feet)이었다. 제자리비행 체크를 할 때 동력이 충분하였기 때문에 이륙에 충분한 동력이 있다고 결정하였다.

이륙하는 동안 헬리콥터가 서서히 가속되는 동안에 헬리콥터와 지면과의 거리도 멀어져갔다. 그러나 조종사가 최상의 상승률로 올리려하자 헬리콥터의 기수가 정상자세보다 많이 들리고, 200 야드 앞쪽의 절벽을 고려할 때 헬리콥터가 충분한 고도에 이르지 못한 것을 알게 되었다."

나. 조치할 행동의 선택(Choosing a Course of Action)

문제가 있다는 것을 인식하였으면 조종사는 문제에 대처할 필요성을 검토하고 주어진 시간 내에 상황을 해결하기 위한 필요한 조치를 결정하여야 한다. 상황에 대한 반응을 결정하기 전에 각각의 가능한 조치의 예상 결과도 고려하여야 하고 위험성도 판단하여야 한다.

조종사가 처음 생각에는 콜렉티브를 최대로 올리고 사이클릭을 뒤로 당겨 주는 것이었다. 그러나 만약에 회전익의 회전속도가 떨어져 100야드 정도밖에 떨어져 있지 않은 절벽을 벗어나기에 충분한 상승률을 유지할 수 없게 될 결과를 생각해보니 안전하게 계곡 바닥의 착륙지대에 되돌아오는 것이 유일한 방법이라고 인식하였다.

다. 결심이행과 결과평가(Implementing the Decision and Evaluating the Outcome)

결심을 하고 일련의 조치를 이행한다고 결심결정 과정이 끝나는 것은 아니다. 결심이 다른 비행단계에 미칠 영향을 미리 생각하고 판단하는 것이 매우 중요하다. 비행은 계속되기 때문에 결심이 원하는 결과를 보장하는지 계속해서 결심의 결과를 평가하여야 한다.

다음 예를 보자.

"하행구간(downwind) 쪽으로 헬리콥터를 선회할 때 대기속도가 거의 제로가 되어 헬리콥터 조종이 매우 곤란해졌다. 이때에는 전이양력을 받기 위하여 대기속도를 증가시켜야 하는데 헬리콥터의 무게중심(CG)이 후방한계 뒤쪽에 있어 사이클릭을 보통 때

보다 더 많이 앞으로 밀어주어야 했다. 하강률이 큰 상태로 착륙장에 접근할 때 헬리콥터 속도를 줄여서 고도를 갖게 하려하면 유효전이양력(ETL)도 잃어 와류고리상태에 빠질 가능성이 예상되었다. 그래서 제자리비행 상태로 접근을 종료하지 못할 것으로 판단하고 가능한 한 최대로 경사접근을 하기로 결정하고 활주착륙을 수행하였다."

조종사는 때때로 곤란하게 되는데 기본기술이나 시스템 지식이 부족해서가 아니고 결심결정 기술이 잘못되어서이다. 항행결심이 단순하고 일상적인 것 같이 보여도 각각의 결심이 조종사가 결정할 다음 결심에 쓸 수 있는 결정(옵션)을 좋거나 나쁘거나 간에 한정하기도 한다.

따라서 비행 초기에 잘못된 결심이 나중에 비행의 안전을 위태롭게 할 수도 있다. 비상시에 올바른 초도 결심결정이 나중에 여러 가지 선택의 폭을 넓혀주기 때문에 신중하고 결정적인 선택을 하는 것이 매우 중요하다.

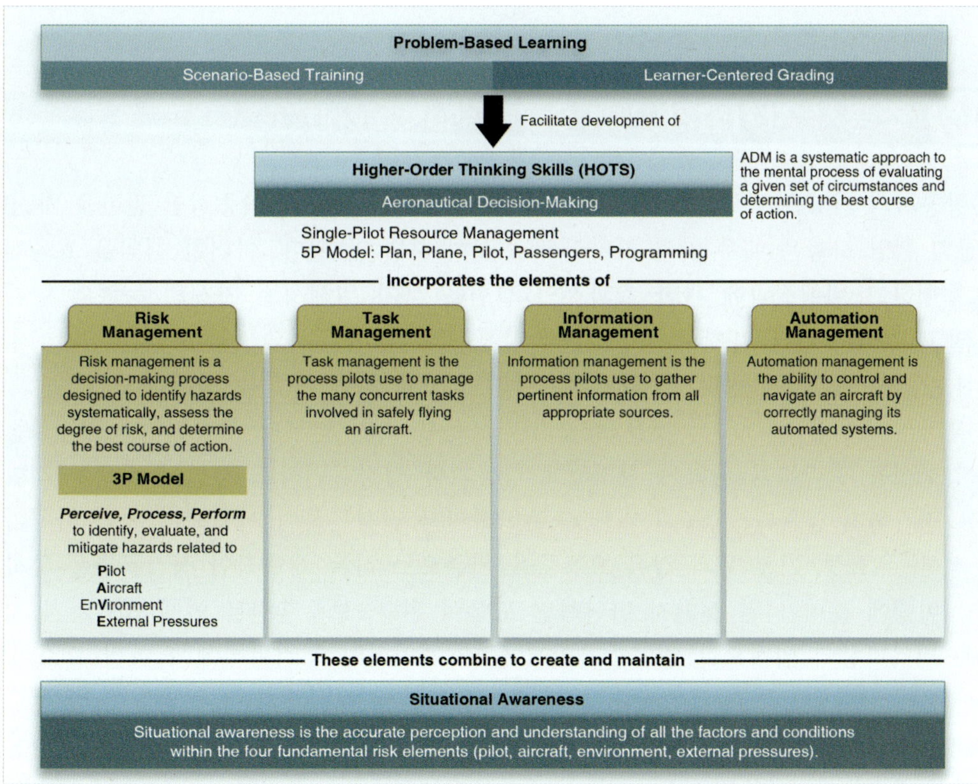

그림 14-2 결심결정 유형

라. 결심결정 모델(Decision-Making Model)

조종사가 일련의 행동을 취하기 전에 다양한 단계를 거쳐 결심을 하게 된다. 결심결정을 할 때 사용할 수 있는 기본적인 구조모델이 여러 가지가 있는데 결심과정에 도움이 된다. 그 중에는 5P(plan, plane, pilot, passengers, programming), OODA Loop (observation, orientation, decision, action), DECIDE(detect, estimate, identify, do, evaluate) 모델 등이 있다.그림 14-2 자세한 내용은 FAA-H-8083-25(Pilot's Handbook of Aeronautical Knowledge)를 참조하기 바란다.

어떤 유형을 시용하든지간에 조종사는 어떻게 문제를 정의할 것인가, 어떠한 행동을 취할 것인가, 어떻게 결심을 이행할 것인가, 어떻게 결과를 판단할 것인가를 배운다. 이러한 과정에서 정답은 하나가 아니라는 것을 기억하자. 조종사는 자신의 경험수준, 개인적인 한계, 현재의 육체적 정신적 대처수준을 고려하여 상황을 분석하고 결정을 하여야 한다.

04 조종사 자기평가(Pilot Self-Assessment)

항공기의 기장은 항공기의 운항에 대하여 직접적인 책임과 최종적인 권한을 가진다. 기장의 책임 사항은 매우 많고 하나라도 소홀히 하면 안 된다. 이러한 책임을 효율적으로 수행하고 비행결과에 관한 효과적인 결심을 하기 위해서는 자신의 능력의 한계를 잘 알고 있어야 한다. 비행계획에서부터 비행을 할 때 조종사의 수행능력은 건강, 경험, 지식, 기술수준, 자세(성격) 등과 같은 여러 요소에 의해 영향을 받는다.

올바른 판단을 실행하는 것은 항공기의 조종을 하기 전부터 시작된다. 보통 조종사는 감항성을 판단하기 위하여 철저하게 항공기를 점검하면서도 자신이 비행에 적합한지는 평가하지 않는다. 항공기 비행을 준비하면서 점검목록이 사용되는 것과 마찬가지로 경험, 유효성, 기분 등과 같은 요소들을 기준으로 하는 개인적인 점검목록을 통하여 해당 비행에 준비가 된 것인지 판단하면 도움이 된다. 보수훈련을 언제 받았는지 지정받은 최저기상이 법적으로 얼마까지인지 등도 개인적인 점검목록에 포함될 요소이다. 과신은 미경험 이상으로 위험하다. 개인적인 능력한계 검토와 더불어 자신이 비행에 적합한지 확실하게 평가하기 위하여 '나는 안전하다(I'M SAFE)'라는 체크리스트를 활용하여야 한다.그림 14-3

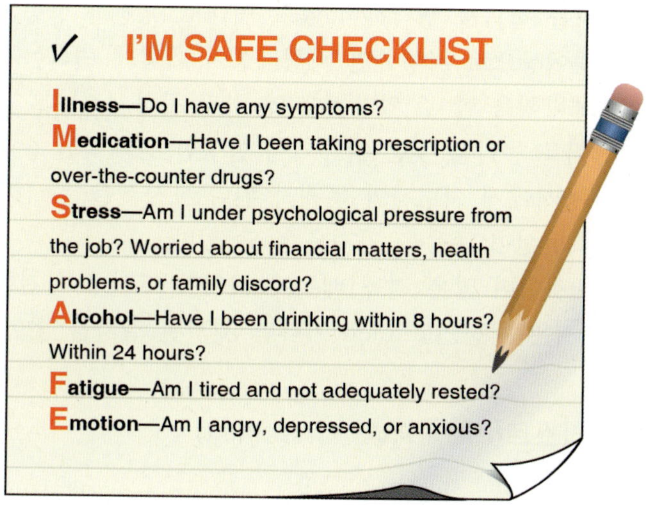

그림 14-3 안전점검목록

가. 호기심: 유익한가 혹은 해로운가?(Curiosity: Healthy or Harmful?)

항공의 뿌리는 호기심에 기반을 두고 있다. 레오나르도 다 빈치나 라이트 형제와 이고르 시코르스키의 꿈이 없었다면 현재 우리는 어디에 있었을까? 그들은 모두 비행에 대한 호기심으로 항공을 태어나게 한 것이다. 항공 역사는 모두 '처음으로'라는 말이 많이 사용된다. 첫 비행, 첫 헬리콥터, 첫 대서양 횡단비행 등등. 그러나 이러한 발자취를 따라가면 많은 좌절과 비극적인 사고 그리고 교훈도 많았다.

지금도 우리는 계속해서 항공의 한계를 배우고 탐색하고 있다. 이미 달나라에도 갔었고 더 멀리도 곧 가게 될 것이다. 우리의 호기심이 또 다른 도전을 하도록 우리를 이끌고 있다.

그러나 호기심은 비극적인 결과를 초래하기도 한다. 항공역사가 100년이 지났지만 여전히 호기심으로 인하여 잘못된 판단으로 사고가 발생하고 있다. 보통 조종사는 항공기의 한계와 마찬가지로 자신의 능력한계를 시험하려고 한다. 불행하게도 가끔 이러한 시도로 비극적인 결과가 발생하고 있다. 따라서 가급적 탐구적인 행동은 억제하고 자신과 항공기의 능력 안에서 펼쳐져야 한다.

다른 사람에게는 극단적인 모험으로 보이는 것이 자신에게는 그렇게 보이지 않을 수가 있다. '공항정보국(ATIS)이 알려주는 것보다 시계가 나쁘지 않는데?'라든가 '20분 연료등이 실제로 20분을 쓸 연료를 지시하는가?'라는 단순한 생각이 판단을 잘못하게 하여 비극적인 결과를 초래하기도 한다.

일부 조종사는 따라올 결과를 생각하지 않고 멋대로 규정과 항공기의 한계를 위반한다. '내가 최대총중량이상으로 비행하면 비행특성이 어떻게 변하는지 한번 보자.' 혹은 '이 헬리콥터는 곡예비행을 할 수 있다는데 왜 하지 못하게 하지?' 등이 극단적인 호기심의 예라 하겠다. 더욱 놀라운 것은 항공기에 발생한 잠재적인 손상이 추후에 항공기의 생명 즉 다른 조종사에게 치명적인 문제가 된다는 사실을 무시하기도 한다. 항공에서 스스로가 초래한 탈선이 죽음을 가져올 수도 있다.

호기심은 자연적인 것이며 많은 것을 배우게 하지만 그러나 완전한 위험평가와 위기관리가 마련될 때까지는 항공인(airmen)이라면 제정된 절차를 벗어나서는 안 된다.

나. 페이브 체크리스트(the PAVE Checklist)

미연방항공청에서 개인적 최저치(personal minimums) 체크리스트를 마련하였다.(FAA-H-8083-25 참조) 조종사에게 자기평가를 하는데 도움이 되도록, 즉 위험을 줄일 수 있도록 두문자 'PAVE'로 비행의 위험을 네 가지로 분류하였다. 헬리콥터 운항에 적용할 성질을 네 가지로 나누어서 생각해보자.

1) 조종사(pilot in command)

- 신체적, 정서적 준비
- 비행경험, 최신경험, 유효성, 해당기종의 총비행시간

2) 항공기(aircraft)

- 헬리콥터가 임무를 수행할 능력이 있는가?
- 필요한 연료를 탑재할 수 있는가?
- 수행할 임무에 충분한 동력 여유가 있는가?
- 중량을 담당하고 무게중심을 유지할 수 있는가?
- 외부 탑재화물이 있을 것인가?

3) 환경(environment)

- 헬리콥터는 변하는 기상조건에 취약하다.
- 약간의 온도변화와 밀도고도가 헬리콥터의 성능에 영향을 미치겠는가?
- 바람과 지형, 그리고 난기류가 조종성에 큰 위협이 될 것인가?

4) 외부압력(external pressure)

- 올바른 판단이나 안전을 도외시한 임무를 수행하도록 강조하지 말아야 한다.
- 많은 일이 시간제한을 포함한다. '시간이 돈이다' 혹은 '시간은 낭비다'라는 말을 자주 듣게 된다. 마감시간을 지키기 위하여 안전을 희생시키지 마라.
- 동반 작업자, 가족 문제, 친구 등으로부터 압력을 받지 않도록 하라.

비행을 계획할 때 적용할 수 있도록 'PAVE' 점검목록은 조종사에게 매 비행 전에 부문별로 위험요소를 점검하는데 쉽게 기억할 방법을 제공해준다. 조종사가 비행의 위험성을 인식하면 위험요소를 안전하고 성공적으로 관리할 수 있을지를 결정하면 된다. 기억하자. 기장은 비행취소를 결정할 수 있는 책임이 있다. 만약 조종사가 비행을 하기로 결정했으면 스스로 위험을 완화할 대책을 마련하여야 한다.

위험을 관리하는 하나의 방법은 각각의 위험요소에서 개인적 최소치를 설정하면 된다. 이러한 한계치는 개인별 조종사의 현재경험 수준과 기량에 따라 달라진다. 따라서 자신의 경험과 기량에 기준하여 주기적으로 재평가하여야 한다.

05 1인 조종사 자원관리(Single Pilot Resouce Management)

승무원 자원관리(CRM)에서 이용되는 많은 개념이 1인 조종사 자원관리(SRM)의 개발을 가져온 1인 조종사 운항에도 훌륭하게 적용된다. 1인 조종사에게 적용되는 모든 자원(헬리콥터 내부 및 외부 자원)을 관리하는 기법과 기술로 정의되는 1인 조종사 자원관리(SRM)는 비행의 성공적인 결과를 보장하는데 도움이 된다. 이미 앞에서 언급한 바와 같이 이것은 위기관리, 상황인식, CFIT 인식 등을 포함한다.

1인 조종사 자원관리(SRM)훈련은 조종사로 하여금 자동화 조작과 관련 조종 그리고 항법 임무를 관리함으로써 상황인식을 유지하는데 도움을 준다. 또한 조종사가 위험요소를 정확하게 판단하고 잠재적인 위험요소를 관리하여 옳은 결정을 하게 해준다.

비행 중에 결정을 하려면 조종사는 조종석 내부와 외부에서 얻은 정보를 인식하여야 한다. 정보의 유용한 도구와 소스가 항상 분명하지는 않기 때문에 여러 정보를 제대로 인식하는 방법을 배우는 것이 1인 조종사 자원관리 훈련의 기본이다. 주어진 자원들을 인식할 뿐만 아니라 특정한 한 자원을 사용할 충분한 시간이 있는지 그리고 그것을 사용함으로써 비행안전에 대한 충격이 있을지도 판단하여야 한다.

만약 방향기(windsock)도 없어 현재의 바람상황을 알 수 없는 상태에서 협곡 안을 홀로 비행한다면 조금 전에 보고받은 바람정보의 방향을 기준으로 접근경로를 잡아야 할까? 배풍을 받으며 협곡으로 접근을 하는 것은 잘못된 결정으로 피해야 한다. 착륙을 하기 전에 조종사는 연기나 나무 혹은 연못의 물결 등 주어진 외부자원을 활용하여 바람이 어느 방향에서 불어오고 있는지 정확하게 판단해야 한다. 결코 비행하면서 우연에 맡기고 최상의 기대를 해서는 안 된다. 많은 사고가 주어진 내부와 외부의 자원을 단순하게 사용했더라면 피할 수 있었는데 그렇게 하지 않아서 발생하였다.

비행할 때 조종실에 내부 자원들이 있다. 그 중 가장 소중한 자원으로는 조종사의 기량과 지식 그리고 조작 기술인데 이러한 능력을 향상시켜서 조종실 내부자원을 키울 수 있다. 조종사는 능력향상을 위하여 더 많은 훈련을 받아야 하고 더불어 비행정보 간행물(CFR, AIM 등)을 수시로 검토하여야 한다.

상황을 관리하고 항공기를 조종하는 조종사의 능력보다 더 중요한 내부자원은 없다. 헬리콥터 조종사는 제자리비행을 혼자 조종하면서 점검목록이나 차트, 책자를 찾아본다는 것이 얼마나 위험한 것인지 안다.

체크리스트는 필수적인 내부자원으로 계기와 시스템을 체크하고 적절하게 작동시키는 것을 확실하게 하기 위하여 사용된다. 또한 시스템 고장이나 비행중 비상시에 적절한 조치를 수행하도록 보장해준다. 경험수준에 관계없이 모든 조종사는 체크리스트에 따라야 한다. 항공기가 현대화될수록 체크리스트가 더욱 더 중요하다.

그래서 비행을 시작하기 전에 체크리스트와 필요한 책자를 어떻게 사용할지 계획을 세워야 한다. 항상 헬리콥터를 조종하는 것이 우선이다. 공항에서 제자리비행을 할 때에는 체크리스트나 책을 보기 위하여 항상 착륙할 수 있고 또는 승객으로 하여금 자료를 들고 있도록 도움을 받아도 된다. 필요한 문서와 데이터를 처리할 확실한 계획도 없이 비행하는 것은 아주 무모하다 하겠다. 이러한 계획을 하지 않아 마음이 복잡하고 산만해져 항공기 사고로 이어질 수도 있다.

어쩔 수 없는 복잡하고 혼동을 일으키는 상황에서 벗어나는 또 하나의 방법은 자신을 그 상황에서 분리시키는 것이다. 다음 예가 상황에서 비껴나는 것이 안전한 비행을 위하여 얼마나 중요한지 적절한 자원관리법 중의 하나이다.

조종사가 단독으로 대륙횡단비행을 하고 있다. 최종 목적지 공항도 자주 가서 익숙하다. 기상도 최저 기상치보다 좋으나 국부적으로 천둥뇌우가 있을 수 있다고 사전 설명을 받았다. 조종사에게는 일상적인 다람쥐 체 바퀴 도는 것 같은 비행이었다. 전에 여러 번 비행을 했기 때문에 경로, 체크지점, 주파수, 필요연료량 그리고 무엇이 기대되는지 잘 기억하고 있었다. 그러나 목적지 공항을 30마일 앞두고 기상이 나빠져 천둥뇌우가 가까이 있음이 관찰되었다. 조종사는 상황을 인지하고 최상의 조치로 다른 공항으로 우회하도록 결심하였다. 가장 가까운 공항은 C 등급 범주에 드는 공항이었다. 이 시점에서 조종사는 대체공항의 간행물이 항공기의 뒤쪽에 있어 손이 닿지 않은 곳에 있다는 것을 인지하였다. 지금 무엇을?

조종사는 정보를 알아보기 위하여 탑재장비를 이용하면서 대체공항을 향하여 비행을 계속하였다. 그는 이러한 운항에 익숙하지 않아 정보를 얻기 위하여 애만 썼다. 드드어 정보를 찾아 해당 비행장 정보국에 전화를 걸었다. 처음 접촉했을 때 항공교통관제센터(ARTCC)는 허락을 받지 않고 공역에 들어왔다고 알려 주었다. 즉 조종사가 공역규정을 위반한 것이다.

모든 일이 더 악화된 것이다. 문제가 언제 시작되었고 무슨 선택이 가능했을까? 말할 것도 없이 문제는 계획단계에서부터 시작된 것이다. 즉 필요한 자원이 항공기 뒤쪽에 있어 비행 중에 조종사가 사용할 수가 없었다. 항공기에 장착된 자동화장치에 대한 추가 훈련을 받았더라면 필요한 정보를 보다 신속하게 입수했을 것이다. 그러나 자동화장치가 장착되어 있지 않거나 부작동상태라면 무엇을 해야?

다음으로 C등급 공역으로 비행하는 결정도 잘못된 것이었다. 조종사는 주파수를 찾아 접촉을 할 때까지 그 상황에 들어가지 않도록 C급 공역에서 멀리 돌아 갈 수도 있었다. 기억하라. 가능하면 행동조치를 결정할 시간이 많은 쪽으로 선택을 하여야 한다. 적절한 자원관리를 했더라면 이러한 공역위반이 없었을 것이다.

위 예는 항공기의 모든 장비와 시스템도 잘 알아야 할 필요성을 설명해준다. 지금도 종종 유용한 기술이 최대성능으로 거의 활용되지 않고 있다. 모든 자원을 최대로 활용하기 위하여 이러한 설비에 가능한 익숙해질 필요가 있다. 그 예로 최신의 항법과 자동조종장치는 활용성이 매우 큰 자원이다. 그러나 조종사가 이러한 장비 사용법을 잘 모르거나 또는 자기가 만족할 정도만 의존한다면 그 장비는 안전운항에 손실이된다.

또 다른 내부 자원으로 회전익항공기 비행교범(RFM)이 있다.그림 14-4 이 책자는

- 반드시 헬리콥터에 탑재되어 있어야 한다.
- 정확한 비행계획을 위하여 필수적인 자료이다.
- 비행 중에 발생한 장비고장에 대한 해결책으로 절대적인 역할을 한다.

기타 중요한 조종실 자원으로 현재 적용되는 항행차트와 간행물인 공항/시설주소록(A/FD: Airport/Facility Directory)이 있다.

이미 언급했듯이 승객도 소중한 자원이 될 수 있다. 승객이 주변 교통을 감시하는데 도움이 될 수도 있고 특히 비행을 많이 해본 승객인 경우에는 비정상상황에서 정보를 제공할 수도 있다. 승객에게 브리핑을 할 때 기본적인 헬리콥터의 어휘법도 포함하여야 한다. 예를 들면 제자리비행에서 오른쪽으로 틀 때 이상이 없느냐(clear)고 물으면 승객의 응답이 '예, 오른쪽으로 제자리비행은 이상이 없다' 혹은 '아니오, 오른쪽에 문제가 있다'라는 식으로 대답하도록 설명하여야 한다. 단순히 '예 혹은 아니오'라는 대답은 모

그림 14-4 회전익항공기 비행교범(RFM)

호하여 오해를 일으킬 수도 있다.

이상한 냄새나 소리가 승객에게 잠재적인 문제에 경각심을 준다. 기장은 승객에게 무엇이든 불안한 사항이 느껴지면 부담을 갖지 말고 편하게 비행을 책임진 조종사에게 이야기를 하도록 비행하기 전에 승객에게 안내하여야 한다.

비행훈련 과정에 1인 조종사 자원관리(SRM)를 포함한 교육은 비행 중에 어떻게 하면 잠재 위기를 인식하고, 어떻게 하여 위기를 확실하게 구별하고, 어떻게 하면 위기를 성공리에 관리할 수 있는지 등에 대해 조종사가 잘 인지하도록 가르친다. 유용한 자원을 잘 접목하고 효과적인 1인 조종사 자원관리 기술을 배우는 것이 얼마나 중요한지 아무리 강조해도 지나치지 않다. 안전 문제를 무시하면 치명적인 결과를 초래하게 된다.

06 위기관리(Risk Management)

위기관리는 위험을 처리하는 공식적인 방법이다. 위험으로부터 오는 잠재적인 위기 비용과 위험이 위기가 되도록 방치하고 얻을 이익을 따져보는 논리적인 과정이다. 시스템적으로 위험을 식별하고 위기 정도를 평가하고 최선의 방안을 찾도록 설계된 것이 결심결정 과정이다. 위기가 발생하면 평가를 하여야 한다. 위기평가는 위기의 정도(무시, 저급, 중급, 고급)를 판단하고 위기의 정도가 계획된 행동의 결과로 값어치가 있는지를 판단한다. 위기의 정도가 받아들일 정도라면 계획된 행동을 수행한다. 일단 계획된 행동이 시작되면 계속할지 아니면 중지할지를 고려하여야 한다. 조종사는 원래의 비행을 계획대로 수행할 수 없을 경우를 대비하여 다른 대안을 사전에 계획하고 있어야 한다.

위기관리의 두 가지 요소는 위험과 위기이다.

1) 위험(hazard)은 사고와 같이 계획하지 않았거나 또는 원하지 않았던 사건을 초래하거나 원인이 되는 현재의 상황, 사건, 장해, 혹은 환경이다. 이것은 위기의 근원이다. 예를 들면 반토크페달이 고착되면 위험한 것이다.
2) 위기(risk)는 관리할 수도 제거할 수도 없는 위험의 미래충격이다. 이것은 생명을 잃거나 다칠 가능성을 말한다. 위기수준은 영향을 받는 사람이나 혹은 자원의 수(exposure), 중상정도(severity), 행방불명(probability)으로 구분한다.

위험은 조종사가 직면하는 실제 또는 인지한 상황, 사건, 혹은 환경이다. 위험을 식별하고 위험이 주는 위기의 정도를 판단하고 최선의 행동을 결정하는 방법을 배우는 것이 안전한 비행을 위한 중요한 요소이다.

가. 네 가지 위기요소(Four Risk Elements)

비행할 때마다 네 가지의 위기요소인 조종사, 항공기, 환경, 그리고 외부압력의 상황에 연관된 문제가 발생하면 결심을 해야 한다. 결심을 할 때에는 비행 상황을 정확하게 파악하기 위하여 각각의 위기요소에 대한 평가를 하여야 한다.그림 14-5

조종사(기장)가 해야 할 가장 중요한 결심 중의 하나는 고 노고(go/no-go) 결정이다. 위의 각각의 위기요소를 평가함으로써 비행을 할 것인가 또는 계속할 것인가를 결

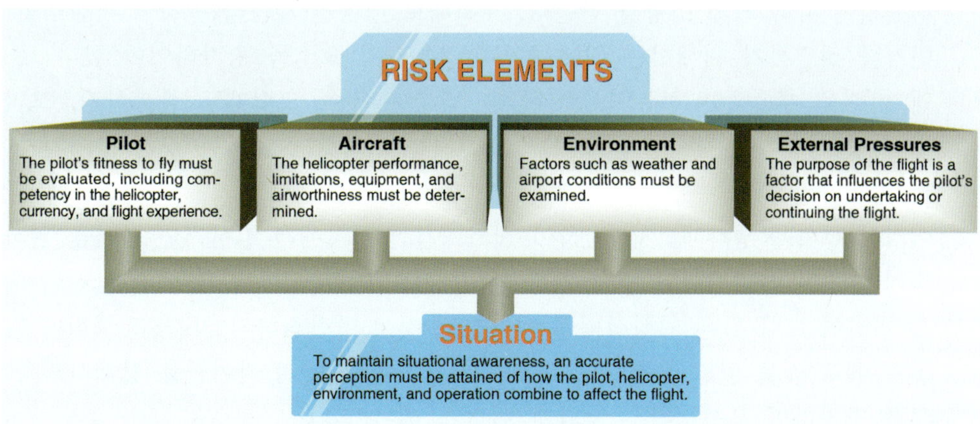

그림 14-5 위기요소

정하는데 도움이 된다. 구체적으로 결심하는데 어떻게 영향을 주는지 네 가지 위기요소를 평가해보기로 하자.

1) 조종사(pilot): 조종사로서 자신의 직무수행능력, 건강상태, 정신 및 감정상태, 피로도, 기타 많은 다른 변수들에 대하여 계속해서 결심을 하여야 한다.
   예를 들어보자. 장거리비행을 하라고 이른 아침에 전화로 요구가 왔는데 전날에 몇 시간 밖에 잠을 자지 못했다. 눈이 충혈된 것도 감기에 걸린 것이라 생각되었다. 자신이 비행하기에 안전한가?
2) 항공기(aircraft): 동력장치, 성능, 설비, 연료상태, 혹은 감항성 등 항공기에 대한 개인적인 평가를 바탕으로 비행을 결심한다.
   이러한 상황을 상상해보자. 해안에서 1시간이 떨어져 있는 오일채굴장으로 비행하는 항로상에 있다. 방금 해안을 벗어났는데 엔진의 오일온도가 경고범위의 최고치를 가리키고 있는 것을 알았다. 오일채굴장을 향해 계속해서 비행을 해야 되는지 아니면 가장 가까운 헬기장/공항으로 회항해야 하는가?
3) 환경(environment): 이것은 조종사나 항공기와 관련이 없는 많은 요소를 내포하고 있다. 기상, 항공관제, 항법보조시설, 지형, 이착륙장, 주변 장애물 등등의 요소가 해당한다. 기상은 시간과 거리에 따라 극단적으로 변할 수 있는 요소이다.
   이러한 상황을 생각해보자. 화물이나 승객도 없이 조종사만 탑승한 빈 헬리콥터가 대륙횡단을 하다가(ferry) 오르막 지형지대에서 예기치 못한 낮은 구름층과 비를 만났다. 이 상태를 감수하고 빨리 벗어나고자 비행을 계속해야 하는지 아니면 비행을 포기하고 기수를 돌려 안전한 곳에 머물고 현재의 기상정보를 알아보아야 하는가?
4) 외부압력(external pressures): 조종사와 항공기와 주변 환경간의 상호관계가 항행목적에 따라 크게 영향을 받는다. 계획대로 비행을 계속하는 것이 바람직할 것인가를 결정하기 위해서는 위에 언급한 세 가지 요소를 평가하여야 한다.
   왜 비행을 계속해야 하는지, 스케줄을 맞추는 것이 그렇게도 중요한지, 그리고 이 비행이 위험을 감수할 정도로 중요한지를 스스로 질문하는 것은 값어치가 있는 일이다.
   이러한 상황을 생각해보자. 기상이 최저조건인 상황에서 일상적인 탐사를 위하여 숲이 우거진 산악지대로 몇몇 기술자를 태우고 가는 임무를 맡았다. 안전한 비행을 위하여 보다 나은 기상상태를 기다리는 것이 바람직하지 않을까? 그러나 깊은 눈 속에서 길을 잃고 무전으로 구조를 요청하는 산악 스키어들을 탐색하도록 임무를 맡았다면 우선순위는 달라져 어떻게 해야 되나?

나. 위기판단(Assessing Risks)

조종사가 위기를 판단하는 방법을 배우는 것이 매우 중요하다. 위기를 판단하기 전에 위험과 그에 따른 위기를 먼저 지각하여야 한다. 항공에서는 경험과 훈련 그리고 교육을 통하여 조종사가 위험을 빨리 그리고 정확하게 감지하는 방법을 터득하게 한다. 비행훈련에서 교관은 위험과 그에 따른 위기를 정확하게 알려주어 학생 조종사로 하여금 위험과 위기를 인식하는 것을 배우도록 하여야 한다.

위험이 감지되면 사고의 가능성과 위험정도를 판단하는 것이 그 다음 단계이다. 예를 들어보자. 반토크페달이 움직이지 않는 위험은 헬리콥터가 비행할 때만 위기를 가져온다. 만약 페달이 고착되어 방향조종의 상실을 초래한다면 헬리콥터와 승객에게 비극적인 손상을 가져올 수 있을 정도로 큰 위기이다. 조종사는 훈련프로그램에 이런 상황이 적용될 때 위험을 식별하고 어떻게 처리해야 할 것인가를 배워야 한다.

모든 비행은 위험을 안고 있으며 그에 연관하여 어느 정도의 위기가 있다. 조종사는 다음과 같은 사항을 처리할 능력이 있어야 한다.

1) 큰 위기상태의 비행과 작은 위기상태의 비행을 미리 구별할 수 있어야 한다.
2) 전 비행구간을 통해 비행에 대해 검토과정을 세우고 위기 완화 전략을 마련하여야 한다.

국가교통안전위원회(NTSB) 보고서와 기타 사고연구를 자세히 고찰해 보는 것도 보다 효과적으로 위기를 판단하는데 도움이 된다. 그 예로 그림 14-6에서와 같이 조종사

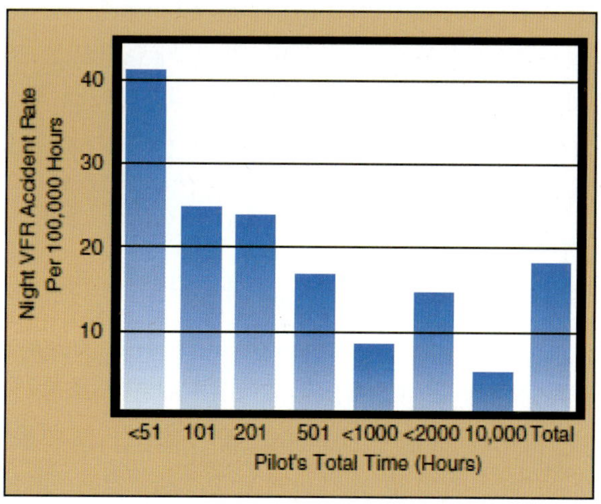

그림 14-6 사고율과 비행시간 관계

간이 100시간에 도달하면 사고율이 거의 50% 정도 줄어들고 1,000시간 수준에 이르기까지 계속해서 감소한다. 또한 총비행시간이 500시간 이내에서는 야간에 시계비행방식으로 비행하는 조종사에게는 법적으로 요구하는 것보다 보다 높은 기준을 적용하고, 가능하면 계기비행기술을 운용할 것을 권장하고 있다.

헬리콥터의 조종사가 되기 위하여 훈련을 받는 사람은 헬리콥터의 사고가 고정익항공기의 사고보다 30%가 높다는 것을 기억하여야 한다. 여러 요인이 있지만 헬리콥터에서는 심각한 결정을 하는데 여유가 거의 없다는 것을 인식하여야 한다. 일부 비상조치는 바로 조치를 해야만 한다. 엔진의 고장인 경우 콜렉티브를 바로 낮추지 않고 지연시키면 회전익의 회전속도가 떨어져 자동활공을 하지 못하게 된다. 반면에 고정익항공기는 조종사의 반응이 조금 늦어도 조종이 가능한 하강을 할 수가 있다.

소형항공기 연합조정위원회(GAJSC: general aviation joint steering committee)에 따르면 소형비행기에서 사고를 유발하는 주요 요인이 CFIT, 기상, 활주로 침범, 조종사 결심, 그리고 조종력 상실이다. 이런 요소들은 주로 조종사 실수 혹은 인적요소가 연관된 사고일 때 인용되었다. CFIT, 활주로 침범, 조종력 상실 형태의 사고는 일반적으로 조종사가 일련의 판단을 잘못하여 사고로 이어졌다고 한다. 예를 들면 조종사가 비행을 충분하게 계획하지 않고 결국에는 지형을 피할 상황인식을 유지하지 못해서 CFIT가 발생한 것이다.

헬리콥터의 사고 원인은 다 다르지만 헬리콥터의 비행모드와 작동의 복잡성이 사고에 직접적인 원인이라고 주장할 수도 있다. 헬리콥터의 특성상 고정익항공기보다 지면에 가깝게 비행을 한다. 결국 CFIT나 기상관련, 혹은 조종력 상실과 같이 즉각적이고 정확한 판단이 필요한 상황에서 피할 시간이 너무 없다. 고정익항공기는 보다 높은 고도를 비행하고 마련된 표면(비행장)에서 마련된 표면(비행장)으로 비행을 한다. 헬리콥터는 보다 작고 협곡형태의 환경에서 운항해야 하고 계속적으로 조종사의 조종이 요구된다. 헬리콥터 조종사는 먼지지역에 내릴 때나 시동을 할 때 회전익의 내리흐름으로 지상의 파편들이 회전익을 때릴 수 있다는 것을 알고 있어야 한다.

헬리콥터가 설계 혹은 설정된 운항기준을 벗어나게 되면 조종 상실이 발생하여 결과적으로 그 상황을 처리하기에는 조종사의 능력범위를 벗어나 할 수 없게 된다. 미연방항공청에서는 이러한 사고를 조종사의 판단 잘못이라고 규정한다. 한편으로 대부분의 기상관련 사고는 기상문제가 아니고 헬리콥터 자체가 처리할 수 없는 기상상황을 피하지 않아서이거나 조종사가 훈련을 받지 않아서이다. 즉 조종사가 조종사 능력을 벗어난 조건에서 비행을 하기로 결심한 것으로 판단 미스를 보여주는 행동이라고 본다.

헬리콥터의 독특한 능력이 위기를 증가시키고 있다는 것을 강조해도 지나치지 않다. 대부분의 헬리콥터의 운항은 단독 조종사가 수행하기 때문에 업무량이 크게 증가하였다. 저고도 조작비행(동력선 감시, 야생동물 관리, 농약실포, 공중활주, 계기비행 후 착륙조작 등)이 치명적인 사고의 가장 큰 사고의 분류이다.

지상접근을 하면서 발생하는 치명적인 사고는 주로 야간에 일어나거나 계기비행방식(IFR) 조건에서 일어난다. 이륙/초기상승 사고는 주로 조종사가 헬리콥터의 성능에 대한 밀도고도의 효과를 잘 모르거나 부적절한 이륙계획으로 이륙 중 또는 이륙 직후에 조종력을 상실하여 발생한다. 가장 치명적인 사고의 하나는 시계비행방식(VFR) 비행에서 계기기상조건(IMC) 비행으로 시도할 때이다. 기상에 대한 결심을 잘못하여 일어난 사고는 총 사고에서 4%에 지나지 않으나 비극적인 사고의 14%나 된다. 기상예보 정보가 나아지고 있다지만 기상은 조종사가 위기를 판단하는데 우선순위를 높게 취급하여야 한다.

다. 3P 모델사용(Using 3P Model to form Good Safety Habits)

3P 모델(perceive, process, perform)은 조종사로 하여금 실제 상황에서 효과적으로 위기를 판단하고 관리하는데 도움을 준다.그림 14-7

이 모델을 사용하려면 조종사는 위험을 인지(Perceive)하고, 위기수준을 분류처리(Process)하고, 위기관리를 수행(Perform)하여야 한다.

다음과 같은 비행의 상황을 예로 보자.

실용 헬리콥터 조종사가 사냥을 나가는 4명의 승객을 태우고 멀리 비행하는 임무를 맡았다. 승객이 야생동물이 있을만한 내릴 장소를 선택하였고 원하는 지점은 큰 산이

그림 14-7 3P 모델

둘러싸여 있는 골짜기의 경사가 심하고 울퉁불퉁한 지대였다.

그 지점에 도착하자 조종사는 산기슭 근처의 어느 정도 커다란 협곡에 위치하였다. 조종사는 접근, 착륙, 이륙에 영향을 줄 위험요소를 재빠르게 떠올리면서 3P 처리를 시작하였다.

- 현재의 헬리콥터 무게/이용마력
- 협곡에 내리기 위해 주위 나무와 안전한 여유를 갖는 필요 접근 각도
- 바람의 방향과 속도
- 제한된 접근과 출발경로(지형 제약으로)
- 착륙하기 전에 접근을 종료할 필요가 있을 때 탈출경로(escape route)
- 착륙지대에 있을 수 있는 전선이나 구조물 등 장애물
- 착륙지대의 지형조건(조종사가 적절한 훈련을 받지 않은 경우에는 착륙지의 진흙이나 먼지 또는 눈은 매우 위험하다)

조종사는 각각의 위험요소에 대하여 3P를 검토하였다. 조종사는 위에 거론된 문제에 관련하여 항목별로 위기수준을 평가하고 무엇을 관리하여 위기를 완화시킬 것인가를 판단하였다.

헬리콥터의 무게와 동력 문제는 낮은 위기수준으로 평가하였다. 동력체크를 할 때 조종사는 지면효과권외(OGE) 동력이 충분한 것을 확인하였다. 또한 출발 밀도고도(DA 6,500ft)가 도착고도(DA 6,000ft)보다 높고 연료도 비행 중에 수백 파운드가 사용된 것도 알고 있었다. 더욱이 승객이 다 내리면 출발 때 보다 많은 동력이 이용될 수 있다는 것도 생각했다.

조종사는 접근경로에 가장 높은 장애물의 높이를 70~80ft로 추산하였다. 협곡 크기로 볼 때 정상적인 접근각으로 장애물을 벗어날 수 있다고 생각하고 위기수준을 낮게 잡았다. 이 위기도 완화시키기 위하여 헬리콥터의 상태가 불안하다고 느끼면 고/노고(go/no-go)를 결심할 체크포인트를 마음속으로 접근경로 상에 선정했다.

바람의 방향과 속도는 중급 위기로 평가하였다. 왜냐하면 바람의 방향이 접근경로에서 약간 틀어져 15~20° 정도 측풍이 되고 10노트로 일정하게 불기 때문이었다. 조종사는 지형으로 인하여 바람의 방향과 속도가 접근할 때 바뀔 수 있다는 것도 고려하였다. 조종사의 경험과 산악지대의 공기흐름이 복잡하다는 인식이 위기감소를 위한 관리도구로 고려되었다.

접근과 출발 입장에서는 위기를 중급으로 평가하였다. 사용할 수 있는 접근과 출발경로는 하나뿐이었으나 협곡 크기와 바람방향을 고려할 때 접근과 출발 경로로 괜찮다고 판단하였다.

조종사는 탈출경로(회항)를 중급 위기수준으로 잡았다. 한쪽 방향은 제약을 받는 지형이라는 것도 파악하였다. 비록 기동하는데 충분한 면적은 있으나 접근을 포기하거나 회항을 하고자 할 때 실질적으로 장벽이 되어 선택하기에는 영향을 받을 것으로 보았다. 다시 조종사는 필요시 조기에 회항(go-around)을 하기 위한 체크포인트를 마음속에 정하였다. 선택한 회항경로는 선택한 접근/출발 경로와 같은 경로로 바람이 부는 쪽으로 잡았다.

위의 예에서 보았듯이 한 가지 인지한 위험요소와 그에 대한 위기관리 행위가 다른 요소에 영향을 초래한다. 그래서 선택한 일련의 행동으로 발생하는 충격에 대하여 계속된 판단과 평가의 필요성이 요구된다.

3P 모델은 사용하는데 세 가지 좋은 이유가 있다. 첫째, 기억하기가 아주 쉽다. 둘째, 위험을 식별하고 위기를 평가하며 효과적인 위기관리를 하는데 있어 구조적이고 효과적이며 시스템적인 방법을 제공한다. 셋째, 위기관리를 연습하는 것은 기본적인 항공기 조종과 같이 자동적이어야 한다. 다른 비행기술도 그렇듯이 위기관리 생각습관도 특정 절차에 대하여 반복하고 일관되게 고수하여야 최고로 발전하게 된다.

한번 조종사가 3P 결심과정을 끝내고 일련의 행동을 선택하면 선택한 일련의 행동에 의해서 환경이 변하여 새로운 과정이 시작되기 때문에 다시 새로운 분석을 필요로 한다. 그래서 결심결정 과정은 3P인 자각－처리－수행이 연속되는 고리(loop)라 하겠다.

07 업무량/임무 관리(Workload or Task Management)

1인 조종사 자원관리의 한 요소가 업무량/임무관리이다. 연구에 따르면 인간은 정보에 대하여 용량의 한계가 있다. 두뇌에서 정보를 받아 처리할 때 개인의 능력범위를 초과하면 추가로 접하는 정보는 무시되거나 아니면 처리되고 있는 다른 임무나 정보가 변질된다. 이러한 상황이 발생하면 두 가지 대안만 있다. 하나는 중요하지 않은 일을 지우거나 아니면 전체 일을 대충 처리하는 것이다. 과부하가 걸린 전기회로와 같이 소모를 줄여주거나 아니면 전체 회로고장을 일으키게 된다.

효과적인 업무관리는 과중한 업무를 방지하기 위하여 계획을 세워서 단계적으로 필수업무를 수행하도록 해주는 것이다. 조종사가 경험이 쌓일수록 나중에 올 업무량을 미리 예견하고 업무량이 적을 때에 업무량이 많을 때를 대비하여 준비한다.

필요할 때를 대비하여 미리 해당 차트를 검토하고 무선주파수를 맞추어 놓는 것이 공항 가까이 비행할 때 업무량을 줄이는데 도움이 된다. 또한 어떠한 교통조건이 예상되는지 감을 잡기 위하여 공항정보서비스(ATIS, ASOS 또는 AWOS)를 청취하고 관제탑 주파수나 교통안내 주파수(CTAF)도 추적한다. 교통과 항공교통관제사의 지시에 관심을 쏟아야 할 시간 전에 미리 알아서 점검리스트도 수행한다. 이러한 절차는 B등급 공역과 같이 과밀한 교통지역에 들어가기 전에 특히 중요하다

업무량을 관리하기 위해서는 항목별로 우선순위를 정해야 한다. 예를 들면 어떤 상황에서든지 특히 비상시에 '항행, 항법, 그리고 통신'이라는 구절을 잊지 말아야 한다. 이것은 제일 먼저 조종사가 해야 할 일은 헬리콥터가 조종 상태에 있어야 한다는 것을 의미한다. 그런 다음 가능한 착륙장으로 비행을 한다. 그리고 처음 두 가지 사항이 보장될 때 다른 사람과 통화를 해야 한다는 것이다.

업무량을 관리하는 또 하나의 중요한 부분은 업무량의 과중상황을 인식하는 것이다. 업무량이 많아지면 맨 처음 나타나는 현상은 일을 서두른다. 그러나 업무량이 증가하면 증가할수록 동시에 여러 임무에 관심을 쏟을 수가 없고 한 항목에만 관심이 집중되기 시작한다. 업무가 포화상태가 되면 여러 소스로부터 들어오는 정보를 인식하지 못하고 불완전한 정보를 토대로 결심이 이루어져 오류의 가능성이 커진다.

그림 14-8은 비행 단계에 따라 조종사의 역량과 업무 요구량과의 관계를 보여주는 일반적인 그래프로, 상대적인 차이를 안전여유(margin of safety)라고 한다. 정상적인 비행이라도 착륙지대에 접근하고 착륙할 때 안전여유가 최소가 된다. 이때 비상이 걸려 주의가 분산되면 조종사의 역량 이상을 요구되는 상황이 되어 사고가 일어나기 쉽다.

업무량이 갑자기 늘어난 사례로 비행을 하다가 불가피하게 계기기상조건(IMC)으로 들어갔을 때이다.

일단 기상이 나쁜 곳으로 들어가면 곧바로 업무가 과중된다. 의식적으로 조종사는 항공기 외부를 보고 비행하는 것을 포기하고 항공기 내부를 보고 비행하는 것으로 전환해야 하는데 모든 시야 참조물이 없어져 심리적으로 부담이 되고 합리적으로 생각하는 능력도 없어진다. 항공기의 계기들을 믿는 대신에 조종사는 오직 조금 보이는 시야 표적물에 집착하여 다른 주변요소에 대하여 잊어버린다. 안구가 무거워지는(oculogravic) 착시현상으로 헬리콥터의 속도를 줄이는 대신에 더 빠르게 한다. 이런 착시는 항공기가 가속될 때나 감속할 때 일어난다. 선형 가속이나 감속의 관성으로 인하여 평형석기관(이석)이 기수가 올라가거나 기수가 내려가는 자세라고 감지한다. 그래서 조종사가 항공기가 기수가 들린 자세로 착각하여 항공기 속도를 증가시키게 된다. 또한 시야 표적물을 찾기 위하여 아래쪽만 보기 때문에 앞쪽에 있을 위험물에 대해서는 생각도 안 하고 또한 비행계기도 쳐다보지 않아 항공기가 수평을 잃게 된다.

이러한 상황을 초래하지 않으려면 적절한 훈련과 계획이 필요하다. 만약 불가피하게 계기기상조건으로 비행을 할 수밖에 없다면 조종사는 반드시 비행계기를 이용하여 비행하여야 한다. 결코 약간 보이는 지상 시야 표적물을 따라 비행하려고 하면 안 된다.

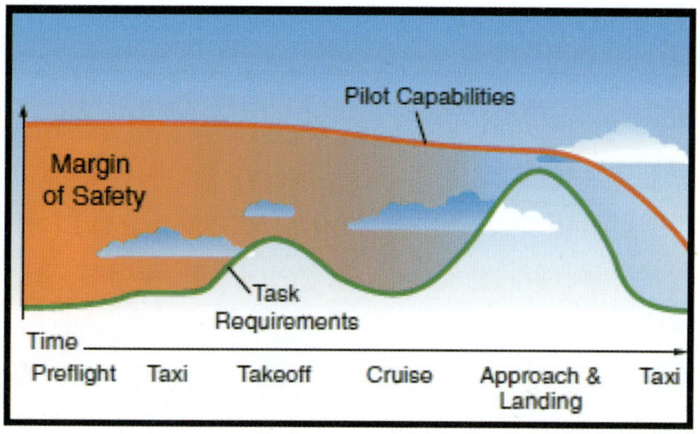

그림 14-8 업무량과 안전여유

업무가 과중되면 조종사는 다음과 같은 단계를 거쳐 우선순위를 세운다.

1) 일을 멈추고(stop)
2) 생각하고(think)
3) 속도를 늦추고(slow down)
4) 우선순위를 정한다.(prioritize)

또한 업무량을 줄이는 방법을 이해하는 것도 매우 중요하다.

- 상황을 적절하게 앞뒤로 나눈다.
- 마음을 진정시킨다.
- 합리적으로 생각한다.

이러한 키 요소가 스트레스를 줄여주고 안전하게 비행할 수 있는 조종사의 능력을 키워준다. 물론 이 요소들은 경험, 훈련, 그리고 비행을 통해서 배우게 되지만 업무량을 줄일 수 있는 다른 방법도 알고 있어야 한다. 예를 들면 무선주파수를 세트하는 것을 다른 조종사나 승객에게 넘기고 마음 놓고 자신은 우선순위가 큰 업무를 할 수 있어야 한다.

08 상황인식(Situational Awareness)

항행결심을 잘하고 위기관리와 비행업무 관리를 하는 것을 배우는 것과 더불어 상황인식이 항행결심에 중요한 요소 중의 하나이다. 상황인식은 비행 전부터 비행 중 그리고 비행 후까지 안전에 영향을 주는 4대 기본 위기요소(PAVE)에서 모든 요소와 조건을 정확하게 자각하고 이해하는 것이다. 상황인식이란 주어진 정보와 발생한 문제와 자신의 행동이 현재나 가까운 미래에 목표(안전한 비행)에 어떻게 영향을 줄 것인지 이해하기 위하여 주위에서 무엇이 일어나고 있는가를 인식하는 것을 말한다. 인적요류로 인한 사고에 있어 상황인식이 결여되거나 불충분한 것이 주원인 중의 하나로 판명되고 있다.

헬리콥터에서 상황인식을 망각하기 쉽다. 각각의 위기요소의 특징과 충격을 개별적으로나 종합적으로 이해하는 것이 안전한 비행을 하는데 도움이 된다. 실제로 조종석에서 일을 하는 동안에 순간적으로 비행하고 있다는 것을 망각할 수도 있다. 긴 동선의 운항을 하거나, 사진기자가 뉴스거리에 접근하도록 시내 장애물 주위를 기동하거나, 곡물 씨를 뿌리거나, 승객을 이송하거나, 병원에 가려고 환자를 태우러 가는 등이 우리의 직업이나 업무이다. 어떠한 경우이든 우리는 헬리콥터를 비행하기 때문에 항공기 시스템, 주변 환경, 다른 항공기, 위험성, 우리 자신 등을 고려하지 않는 순간 우리는 상황인식이 안 된 것이다.

상황인식을 유지하려면 1인 조종사 자원관리에 나와 있는 모든 기술을 사용하여야 한다. 예를 들어 조종사 자신을 정확하게 인지하려면 자신의 위험스러운 성격에 대한 자기평가와 인식을 가져야 한다. 기내 항법장비의 상태에 대한 정확한 판단도 자신의 업무량 관리를 적절히 해야만 가능한 일이며 항공교통관제소와 생산적인 관계 정립도 자원을 효과적으로 이용해야 이루어질 수 있다.

가. 상황인식유지 장애요소(Obstacles to Maintaining Situational Awareness)

우리로 하여금 생각에 집중하거나 생각의 연속을 방해하는 즉 주의산만을 일으키는 요소가 무엇인가? 물론 많지만 항공에 그리고 특히 헬리콥터에 적용되는 몇 가지 예를 들어보자.

피로(fatigue)는 흔히 조종사 에러에 연관된 것으로 경각심이나 역량을 떨어뜨리기 때문에 항공 안전에 위협이 되고 있다.그림 14-9 이 용어는 잠이 오거나 피곤하거나 탈진된 상태까지를 말할 때 사용한다. 일반적으로 생체리듬이 깨지거나 잠을 못자면 생리학적인 현상으로 피로해진다.

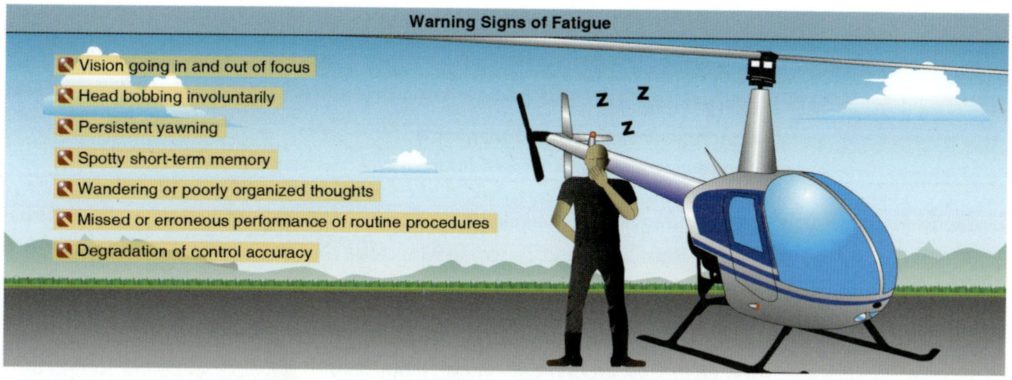

그림 14-9 피로경고 증상

많은 헬리콥터 직업이 스케줄 유동성을 필요로 해 24시간 주기의 생체리듬에 영향을 주기 쉽다. 예로 들면 월요일 주간에 비행하고 화요일 야간에 비행을 할 때 우리의 몸과 정신이 이런 스케줄 변화에 얼마나 적응하느냐에 대한 자기인식이 안전에 매우 중요하다. 이러한 불규칙적인 패턴으로 주의집중 감퇴, 적응 장애, 의사소통 능력저하 등을 초래하게 된다.

잠을 못 자거나 운동 혹은 육체적인 노동으로 육체적인 피로가 발생한다. 인지작업의 스트레스와 오래 계속하다보면 정신적인 피로도 유발된다. 최대 허용 비행시간의 비행을 연속적으로 수행하게 되면 조종사는 정신적으로나 육체적으로 피로해진다. 만약 이러한 상황에 처하면 자신의 정신 상태를 객관적이고 정직하게 평가하여야 한다. 일하는 날 중간에 적당하게 쉬는 시간을 갖거나 가능하면 하루를 쉬는 것도 필요하다. 필요하다면 마음과 몸의 원기를 회복할 수 있도록 휴무 주기를 사용하여야 한다.그림 14-10

비행을 무료하게 기다리는 상황에서도 피로가 발생한다. 예를 보자. 조종사가 특정 시간에 이륙해야 하는 임무를 받았다. 비행시간이 임박하자 조종사의 아드레날린이 치솟아 상황인식이 커졌다. 그런데 기상이나 정비 혹은 기타 예상치 못한 일로 출발이 지연되면 조종사는 마음이 처지게 되면서 피로를 느끼게 된다. 이런 상태에서 비행을 하게 되면 처음과 같은 상태의 주의집중 수준으로 되지 않는다.

자기만족(complacency)도 상황인식을 유지하는데 장애요소가 되고 있다. 특정 행동에 반복된 경험에서 오는 과신(overconfidence)이라고 정의할 수 있는 자만심이 많은 항공사고와 사건을 일으키는 요소가 되고 있다. 일상적인 일(비행)이 되면 조종사는 마음이 느슨해져 업무에 많은 노력을 기울이지 않게 된다. 피로와 마찬가지로 자만심도 조종석에서 조종사의 효율성을 떨어뜨린다. 그러나 모든 것이 잘 되고 있는 것 같이 보이기 때문에 자기만족은 피로보다 훨씬 인지하기가 어렵다.

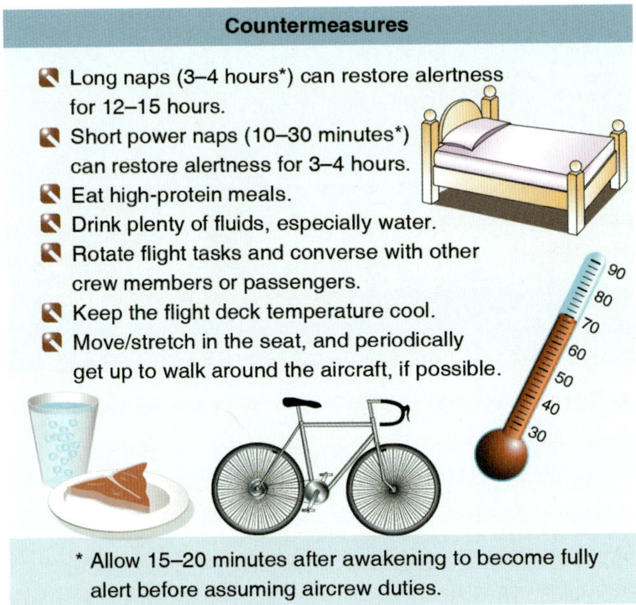

그림 14-10 피로방지조치

자만심은 예고도 없이 우리 일상으로 스며들기 때문에 무엇이 변했는지 스스로 물어보라. 무의식적인 사소한 변화가 앞에서 설명한 4대 기본위기(조종사, 항공기, 환경, 외부압력)에 연관될 수 있다.

조종사로서 항공기를 점검할 때 점검목록을 사용하고 있는가 아니면 자신의 기억력에 의존하고 있는가? 노탐(NOTAM)을 매 비행 전에 체크하는가 아니면 필요하다고 생각할 때만 체크하는가? 내가 느끼는 헬리콥터의 진동이 과거에 느꼈던 것인지 혹은 새로 발생한 것인가? 혹시 비행일지에 기록했던 적이 있는가? 그렇다면 점검이 된 것인가?

일반적인 기상패턴을 안심하고 받아들이는 것도 안전에 위협요소가 된다. 일기예보에서는 소나기가 온 후에 맑아진다고 한다. 그러면 이슬점(dew point)의 분포는 어떻게 되나? 바람이 기상예보보다 심하다. 이것이 흙먼지나 눈이 깔린 지역에서 시야를 방해할까? 아니면 바람허용치를 초과할까?

농약을 살포하는데 새로운 약품을 사용한다. 그러면 신제품이 헬리콥터 무게를 변하게 하나? 비행형태(profile)도 바뀌게 되나? 만약 그렇다면 무슨 새로운 위험요소가 있을 것인가? 만사가 잘 되고 있을 때가 자기 인식을 높여서 비행활동에 주의를 기울여야 할 때이다.

신형 항공기에 장착된 고급전자장치는 신뢰성도 좋고 백업기능이 있어 상대적으로 믿음이 커져 주의를 소홀히 하기 쉽다. 반복적인 운항으로 이것을 과신하다가 상황인식을 잘못해 비행안전에 위협이 될 수도 있다.

조종사가 계기를 모니터링하지 않거나 항공기 외부의 상황을 살피지 않고 주의를 딴 곳으로 돌리는 사소한 방심으로 상황인식을 잃을 수도 있다. 한 가지 예로써 제대로 지시하지 않은 계기(고장 난 계기) 하나는 사소한 문제에 지나지 않지만 조종사가 그것의 문제에만 주의를 집중하다가 항공기 조종을 등한히 하여 사고가 발생할 수 있다.

Operational Pitfalls
Peer Pressure It would be foolish and unsafe for a new pilot to attempt to compete with an older, more experienced pilot. The only safe competition should be completing the most safe flights with no one endangered or hurt and the aircraft returned to service. Efficiency comes with experience and on-the-job training.
Mindset A pilot should be taught to approach every day as something new.
Get-There-Itis This disposition impairs pilot judgment through a fixation on the original goal or destination, combined with a disregard for any alternative course of action.
Duck-Under Syndrome A pilot may be tempted to arrive at an airport by descending below minimums during an approach. There may be a belief that there is a built-in margin of error in every approach procedure, or the pilot may not want to admit that the landing cannot be completed and a missed approach must be initiated.
Scud Running It is difficult for a pilot to estimate the distance from indistinct forms, such as clouds or fog formation.
Continuing Visual Flight Rules (VFR) Into Instrument Conditions Spatial disorientation or collision with ground/obstacles may occur when a pilot continues VFR into instrument conditions. This can be even more dangerous if the pilot is not instrument rated or current.
Getting Behind the Aircraft This pitfall can be caused by allowing events or the situation to control pilot actions. A constant state of surprise at what happens next may be exhibited when the pilot is "getting behind" the aircraft.
Loss of Positional or Situational Awareness In extreme cases of a pilot getting behind the aircraft, a loss of positional or situational awareness may result. The pilot may not know the aircraft's geographical location, or may be unable to recognize deteriorating circumstances.
Operating Without Adequate Fuel Reserves Pilots should use the last of the known fuel to make a safe landing. Bringing fuel to an aircraft is much less inconvenient than picking up the pieces of a crashed helicopter! Pilots should land prior to whenever their watch, fuel gauge, low-fuel warning system, or flight planning indicates fuel burnout. They should always be thinking of unforecast winds, richer-than-planned mixtures, unknown leaks, mis-servicing, and errors in planning. Newer pilots need to be wary of fuselage attitudes in low-fuel situations. Some helicopters can port air into the fuel system in low-fuel states, causing the engines to quit or surge.
Descent Below the Minimum En Route Altitude The duck-under syndrome, as mentioned above, can also occur during the en route portion of an IFR flight.
Flying Outside the Envelope The pilot must understand how to check the charts, understand the results, and fly accordingly.
Neglect of Flight Planning, Preflight Inspections, and Checklists All pilots and operators must understand the complexity of the helicopter, the amazing number of parts, and why there are service times associated with certain parts. Pilots should understand material fatigue and maintenance requirements. Helicopters are unforgiving of disregarded maintenance requirements. Inspections and maintenance are in place for safety: something functioning improperly can be the first link in the error chain to an accident. In some cases, proper maintenance is a necessary condition for insurance converage.

그림 14-11 운항의 함정

나. 운항의 함정(Operational Pitfalls)

조종사가 빠지기 쉬운 여러 가지 전형적인 행동의 함정이 있다. 특히 어느 정도 경험을 가진 조종사는 계획대로 비행을 완수하여 승객에게 만족을 주고 스케줄을 맞추려 한다. 이렇게 목적을 달성하려는 기본적인 욕구가 안전에 역효과를 일으켜, 스트레스를 받는 상황에서 자신의 조종기술에 대한 비현실적인 판단을 초래할 수도 있다. 이러한 경향이 결국 위험하고 불법적인 행동을 초래하여 재난으로 이어질 수 있다. 효과적인 1인 조종사 자원관리 훈련을 통하여 상황인식을 발전시키고 이러한 운항의 함정을 피하는 것을 배워야 한다.그림 14-11

09 CFIT 인식(Controlled Flight into Terrain Awareness)

다음 사례를 보자.

"비상응급서비스 헬리콥터가 11일 된 아기를 한 병원에서 다른 병원으로 수송하기 위하여 야간에 출발하였다. 출발하기 전에 조종사가 기상브리핑을 받았다는 기록은 없었다. 조종사는 두 가지 항로를 선택할 수 있었는데 하나는 최대 9,000ft의 산간지대를 지나는 직선루트이고 또 하나는 최대 6,000ft의 고도로 고속도로를 따라 약 10분 정도 더 시간이 걸리는 루트였다. 산악지형으로 레이더의 추적이 안 되는 지역에 헬리콥터가 들어가기 직전인 약 4분 정도의 비행경로를 보여준 레이더에 따르면 직선루트로 비행한 것으로 보였다.

헬리콥터가 병원에 도착하지 않아 약 4시간 후에 탐색이 시작되었는데 잔해는 다음

그림 14-12 기수가 산을 향함

날 아침에 발견되었다. 사고현장에서 조사된 형체로 보면 이 헬리콥터는 수평비행상태로 충돌하였고 조종비행으로 지면을 향한 것으로 판단되었다."그림 14-12

지면으로 조종하는 비행은 주요 안전관심사가 되고 있는 사고유형이면서도 설명하기가 매우 어렵다. 왜냐하면 조종사가 사고가 날 것으로 전혀 인식하지 못하고 감항성을 가진 헬리콥터를 지면(혹은 물, 장애물)으로 조종하고 비행을 하기 때문이다.

'지면으로 조종하는 비행(CFIT)' 사고에서 한 가지 분명한 것은 외부 시계가 제한되고 야간에 발생하고 지형이 충돌하기 전까지 잘 보이지 않는다는 것이다. 또 하나 공통적인 사항은 상황인식이 부족하다는 것이다. 이것은 헬리콥터가 지상에서 얼마나 떨어져 있느냐는 수평인식과 수직인식이 안 되었다는 것도 포함된다. 지면으로 조종하는 비행사고를 피하기 위해서는 훈련, 계획, 준비가 최상의 방비책이다. 예를 들면 이륙하기 전에 가고자 하는 경로와 지형에 대하여 숙지할 시간을 가져야 한다. 지면으로 조종하는 비행의 예방조치는 모기지에서 출발하기 전부터 시작해야 된다. 위기완화를 포함한 적절한 계획이 출발 전에 수행되어야 한다. 지형, 시계, 조종경험과 우발사건에 대한 확실한 판단이 수행되어야 한다. 필요하면 지상에 있을 때 비행을 연기하라. 공중에서 하기보다 지상(비행을 계획하는 방)에서 비행을 포기하는 결정이 훨씬 쉽다. 비행 중에 상황이 나빠지면 다른 선택을 하라.

반면에 지면으로 조종하는 비행사고가 비정밀접근이나 착륙에서 많이 발생하기 때문에 계기훈련, 시설 그리고 절차를 개선하기 위하여 대대적인 조치가 이루어졌다. 자격을 가진 조종사에게 계기비행을 피하지 않도록 하기보다는 헬리콥터를 안전하게 회복시킬 수 있는 실용적인 대안을 교육시켜야 한다. 다른 훈련과 마찬가지로 자주 계기비행훈련을 하여 자신감과 확신을 쌓아주어야 한다. 좋은 계기절차는 순항고도를 떠나기 전에 접근 차트를 검토하는 것이다. 주요 지표지점과 공항고도를 파악하고 접근경로를 따라 지형과 장애물과의 연관성도 알아두어야 한다.

바람직한 계기절차는 순항고도를 떠날 때 접근차트를 검토하는 것을 포함한다. 주요 표적물과 공항고도를 확인하고 접근경로를 따라 지형과 장애물에 대해서도 유의한다. 조종사는 장애물과의 안전 간격에 대한 여유를 확실하게 알기 위해서는 접근과 출발 경로설계 특성을 잘 이해하고 있어야 한다. 일부 조종사는 경로를 벗어난 항공로에 있어도 관제사가 장애물과의 안전 유격을 제공할 것이라는 잘못된 믿음을 가지고 있다. 조종사가 궁극적으로 장애물 유격에 대한 책임이 있다.

고도 착오도 지면으로 조종하는 비행의 또 하나의 원인이다. 고도 착오를 일으키는 요인으로는 항법보조물(NAVAID)에 대한 방향착오, 접근할 때 부적절한 전환, 잘못된 항법보조물의 선택, 또는 수평상황 인식의 부족 등이다. 최신의 항공기는 복잡한 비행 지시계, 자동조종장치, 오토스로틀장치, 비행관리시스템 등을 가지고 있다. 비록 이러한 장치들이 전반적으로 비행안전에 크게 기여하고 있지만 이것들은 지시에 따르는 기계에 지나지 않는다. 요구하는 것이 잘못된 요구라도 그것을 수행하는 장비이다. 땅으로 곧장 가라고 해도 명령을 하면 기꺼이 따른다. 조종사는 수직 모드와 수평 모드가 옳고 제대로 연결되었는지 확인하여야 한다. 자동조종장치를 일정하게 교차점검을 하여야 한다.

자동비행장치가 없으면 야간비행을 위해서는 보다 관심을 기울여 준비하여야 한다. 어둠속에서 단독비행은 더욱 위험에 도전하는 것으로 기내에서 무슨 인조불빛을 사용할 것인가를 결정할 때 주의를 요한다. 기내의 조명이 너무 밝으면 외부 장애물이나 떠오르는 지형이 안 보일 수도 있다. 어떤 색깔의 렌즈는 지도상의 표시를 안 보이게 한다. 필요하면 실제 비행 전에 지상의 어두운 방에서 계획을 세워보도록 한다.

야간에 비행을 할 때 결심을 하거나 계획을 세울 때 조종사는 보다 보수적이 된다. 감각적인 인식도 떨어지고 외부 참조물이 부족하여 비행이 훨씬 어렵다. 비행을 준비할 때 손전등으로 헬리콥터를 점검하다보면 주간에 쉽게 볼 수 있는 결함도 놓치기가 쉽다. 예로 헬리콥터의 지상 고박장치를 제거하지 않고 이륙을 시도하다가 전복사고가 날 수도 있다. 가능하면 비행전 점검을 낮이나 아니면 밝은 격납고에서 수행하여야 한다. 고도감각도 둔해지니 제자리비행 고도는 장애물과 접촉을 피하기 위하여 높이고 제자리비행 속도는 줄여주어야 한다. 기상조건은 야간에는 착각하기 쉽고 비행 중에 감지하기도 어렵다. 어두운 밤에는 구름을 인식하지 못해 피하기에는 너무 늦어 구름 속으로 들어가기가 쉽다.

최근에 지면으로 조종하는 비행사고가 야간에 많아져 교통안전위원회(NTSB)에서 야간에 지면으로 조종하는 비행사고를 예방하기 위한 안전경고(2008)를 발행하였다. 이 경고에는 다음과 같은 정보가 포함되어 있다.

- 야간에 안전한 시계비행을 하기 위해서는 지형을 숙지하는 것이 핵심이다. 항로를 따라 장애물과 지형에서 안전한 거리를 갖도록 지역차트나 지형도를 이용하라.
- 야간 시계비행을 계획할 때 알고 있는 안전한 코스로 올라갈 때까지는 계기비행방식(IFR)을 이용하여 주변 지형을 벗어나라.

  계기비행방식 비행과 같이 산악지대에서는 지상과 2,000ft 이상, 기타지역에서는 지상과 1,000ft 이상의 여유를 갖도록 순항고도를 높게 선택하라. 이 방법을 사용하면 철탑과 같은 장애물을 피할 수 있다.
- 레이더 서비스를 받고 있다면 지형위험물에 대한 경고를 항공관제소(ATC)에 의존하지 마라. 관제사가 위험한 상황을 알고 조종사에게 경고하려고 하겠지만 시계비행방식(VFR)으로 비행하는 항공기가 지형에 위험스럽게 접근하고 있는지를 항상 인지하고 있는 것은 아니다.

- 관제사가 시계비행방식을 유지하라고 하면서 비행방향을 지시할 때 그 방향이 지형과 충분한 간격을 제공하지 않을 수도 있다는 인식을 가져라. 만약 지형이나 장애물을 육안으로 피하기가 곤란하다고 의심스러우면 곧바로 관제사에게 상황을 알리고 안전한 고도에 올라가도록 조치를 취하여야 한다.
- 보다 나은 야간시계를 확보하기 위하여 연방항공청에서는 5,000ft 이상의 비행을 대비하여 보조 산소사용을 권고하고 있다.
- 위험물 지도와 위성영상을 활용하여 비행하는 지역과 경로에 대한 최대의 정보를 확보하라.
- 야간에 낯선 장거리나 위험성이 있는 지형을 비행하기 전에 해당 지형에 익숙해질 수 있도록 주간비행을 해보도록 하라.
- 장거리나 컴컴한 지역을 야간에 비행한다면 지구위치시스템(GPS)을 이용한 지형 인식장치가 비행안전에 도움이 될지를 고려하라.

2008년 안전경고에서 특별한 것은 5,000ft 이상에서 산소를 사용하라는 언급이다. 대부분의 헬리콥터는 이 고도에서 보조 산소를 사용하는 시설이 필요하지도 않을 뿐만 아니라 설치하지도 않았다. 그러나 고고도에서는 산소량이 부족하여 야간시각에 생리학적으로 영향을 주기 때문에 조명에 대한 훈련을 받을 필요가 있다. 실내조명은 가능한 한 최소로 낮추되 필요한 장치와 계기는 충분히 밝아야 한다. 요점은 외부 장애물과 지형형태를 최대로 인식할 수 있도록 조명을 가급적 어둡게 하라는 것이다.

제한된 외부시계가 지면으로 조종하는 비행을 발생시키는 사고요인 중의 하나이다. 앞에서 언급한 사고에서 조종사는 기상브리핑을 받지 않았던 것으로 보인다. 만약 조종사가 기상정보를 받았다면 계획된 비행경로를 따라 구름이 깔려있고 약하게 비가 내리고 있다는 것을 알았을 것이다. 정상적인 운항에 지장을 줄 정도의 헬리콥터의 기체나 시스템의 결함이 발견되지 않아 제한된 시계가 지면으로 조종하는 비행 사고를 초래한 것으로 보인다.

10 자동화 관리(Automation Management)

자동화관리는 항공기에 장착된 자동화장치로 헬리콥터의 조종과 항법을 하는 것이다. 가장 중요한 자동화관리의 개념은 언제 그것을 사용해야 하는지 언제 사용하면 안 되는지 아는 것이다.

이상적인 것은 조종사는 실기시험표준(PTS: practical test standard)의 조작과 절차를 수동으로 수행하는 것을 먼저 배운다. 기본적인 조작에서 기량을 성공리에 수행할 수 있으면 그 다음에 자동화와 자동조종을 배운다. 일부 헬리콥터에서는 기본적인 비행을 할 때 일부 자동화장치가 연결되어 있다. 자동화를 하지 않고 기본비행을 하는 목적은 필요할 때 수동으로 조작하여 비행을 할 수 있도록 하기 위함이다.

최신의 항공전자시스템은 수동조작 비행에서부터 최고급 자동비행까지 다양한 수준의 자동화를 제공하고 있다. 그러나 어떤 단계의 자동화도 모든 비행의 환경에 적합한 것은 아니다. 따라서 최신의 항공전자시스템으로 비행할 때 범하기 쉬운 위험요소인 방심(주의소홀)을 방지하기 위해서 조종사는 방향지시계, 항법소스, 자동비행장치 등을 어떻게 관리해야 할지 알고 있어야 한다. 따라서 조종사는 특정 자동장치를 사용할 때 어떤 특성이 있는지 아는 것이 매우 중요하다. 그래야 자동장치를 사용할 때 제대로 작동하는지 무엇을 기대하고 어떻게 모니터 할지를 알아야 한다. 또한 만약 기대와 같이 시스템이 작동을 하지 않으면 즉각 합당한 조치를 취할 수 있게 된다.

가장 기본적인 사항으로 '자동조종을 관리한다'는 것은 항상 어떤 모드가 연결되어 있고 어느 모드가 연결될 대기상태(arm)로 있는지를 알고 있어야 한다는 것을 의미한다. 조종사는 대기(arm)기능(예; navigation tracking or altitude capture)이 제때에 연결되어 작동하는 것을 확인하여야 한다. 자동화 관리 방법으로 코스나 고도를 바꾸기 위하여 시스템을 조작(arm)하면 복창기술(call-out technique)을 실천하는 것이 매우 좋다. 복창은 특정 비행안내 자동화모드 변화를 언어로 표현한 것이다. 일부 항공사에서는 모드 착각 위험성을 방지하기 위하여 강제 수단으로 모든 비행안내 자동화모드를 변경할 때마다 조종사가 복창하도록 하여 비행모드표시계(PMA)를 모니터링하게 한다.

용어(Glossary)

Absolute altitude. The actual distance an object is above the ground.

Advancing blade. The blade moving in the same direction as the helicopter. In helicopters that have counterclockwise main rotor blade rotation as viewed from above, the advancing blade is in the right half of the rotor disk area during forward movement.

Agonic Line. An isogonic line along which there is no magnetic variation.

Air density. The density of the air in terms of mass per unit volume. Dense air has more molecules per unit volume than less dense air. The density of air decreases with altitude above the surface of the earth and with increasing temperature.

Aircraft pitch. The movement of the aircraft about its lateral, or pitch, axis. Movement of the cyclic forward or aft causes the nose of the helicopter to pitch up or down.

Aircraft roll. The movement of the aircraft about its longitudinal axis. Movement of the cyclic right or left causes the helicopter to tilt in that direction.

Airfoil. Any surface designed to obtain a useful reaction of lift, or negative lift, as it moves through the air.

Airworthiness Directive. When an unsafe condition exists with an aircraft, the FAA issues an Airworthiness Directive to notify concerned parties of the condition and to describe the appropriate corrective action.

Altimeter. An instrument that indicates flight altitude by sensing pressure changes and displaying altitude in feet or meters.

Angle of attack. The angle between the airfoil's chord line and the relative wind.

Antitorque pedal. The pedal used to control the pitch of the tail rotor or air diffuser in a NOTAR® system.

Antitorque rotor. See tail rotor.

Articulated rotor. A rotor system in which each of the blades is connected to the rotor hub in such a way that it is free to change its pitch angle, and move up and down and fore and aft in its plane of rotation.

Autopilot. Those units and components that furnish a means of automatically controlling the aircraft.

Autorotation. The condition of flight during which the main rotor is driven only by aerodynamic forces with no power from the engine.

Axis of rotation. The imaginary line about which the rotor rotates. It is represented by a line drawn through the center of, and perpendicular to, the tip-path plane.

Basic empty weight. The weight of the standard helicopter, operational equipment, unusable fuel, and full operating fluids, including full engine oil.

Blade coning. An upward sweep of rotor blades as a result of lift and centrifugal force.

Blade damper. A device attached to the drag hinge to restrain the fore and aft movement of the rotor blade.

Blade feather or feathering. The rotation of the blade around the spanwise (pitch change) axis.

Blade flap. The ability of the rotor blade to move in a vertical direction. Blades may flap independently or in unison.

Blade grip. The part of the hub assembly to which the rotor blades are attached, sometimes referred to as blade forks.

Blade lead or lag. The fore and aft movement of the blade in the plane of rotation. It is sometimes called "hunting" or "dragging."

Blade loading. The load imposed on rotor blades, determined by dividing the total weight of the helicopter by the combined area of all the rotor blades.

Blade root. The part of the blade that attaches to the blade grip.

Blade span. The length of a blade from its tip to its root.

Blade stall. The condition of the rotor blade when it is operating at an angle of attack greater than the maximum angle of lift.

Blade tip. The furthermost part of the blade from the hub of the rotor.

Blade track. The relationship of the blade tips in the plane of rotation. Blades that are in track will move through the same plane of rotation.

Blade tracking. The mechanical procedure used to bring the blades of the rotor into a satisfactory relationship with each other under dynamic conditions so that all blades rotate on a common plane.

Blade twist. The variation in the angle of incidence of a blade between the root and the tip.

Blowback. The tendency of the rotor disk to tilt aft in transition to forward flight as a result of unequal airflow.

Calibrated airspeed (CAS). Indicated airspeed of an aircraft, corrected for installation and instrumentation errors.

Center of gravity. The theoretical point where the entire weight of the helicopter is considered to be concentrated.

Center of pressure. The point where the resultant of all the aerodynamic forces acting on an airfoil intersects the chord.

Centrifugal force. The apparent force that an object moving along a circular path exerts on the body constraining the object and that acts outwardly away from the center of rotation.

Centripetal force. The force that attracts a body toward its axis of rotation. It is opposite centrifugal force.

Chip detector. A warning device that alerts you to any abnormal wear in a transmission or engine. It consists of a magnetic plug located within the transmission. The magnet

attracts any metal particles that have come loose from the bearings or other transmission parts. Most chip detectors have warning lights located on the instrument panel that illuminate when metal particles are picked up.

Chord. An imaginary straight line between the leading and trailing edges of an airfoil section.

Chordwise axis. For semirigid rotors, a term used to describe the flapping or teetering axis of the rotor.

Coaxial rotor. A rotor system utilizing two rotors turning in opposite directions on the same centerline. This system is used to eliminated the need for a tail rotor.

Collective pitch control. The control for changing the pitch of all the rotor blades in the main rotor system equally and simultaneously and, consequently, the amount of lift or thrust being generated.

Coning. See blade coning.

Coriolis effect. The tendency of a rotor blade

to increase or decrease its velocity in its plane of rotation when the center of mass moves closer to or farther from the axis of rotation.

Cyclic feathering. The mechanical change of the angle of incidence, or pitch, of individual rotor blades, independent of other blades in the system.

Cyclic pitch control. The control for changing the pitch of each rotor blade individually as it rotates through one cycle to govern the tilt of the rotor disk and, consequently, the direction and velocity of horizontal movement.

Degraded Visual Environment (DVE). Any flight environment of reduced visibility in which situational awareness of the aircrew or control of the aircraft may be severely diminished, completely lost, or may not be maintained as comprehensively as they are during flight operations within clear or undiminished visibility. DVE conditions are further categorized into eleven different types: smoke, smog, clouds, rain, fog, snow, whiteout, night, flat light, sand, and brownout.

Delta hinge. A flapping hinge with an axis skewed so that the flapping motion introduces a component of feathering that would result in a restoring force in the flap-wise direction.

Density altitude. Pressure altitude corrected for nonstandard temperature variations.

Deviation. A compass error caused by magnetic disturbances from the electrical and metal components in the aircraft. The correction for this error is displayed on a compass correction card placed near the magnetic compass of the aircraft.

Direct control. The ability to maneuver a helicopter by tilting the rotor disk and changing the pitch of the rotor blades.

Direct shaft turbine. A single-shaft turbine engine in which the compressor and power section are mounted on a common driveshaft.

Disk area. The area swept by the blades of the rotor. It is a circle with its center at the hub and has a radius of one blade length.

Disk loading. The total helicopter weight divided by the rotor disk area.

Dissymmetry of lift. The unequal lift across the rotor disk resulting from the difference in the velocity of air over the advancing blade half and the velocity of air over the retreating blade half of the rotor disk area.

Drag. An aerodynamic force on a body acting parallel and opposite to relative wind.

Dual rotor. A rotor system utilizing two main rotors.

Dynamic rollover. The tendency of a helicopter to continue rolling when the critical angle is exceeded, if one gear is on the ground, and the helicopter is pivoting around that point.

Emergency Position Indicator Radio Beacon (ERIPB). A device used to alert search and rescue services in the event of an emergency by transmitting a coded message on the 406 MHz distress frequency, which is relayed by the Cospas-Sarsat global satellite system.

Feathering. The action that changes the pitch angle of the rotor blades by rotating them around their feathering (spanwise) axis.

Feathering axis. The axis about which the pitch angle of a rotor blade is varied. Sometimes referred to as the spanwise axis.

Feedback. The transmittal of forces, which are initiated by aerodynamic action on rotor blades, to the cockpit controls.

Flapping. The vertical movement of a blade about a flapping hinge.

Flapping hinge. The hinge that permits the rotor blade to flap and thus balance the lift generated by the advancing and retreating blades.

Flare. A maneuver accomplished prior to landing to slow a helicopter.

Free turbine. A turboshaft engine with no physical connection between the compressor and power output shaft.

Freewheeling unit. A component of the transmission or power train that automatically disconnects the main rotor from the engine when the engine stops or slows below the equivalent rotor rpm.

Fully articulated rotor system. See articulated rotor system.

Gravity. See weight.

Gross weight. The sum of the basic empty weight and useful load.

Ground effect. A usually beneficial influence on helicopter performance that occurs while flying close to the ground. It results from a reduction in upwash, downwash, and bladetip vortices, which provide a corresponding decrease in induced drag.

Ground resonance. Selfexcited vibration occurring whenever the frequency of oscillation of the blades about the lead-lag axis of an articulated rotor becomes the same as the natural frequency of the fuselage.

Gyroscopic procession. An inherent quality of rotating bodies, which causes an applied force to be manifested 90° in the direction of rotation from the point where the force is applied.

Human factors. The study of how people interact with their environment. In the case of general aviation, it is the study of how pilot performance is influenced by such issues as the design of cockpits, the function of the organs of the body, the effects of emotions, and the interaction and communication with other participants in the aviation community, such as other crew members and air traffic control personnel.

Hunting. Movement of a blade with respect to the other blades in the plane of rotation, sometimes called leading or lagging.

In ground effect (IGE) hover. Hovering close to the surface (usually less than one rotor diameter distance above the surface) under the influence of ground effect.

Induced drag. That part of the total drag that is created by the production of lift.

Induced flow. The component of air flowing vertically through the rotor system resulting from the production of lift.

Inertia. The property of matter by which it will remain at rest or in a state of uniform motion in the same direction unless acted upon by some external force.

Isogonic line. Lines on charts that connect points of equal magnetic variation.

Knot. A unit of speed equal to one nautical mile per hour.

LDMAX. The maximum ratio between total lift (L) and total drag (D). This point provides the best glide speed. Any deviation from the best glide speed increases drag and reduces the distance you can glide.

Lateral vibration. A vibration in which the movement is in a lateral direction, such as imbalance of the main rotor.

Lead and lag. The fore (lead) and aft (lag) movement of the rotor blade in the plane of rotation.

Licensed empty weight. Basic empty weight not including full engine oil, just undrainable oil.

Lift. One of the four main forces acting on a

helicopter. It acts perpendicular to the relative wind.

Load factor. The ratio of a specified load weight to the total weight of the aircraft.

Married needles. A term used when two hands of an instrument are superimposed over each other, as on the engine/rotor tachometer.

Mast. The component that supports the main rotor.

Mast bumping. Action of the rotor head striking the mast, occurring on underslung rotors only.

Navigational aid (NAVAID). Any visual or electronic device, airborne or on the surface, that provides point-to-point guidance information, or position data, to aircraft in flight.

Night. The time between the end of evening civil twilight and the beginning of morning civil twilight, as published in the American Air Almanac.

Normally aspirated engine. An engine that does not compensate for decreases in atmospheric pressure through turbocharging or other means.

One-to-one vibration. A low frequency vibration having one beat per revolution of the rotor. This vibration can be either lateral, vertical, or horizontal.

Out of ground effect (OGE) hover. Hovering a distance greater than one disk diameter above the surface. Because induced drag is greater while hovering out of ground effect, it takes more power to achieve a hover out of ground effect.

Parasite drag. The part of total drag created by the form or shape of helicopter parts.

Payload. The term used for the combined weight of passengers, baggage, and cargo.

Pendular action. The lateral or longitudinal oscillation of the fuselage due to its suspension from the rotor system.

Pitch angle. The angle between the chord line of the rotor blade and the reference plane of the main rotor hub or the rotor plane of rotation.

Pressure altitude. The height above the standard pressure level of 29.92 "Hg. It is obtained by setting 29.92 in the barometric pressure window and reading the altimeter.

Profile drag. Drag incurred from frictional or parasitic resistance of the blades passing through the air. It does not change significantly with the angle of attack of the airfoil section, but it increases moderately as airspeed increases.

Resultant relative wind. Airflow from rotation that is modified by induced flow.

Retreating blade. Any blade, located in a semicircular part of the rotor disk, in which the blade direction is opposite to the direction of flight.

Retreating blade stall. A stall that begins at or near the tip of a blade in a helicopter because of the high angles of attack required to compensate for dissymmetry of lift.

Rigid rotor. A rotor system permitting blades to feather, but not flap or hunt.

Rotational velocity. The component of relative wind produced by the rotation of the rotor blades.

Rotor. A complete system of rotating airfoils creating lift for a helicopter.

Rotor brake. A device used to stop the rotor blades during shutdown.

Rotor disk area. See disk area.

Rotor force. The force produced by the rotor, comprised of rotor lift and rotor drag.

Semirigid rotor. A rotor system in which the blades are fixed to the hub, but are free to flap and feather.

Shaft turbine. A turbine engine used to drive an output shaft, commonly used in helicopters.

Skid. A flight condition in which the rate of turn is too great for the angle of bank.

Skid shoes. Plates attached to the bottom of skid landing gear, protecting the skid.

Slip. A flight condition in which the rate of turn is too slow for the angle of bank.

Solidity ratio. The ratio of the total rotor blade area to total rotor disk area.

Span. The dimension of a rotor blade or airfoil from root to tip.

Split needles. A term used to describe the position of the two needles on the engine/rotor tachometer when the two needles are not superimposed.

Standard atmosphere. A hypothetical atmosphere based on averages in which the surface temperature is 59 °F (15 °C), the surface pressure is 29.92 "Hg (1013.2 Mb) at sea level, and the temperature lapse rate is approximately 3.5 °F (2 °C) per 1,000 feet.

Static stop. A device used to limit the blade flap, or rotor flap, at low rpm or when the rotor is stopped.

Steady-state flight. The type of flight experienced when a helicopter is in straight-and-level, unaccelerated flight, and all forces are in balance.

Symmetrical airfoil. An airfoil having the same shape on the top and bottom.

Tail rotor. A rotor turning in a plane perpendicular to that of the main rotor and parallel to the longitudinal axis of the fuselage. It is used to control the torque of the main rotor and to provide movement about the yaw axis of the helicopter.

Teetering hinge. A hinge that permits the rotor blades of a semirigid rotor system to flap as a unit.

Thrust. The force developed by the rotor blades acting parallel to the relative wind and opposing the forces of drag and weight.

Tip-path plane. The imaginary circular plane outlined by the rotor blade tips as they make a cycle of rotation.

Torque. In helicopters with a single, main rotor system, the tendency of the helicopter to turn in the opposite direction of the main rotor rotation.

Trailing edge. The rearmost edge of an airfoil.

Translating tendency. The tendency of the single-rotor helicopter to move laterally during hovering flight. Also called tail rotor drift.

Translational lift. The additional lift obtained when entering forward flight, due to the increased efficiency of the rotor system.

Transverse-flow effect. The condition of increased drag and decreased lift in the aft portion of the rotor disk caused by the air having a greater induced velocity and angle in the aft portion of the disk.

True altitude. The actual height of an object above mean sea level.

Turboshaft engine. A turbine engine transmitting power through a shaft as would be found in a turbine helicopter.

Twist grip. The power control on the end of the collective control.

Underslung. A rotor hub that rotates below the top of the mast, as on semirigid rotor systems.

Unloaded rotor. The state of a rotor when rotor force has been removed, or when the rotor is operating under a low or negative G condition.

Useful load. The difference between the gross weight and the basic empty weight. It includes the flight crew, usable fuel, drainable oil, if applicable, and payload.

Variation. The angular difference between true north and magnetic north; indicated on charts by isogonic lines.

Vertical vibration. A vibration in which the movement is up and down, or vertical, as in an out-of-track condition.

Vortex ring state. A transient condition of downward flight (descending through air after just previously being accelerated downward by the rotor) during which an appreciable portion of the main rotor system is being forced to operate at angles of attack above maximum. Blade stall starts near the hub and progresses outward as the rate of descent increases.

Weight. One of the four main forces acting on a helicopter. Equivalent to the actual weight of the helicopter. It acts downward toward the center of the earth.

Yaw. The movement of a helicopter about its vertical axis.

찾아보기

ㅇ

ㅈ

ㅊ

ㅋ

ㅌ

ㅍ

ㅎ

헬리콥터 비행원리

지은이 Federal Aviation Administration(FAA)
옮긴이 이상희
펴낸곳 경문사
펴낸날 2022년 2월 25일 1판 1쇄
등 록 1979년 11월 9일 제1979-000023호
주 소 04057, 서울특별시 마포구 와우산로 174
전 화 (02)332-2004 팩스 (02)336-5193
이메일 kyungmoon@kyungmoon.com

값 25,000원

ISBN 979-11-6073-514-7